"十三五"普通高等教育本科部委级规划教材

扬州大学出版基金资助项目

西点工艺

陈 霞 主 编

副主编：潘冬梅 华 蕾
参 编：汤海莲 王 娜 聂相珍
王荣兰 李金金 丁香丽
周文娟 陆丹丹 吴熳琦

中国纺织出版社有限公司

图书在版编目（CIP）数据

西点工艺 / 陈霞主编 . –– 北京：中国纺织出版社

有限公司 , 2019.12（2023.3重印）

"十三五"普通高等教育本科部委级规划教材

ISBN 978–7–5180–6217–1

Ⅰ. ① 西… Ⅱ. ① 陈… Ⅲ. ①西点 – 制作 – 高等学校

– 教材 Ⅳ. ① TS213.23

中国版本图书馆 CIP 数据核字（2019）第 098267 号

责任编辑：舒文慧 特约编辑：范红梅
责任校对：王花妮 责任印制：王艳丽

中国纺织出版社有限公司出版发行
地址：北京市朝阳区百子湾东里 A407 号楼 邮政编码：100124
销售电话：010—67004422 传真：010—87155801
http://www.c-textilep.com
中国纺织出版社天猫旗舰店
官方微博 http://weibo.com/2119887771
三河市宏盛印刷有限公司印刷 各地新华书店经销
2019 年 12 月第 1 版 2023 年 3 月第 4 次印刷
开本：710×1000 1/16 印张：26.5
字数：464 千字 定价：49.80 元

前　言

本书由扬州大学出版资金资助，使用对象以高等学校烹饪与营养教育专业本科生为主，同时考虑作为中职学校相关专业师资直接从事教学的学习教材。本书编写立足于西餐行业中的西点烘焙理论和制作工艺，力求做到理论与实践紧密结合，在立足于一般意义上西点烘焙知识的同时，更强调了西点烘焙的艺术性。本书编写旨在让学习者理解并掌握西点烘焙的基础理论和制作工艺，重点解决西点制作中的"怎么做"和"为什么这样做"的问题。通过标准化的配方、大量的图表和详细的操作步骤介绍，学习者可以更好地学习与掌握西点制作的理论和技术。在烘焙行业日新月异快速发展的时代背景下，本书对于餐饮行业从业者的创新与创业具有一定的指导作用。

本书第一章为西点绪论部分，其余侧重于：西点设备与器具，重点介绍了西点制作时常用的机械设备和器具的使用和维护保养方法；西点原辅料，重点介绍了西点中常用的原料、辅料和食品添加剂等的特性及使用方法；西点制作基础原理，重点围绕西点制作中的基本工艺流程、配方设计、面坯调制、膨松方法、成熟和乳化等基本原理进行了阐述；蛋糕制作工艺、饼干制作工艺、西式点心制作工艺和面包制作工艺，重点围绕各类西点的产品特点、原料及配方、制作步骤、工艺操作要点和成品要求来进行介绍，将相关的制作原理和理论知识穿插于实践内容中，通过理论与实践相结合的形式便于读者学习西点制作技术和理论。

本书是集体完成的成果，由扬州大学陈霞担任主编，安徽科技学院潘冬梅和浙江旅游职业学院华蕾担任副主编。编委、参编人员及具体分工如下：

陈霞负责第一章和第八章的编写及全书的统稿工作；潘冬梅负责第三章的

编写工作；扬州大学王荣兰负责第四章的编写工作；华蕾负责第五章的编写工作；黄山学院王娜负责第二章的编写工作；上海旅游高等专科学校李金金负责第六章的编写工作；苏州旅游与财经高等职业技术学校汤海莲负责第七章的编写工作。扬州大学食品卫生与营养专业研究生周文娟和陆丹丹参与了本书后期的统稿和编校工作。本书编写参考了诸多资料文献，谨向文献作者表示敬意和谢意！

陈 霞

2019 年 2 月

《西点工艺》教学内容及课时安排

章 / 课时	课程性质 / 课时	节	课程内容
第一章 （3 课时）	基础知识 （16 课时）		·西点绪论
		一	西点的定义和发展历史
		二	西点的分类及特点
		三	西点的地位与发展概况
第二章 （2 课时）			·西点设备与器具
		一	西点常用机械与设备
		二	西点常用器具
第三章 （8 课时）			·西点原辅料
		一	面粉
		二	糖和糖浆
		三	乳及乳制品
		四	蛋及蛋制品
		五	油脂
		六	水
		七	酵母
		八	巧克力及可可粉
		九	食品添加剂
		十	其他调辅料
第四章 （3 课时）			·西点制作基础原理
		一	西点制作的工艺流程
		二	西点面坯调制的基本理论
		三	西点的膨松原理
		四	西点的成熟原理
		五	西点的乳化技术
第五章 （64 课时）	实践 （176 课时）		·蛋糕制作工艺
		一	乳沫类蛋糕的制作
		二	戚风蛋糕的制作
		三	天使蛋糕的制作
		四	虎皮蛋糕的制作
		五	油脂蛋糕的制作
		六	乳酪蛋糕的制作
		七	慕斯蛋糕的制作
		八	装饰蛋糕的制作

《西点工艺》教学内容及课时安排

章/课时	课程性质/课时	节	课程内容
第六章 （16课时）	实践 （176课时）		·饼干制作工艺
		一	酥性饼干的制作
		二	韧性饼干的制作
		三	苏打饼干的制作
		四	其他类饼干的制作
第七章 （32课时）			·西式点心制作工艺
		一	油酥点心的制作
		二	清酥点心的制作
		三	泡芙的制作
		四	班戟和华夫饼的制作
		五	布丁的制作
		六	冷冻类甜点的制作
		七	其他类西点的制作
第八章 （64课时）			·面包制作工艺
		一	面包的发酵方法与制作工艺流程
		二	吐司面包的制作
		三	甜面包的制作
		四	脆皮面包的制作
		五	硬质面包的制作
		六	起酥面包的制作
		七	软欧面包的制作
		八	调理面包的制作
		九	油炸面包的制作
		十	杂粮面包的制作
		十一	比萨饼的制作

目　录

第一章

西点绪论

本章内容： 西点的定义和发展历史

西点的分类及特点

西点的地位与发展概况

教学时间： 3课时

教学方式： 由教师讲解西点的相关知识，合理运用经典的案例阐述西点的分类及特点。

教学要求： 1. 了解《西点工艺》课程的学习内容和课程性质。

2. 了解西点的发展历史及现状。

3. 掌握西点的定义和分类方法。

4. 熟悉各类西点的定义和特点。

5. 了解西点在西方饮食中的地位及发展趋势。

课前准备： 阅读西方饮食文化和西点分类方面的文章和书籍。

第一节　西点的定义和发展历史

一、西点的定义

西点是指来源于欧美等西方国家的糕点，以面粉、油脂、糖、蛋和乳品为主要原料，辅以干鲜果品、巧克力、调味品和添加剂等，经过面团调制、成型、成熟、装饰等工艺而制成的具有一定色、香、味的营养食品。英文名为 Baking Foods，意思是焙烤食品，它表明了西点的成熟方法主要是焙烤。

二、西点的发展历史

人类是从什么时候开始食用面食的，虽经过历史学家的考证但仍很难得到一个明确的答案，按照推理的说法，面包被当作主食必定是在人类会使用火源之后，有了火才能将生的面糊烤成熟的面饼，并在发酵方面积累一定的经验才做出现代这种形式的面包。

（一）面包的起源

欧洲是西点的主要发源地，而埃及人是世界上最早开始利用发酵面团来做面包的人。据考证，早在 6000 年前的金字塔时代，埃及已有用谷物制作的类似面包的食品。埃及人将面粉、水、马铃薯和盐拌在一起，放在温暖的地方发酵，等面团发好后再掺入面粉揉成面团，放在泥土做成的土窑中去烤。那时候人们还不懂得其原理，但已经积累了做面包的方法和经验。一直到 17 世纪后，人们才发现酵母菌发酵的原理，并改善了老面发酵制作面包的方法。今天，在中国除了面包的制作外，很多馒头的制作仍沿用这种老面发酵法。

（二）西点的演变

公元前 8 世纪，希腊人从埃及学会了发酵面包的方法，并对烤炉进行了改进。烤炉的演变对面包品质的影响很大，最初埃及人所使用的烤炉是用泥土筑成一个圆形烤炉，上部开口使空气保持流通，而底部生火，达到一定温度后将底部炉火熄灭，把炉灰拨向四周，然后将调好的面糊放入炉房内，利用炉内的热度将面包烤熟。希腊面包师对这种土坯烤炉进行了改进，将烤炉改成圆拱形，并将上部通气孔改小，使烤炉内部的容积增大，保温性更好，其加热和烘焙方法仍与埃及的一样。

希腊人不仅改进了烤炉，而且在面包制作技术上也取得了很大的进步。希腊人在面包中加入了牛奶、奶油和奶酪等辅料，大大改善了面包的品质和风味；还在面团中掺入了大量的鸡蛋和蜂蜜，于是诞生了最早的蛋糕。英国有一种最古老的被称为西姆尔的水果蛋糕，据说就来源于古希腊，其表面装饰了12个杏仁球，代表罗马神话中的众神，现在欧洲人还用它来庆祝复活节。

（三）西点的发展

公元前1200年，罗马人征服了希腊和埃及，并将面包制作技术带回到罗马。罗马人进一步改进了面包的制作方法，并发明了圆顶厚壁长柄木杓炉，还发明了水推磨和最早的面团搅拌机。随后，罗马人又将面包制作技术传到了匈牙利、英国、德国和欧洲其他国家和地区。中世纪的欧洲人一般都只吃粗糙的黑面包，白色面包只用于教会仪式。关于面包最富有灵感的创新，大概出现于18世纪的英国。那时有一个名叫约翰·蒙塔古的贵族，他非常喜欢打牌。他让仆人在两片面包中间夹上肉和蔬菜，使他能一边吃饭一边打牌。这种粗制的三明治从此改变了欧洲和美洲人的饮食习惯，这就是后来风靡全世界并得到更大发展的三明治面包。

在英国，随着产业革命的发生，面包的生产得到迅速发展，并成为城市居民的主食。随着加拿大和澳大利亚沦为殖民地后，面包生产技术又传到了这两个产麦国家，后来又传到了美国。据记载，在19世纪中期，美国消费面包中的90%是由家庭制作的，而只有10%是由手工面包厂制作的。制作技术非常简单，没有机械化生产，产量也很小。直到18世纪末工业革命开始，大批的家庭主妇离开家庭走进工厂，使得大规模的面包厂开始兴起。为了增加面包生产的速度，在1870～1890年间先后发明了面包搅拌机、面包整形机、面包自动分割机和可移动的钢壳烤炉，使面包的制作完全迈进了机器操作的新时代，而且设立了专门的学术机构来研究面包的制作方法和各种原料的性能，使烘焙技术成为一种专门的学问。

1950年时出现了一种新的面包制作方法，称为一贯作业法，面包的发酵法改用液体发酵，从材料搅拌开始，分割、整形、装盘、发酵、面包进炉后烘烤、出炉冷却、切片包装全部由机器操作，这种大规模一贯作业法一直维持到1970年前后。一贯作业法做面包最大的缺点是在配方中添加改良剂，最常用的是溴酸钾和碘化钾，尤其是碘化钾，虽然用量很少，但是做出来的面包含有很浓的碘味，一贯作业法面团并没有经过正常的发酵过程，所以缺少面包应有的香味。

从1970年以后，为了使顾客能吃到更新鲜的面包，面包业实行了半成品面包的制销。由大工厂利用快速生产法或直接法将面团整形后，进行冷冻或速冻后，将冷冻或速冻面团配送到各个零售店内，零售店配备有冰箱、醒发箱和烤炉等设备，将冷冻面团解冻、醒发并烘烤后进行销售。此做法制作的面包更加新鲜，为面包加工销售的新阶段。现在我们配送的冷冻面团有的用直接法，还有的用中种法和汤种法。

饼干（Biscuit）是由面包发展而来的，"Biscuit"是指把面包再烤一次的意思。我国有关焙烤食品的记载不多，我国最早的焙烤食品应该是汉代时期的烙饼。

第二节 西点的分类及特点

一、西点的分类

西点的种类繁多，因而分类方法也较多。西点按食用时的温度不同可分为常温西点、冷点和热点三类；按口味不同可以分为甜点和咸点；按干湿特性可分为干点、软点和湿点；按用途可分为主食、餐后甜点、茶点和节日喜庆糕点；按面团膨松方法可分为生物膨松点心（如面包、苏打饼干等）、化学膨松点心（如油脂蛋糕、炸面包圈、饼干等）、物理膨松点心（如海绵蛋糕、天使蛋糕等）和水分气化膨松点心（如华夫、泡芙等）；按加工工艺及坯料性质可分为面包、蛋糕、饼干和点心等，每一类又可进一步细分为很多种类，而这种分类方法在行业中得到普遍的认可和应用。

（一）面包

面包（Bread）是一种发酵的烘焙食品，它以面粉、酵母、盐和水为基本原料，添加适量的糖、油脂、乳品、鸡蛋、果料、添加剂等，经搅拌、发酵、成型、醒发、烘焙而制成的组织松软、富有弹性的制品。

1.按用途分类

面包按用途不同可分为主食面包、餐包、点心面包和快餐面包等。

（1）主食面包 主食面包又称配餐面包、普通面包，是作为主食的面包，食用时需佐以菜肴、果酱或奶油。主食面包的用料比较简单，一般添加较少的糖、盐和油脂，所以味道较淡，如吐司面包、罗松面包、法式面包等。主食面包的造型比较简单，多为听形、圆形、方形、棍形、橄榄形等，以便大规模工业化生产。主食面包表面一般不刷油和蛋，表皮呈黄褐色或棕黄色等。

（2）餐包 餐包一般用于正式宴会和讲究的餐食中，其配方中糖和盐的比例不是很高，且个头较小，一般做成圆形或椭圆形，便于食用。

（3）点心面包 点心面包又称花色面包、高档面包，多指休息或早餐时当点心吃的面包。点心面包的风味品种各异，有甜味、奶味、咸味、巧克力味等多重口味；也有包馅的面包，如豆沙包、椰蓉包、奶黄包等。点心面包配方中添加了较多的糖、奶油、鸡蛋和奶粉等高级原辅料，因此口感多为松软或酥松型，营养较丰富，如丹麦面包、甜面包和甜甜圈等。点心面包制作较精细，成型方法比较复杂，造型变化多样，多采用手工成型。

（4）快餐面包　快餐面包是为适应工作和生活的快节奏而产生的一类食用方便、制售快捷、营养均衡、便于携带的快餐食品，如三明治、汉堡包和热狗等。

2. 按成型方法分类

面包按成型方法不同可分为普通面包和花式面包。

（1）普通面包　普通面包是指以小麦粉为主要原料，成型方法比较简单的一类面包，如吐司面包、汉堡包等，用机器就可以成型。

（2）花色面包　花色面包是指成型方法比较复杂、形状多样化的面包，如各种动物、辫子面包、夹馅面包、起酥面包、油炸面包、艺术面包等，这类面包主要靠手工成型。

3. 按柔软程度分类

面包按柔软程度不同可分为硬式面包和软式面包。

（1）软式面包　软式面包配方中使用较多的糖、油脂、鸡蛋和水等柔性原料，糖、油用量都在4%以上，组织松软，结构细腻，包括我国在内的大部分亚洲和美洲国家生产的大多数面包都属于软式面包。

（2）硬式面包　硬式面包配方中以小麦粉、酵母、水和盐为基本原料，糖、油脂用量少于4%，表面硬脆，有裂纹，内部组织松软，咀嚼性强，麦香味浓郁的面包，如法国面包、荷兰面包、维也纳面包、英国面包等，这类面包以欧式面包为主。

4. 按质地分类

面包按质地可分为软质面包、硬质面包、脆皮面包和松质面包。

（1）软质面包　软质面包是一类具有组织松软、富有弹性、体积膨大、口感柔软等特点的面包。软质面包的原料除了面粉、盐、酵母外，还添加了鸡蛋、奶粉、白糖、油脂等，且面团的含水量较高，如白吐司面包、三明治面包、甜面包等。

（2）硬质面包　硬质面包是一类组织紧密，有弹性，经久耐嚼的面包。硬质面包的含水量较低，保质期较长，如菲律宾面包、杉木面包等。

（3）脆皮面包　脆皮面包具有表皮脆而易折断、内心较柔软的特点。原料配方较简单，主要是面粉、盐、酵母和水。在烘烤过程中，需要向烤箱中喷蒸汽，使烤箱保持一定的湿度，有利于面包体积膨胀爆裂和表面呈现光泽，易达到皮脆瓤软的要求，如法国的长棍面包、维也纳面包、农妇面包等。

（4）松质面包　松质面包又称起酥面包，是以面粉、酵母、糖、盐、油脂、水等为原料搅拌成面团，冷藏松弛后裹入奶油，经过反复压片、折叠，利用油脂的润滑性和隔离性使面团产生清晰的层次，然后制作成各种形状，经醒发、烘烤而制成的特色面包，口感特别酥松，层次分明，奶香浓郁，如可颂面包、丹麦果酱面包、肉桂葡萄卷面包等。

5. 按地域分类

（1）**法式面包**　法式面包多做成长棍形，配料较简单，皮脆心软。

（2）**意式面包**　意式面包式样较多，有橄榄形、棒形、半球形等，有些品种加入很多辅料，营养丰富。

（3）**德式面包**　德式面包以黑麦粉为主要原料，多采用一次发酵法，面包的酸度较大，维生素 C 的含量高于其他主食面包。

（4）**俄式面包**　俄式面包以小麦粉面包为主，也有部分燕麦面包。个头较大，形状有圆形或梭子形等。表皮硬而脆，冷后发韧，酸度较大。

（5）**英式面包**　多数英式面包采用一次发酵法制成，发酵程度较小，典型的产品是夹肉、蛋、菜的三明治。

（6）**美式面包**　美式面包以长方形白面包为主，松软，弹性足。

6. 按原料种类分类

面包按原料种类不同可分为白面包、全麦面包、裸麦面包、杂粮面包、水果面包、奶油面包、调理面包等。

（1）**白面包**　白面包是以高筋面粉为主要原料制作而成的一类面包。

（2）**全麦面包**　全麦面包是指用没有去掉外面麸皮和麦胚的全麦面粉制作的面包，区别于用精粉（即麦粒去掉麸皮及富含营养的皮下有色部分后磨制的面粉）制作的一般面包。营养价值比白面包高，含有丰富的粗纤维、维生素 E 以及锌、钾等矿物质，在国外很流行，B 族维生素丰富，微生物特别喜欢它，所以比普通面包更容易生霉变质。

（3）**裸麦面包**　裸麦面包又称黑麦面包，裸麦又称黑麦，裸麦面粉也就是黑麦面粉，裸麦面粉是由裸麦磨制而成，因其蛋白质成分与小麦不同，不含有面筋（面筋是面粉中的蛋白质，也是决定面粉品质的主要因素），多与高筋小麦粉混合使用。

7. 按口味分类

面包按口味不同可分为甜面包、咸面包和淡面包。

（1）**甜面包**　甜面包配方中含糖量较高，一般为面粉的 14% ~ 20%。甜面包中其他高成分材料（如蛋、油脂等）的添加量也较高，因此具有口感香甜、组织柔软、富有弹性等特点。

（2）**咸面包**　咸面包中盐添加量较高，一般为面粉的 1.7% ~ 2.2%。配方中糖、油、蛋的含量较低，其他辅料也较少，因而咸面包多做成硬质面包或脆皮面包，软质面包和松质面包较少。

（3）淡面包　淡面包的口味不甜也不咸，多作为主食面包。

（二）蛋糕

蛋糕（Cake）是以鸡蛋、糖、油脂、面粉为主料，配以奶酪、巧克力、果仁等辅料，经一系列加工制成的具有浓郁蛋香、质地松软或酥散的制品。蛋糕与其他西点的主要区别在于蛋的用量较多，糖和油脂的用量也较多。蛋糕制作中，原辅料混合的最终形式不是面团而是含水较多的浆料（亦称面糊、蛋糊）。浆料装入一定形状的模具或烤盘中，烘焙后制成各种形状的蛋糕。蛋糕可以分为乳沫类蛋糕、面糊类蛋糕和戚风类蛋糕三大类，它们是各类蛋糕制作和品种变化的基础。

1. 海绵蛋糕

海绵蛋糕（Sponge Cake）又称乳沫类蛋糕（Foam Cake），因其组织结构类似多孔的海绵而得名，国内称为清蛋糕。海绵蛋糕一般不加油脂或仅加少量油脂。它充分利用了鸡蛋的发泡性，与油脂蛋糕和其他西点相比，具有更突出的、更致密的气泡结构，质地松软而富有弹性。乳沫类蛋糕根据使用鸡蛋成分的不同可分为蛋白类、蛋黄类和全蛋类。蛋白类乳沫蛋糕主要有天使蛋糕，蛋黄类乳沫蛋糕主要有虎皮蛋糕，全蛋类乳沫蛋糕主要有海绵蛋糕、瑞士卷、乳化海绵蛋糕等。

2. 戚风蛋糕

戚风蛋糕（Chiffon Cake）是采用分蛋搅拌法，即蛋白与蛋黄分开搅打后再混合而制成的一种海绵蛋糕。通过蛋黄面糊和蛋白泡沫两种性质的面糊的混合，从而达到改善戚风类蛋糕的组织和颗粒状态的作用，其质地非常松软，柔软性好。此外，戚风蛋糕水分含量高，口感滋润嫩爽，存放时不易发干，且蛋糕风味突出，因而特别适合高档卷筒蛋糕及鲜奶油装饰的蛋糕坯。

3. 油脂蛋糕

油脂蛋糕（Butter Cake）又称黄油蛋糕、面糊类蛋糕，是一类在配方中加入较多固体油脂，主要利用油脂的充气性膨松的蛋糕。其弹性和柔软性不如海绵蛋糕，但质地酥散、滋润，带有奶油的香味，且具有较长的保存期。奶油蛋糕有重奶油蛋糕和轻奶油蛋糕之分。其区别主要在组织结构上，前者组织紧密，颗粒细小；后者组织疏松，颗粒粗糙。前者用油量较大，膨松主要依靠油脂的作用；后者的膨松既有油脂的作用，又有膨松剂的作用。

4. 乳酪蛋糕

乳酪蛋糕（Cheese Cake）又称奶酪蛋糕、芝士蛋糕，是以乳酪为主要原料制作的一类蛋糕。与海绵蛋糕、戚风蛋糕和油脂蛋糕相比，乳酪蛋糕具有浓郁的乳酪香味，营养价值较高，而且可以通过不同的制作方法变化出不同的口感。乳酪蛋糕按制作方法的不同可分为烤制型和冻制型两种乳酪蛋糕；按乳酪含量的不同可以分为轻乳酪蛋糕和重乳酪蛋糕。

5. 慕斯蛋糕

慕斯是一种冷冻式的甜点，是在打发的奶油或蛋清中加入凝固剂，经冷冻后制成的一种凝冻式的甜点，可以直接吃，也可以做蛋糕夹层。慕斯蛋糕（Mousse Cake）就是在蛋糕上加上慕斯浆料，经冷冻制成的风味独特，造型精美，口感清凉爽滑的一类蛋糕。慕斯蛋糕具有口味纯正、自然清新、不油腻、口感细腻的特点，因此适合各种年龄层次的人。

（三）饼干

饼干（Biscuit）是以小麦粉、糖、油脂、膨松剂等为主要原料，经面团调制、辊压、成型、烘烤等工序制成的一类方便食品。饼干是除面包外生产规模最大的焙烤食品。饼干一词来源于法国，称为 Biscuit。法语中 Biscuit 的意思是再次烘烤的面包的意思，所以至今还有的国家把发酵饼干称为干面包。饼干这一名称在国外有多种叫法，如法国、英国、德国等称为 Biscuit，美国称为 Cookie，日本将辅料少的饼干称为 Biscuit，把脂肪、奶油、蛋品和糖类等辅料较多的饼干称为 Cookie。饼干的其他称呼还有 Cracker、Puff Pastry（千层酥）、Pie（派）等。

饼干具有口感酥松、营养丰富、水分含量少、体积轻、块形完整、便于携带和储存等优点。饼干的花色品种很多，要将饼干严格分类是颇为困难的，通常按制作工艺特点可把饼干分为五大类：酥性饼干、韧性饼干、苏打饼干、千层酥类和其他深加工饼干。

1. 酥性饼干

酥性饼干（Cookies）是以小麦粉、糖类、油脂为主要原料，加入膨松剂与其他辅料，经调粉、辊压、成型、烘烤等工艺制成的酥松点心。酥性饼干在调制面团时，糖和油脂的用量较多，而加水量较少。在调制面团时搅拌时间较短，尽量不使面筋过多地形成，常用凸花无针孔印模成型。成品酥松，一般感觉较厚重，常见的品种有甜饼干、葱香饼干、蛋酥饼干、挤花饼干、小甜饼、酥饼等。

2. 韧性饼干

韧性饼干（Hard Biscuit）是以小麦粉、糖类、油脂为主要原料，加入疏松剂、改良剂与其他辅料，经热粉工艺调粉、辊压、辊切或冲印、烘烤制成的造型多样的食品。韧性饼干所用原料中，油脂和砂糖的用量较少，因而在调制面团时，容易形成面筋，调制面团一般需要较长时间，采用辊压的方法对面团进行延展整形，切成薄片状烘烤。由于这样的加工方法，可形成层状的面筋组织，所以焙烤后的饼干断面是比较整齐的层状结构。为了防止表面起泡，通常在成型时要用针孔凹花印模。成品外观光滑，表面平整，一般有针眼，断面有层次，口感松脆，容重轻。常见的品种有动物饼干、什锦饼干、玩具饼干、牛奶饼干、香草饼干、大圆饼干等。

3. 苏打饼干

苏打饼干（Soda Cracker）的制作特点是先在一部分小麦粉中加入酵母，然后调成面团，经较长时间发酵后加入其余小麦粉，再经短时间发酵后整形，烘烤而成的一种饼干。苏打饼干可分为甜苏打饼干和咸苏打饼干两种。

4. 其他类饼干

除上述三种饼干外，还有其他类的一些饼干，如威化饼干、杏元饼干、蛋卷、夹心饼干、巧克力饼干等，以及用上述饼干夹上馅心制成的夹心饼干，或在表面涂上巧克力、糖霜等装饰制成的装饰饼干等。夹心饼干所夹馅料一般是淡奶油、果酱等，作为一种高级饼干发展较快。

（四）西式点心

西式点心（Pastry）品种非常丰富，包括油酥类、起酥类、泡芙、布丁和冷冻甜点等几大类。

1. 油酥类点心

油酥类点心（Short Pastry）是以面粉、奶油、糖等为主要原料（有的需要添加疏松剂），调制成面团，经擀制、成型、成熟、装饰等工艺而制成的一类酥松、无层次的点心，国内称为混酥或松酥。甜酥点心主要包括派、塔和其他油酥点心。

派俗称馅饼，有单皮派和双皮派之分。塔是欧洲人对派的称呼。派多为双皮，并且是切成块状的，塔多用于单皮的馅饼，或者比较薄的双皮圆派，或者整只小圆形或其他各种形状（椭圆形、船形、带圆角的长方形等）的派。

2. 起酥类点心

起酥类点心（Puff Pastry）又称帕夫点心，在中国称为清酥点心，是一类主要的传统西式点心。起酥点心具有独特的酥层结构，通过用水调面团包裹油脂，经反复擀制折叠，形成了一层面与一层油交替排列的多层结构，制成品具有体轻、分层、酥松而爽口的特点。

3. 泡芙

泡芙（Puff）又称空心饼，是将奶油、水和牛奶煮沸后，加入面粉烫透，稍冷却后分批搅入鸡蛋制成的面糊，通过挤注成型，烘焙或油炸而制成的空心酥脆点心，内部夹入各种馅心可制成不同风味的泡芙。

4. 布丁

布丁（Pudding）是以淀粉、油脂、糖、牛奶和鸡蛋为主要原料，搅拌呈糊状，经过水煮、蒸或烤等不同方法制成的甜点。

5. 冷冻甜点

冷冻甜点（Frozen Dessert）是通过冷冻成型的甜点总称，种类繁多，口味独特，造型各异，主要的类型有果冻、慕斯和冰激凌等。

二、西点的特点

（一）用料考究、配方标准

在现代西点制作中，不同品种的面坯、馅心、装饰、点缀等用料都有各自的选料标准，各种原料之间都有着恰当的比例，而且大多数原料要求称量准确。

（二）营养丰富

西点中大量使用了乳品、蛋品、干鲜果品、巧克力等原料，营养较丰富。

（三）工艺特点

采用标准化、机械化、自动化和批量化的生产方式。以烘焙为主要的成熟方式，讲究造型和装饰。

（四）风味特点

西点区别于中式点心的最突出特征是使用的油脂是奶油，乳品和巧克力使用的也很多。西点带有浓郁的奶香味和巧克力的特殊风味。水果与果仁在制品中的大量使用是西点的另一重要特色。水果在装饰上的拼摆和点缀，给人以清新而鲜美的感觉。由于水果与奶油配合，清淡与浓重相得益彰，吃起来油而不腻，甜中带酸，别有风味。果仁烤后香脆可口，在外观与风味上也为西点增色不少。

第三节　西点的地位与发展概况

西点在西方人的生活中占有重要地位，充分体现了西方饮食文化的特色和西方人的饮食习惯。

一、西点在西方饮食中的作用

（一）主食

西点在西方饮食中占有非常重要的地位，作为主食的面包在西方人的一日三餐中几乎每餐都有。早餐面包通常是涂有果酱和奶油的烤面包片；主食面包多为咸面包，如法国人喜欢的棍式脆皮咸面包，完全不含糖；正餐中的面包常随汤一起吃。由于西方生活的快节奏，人们的午餐十分简单，夹有蔬菜、鸡蛋、奶酪或火腿肠的三明治，成为不少人午餐的主要食品。

在西方国家，甜点（Dessert）是人们每日饮食中不可缺少的部分，在正餐中最后的一道菜通常是甜点。无论是在餐馆进餐，还是在家庭、学校和工厂的食堂，餐后甜点都是不可或缺的。

（二）茶点

喝下午茶是西方人，特别是英国人传统的生活习惯。在英国，18世纪即开始形成饮茶的风气，饮茶似乎成了一项国家的休闲活动，并沿袭至今。传统的午茶时间是下午4点，与午茶相伴的有各种花式糕点，因此一类专供午茶享用的点心，即午茶点心，也随之产生。然而今天，对属于西方很多上班族来说，已不在家中用午茶，而是在工休时间饮茶或咖啡。

（三）节日喜庆糕点

世界上许多国家都有为节日和喜庆之事而制作糕点的习惯。就像我国的"端午"粽子、"中秋"月饼一样，在西方，不同的节日也有相应的节日糕点。这些节日大多是与宗教有关的，其中最重要的是圣诞节，其次是复活节。如圣诞节的圣诞蛋糕、南瓜派、圣诞大面包、复活节的水果蛋糕等。

除节日糕点外，西方人每逢婚礼、生日等喜事也要制作喜庆蛋糕表示祝贺。喜庆蛋糕中最著名的要算英国的婚礼蛋糕。英国的婚礼蛋糕似乎是最恪守传统样式的，即有一定的配方、制作方法和装饰风格。近年来，欧美其他国家在这方面则表现出更多的灵活性，人们可以选择任何一种他们喜爱的蛋糕作为节日喜庆蛋糕，并可以由自己来随意装饰。

二、现代西点的发展趋势

（一）烘焙原料专业化和食品添加剂的开发利用

原料专业化是指烘焙食品原料，特别是面粉和油脂的分类更细、种类更多，以适应不同品种的需要；另一方面也要求制作者根据不同品种的特点正确选择相应的原料。烘焙类食品添加剂的开发、生产和应用，目前在国外已成为现代食品生产中最富有活力的领域。食品添加剂能显著改善生产工艺条件，改善产品色泽、质地、风味等品质，此外，还具有保鲜、防止产品变质、强化营养价值等多方面的作用，从而为厂家和商家带来巨大的经济效益。

（二）烘焙中间产品商品化

目前，国内烘焙食品中的一些中间产品，包括面坯、馅料、装饰料等，甚至面团和浆料已成为商品在市场上销售，为烘焙食品制作带来了极大的方便。例如，装在塑料瓶中的奶油膏、果膏、速溶吉士粉、果冻粉、冰激凌粉等，各种面包预混粉、蛋糕预拌粉则只需加入一定量的水等湿性原料调制成面团和浆料便可入炉烘焙。甜酥类和混酥类面团可直接用来擀制成型，省去了调制面团的工序。

（三）保健烘焙食品

由于西方高糖、高脂等饮食习惯对人们健康造成的威胁，一股追求健康、天然食品的热潮正在欧美国家兴起。低糖、低脂即无添加剂的烘焙食品风靡市场，随之也带来了烘焙食品清淡化的趋势。添加大豆蛋白粉、麸皮、燕麦粉、花粉等高蛋白和富含纤维素、矿物质的营养保健面包已面世。另外营养保健也是烘焙业发展的一个主要趋势。

（四）冷冻烘焙食品

随着速冻技术的发展，在 20 世纪 80 年代冷冻烘焙食品也得到了快速的发展。面包、蛋糕和各类点心经过冷冻后具有较长的保质期，方便了销售和运输。经冷冻后的面团可以由工厂运往零售店和客户手中，用户可以随时按需要解冻烘焙，制作出新鲜的产品。冷冻烘焙食品的发展，实现了烘焙行业规模化生产，连锁化经营，降低了生产成本，同时也延长了产品的货架期、提高了新鲜度。

近年来，我国的焙烤食品行业发展迅速，面包和蛋糕已经成为人们一日三餐中的主要食品之一。但与西方国家相比，我国对焙烤食品的研究还不够深入，生产机械化和自动化水平还不够高。

思考题

一、填空

1. 面包最早是在 6000 年前的 _____ 时代，_____ 已有用谷物制作的类似面包的食品。

2. 西点按口味不同可分为 _____ 和 _____ 两种，按食用时的温度不同可分为 _____、_____ 和 _____ 三种。

3. 面包按用途不同可分为 _____、_____、_____ 和 _____ 等，按成型方法不同可分为 _____ 和 _____ 两种。

4. 面包按质地不同可分为 _____、_____、_____ 和 _____ 四种。

5. 饼干按其制作工艺不同可分为 _____、_____、_____、_____ 和 _____ 。

6. 西点在西方饮食中的作用包括 _____、_____、_____。

二、名词解释

1. 西点

2. 面包

3. 软式面包

4. 硬式面包

5. 松质面包

6. 蛋糕

7. 乳沫类蛋糕

8. 油脂蛋糕

9. 饼干

10. 油酥类点心

11. 起酥类点心

三、选择题

1. 下列属于硬式面包的是 _____。

A. 全麦面包　　B. 甜面包　　　　C. 可颂面包　　　　D. 法国面包

2. 下列属于乳沫类蛋糕的是 _____。

A. 玛芬蛋糕　　B. 英式水果蛋糕　C. 布朗尼　　　　D. 海绵蛋糕杯

3. 下列属于面糊类蛋糕的是 _____。

A. 玛芬蛋糕　　B. 天使蛋糕　　　C. 虎皮卷　　　　D. 海绵蛋糕杯

四、简答题

1. 简述《西点工艺》这门课程的主要学习内容。

2. 西点的定义是什么？

3. 简述西点的发展过程。

4. 按传统分类方法西点可以分为哪几类？

5. 面包按质地可分为哪几类？各有何特点？

6. 蛋糕根据其使用的原料、搅拌方法和面糊性质一般可以分为哪几种？

7. 常见的饼干可分为哪几类？各有何特点？

8. 西式点心主要有哪几种类型？

9. 西点在西方饮食中的作用有哪些？

五、论述题

1. 论述西点在西方饮食中的地位。

2. 论述现代西点的特点和发展趋势。

第二章

西点设备与器具

本章内容： 西点常用机械与设备

西点常用器具

教学时间： 2 课时

教学方式： 教师讲解西点设备和器具的相关知识，并现场学习各类设备的使用方法。

教学要求： 1. 了解西点常用机械设备的种类及原理。

2. 学会各种西点常用机械设备的使用方法。

3. 熟悉各种常用西点机械设备的日常维护和保养方法。

4. 熟悉各类西点常用器具的使用方法。

课前准备： 阅读食品机械设备方面的书籍，并在网上查阅各类西点设备和器具的资料。

第一节　西点常用机械与设备

一、辅助设备

（一）工作台

工作台是完成和面、调料、擀皮、成型等面点制作工序的操作台，是西点制作的必备设备。工作台按其材料和用途不同，可分为木板工作台、不锈钢工作台和石板工作台三种。

1. 木板工作台

木板工作台又称面案、案板、面台等，一般选择质地坚硬且无气味的木材制成，表面平整光滑、无缝隙，厚度一般为 3.3cm 左右。案板具有一定的摩擦力，适用于面包搓圆、成型等操作，但夏季应保持干燥，否则易发霉。

2. 不锈钢工作台

不锈钢工作台具有坚固耐用，美观卫生，易于清洁的特点，但摩擦小，面点成型时易打滑。

3. 石板工作台

石板工作台又称石案，台面由磨光石和大理石台板制成，表面光滑平整、坚固耐用、易于清洁，是糖艺操作和巧克力制作的必备设备。其大小和尺寸根据厨房面积而定。

（二）洗涤槽

洗涤槽一般由不锈钢材料制成，或用砖砌瓷砖贴面而成，主要用于清洗原料，洗涤用具等。

（三）冷藏冷冻箱

冷藏冷冻箱是烘焙行业的必备设备，分为冰箱、冰柜以及可进入式冷藏冷冻室。冷藏冷冻设备由压缩机、冷凝器、电子控温组件及箱体等构成，主要用于对面点原料、半成品或成品进行冷藏保鲜或冷冻加工。

（四）展示柜

展示柜主要用于成品的展示和保鲜、保质，有常温展示柜、冷藏展示柜和冷冻展示柜，分别用于不同性质的产品展示。面包、饼干和西式点心一般采用常温展示柜，而奶油蛋糕、慕斯等需要用冷藏展示柜盛放，如图 2-1 所示。

（五）烤盘车

烤盘车又称烤盘架子车，主要用于烘烤完成后产品冷却和烤盘的放置，如图 2-2 所示。

图 2-1　冷藏展示柜

图 2-2　烤盘车

二、原料混合设备

（一）和面机

和面机（Kneader）又称调粉机、混合机，一般由机架、搅拌缸、传动装置、搅拌器、翻转机构、控制部分等组成。在西点加工中，和面机主要用来调制各种不同性质的面团，广泛应用于面包、饼干、糕点类食品的生产。

面食的种类不同，所需的面团性质也不同。面团一般可分为液体面浆、韧性面团、酥性面团、水调性面团等。液体面浆其中含有较多的水分和多种配料，调和过程常常伴有充气及乳化等操作；液体面浆主要用于制作威化食品、蛋糕类面点。酥性面团中含有较多油脂，塑性较大，弹性较小，面筋量少，常用于制作酥性饼干等食品。韧性面团的延伸性较强，弹性塑性适度，一般用于制作韧性饼干等食品。水调性面团中面筋含量高，具有一定的弹性和塑性，适用于制作面包和清酥点心。和面机的主要工作过程是搅拌器的搅拌运动。首先将干粉颗粒比较均匀地与液体物料结合，形成胶体状非规则的小颗粒，然后相互结合，逐步形成若干分散的大团块。由于搅拌器的折叠、压延、拉伸及揉和等操作，大团块扩展而被调制成表面光滑，且具有一定延伸性、弹性及柔性的整体面团。如果继续操作，搅拌器则会切断面筋，反而使面团弹性下降。因此，和面机的调和作用除加速混合外，还有着控制面团面筋含量的功能。

和面机一般分为立式（图 2-3）和卧式（图 2-4）两种，以搅拌轴的垂直与水平来区分。和面机搅拌器（绞笼）的形状有 Z 形、C 形、桨叶形、滚笼式、叶片式、花环式、椭圆式等，如图 2-5 所示。不同性质的和面机适用于不同性质的面团，见表2-1。

图2-3　立式和面机外形图　　　　图2-4　卧式和面机外形图

图2-5　Z形和C形绞笼

表2-1　不同性质的面团对和面机的要求

面团种类	用途	搅拌器形状	搅拌器速度
水性面团	面包、饼干、清酥	花环式、椭圆式	低速
液体面浆	杏元饼干、蛋糕	叶片式	高速
酥性面团	酥性饼干、派皮	桨叶式	中低速
韧性面团	韧性饼干	桨叶式	中低速

（二）多功能搅拌机

多功能搅拌机又称打蛋机，是一种转速较高的搅拌机。搅拌机操作时，通过搅拌桨的高速旋转，强制搅打，使被调和物料间充分接触，剧烈摩擦，从而实现对物料的混合、乳化和充气等。

一般使用的多功能搅拌机为立式，由搅拌器、搅拌缸、传动装置、容器升降机件等部分组成，如图2-6所示。

（三）台式小型搅拌机

台式小型搅拌机（图2-7）适用于搅拌鲜奶油或量较少的浆料、面糊等。

图 2-6　多功能搅拌机外形图　　　　图 2-7　台式小型搅拌机外形图

三、西点辊压设备

起酥机是西点辊压设备的一种，是用于各类面包、西式点心和饼干整形以及酥皮糕点起酥的专用设备。分为落地式（图 2-8）和桌上式（图 2-9）两种。它代替了手工用擀面杖在擀压面团的工作，具有碾压和拉伸的双重作用，具有碾压量大，速度快，可来回碾压，可调节碾压厚度，且碾压出的面皮厚薄均匀的特点。

图 2-8　落地式起酥机外形图　　　　图 2-9　桌上式起酥机外形图

四、西点成型设备

（一）分割搓圆机

分割搓圆机是将面团进行均匀分割后，再将这些形状不规则的小面剂子进行搓圆处理的设备，其外形图如图 2-10 所示。搓圆机常与其他配套设备组成面包生产线。

（二）面包整形机

面包整形机是将分割搓圆后的面剂子，进行压片并卷紧制成棍形，其外形图如图 2-11 所示。面包整形机常与其配套设备组成面包生产线。

（三）法棍整形机

法棍整形机用于法式面包的成型，是将搓圆后的剂子压片，并卷制成棍形，其外形图如图 2-12 所示。

图 2-10　分割搓圆机外形图　图 2-11　面包整形机外形图　图 2-12　法棍整形机外形图

五、醒发箱

醒发箱又称发酵箱，是面包基本发酵和最后醒发使用的设备，能调节和控制温度和湿度，操作简便。醒发箱可分为普通电热醒发箱（图 2-13）、全自动控温控湿醒发箱（图 2-14）和冷冻醒发箱（图 2-15）。冷冻醒发箱的温度控制范围在 1 ～ 40℃，适用于丹麦面包的制作，以及面包的长时间发酵等。

图 2-13　普通电热醒发箱外　　图 2-14　全自动控温控　　图 2-15　冷冻醒发
　　　形图　　　　　　　　　湿醒发箱外形图　　　　　　箱外形图

六、加热设备

（一）烤箱

烤箱又称烤炉、烘箱、烘炉、焗炉等，是指用热空气烘烤来使食品成熟的一种加热烹调装置。烤箱按热源种类不同可分为煤烤炉、煤气烤炉和电烤炉等；按结构形式可分为层烤炉（图 2-16）、热风炉（图 2-17）和隧道炉（图 2-18）；按食品的运动形式可分为烤盘固定式箱式炉和旋转炉等。

图 2-16　层烤炉外形图　　图 2-17　热风烤炉外形图　　图 2-18　隧道式烤炉外形图

一般烤箱（Oven）在快餐业生产中使用很普遍，常用来烘烤面包、鸡肉、鱼类等食物。普通烤箱按能源可分为电气式（远红外线、电磁式）、燃气式两种，由加热系统、箱体、温度控制系统等部分组成。烘烤箱的关键就是加热器的形式、燃烧室与烤炉分开、分成多级单独烤炉结构、利用热风循环系统及温度自动控制。

（二）万能蒸烤箱

万能蒸烤箱（Almighty Steam Oven）具有蒸、烤、烘、焙、焖、烫、炖、煮、泡等加热功能，可以将繁复的烹调方法通过最基本的三种功能，变成十分简单的操作，并能达到最佳效果。

万能蒸烤箱有电气式和燃气式两种形式。一般由外表箱体、电加热器或燃气热转换加热器、炉体、离心油脂分离装置、自动转向风扇叶轮、内置式排气管道、安全废水装置、多功能烤炉架、双层密封玻璃门、智能清洁系统、CPC中央控制仪、IQT 智能逻辑传感器等部分组成。

CPC 中央控制仪是万能蒸烤箱的智能控制中心，能非常精确地测量和控制烹调食物所需的理想温度和湿度（即烹饪气候环境）。烹饪食物时，当烤箱内环境过于干燥时，湿气会被自动注入；当蒸烤箱内的湿度很高时，过多的水分会被抽出。无论温度和湿度，全部由中央控制仪自动测量和调整。所以，CPC中央控制仪比人工操作更能精确地控制食物的加热参数。其工作过程可分为三个基本烹饪程序。

1. 蒸汽烹调

在蒸煮食物的时候，所需的热能全靠蒸汽提供。为确保烹调效果良好，最重要的一点是由始至终都要使炉子内充满适中的蒸汽。CPC 能快速反应，加入新鲜的蒸汽，并根据烹调过程和食物的分量进行调节，为炉内提供最佳的烹调环境条件。

2. 结合热风和蒸汽烹调

CPC 能同时结合热风和蒸汽来烹调食物，最与众不同的地方是利用先进的技术可以控制热风和蒸汽的比例。当食物的水分流失过多，CPC 会自动提高蒸汽的量。反之，CPC 会把蒸汽减少，同时把多余的水分排出炉外。

3. 热风烹调

热风烹调方式使炉内保持恰当的湿度，烹煮出来的菜肴能够很好控制菜肴中的水分，并且把多余的水分排出。

第二节　西点常用器具

一、量具

量具用于西点固体、液体原辅料及成品重量的量取，以及体积衡量等。

（一）磅秤

磅秤又称盘秤、台秤（图 2-19），属于弹簧秤，使用前应先归零。根据其最大称量量，有 1kg、2kg、4kg 和 8kg 等之分，最小刻度分量为 5g。台秤主要用于西点原辅料和西点成品分量的称量。

（二）电子秤

电子秤是装有电子装置，利用重量传感器将物体重力转换成电压或电流的模拟信号，经过放大和滤波处理后，转换成数字信号，再由中央处理器运算处理，最后由显示屏以数字形式显示得出物体质量的计量仪器。按照规格不同可分为小型电子秤（图 2-20）和中型电子秤（图 2-21）。

（三）量杯

量杯（图 2-22）主要用于液体的量取，如水、油等，量取方法简单，快捷准确。其材质有玻璃、铝制、塑胶制品等。

（四）量匙

量匙（图 2-23）专用于少量材料的称取，特别是干性原料。量匙通常由大小不同的四个量匙组合成一套，分大量匙、茶匙、1/2 茶匙和 1/4 茶匙。1 大量匙 =3 茶匙。

图 2-19 磅秤

图 2-20 小电子秤

图 2-21 电子秤

图 2-22 量杯

图 2-23 量匙

二、辅助用具

①面粉筛：面粉筛又称面筛、粉筛、筛网（图 2-24），主要用于干性原料的过筛，去除粉料中的杂质，使粉料膨松，通过过筛还可使原料粗细均匀。

②擀面杖：擀面杖由细质木料制成，以檀木或枣木为佳，有大、中、小之分。用于面包的成型、卷瑞士卷、起酥点心的起酥操作等，如图 2-25 所示。

③通心槌：通心槌又称走槌（图 2-26），由槌体和手柄两部分组成，其槌体是一通心筒，呈圆柱形，筒体长约 28cm，径宽约 8cm，孔径一般约 2.5cm，用于一般面坯料的压延制皮。

图 2-24 面粉筛

图 2-25 擀面杖

图 2-26 通心槌

三、刀具

刀具是面点生产中用于原料加工和切割成型的器具。传统的刀具种类较多，形状各异，按形状和用途可分为切刀、锯齿刀、刮刀、抹刀、轮刀、芝士刀、牛角面包刀、伸缩式面团切割器、拉网刀、针车轮、剪刀等（图 2-27）。刀具一般用薄钢板和不锈钢制成，不同形状的刀具用途也不同。

①切刀：形式多样，一般以长条形多见，长约40cm，宽为5cm。应用范围较广，常用于切坯子、条块、馅料和批制裱花蛋糕等［图2-27（a）］。

②锯齿刀：又称面包刀，外形似锯子，刀身较长，长约40cm，宽约3.5cm。用于切蛋糕坯料或面包等［图2-27（b）］。

③刮刀：用薄铁皮做成，常用于拌粉刮料和清理台板［图2-27（c）］。

④抹刀：蛋糕裱花的必备工具，用于将奶油抹平［图2-27（d）］。

⑤轮刀：由直径约13cm的圆形刀片穿固在一铁轴上组成，用于条面坯的切割和比萨饼的分割［图2-27（e）］。

⑥芝士刀：刀片中心有洞，是切割芝士的专用工具［图2-27（f）］。

⑦牛角面包刀：是用于切割牛角面包面团的专用刀具［图2-27（g）］。

⑧伸缩式面团切割器：用于长方形或方形面团的分割［图2-27（h）］。

⑨拉网刀：用于面团的拉网打孔［图2-27（i）］。

⑩针车轮：用于苏打饼干、派皮等的打孔［图2-27（j）］。

⑪剪刀：用于剪碎物料，或剪裱花袋的口等［图2-27（k）］。

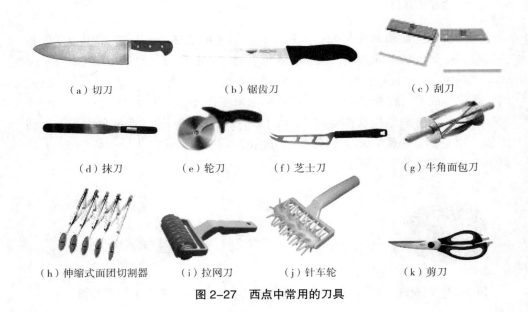

| （a）切刀 | （b）锯齿刀 | （c）刮刀 |

| （d）抹刀 | （e）轮刀 | （f）芝士刀 | （g）牛角面包刀 |

| （h）伸缩式面团切割器 | （i）拉网刀 | （j）针车轮 | （k）剪刀 |

图2-27　西点中常用的刀具

四、成熟用具

（一）烤盘

烤盘又称烘板，是烘焙的必备器具，是用于盛装生坯入炉烘烤的容器。烤盘呈长方形，常见规格为60cm×40cm，其材料有黑色低碳软铁皮、白铁皮和铝合金等，有的经过特氟龙和硅胶处理后具有不粘效果，其厚度一般在0.75 ~ 0.8mm。烤盘根据其用途分为普通烤盘、汉堡包烤盘、法棍烤盘和蛋糕烤盘等，如图2-28所示。

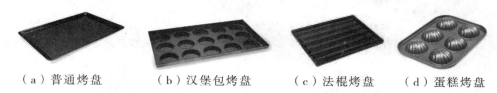

（a）普通烤盘　　　（b）汉堡包烤盘　　　（c）法棍烤盘　　　（d）蛋糕烤盘

图2-28　烤盘

（二）吐司模具

吐司模具是专门用于制作吐司面包的烘烤模具，一般为长方体形，分带盖和不带盖两种（图2-29）。按照制作材料的差异又分为普通吐司模具和不粘吐司模具，常见的规格有450g、600g、750g和1000g等。

图2-29　吐司模具

（三）蛋糕模具

蛋糕模具主要用于各类蛋糕的成型与烘烤，分为普通的和活底的两种。按照材质不同可分为铝合金蛋糕模、不锈钢蛋糕模、不粘蛋糕模及纸模等。蛋糕模形状较多，包括圆形、心形、中央空心形、花形、柠檬性、贝壳形、船形等，如图2-30所示。

（四）比萨盘

一般为圆形的浅盘，常用的材质有不锈钢、铝合金和不粘盘等，如图2-31所示。

（五）塔模和派盘

派盘较大，一般做成活底，有圆形、菊花形和异形等，塔模较小，形状有圆形、船形和菊花形等，如图2-31所示。

（a）活底蛋糕模　　　（b）心形蛋糕模　　　（c）中央空心形蛋糕模

（d）花形小蛋糕模　　　　（e）柠檬形蛋糕模

图 2-30　蛋糕模具

（a）圆形派盘（比萨盘）（b）菊花派盘　（c）心形派盘　（d）菊花塔模　（e）船形塔模

图 2-31　比萨盘、塔模和派模

五、成型工具

（一）模具

模具是指在西点生产工艺中，用填料按压、挤注或浆料浇注等方法使西点成为一定规格和形成各种图案形状的工具。模具可分为活动模和固定模；按材质分有金属模和非金属模两大类。

1. 金属模

金属模包括铁皮模、铜皮模、不锈钢模、铝皮模，如图 2-32 所示。其特点是耐热处理，可加热。在使用时一般采用浇注成型、按压成型和缠绕成型，如各种烘烤盘、派盘、蛋挞模、裱花、蛋糕箍环、按压模、缠绕模和浇注模等。

（a）菊花印模　　　（b）慕斯圈　　　（c）心形慕斯圈　　　（d）饼干印模

图 2-32　各类金属模具

2．非金属模

非金属模包括硅胶模、木模、纸模、塑料膜等（图2-33）。其中有的是用于刻印成型，有的可以灌注浆料用于烘烤成型，如耐热硅胶模具。按照模具的特点又可分单眼模和多眼模。

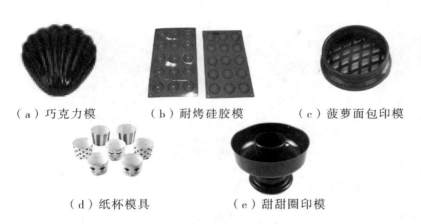

（a）巧克力模　　　（b）耐烤硅胶模　　　（c）菠萝面包印模

（d）纸杯模具　　　　（e）甜甜圈印模

图2-33　各类非金属模具

（二）裱花工具

裱花工具包括了裱花袋、裱花嘴、橡皮刮刀、塑料刮板、转台、裱花棒和蛋糕脱模器等，如图2-34所示。

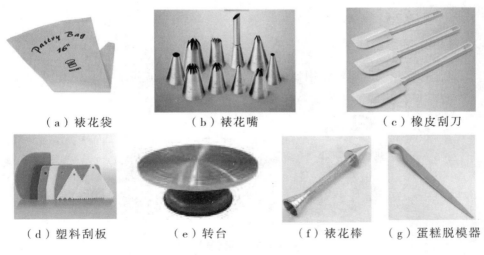

（a）裱花袋　　　（b）裱花嘴　　　（c）橡皮刮刀

（d）塑料刮板　　（e）转台　　（f）裱花棒　　（g）蛋糕脱模器

图2-34　各类裱花工具

六、其他用具

（一）散热用具

散热用具包括蛋糕倒立架、散热网等，如图 2-35 所示。

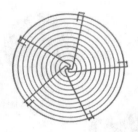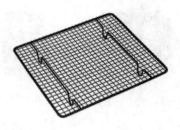

图 2-35　散热用具

（二）耐热手套

耐热手套采用耐热材料制成，中间夹入棉花等，主要用于从烤箱中取出烘烤的烤盘、模具等高温物品。使用时应经常检查手套的完整性，防止损坏引起烫伤。

（三）食品夹

在西点的销售环节，为了便于顾客挑选，一般需要食品夹，用于夹取面包、蛋糕和糕点等。

（四）多层蛋糕架

在制作多层蛋糕时需要用到多层蛋糕架，如图 2-36 所示。

图 2-36　多层蛋糕架

思考题

一、填空

1. 按热源种类，烤箱可分为 _____、_____ 和 _____ 等。

2. 和面机又称调粉机，一般由 _____、_____、_____、_____、_____、_____ 等组成。

二、名词解释

1. 醒发箱

2. 搅拌机

3. 烤箱

4. 醒发箱

5. 起酥机

6. 分割搓圆机

7. 面包整形机

8. 法棍整形机

9. 烤盘

三、选择题

1. 面包刀是指下列哪种刀具（   ）。

A. 光刀　　　　B. 锯齿刀　　　　C. 铲刀　　　　D. 轮刀

2. 调制酥性饼干面团时一般采用（   ）搅拌桨。

A. 拍式　　　　B. 筐式　　　　C. 钩式　　　　D. 花环式

3. 制作乳沫类蛋糕时时一般采用（   ）搅拌桨打发蛋液。

A. 拍式　　　　B. 筐式　　　　C. 钩式　　　　D. 花环式

四、判断改错（每题 2 分）

1. 新购置的普通烤盘（烤模）在使用前洗干净就可以用了。（   ）

2. 对设备进行维护保养时不需要切断电源。（   ）

3. 搅拌面包面团时可以使用钩式搅拌桨。（   ）

4. 新买来的烤盘洗干净就可以使用了。（   ）

5. 醒发箱是用电加热水槽中的水，从而产生热量和水蒸气。（   ）

五、简答题（每题 5 分）

1. 西点制作时常用的机械设备有哪些？

2. 和面机在使用时的注意事项有哪些？

3. 烤箱在使用时应注意哪些问题？

4. 常用的面包整形设备有哪些？

5. 西点制作时常用的器具有哪几类？

6. 新购置的烤盘应做怎样的处理？

7. 烘烤设备的保养主要有哪些？

8. 电冰箱（柜）在使用中须注意哪几个方面的问题？

第三章

西点原辅料

本章内容： 面粉

糖和糖浆

乳及乳制品

蛋及蛋制品

油脂

水

酵母

巧克力及可可粉

食品添加剂

其他调辅料

教学时间： 8 课时

教学方式： 由教师讲述西点原料的相关知识，运用恰当的方法阐述各类西点原料的特点。

教学要求： 1.了解西点制作时常用的原辅材料种类及特点。

2.掌握各类西点原料品质检验的指标和方法。

3.熟悉各类西点原料的烘焙工艺性能。

4.掌握各类西点原料的使用方法。

5.能利用营养学知识合理的搭配原料。

课前准备： 阅读烹饪原料学和烹饪营养学方面的书籍，并在网上查阅各类西点原料的文章和资料。

第一节 面 粉

一、面粉的概念

面粉（Flour）即小麦粉，是指小麦除掉麸皮后生产出来的白色粉末状物质，是制作西点产品最基本的原料。面粉中的面筋及其形成的面筋网络构成面制食品的骨架，使得面制食品能够保持一定的形状。不同的面制食品对面粉的性能和质量有不同的要求。因此了解原材料及其性能，对研究与生产西点产品有着十分重要的意义。

二、面粉的组成

面粉的组成成分不仅决定西点制品的营养价值，对其加工工艺也有着较大的影响。面粉的化学组成成分主要包括碳水化合物、蛋白质、脂肪、酶、矿物质、水分、维生素等。小麦粉的化学成分随小麦品种、栽培条件、制粉方法和面粉等级等因素而异。我国小麦粉常见化学成分及其含量见表 3-1。

表 3-1 我国小麦粉的化学成分

成分	标准粉 /100g	特一粉 /100g
水分 /g	12.7	12.7
碳水化合物 /g	73.6	75.2
蛋白质 /g	11.2	10.3
脂肪 /g	1.5	1.1
膳食纤维 /g	2.1	0.6
维生素 B_1/mg	0.28	0.17
维生素 B_2/mg	0.08	0.06
钙 /mg	31	27
磷 /mg	188	114
镁 /mg	50	32
钾 /mg	190	128
铁 /mg	3.5	2.7

（一）碳水化合物

碳水化合物是小麦和面粉中含量最高的化学成分，约占麦粒重的 70%，占面粉重的 75%，主要包括淀粉、糊精、纤维素以及各种游离糖和戊聚糖。在制粉过程中，纤维素和戊聚糖的大部分被除去，因此，纯面粉的碳水化合物主要有淀粉、纤维素和可溶性糖。

1. 淀粉

小麦淀粉是由 D- 葡萄糖组成的高分子多糖，其分子式为 $(C_6H_{10}O_5)_n$，这里 n 为一个不定数，表示淀粉分子是由许多个葡萄糖单元组成。小麦淀粉主要集中在麦粒的胚乳部分，由直链淀粉和支链淀粉构成，其中直链淀粉约占淀粉含量的 19% ~ 26%，支链淀粉一般占 74% ~ 81%，前者由 50 ~ 300 个葡萄糖基构成，后者由 300 ~ 500 个葡萄糖基构成。直链淀粉是由葡萄糖通过 α–1,4 糖苷键连接起来的卷曲盘旋呈螺旋状的高分子化合物，易溶于温水，几乎不显示黏度；支链淀粉的分子较直链淀粉大，分子形状如高粱穗，小分支极多，支叉部位由 α–1,6 糖苷键连接，其余部分由 α–1,4 糖苷键连接，加热后可溶于水，生产的溶液黏度较大。

淀粉与面团调制和制品质量有关的物理性质，主要是淀粉的糊化及淀粉糊的凝沉作用。淀粉的糊化作用是指将淀粉在水中加热到一定温度时，一般加热到约 65℃时，淀粉粒开始吸水膨胀，继续加热，淀粉粒会膨胀到原直径的 5 倍以上，形成黏稠的胶体溶液，这一现象称为淀粉的糊化。

淀粉的稀溶液在低温下静置一段时间后，溶液变浑浊，溶解度降低，有沉淀析出。如果淀粉溶液的浓度比较大，则沉淀物可以形成硬块而不再溶解，这种现象称为淀粉的凝沉作用，也称为老化作用。这也是面包产品烤出后，放置一段时间，口感、外观等商品价值降低的主要原因。单脂肪酸甘油酯，尤其是蒸馏过的单脂肪酸甘油酯具有较好的抗氧化效果，其抗老化机制在于它能与直链淀粉形成不溶性复合物，从而抑制直链淀粉老化。面包烘焙中，淀粉遇热糊化，具有螺旋构型的直链淀粉能紧紧地包围住柱形的单脂肪酸甘油酯而形成稳定的螺旋性复合物。面包冷却后，缠绕在柱形单脂肪酸甘油酯上的直链淀粉分子再也不易恢复成晶体结构，从而达到延缓老化的目的。

面粉中的主要组成部分是淀粉，淀粉是面团发酵过程中酵母的主要能量来源，淀粉粒外层包裹有一层细胞膜，能保护内部物质不受外界水、酸、酶等物质的侵入与影响。这层细胞膜如果包裹较完整，酶就无法渗入细胞内部进行作用。但一般情况下小麦在制粉时，由于机械碾压，淀粉外层细胞膜受损使得淀粉颗粒裸露，使得淀粉酶能够作用于损伤淀粉，发生水解反应，分解为糊精、多糖、麦芽糖、葡萄糖等物质。受损的淀粉含量越多，淀粉酶的活性也就越强。通常，小麦粉质越硬，磨粉时损伤淀粉含量也就越高，酶促作用也就越强烈。面团发酵需要有一定的数量的损伤淀粉粒，但不是越多越好，过多容易使面包的体积变小，质量变差。一般淀粉损伤的允许程度与面粉蛋白质含量有关，最佳淀粉损伤程度在 4.5% ~ 8.0%。

面粉中的淀粉及可溶性糖对面团调制及制品质量起着重要的作用，可溶性糖可以被酵母直接利用；损伤淀粉在酶的作用下，水解成麦芽糖和单糖后，提供酵母发酵繁殖所需的能量，产生一定量的二氧化碳气体，促使面团变软，这时淀粉吸水膨胀，形状变大，与网状面筋结合形成强劲结构，面团组织的弹性和强度大大加强。面包之所以能够成型，也就是淀粉与面筋在起着作用，面包有如钢筋混凝土的房子，面筋是钢筋骨架，起着结构支撑的作用，而淀粉就如水泥填充于钢筋之间，从而形成了一个稳定的结构。

2. 纤维素

纤维素是构成麦皮的主要成分，麸皮中纤维素的含量高达 10% ~ 14%，胚乳中含量较少，只有 0.1%。特制粉由于加工程度较高，麸皮含量较少；低级粉由于加工程度较低，麸皮含量较多。面粉中纤维素含量的多少直接影响面点制品的色泽和口味，纤维素少，色白，口感好；纤维素多，色黄，口感较差，而且不易被人体消化吸收。但面粉中含有一定数量的纤维素有利于胃肠的蠕动，能促进对其他营养成分的消化吸收。

3. 可溶性糖

面粉中约含 2.0% 的可溶性糖，包括葡萄糖、果糖、蔗糖、左旋素等。糖在小麦籽粒各部分的分布不均匀，胚部含糖 2.96%，皮层和胚乳外层约含糖 2.58%，胚乳中含量最低，仅为 0.88%。因此，出粉率越高，面粉含糖量越高。在面包生产中糖既是酵母发酵的能量来源，又是形成面包色、香、味的基本物质。

（二）蛋白质

在国外，制作面包等烘焙食品时因产品品种的不同而对面粉的选择是十分严格的。选择的着眼点就是小麦中蛋白质的量和质。小麦中所含蛋白质的多少与品种有很大关系。一般小麦的蛋白质含量占全粒的 8% ~ 16%，制成面粉后的蛋白质含量基本与小麦中含量成正比，为 8% ~ 15%；鸡蛋中蛋白质含量大约是 12.8%，大米中蛋白质含量 6% ~ 8%，可见小麦中蛋白质含量是相当高的。其中，一般小麦的蛋白质含量以硬质小麦为高，粉质软麦为低。我国小麦蛋白质含量大部分在 12% ~ 14% 之间，其中北方冬小麦蛋白质含量平均为 14.1%，南方冬小麦蛋白质含量平均为 12.5%，与世界上一些主要产麦国的冬小麦相比，蛋白质含量处于中等水平。春小麦蛋白质含量低于世界主要产麦国，平均含量为 13.7%。

在各种谷物面粉中，只有小麦面粉的蛋白质吸水后能形成面筋网状结构，各种烘焙食品都是基于小麦粉的这种特性而生产出来的。

1. 小麦蛋白质组成

面粉中的蛋白质根据其溶解性质的不同，分为麦胶蛋白、麦谷蛋白、麦球蛋白、麦清蛋白等。前两者不溶于水，称为不溶性蛋白质，后两者易溶于水而流失，称为可溶性蛋白质。小麦蛋白质主要由麦胶蛋白和麦谷蛋白组成，其他两种数量很少，小麦蛋白质组成见表 3-2。麦胶蛋白不溶于水及中性盐溶液，可溶于 60% ~ 80% 的乙醇溶液，也可溶于稀酸或是稀碱溶液，故又称麦醇溶蛋白。它由一条多肽链构成，仅有分子内二硫键和较紧密的三维结构，呈球形，多由非极性氨基酸组成，故水合时黏性好，弹性差，主要参与面团延展性，其平均分子量约为 40000Da，单链，等电点 pI 在 6.4 ~ 7.1 之间。麦谷蛋白不溶于水和其他中性溶剂，但能溶于稀酸或稀碱溶液，多链，由 17 ~ 20 条多链构成，呈纤维状，麦谷蛋白既具有分子内二硫键又可形成分子间二硫键，水合时无黏性，弹性好，故决定面团的弹性，使面团具有抗延伸性，分子量变化于 10 万至数百万 Da 之间，平均分子量为 300 万 Da，等电点在 6.0 ~ 8.0 之间。

表 3-2　小麦蛋白质的组成

蛋白质种类	性质	占蛋白质总量（%）	溶解性	品质特性
麦谷蛋白	面筋性	40 ~ 50	溶于稀酸或稀碱	弹性较好，延伸性较差
麦胶蛋白	面筋性	30 ~ 40	溶于 70% 乙醇	延伸性较好，弹性较差
麦球蛋白	非面筋性	6 ~ 10	溶于水或稀盐溶液	—
麦清蛋白	非面筋性	3 ~ 5	洗面筋时除去	—

面筋是一种植物性蛋白质，是小麦蛋白质的主要成分，主要由麦胶蛋白和麦谷蛋白组成，这两种蛋白质占面粉蛋白质总量的 80% 以上，是使小麦粉能形成面团的具有特殊物理性质的蛋白质，与水结合形成面筋。因此，面粉中加入适量水（可加入少许食盐）经揉制形成面团，于水中浸泡 30 ~ 60min 后，用清水反复搓洗，将面团中的可溶性部分及其他杂质全部洗掉，剩下的具有弹性的物质即为湿面筋。洗水后的湿面筋保持了原有的自然活性及天然物理状态，具有黏性、弹性、延伸性、薄膜成型性和乳化性等功能性质，使得面团发酵产气

时有保持气体的作用，从而使烘焙面包等西点产品形成多孔松软的特性，小麦之所以可以做面包，就是因为它有其他谷物所没有的、可以连成巨大分子网状组织的活性面筋蛋白，当面团烘焙时，这些小气泡内气体由于受热产生压力，使得面团逐渐的膨大，直到面团的蛋白质凝固，出炉后即成为松软如海绵状的制品，称为面包。因此，面筋的数量和品质对面包的质量有着重要影响。一般湿面筋的主要成分见表3-3。

表3-3　湿面筋的主要成分（%）

成分	水	蛋白质	脂肪	碳水化合物	不溶性纤维	灰分
含量	63.5	23.5	0.1	12.3	0.9	0.6

蛋白质成筋有两个必要条件：一是蛋白质吸水后水化溶胀（蛋白质水化），小麦蛋白质中的面筋性蛋白质（麦谷蛋白、麦胶蛋白）能够吸水溶胀，分子内部的—SH 因与水发生作用，随着蛋白质的高级结构的改变而翻转到蛋白质分子的表面；二是机械搅拌，促进面筋拓展。

麦谷蛋白的多肽链的氨基酸中每隔十几个氨基酸就有一个含有—S—S—或—SH 的胱氨酸或半胱氨酸。在机械搅拌下，—SH 中的 H 原子容易移动，而两个—SH 键可以被氧化而失去两个 H 原子后变成一个—S—S—键，使得—SH、—S—S—键的位置容易移位，所以面筋蛋白分子能够相互滑动、错位，麦谷蛋白的分子内二硫键转变成分子间二硫键，形成巨大的立体网状结构，这种网状结构构成面团的骨架，其他成分，如淀粉、脂肪、低分子糖、矿物质、水等填充在面筋网络结构中，形成具有良好黏弹性和延伸性的面团。

2. 小麦蛋白质所含的氨基酸

蛋白质是由氨基酸组成的高分子化合物，因此氨基酸为蛋白质的基本单位。目前已知道的氨基酸有 20 多种，一般具有相同的基础结构，即：

$$R—CH—COOH$$
$$|$$
$$NH_2$$

麦粉（以标准粉为参考）其氨基酸种类及含量见表3-4。与食品加工关系较为密切的氨基酸主要有以下几种。

表 3-4　小麦粉氨基酸种类及含量

氨基酸	含量（mg/100g）	氨基酸	含量（mg/100g）
异亮氨酸	414	精氨酸	501
亮氨酸	789	组氨酸	233
赖氨酸	288	丙氨酸	393
含硫氨基酸	405	天冬氨酸	544
芳香族氨基酸	877	谷氨酸	3806
苏氨酸	318	甘氨酸	445
色氨酸	139	脯氨酸	1218
缬氨酸	528	丝氨酸	520

（1）谷氨酸

面粉蛋白中谷氨酸含量较高，每百克面粉中谷氨酸含量为 3806mg，在未使用发酵法制造味精前，制造味精的基本原料是面粉的面筋，它可以提取制造谷氨酸钠。

（2）赖氨酸

面粉蛋白质中赖氨酸含量较少，不能满足人体对必需氨基酸的需求，而必须另外从食物中摄取，所以我们常将面粉蛋白质称为不完全蛋白质。从营养学角度出发，为提高产品营养价值可以进行蛋白质互补，面粉蛋白质中赖氨酸含量不足，可以在面点产品中添加赖氨酸，以达到提高营养价值的目的，乳粉中的蛋白质主要为酪蛋白，其赖氨酸含量丰富，将乳粉与面粉混合使用，可实现蛋白质互补，使之成为完全蛋白质，这种方法在西点制作中也越来越受重视。

（3）半胱氨酸

小麦中半胱氨酸和胱氨酸对小麦粉的加工性能影响较大。半胱氨酸为含硫氨基酸，它含有巯基—SH，巯基经氧化后生成二硫基—S—S—，使得两个半胱氨酸分子链接成一个胱氨酸分子。这一作用对面筋网络的形成具有重要意义。

（三）脂肪

小麦籽粒中脂肪含量较少，主要存在于胚芽及糊粉层，一般含量在 2%～4% 之间，加工成小麦粉后含量有所降低，仅为 1%～2%。

小麦中的脂质主要是不饱和脂肪酸，它易氧化及被酶水解。面粉储藏过程中，甘油酯在裂酯酶、脂肪酶的作用下水解形成脂肪酸，发生酸败。因此，面粉质量标准中规定面粉的脂肪酸值（湿基）不得超过80，以鉴别面粉的新鲜程度。一般加工出粉率高的面粉因其含胚和麸屑较多，脂质含量也较高，则储藏稳定性较差，在温湿环境下储藏极易酸败变质，导致烘焙出的产品因面团延伸性下降，持气性减弱，体积变小等因素而大大降低产品品质。

（四）酶

1. 淀粉酶

淀粉酶是能水解淀粉和糖原的酶类总称，一般作用于可溶性淀粉、直链淀粉和糖原等。淀粉酶可以分为 $\alpha-$ 淀粉酶和 $\beta-$ 淀粉酶，它们能水解淀粉分子中一定种类的葡萄糖苷键，$\alpha-$ 淀粉酶能水解淀粉分子中的 $\alpha-1,4$ 糖苷键，不能水解 $\alpha-1,6$ 糖苷键。$\alpha-$ 淀粉酶的水解作用是从淀粉分子内部进行，使庞大的淀粉分子变小，淀粉液的黏度也降低，故 $\alpha-$ 淀粉酶又称为淀粉液化酶。$\beta-$ 淀粉酶与 $\alpha-$ 淀粉酶一样，只能水解淀粉中的 $\alpha-1,4$ 糖苷键，所不同的是 $\beta-$ 淀粉酶的水解作用是从淀粉分子的非还原末端开始，将淀粉水解为麦芽糖，故 $\beta-$ 淀粉酶又称为淀粉糖化酶。

$\alpha-$ 淀粉酶和 $\beta-$ 淀粉酶对淀粉的水解作用，产生的麦芽糖为酵母发酵提供主要能量来源。当 $\alpha-$ 淀粉酶和 $\beta-$ 淀粉酶同时对淀粉起水解作用时，$\alpha-$ 淀粉酶从淀粉分子内部进行水解，而 $\beta-$ 淀粉酶则从非还原末端开始。$\alpha-$ 淀粉酶作用时会产生更多新的末端，便于 $\beta-$ 淀粉酶的作用。两种酶对淀粉的同时作用，将会取得更好的水解效果。其最终产物主要是麦芽糖、少量葡萄糖和20%的极限糊精。

$\beta-$ 淀粉酶对热不稳定，它只能在面团发酵阶段起水解作用。而 $\alpha-$ 淀粉酶的热稳定性较强，在 $70 \sim 75℃$ 仍能对淀粉进行水解，温度越高作用越快。因此，$\alpha-$ 淀粉酶不仅在面团发酵阶段起作用，而且在面包入炉烘焙后，仍在继续起水解作用，这对提高面包质量起到了很大的作用。

正常面团含有足够的 $\beta-$ 淀粉酶，而 $\alpha-$ 淀粉酶不足。为了利用 $\alpha-$ 淀粉酶改善面包的质量、皮色、风味、结构，增大面包体积，可在面团中添加一定数量的淀粉酶制剂或麦芽粉，或含淀粉酶的麦芽糖浆。但 $\alpha-$ 淀粉酶含量过大，也会有不良的影响。它会使大量的淀粉分子断裂，使面团力量变弱，发黏，用受潮发芽的小麦加工的面粉就存在 $\alpha-$ 淀粉酶含量较高的问题，使其在面包加工中难以操作。

2. 蛋白酶

面粉中蛋白酶经水解后，可以降低面筋筋度，缩短和面时间，易于面筋完全扩展。搅拌发酵过程中起主要作用的是蛋白酶，它的水解作用可以降低面筋强度，缩短和面时间，易于面筋完全扩展。

3. 脂肪酶

脂肪酶是一种对脂质起水解作用的水解酶。在面粉储藏期间水解脂肪成为游离脂肪酸，使面粉酸败，从而降低面粉的品质。小麦中的脂肪酶主要集中在糊粉层中。因此精制粉比标准粉储藏稳定性高。

4. 脂肪氧化酶

脂肪氧化酶是一种能催化某种不饱和脂肪酸的过氧化反应的氧化酶，它可以通过氧化作用使面粉中的胡萝卜素变成无色。因此脂肪氧化酶也是一种酶促漂白剂，它在小麦和面粉中含量很少，主要来源是全脂大豆粉。全脂大豆粉广泛用作面包添加剂，以增白面包心，改善面包的组织结构和风味。

（五）矿物质

钙、钠、磷、铁等是小麦或面粉中的主要矿物质，多以盐类形式存在。矿物质的含量多用灰分来测定，灰分即小麦或面粉完全燃烧后的残留物，面粉中灰分较少，未加工的麦粒麸皮中灰分含量较多，且麦粒不同部位灰分含量也不同，一般皮层和胚部含量高于胚乳。这种特性为检查小麦的制粉效率和小麦粉质量提供了一种方法。

（六）维生素

小麦和面粉中维生素主要是 B 族维生素和维生素 E，其他维生素如维生素 A、维生素 C、维生素 D 含量较少，甚至没有。B 族维生素主要集中在麸皮、胚芽及糊粉层，且以维生素 B_1、维生素 B_2、维生素 B_5 为主，精细加工的小麦粉 B 族维生素损失较多。小麦胚芽中含有较丰富的维生素 E，是维生素 E 的重要来源之一。

三、面粉的分类

小麦粉的性能和质量取决于小麦的种类、品质和制粉方法等。小麦品种的分类方式较多，如按照播种期可分为冬小麦和春小麦。冬小麦在秋季播种，冬季来临前长出幼苗，次年春季幼苗返青并开始迅速生长，夏季收获，是我国主要的小麦品种；春小麦是春季条件适宜时播种，并于当年秋季即可收获的小麦品种，在我国种植不多，多分布于寒冷小麦不易越冬的地带。按皮色（谷皮和胚乳的色泽透过皮层显示出来的颜色）分为红麦、白麦和黄麦。白麦出粉色泽较白，且出粉率较高，但筋力稍差于红麦；红麦筋力虽强，但麦粒结构紧密，出粉率不高。按胚乳结构分为软质麦、硬质麦。软质麦粉质及面筋含量低，适用于做饼干和糕点；硬质麦角质及面筋含量较高，品质较好，适宜做面包。此外还可以按粒质结合皮色对小麦进行分类，分为白色硬质小麦、白色软质小麦、红色硬质小麦、红色软质小麦、混合硬质小麦、混合软质小麦六类。与食品加工工艺有关的分类常用商品学分类，小麦的商品学分类见表3-5。

表 3-5　小麦的商品学分类

依据	胚乳质地	麦粒				体积质量	蛋白量	面筋性能	播种期	穗芒
		硬度	形状	大小	皮色					
分类	角质	硬质	圆形	大粒	红	丰满	多筋	强力	春	有芒
	粉质	软质	长形	小粒	白	脊细	少筋	薄力	冬	无芒

西点面粉原料根据用途不同分为面包粉、糕点粉、饼干粉、蛋糕粉、馒头粉、饺子粉等；根据蛋白质含量不同分为高筋粉、中筋粉、低筋粉；根据加工精度分为特制一等粉、特制二等粉、标准粉、普通粉。西点中常用面粉及其特性如下。

（一）高筋粉

高筋粉（High Gluten Flour）又称强筋粉、强力粉、高蛋白质粉或面包粉，是由硬质小麦磨制而成，乳白色，含有能形成强力面筋的蛋白质，其蛋白质含量为 11.5% ~ 14%，湿面筋含量在 35% 以上，吸水率在 60% ~ 64%。高筋粉适用于发酵产品，适宜制作面包、起酥糕点、奶油空心饼（泡芙）、高成分的水果蛋糕等。

（二）中筋粉

中筋粉（All Purpose Flour）又称通用面粉、中蛋白质粉，是介于高筋粉和低筋粉之间的具有中等筋力的面粉，乳白色，蛋白质含量为 9% ~ 11%，湿面筋含量在 25% ~ 35% 之间，吸水率在 55% ~ 58% 之间。中筋粉适宜制作高组分发酵产品、司康饼、饼干、水果蛋糕、发酵型糕点、挞皮、派皮以及部分品种的面包等，在中式点心中应用较广，如制作馒头、包子、水饺等。

（三）低筋粉

低筋粉（Low Gluten Flour）又称弱筋粉、弱力粉或糕点专用粉，是由软质小麦磨制而成，色白。蛋白质含量为 7% ~ 9%，湿面筋含量在 25% 以下，吸水率在 48% ~ 53% 之间。低筋粉适宜制作饼干、蛋糕、混酥类糕点等。低筋粉由软质的白小麦磨制而成，面筋质含量少，筋性弱。西点中适宜于制作切块蛋糕、疏松制品、油酥面团产品、维也纳饼干等。

（四）蛋糕专用粉

蛋糕专用粉（Cake Flour）又称蛋糕粉，也是低筋粉的一种，是经过氯气处理的低筋粉，蛋糕专用粉的蛋白质含量在 8.5% 左右，pH 低于普通的低筋粉。理想的蛋糕专用粉在搅拌时形成的面筋要软，不能太过于强韧。但仍需要足够的面筋来承受蛋糕在烘烤时的膨胀压力并形成蛋糕的组织结构。因此一般挑选氯气漂白过的软质冬麦磨制而成，颗粒也较其他类型小麦粉更细，这样可使制作出的蛋糕组织更为松软。发达国家都采用这种面粉生产各种蛋糕，但这种面粉不适宜制作饼干和其他糕点。氯气漂白过的面粉有以下优点。① 提高面粉白度。面粉中的叶黄素、胡萝卜素、叶黄素酯化物等色素物质与氯气反应可被氧化褪色，形成无色化合物而漂白面粉，使得制作的蛋糕组织非常洁白。② 降低面粉的 pH。有利于蛋糕组织均匀细腻，无大孔洞。③ 降低面筋筋力。面粉经过氯气漂白后，能将大分子蛋白质分解成小分子蛋白质，降低面筋的筋力，搅拌面糊时不必担心搅拌过度或添加顺序不当引起面糊出筋。④ 降低淀粉的糊化温度，提高面粉吸水率，增大产品体积和出品率。⑤ 抑制或破坏 α - 淀粉酶的活性，使面粉糊黏度提高，增大产品体积。低成分配方的蛋糕不要使用氯气漂白的面粉。

（五）全麦粉

全麦粉（Whole Wheat Flour）是由整粒小麦全部磨制而成的面粉，包含胚芽，大部分麸皮和胚乳。麸皮和胚芽中含有丰富的蛋白质、纤维素、维生素和矿物质，故全麦粉具有较高的营养价值。全麦粉粗细度一般要求通过 8 号网筛的不少于90%，通过 20 号网筛的不少于 50%，可以添加 0.75% 以下的发芽小麦粉、发芽大麦粉。可用漂白剂和熟化剂。西点中全麦粉主要用来制作全麦面包和小西饼等。

（六）预混粉

预混粉（Pre-blended Flour）又称预拌粉，是按照烘焙食品的配方将除水、油、蛋、糖浆等个别原辅料外的干性原辅料面粉、糖、粉末油脂、奶粉、改良剂、乳化剂、盐等预先混合好的面粉。目前市场销售的预混粉有蛋糕预混粉、面包预混粉、松饼预混粉、饼干预混粉等。在美国等发达国家的面包糕点厂中很流行。预混粉通常分为三大类：基本预混粉、浓缩预混粉和通用预混粉。预混粉有以下优点：① 使烘焙食品的质量稳定；② 原料损耗小，可减少称量不准、包装袋里残留等造成的重量损失；③ 节省劳动力和节省劳动时间，如搬运、称量、库存清点；④ 价格相对稳定，如分别购买原料时，则其价格变动较大；⑤ 减少车间的面积，有利于车间卫生的改善。

（七）自发粉

自发粉（Self-raising Flour）是由普通面粉、小苏打、一种或多种酸性盐以及食盐组合而成的混合面粉，使用起来比较方便。自发粉的国家标准规定：自发粉在烘焙时，其中的膨松剂必须能产生占面粉重量 0.5% 的二氧化碳，苏打粉和酸性盐的总量不超过面粉重的 4.5%，烘烤时释放的二氧化碳的最小生成量为 0.4%，以保证最终产品的充气标准。其起发力相当于司康粉的一半，家庭烘焙条件下能达到满意的起发程度。

四、面粉的工艺性能

（一）面筋与面筋的工艺性能

面筋是将面粉加水搅拌或手工揉搓后形成的、具有黏弹性的面团放入水中搓洗，淀粉、可溶性蛋白质、灰分等成分渐渐离开面团而悬浮于水中，最后剩下一块具有黏性、弹性和延伸性的软胶状物质。面团因有面筋形成，才能通过发酵制成面包类产品。影响面筋形成的因素有面团温度、面团放置时间和面粉质量等。一般情况下，在 30 ~ 40℃ 的条件下，面筋的生产率最大，温度过低则面筋胀润过程延缓而生成率降低。蛋白质吸水形成面筋需要经过一段时间，将调制好的面团静置一段时间有利于面筋的形成。评定面粉的质量和工艺性能的指标有以下几个。

（1）延伸性　延伸性是指面筋被拉伸到一定长度而不断裂的能力。一般延伸性好的面筋，面粉的品质也较好。通常根据面筋块延伸的极限长度将面筋划分成 3 个等级：延伸长度小于 8cm 的为延伸性差的面筋；延伸长度介于 8 ~ 15cm 之间的为延伸性中等的面筋；而延伸长度大于 15cm 的为延伸性好的面筋。

（2）比延伸性　比延伸性是面筋每分钟被拉长的厘米数。面筋质量好的强力粉一般每分钟仅自动延伸几厘米，而面筋质量较差的弱力粉可以自动延伸至 10cm 以上。

（3）弹性　弹性是指面筋被拉伸或压缩后恢复到原来状态的能力。面筋的弹性可分为强、中、弱三个等级。弹性强的面筋指压后能迅速恢复原状，不粘手、不留下手指痕，用力拉伸时抵抗力很大。弹性弱的面粉指压后不能恢复原状，易粘手、留下较深的指纹，用手拉伸时抵抗力很小，下垂时，会因自身的重力而自行断裂。弹性中等的面筋，性质介于两者之间。

（4）韧性　韧性又称抗拉伸性、抗拉伸阻力，是指面筋对被拉伸所表现出的抵抗力。一般来说，弹性强的面筋韧性也强。

（5）可塑性　可塑性是指面筋被拉伸或压缩后不能恢复到原来状态的性质。

面筋的弹性、韧性越好，可塑性也就越差。

根据面筋的工艺性能可将面筋分为三类：优质面筋即弹性好，延伸性大或适中；中等面筋弹性好，延伸性小或适中，比延伸性小；劣质面筋弹性小，韧性差，由于自身的重力而自然延伸和断裂，完全没有弹性，冲洗时不黏结而流散。不同的面点制品对面筋的工艺性能的要求不同，例如制作发酵制品要求弹性和延伸性都好的面粉，而制作蛋糕、酥点类制品则要求弹性、韧性都不高但可塑性良好的面粉。

面粉的烘焙品质不仅与蛋白质总量有关，还与面筋蛋白质的质量有关，即面筋蛋白质中麦胶蛋白与麦谷蛋白的比例要恰当。这两种蛋白质相互补充，使得面团既有适当的弹性、韧性，又有适当的延伸性。因此在选择面粉时可依据以下原则：①面粉蛋白质数量相差很大时选择蛋白质数量高的面粉；②面粉蛋白质质量相差很大时选择蛋白质质量高的面粉；③采用搭配使用的方法来弥补面粉蛋白质数量和质量之间的不足。

（二）面粉的吸水率

面粉的吸水率是检验面粉烘焙品质的重要指标，它是指调制单位重量的面粉成面团时所需要的最大加水量。面粉吸水率高，可以提高面包的出品率，而且面包中水分增加，则面包心柔软，口感较佳，也可以延长保鲜期。面团的最适吸水率主要取决于所制面团的种类和生产工艺条件。影响面粉吸水率的因素有以下几个方面。

（1）蛋白质含量　面粉实际吸水率的大小在很大程度上取决于面粉的蛋白质含量。面粉的吸水率随着蛋白质含量的提高而增加。面粉蛋白质含量每增加1%，其吸水率就增加约1.5%。但不同品种小麦磨制的面粉，吸水率增加程度不同，即使蛋白质含量相似，某种面粉的最佳吸水率可能并不是另一种面粉的最佳吸水率。此外，蛋白质含量低的面粉，吸水率的变化率也相应地没有高蛋白质面粉那样大。蛋白质含量在9%以下时，吸水率减少的很少或是不再减少。这是因为当蛋白质含量减少时，淀粉吸水的相对比例较大。

（2）小麦的类型　蛋白质含量不同的小麦所制成的面粉其吸水率是不同的。一般硬质、玻璃质小麦磨制的面粉吸水率较高。下面是不同蛋白质含量的不同小麦面粉的吸水率：

春麦粉：蛋白质含量14%，吸水率65%～67%；

春麦粉：蛋白质含量13%，吸水率63%～65%；

硬冬麦粉：蛋白质含量12%，吸水率61%～63%；

硬冬麦粉：蛋白质含量11%，吸水率59%～61%；

软麦粉：蛋白质含量8%～9%，吸水率52%～54%。

（3）面粉的含水量　如果面粉本身的含水量较高，则面粉的吸水率自然就降低。

（4）面粉的粒度　研磨较细的面粉，面粉颗粒的总表面积增大，损伤淀粉也增多，吸水率自然较高。

（5）面粉内的损伤淀粉含量　损伤淀粉含量越高，面粉吸水率也越高。这是因为破损后的淀粉颗粒容易渗透进水。但是并不是损伤淀粉越多越好，破损淀粉太多会导致面团或面包发黏，缩小面包体积。

（三）面粉的糖化和产气能力

面粉的糖化力和产气力对面包的质量会产生较大影响（表3-6）。

表3-6　面粉的糖化力和产气力对面包质量的影响

糖化力	产气力	面包质量
强	弱	色、香、味好，但体积小
弱	强	体积大，但色、香、味差
强	强	优质面包

1. 面粉的糖化力

面粉的糖化力是指面粉中的淀粉转化成糖的能力，糖化力的大小用10g面粉和5 mL水调制成面团，在27～30℃温度下，经1h发酵所产生的麦芽糖的毫克数来表示。面粉糖化是在一系列淀粉酶和糖化酶的作用下进行，因此糖化能力的大小取决于面粉中的淀粉酶和糖化酶的活性。通常面粉颗粒越小，越容易被酶水解而糖化。特制粉的粒度比标准粉小，其糖化力强。面粉的糖化力对发酵面团的工艺影响很大，因为酵母发酵所需营养成分中的糖主要来源于面粉糖化，糖化越充分吸收的养分越多，就能生产出质量优良的制品，相反则吸收的养分就少。

2. 面粉的产气力

面粉的产气力是指面粉在发酵过程中产生二氧化碳气体的能力，以100g面粉加65 mL开水和2g酵母调制成面团在30℃温度下发酵5h，所产生二氧化碳气体的毫升数来表示。其大小取决于面粉的糖化能力。一般情况下，面粉糖化力越强，生成的糖越多，其产气能力也就越强，发酵制品的质量也就越好。

（四）面粉的熟化

面粉的熟化也称面粉的成熟、后熟、陈化。面粉熟化时间为3～4周，温度以 25℃左右为宜。刚刚生产的面粉，特别是用新小麦磨制的面粉调制而成的面团黏性大，缺乏弹性和韧性，筋力弱，生产出来的发酵类制品皮色暗、体积小、扁平、易塌、组织不均匀。但经过 1～2 个月的储存后，调制的面团不粘手，筋力强，生产的发酵类制品色泽洁白有光、体积大、弹性好，内部组织细腻均匀，这种现象称为面粉的"熟化"。面粉"熟化"的机制是新生产面粉中的半胱氨酸和胱氨酸含有未被氧化的巯基（—SH），而巯基是蛋白酶的激活剂，搅拌时，被激活的蛋白酶强烈分解面粉中的蛋白质，从而造成面团工艺性能差的现象。面粉经过一段时间的储存后，巯基被氧化失去活性，面粉中面筋蛋白质不被分解，面粉的工艺性能也因此得到改善。除了自然"熟化"外，还可用化学方法处理新磨制的面粉，使之"熟化"。最常用的方法是在面粉中添加面团改良剂、溴酸钾、抗坏血酸等。

五、面粉品质的鉴定与选择

小麦粉的品质与原料有直接的关系，因此评价小麦粉加工性能时有必要简单了解小麦的加工性能。小麦的加工性能分为一次加工性能和二次加工性能。一次加工性能是指小麦与制粉关系较大的性质；二次加工性能是指以小麦为原料，加工成面包、饼干、面条及其他食品时所表现出的性质。前者包括出粉率、制粉难易程度以及粉色等；后者有小麦的成分，特别是蛋白质的量和质（即面筋情况），含酶情况等。

按可食形态的品种不同，对原料的性能要求也不同。大体上一次加工性能的评价对所有小麦粉制品是相通的，二次加工性能的评价对不同的制品往往有所不同。

六、面粉的储藏

由于面粉在长期储藏期间，面粉质量的保持主要取决于面粉的水分含量。面粉具有吸湿性，因而其水分含量随周围大气的相对湿度的变化而增减。以袋装方式储藏的面粉，其水分变化的速度往往比在散包装中储存的变化慢。

相对湿度为 70% 时，面粉的水分基本保持平衡不变。相对湿度超过 75%，面粉将较多地吸收水分。

常温下，真菌孢子萌发所需要的最低相对湿度为 75%。相对湿度为 75% 时，面粉水分如果超过规定标准，霉菌生长很快，容易霉变发热，使水溶性含氮物增加，蛋白质含量降低，面筋质性质变坏，酸度增加。面粉的储藏在相对湿度为 55%～65%，温度在 18～24℃之间的条件下较为适宜。

第二节　糖和糖浆

糖是西点中重要的调辅料，除了使面点具有甜味，还可以改善面团的品质。

一、西点中常用的糖

西点中使用的糖类主要有蔗糖和饴糖两种，此外还有蜂蜜和糖精等。

1. 蔗糖

蔗糖是由甘蔗、甜菜榨取而来，属于双糖。按形态和色泽的不同，可分为白砂糖（粗、中、细）、绵白糖和红糖等。但比较常用的是绵白糖和砂糖。

（1）白砂糖　白砂糖为精制砂糖，纯度很高，蔗糖含量达99%以上，是从甘蔗茎体或者是甜菜块根中提取、粗制而成的产品。白砂糖为粒状晶体，晶粒整齐均匀，颜色洁白，无杂质，无异味。根据晶粒大小，可分为粗砂、中砂、细砂。按精制程度又有优级、一级、二级之分。白砂糖在面包生产中，一般要预先溶化成糖液再投入面粉中进行搅拌。因为糖粒的结晶在搅拌面团时不但难以溶解，使面团带有粒状晶糖，而且对面团的面筋网络有一定的损坏作用；且由于糖的反水化作用会使酵母细胞受到高浓度的反渗透压力，造成细胞枯萎死亡。用在西饼类制作时，可撒在饼干表面。

（2）绵白糖　绵白糖色泽白、杂质少，质地软，甜味纯，比较细软，可直接加入面团中，为糖中佳品。绵白糖纯度低于白砂糖，含糖量在98%左右，但还原糖和水分含量高于白砂糖，甜味比白砂糖要高。它是烘焙食品制作中常用的一种糖，除了少数品种外，其他品种都实用，例如戚风蛋糕等。它多被用于含水分少、经过烘焙要求滋润性比较好的产品中，使用时可以直接在搅拌面团时加入，还常被撒在一些产品的表面进行装饰，以求清爽、沙甜、美观。绵白糖易结块，为防止结块常常加入玉米淀粉。

（3）赤砂糖、红糖　赤砂糖又称黄砂糖或黑糖，是制造白砂糖的初级产物，因含有未洗净的糖蜜杂质，故带有黄色。赤砂糖晶粒比较明显，色泽赤红，含蔗糖83%左右，有糖蜜味。它含铜量较高，易使饼干在保存中变质而不宜食用。赤砂糖忌生食。红糖属于土制糖，是以甘蔗为原料用土法生产的蔗糖。它含有浓郁的糖浆和蜂蜜的味道，在烘焙产品中多用在颜色较深或是香味较浓的产品中。由于红糖纯度较低，含杂质较多，因此使用前多需溶成糖水，滤去杂质后使用。

（4）冰糖　冰糖是一种纯度高、晶体大的蔗糖制品，是以白砂糖为原料，经过再溶、清洁、重结晶而制成，因其形状似冰块而故称为冰糖。冰糖分单晶冰糖（颗粒状冰糖）和多晶冰糖两种。多晶冰糖俗称老冰糖，它采用传统工艺制成，是由多颗晶体并聚而成的蔗糖晶体。冰糖品种从颜色上又分为白冰糖和黄冰糖两种。

2. 糖浆

（1）饴糖　饴糖又称糖稀、米稀，是利用谷物为原料，经过蒸煮，加入麦芽使淀粉糖化后浓缩而成。饴糖呈稀浆状，甜味不如绵白糖纯正。饴糖色黄、黏稠、味甜清爽，总固形物含量不低于75%，可代替蔗糖使用。饴糖中主要含有麦芽糖和糊精，其中，糊精的水溶液黏度较大。麦芽糖受热即分解，变成焦糖，呈现红润色、金黄色、金红色，因此，饴糖可用来提高制品的色泽。饴糖的持水性较强，可保持面点的柔软性，是面筋的改良剂，可使制品质地均匀、内部组织空隙细腻，心部绵软，体积增大。

（2）葡萄糖浆　葡萄糖浆又称淀粉糖浆、玉米糖浆、化学稀，是以淀粉及含有淀粉的原料经过酶法或者酸法水解、净化而制成的产品的一种的泛称，其主要成分为葡萄糖、麦芽糖、低聚糖（三糖或四糖）和糊精。葡萄糖是淀粉糖浆的主要成分，熔点146℃，低于蔗糖，在烘焙制品中比蔗糖着色快。由于它的还原性，所以具有防止再结晶的功能。在挂明浆的糕点制品中，葡萄糖浆是不可缺少的原料。结晶的葡萄糖吸湿性差，但是极易溶于水中，溶于水后的葡萄糖具有较强的吸湿性。这对生产后的糕点在一定时间内保持较好的质地松软具有重要的作用。与葡萄糖相反，固体麦芽糖具有较强的吸湿性，而溶于水后的麦芽糖吸水性不强。麦芽糖的甜度低于蔗糖，具有还原性。麦芽糖的熔点为102～103℃，受热很不稳定，加热到102℃就会变色，加热后色泽转深。在葡萄糖浆中含有一定的麦芽糖，使其着色性能和抗结晶性更加突出。

（3）果葡糖浆　果葡糖浆又称高果糖浆，是将淀粉经过酶法或是酸法水解制成的葡萄糖，经过酶（葡萄糖异构酶）或是碱处理使之异构化，一部分转变为果糖，其主要成分为果糖和葡萄糖，甜度很高。异构转化率为42%的异构糖，其甜度和蔗糖相等，在面包生产中全部代替蔗糖，尤其在低糖主食面包中使用效果更佳。因为酵母在发酵时可以直接利用葡萄糖，故发酵速度快，在面包中使用量过多时，即超过相当于蔗糖量15%时，面团发酵速度降低，面包内部组织较黏，咀嚼性较差。

（4）蜂糖　蜂糖是由蜜蜂采集植物的花蜜酿造而成，即由花蕊中的蔗糖经蜜蜂唾液中的甲酸（又称蚁酸）水解而成。主要成分为转化糖，一般情况下，在蜂蜜中果糖含量为36%，葡萄糖为34%，蔗糖含量低于3%，此外还含有糊精、蛋白质和氨基酸、有机酸（如乳酸、苹果酸）、维生素（维生素 B_2、维生素 B_6 等）和多种矿物质（主要是钙、磷、铁），蜂蜜还含有许多酶类，水分含量为14%～20%。蜂蜜在烘烤食品中的应用广泛，蜂蜜营养丰富，具有较高的营养保健价值，历来被人们视为较高级的滋养品，它作为功能性食品配料可提高烘焙食品的营养价值。蜂蜜中含有较多的果糖，不仅能增加制品风味，还能改善烘焙食品的颜色与光泽。蜂蜜因具有蜜源植物特有的香味，可使烘焙食品赋予独特的蜂蜜风味。蜂蜜还因含有大量的果糖而具有吸湿性和保水性，能增进烘焙食品的滋润性和弹性，使制品膨松、柔软、质量好。例如，添加6%的蜂蜜烘烤的面包光滑明亮，质地柔软，清香可口，保存期长。蜂蜜主要用于蛋糕或小西饼中增加产品的风味和色泽。

（5）转化糖浆　蔗糖在酸性条件，水解产生葡萄糖与果糖，这种变化称为转化。一分子葡萄糖与一分子果糖的混合体称为转化糖。含有转化糖的水溶液称为转化糖浆，它的甜度明显大于蔗糖。正常的转化糖浆为澄清的浅黄色溶液，具有特殊的风味。它的固形物含量为72% ~ 75%，完全转化后的转化糖浆，所产生的转化糖量可达到全部固形物的99%。转化糖浆应随用随配，不宜长时间储藏。在缺乏淀粉糖浆和饴糖的地区，可以用转化糖浆代替。转化糖浆主用用于广式月饼中，可部分用于面包、饼干、萨其马和各种代替砂糖的产品的生产，也可用于糕点、面包馅料的调制。

二、糖的一般性质

1. 甜度

由于糖的种类不同，所表现的甜度也不同。一般以蔗糖的甜度为100，其他几种常用糖的甜度见表3-7。

表3-7　各种糖的甜度

种类	蔗糖	葡萄糖	果糖	半乳糖	转化糖	麦芽糖	乳糖
甜度	100	74	173	32.1	130	32.5	16 ~ 27

2. 溶解性

蔗糖不溶于乙醇、乙醚和氯仿，易溶于水，随着温度的升高蔗糖的溶解度会增大，即使在较低温度下蔗糖的溶解度也较大。

3. 结晶性

蔗糖很容易结晶，且晶体能生长很大。葡萄糖也易于结晶，但晶体很小。果糖则难于结晶。饴糖、葡萄糖浆为黏稠状的液体，具有不结晶性。一般来说不易结晶的糖，对结晶的抑制作用较大，有防止蔗糖结晶的作用。熬制糖浆时，加入适量饴糖或葡萄糖浆，可防止蔗糖析出或是返砂。

4. 吸湿性

吸湿性是指在较高的湿度的情况下吸收水分的性质。糖的这种性质对于保持面点的柔软性具有重要意义。

5. 渗透性

渗透性是指蔗糖具有很强的渗透压，而较高浓度的糖液能抑制许多微生物的生长，这是由于糖液的高渗透压力夺取了微生物菌体的水分，生长受到抑制。因此，蔗糖的渗透性使其在食品中既可以增加甜味，又可以起到延长制品保存期的作用。糖液的渗透压力随浓度的增高而增加。单糖的渗透压力是双糖的两倍，因为在相同浓度下，单糖分子数量约等于双糖的两倍。葡萄糖和果糖比蔗糖具有较高的渗透压力和食品保藏效果。不同微生物被糖液抑制生长的程度不同。50% 蔗糖溶液能抑制一般酵母生长。果葡萄糖浆的渗透力较高，储存性好，不易受杂菌感染而败坏。

6. 黏度

蔗糖溶液的黏度受温度和浓度的影响，低温高浓度时其黏度显著升高。温度升高，黏度下降；浓度增加，黏度升高。葡萄糖和果糖的黏度比蔗糖低，淀粉糖浆的黏度较高，可利用其黏度提高产品的稠度和可口性。例如在搅打蛋白时加入熬好的糖液，就是利用其黏度来稳定气泡。其他产品中加入熬好的糖液就是利用其黏度来阻止蔗糖分子结晶。

7. 抗氧化性

糖溶液具有抗氧化性，因为氧气在糖溶液中溶解量比在水溶液中多，因而在含油脂较高的食品中有利于防止油脂氧化酸败，增加保存时间。同时糖和氨基酸在烘焙中发生美拉德反应生成的棕黄色物质也具有抗氧化作用。

8. 焦糖化和美拉德反应

当把糖加热到其熔点以上时会产生黑褐色物质，这种作用称为焦糖化作用。糖类在加热到熔点以上的温度时，分子与分子之间会相互结合形成多分子的聚合物，并焦化成黑褐色的色素物质——焦糖。因此，把焦糖化控制在一定程度内，可使面包和糕点产生令人赏心悦目的色泽和风味。

不同种类的糖对温度的敏感度也不同。葡萄糖为 146℃，果糖为 95℃，麦芽糖为 102 ~ 103℃，这三种糖对温度非常敏感，最容易发生焦糖化作用。因此，含有上述三种糖成分较多的饴糖、转化糖浆、果葡糖浆、中性淀粉糖浆、蜂蜜等在糕点、面包中使用时，常作为着色剂，在烘焙时着色最快。

糖的焦糖化作用还与 pH 有关。溶液的 pH 越低，糖的热敏感性就越低，着色作用差；反之 pH 升高则热敏感性增强，如 pH 为 8 时其速度比 5.9 时快 10 倍。因此，有些 pH 极低的转化糖浆、淀粉糖浆在用于糕点前，最好先调成中性，这样有利于糖的着色反应。

蔗糖本身不参与焦化作用，生成转化糖后，产生的棕黄色物质称为焦糖，具有特殊的风味。与氨基化合物共热，可发生羰氨反应（美拉德反应），生成褐色物质，故称褐色反应。褐色反应是使面包、糕点表皮着色的另一个重要途径，也是面包、糕点产生香味的重要来源。在褐色反应中除了产生褐色物之外，还产生一些挥发性物质，形成面包、糕点特有的烘焙香味。这些成分主要是乙醇、丙酮醛、丙酮酸、乙酸、琥珀酸、琥珀酸乙酯等。在烘烤和油炸食品时，焦糖化作用控制得当，可以使产品有悦人的色泽和风味。

影响褐色反应的因素有温度、还原糖量、糖的种类、pH。还原糖（葡萄糖、果糖）含量越多，褐色反应越强烈，故中性的淀粉糖浆、转化糖浆、蜂蜜极易发生褐色反应。蔗糖因无还原性，不与蛋白质作用，故不起褐色反应，而主要起焦糖化反应。

三、糖在西点中的作用

1. 糖是良好的着色剂

由于糖在加热后会发生焦糖化作用，在西点中添加糖，或在西点表面刷上一层糖浆，烘烤后就会形成诱人的金黄色。而配方内不加糖的面包，如法式面包、意大利面包，其表皮则为淡黄色。

2. 改善制品的风味

糖除了可以增加西点的甜味，其本身的甜味，以及一些糖特有的风味，在烘焙成熟过程中，与糖的焦化作用、美拉德反应的结合产物可使制品产生良好的烘焙香味。

3. 改善制品的形态和口感

糖可以改善糕点的组织形态，当糕点中含糖量适当时，冷却后可以使制品外形挺拔，内部起到骨架作用，并且有脆感。

4. 作为酵母的营养物质、促进发酵

在面团发酵过程中，加入适量的糖，由于酶的作用，使双糖变成单糖，供给酵母菌营养，这样就可以缩短面团发酵时间。但如果用糖量过多（超过30% 时），由于增加了渗透压，酵母菌细胞内的原生质分离，菌体僵硬，同时又因生成过多的二氧化碳，发酵作用大为减弱。所以，糖可以起到调节发酵速度的作用。

5. 改善面团物理性质

糖能改进面点组织，使面团的黏性降低，制品变得松软，但加糖过多制品也会变脆。

6. 对面团吸水率及搅拌时间的影响

正常用量的糖对面团吸水率的影响不大。但随着用糖量的增加，糖的反水化作用也就越强，从而使得面团的吸水率降低，延长搅拌时间。大约每增加 1% 的糖，面团的吸水率就会降低 0.6%。高糖配方的面团（含糖量 20% ~ 25%）若不减少加水量或是延长面团的搅拌时间，则面团就会因为搅拌不足，面筋得不到充分扩展，而造成面包产品体积变小，内部组织粗糙，口感较差。这是因为糖在面团内溶解需要水，面筋的形成、扩展也需要水，这就形成糖与面筋之间争夺水分的现象，糖越多，面筋能吸收到的水分也就越少，从而延缓了面筋的形成，阻碍的面筋的扩展，必须通过增加搅拌时间来使得面筋得到充分扩展。一般高糖配方的面团，其面团充分扩展时间要比普通面团高一半。

7. 提高产品的货架寿命

当糖液达到饱和浓度时，具有较高的渗透压，可以使微生物脱水产生质壁分离现象，从而抑制微生物在制品中的成长，因此，加糖越多，存放时间越长。

8. 提高食品的营养价值

糖的发热量高，能迅速被人体所吸收，1 kg 糖的发热量为 14630 ~ 16720 kJ（3500 ~ 4000 kcal），可有效地消除人体的疲劳，补充人体的代谢需要。

9. 装饰美化产品

砂糖质感晶银闪亮，糖粉洁白如霜，撒或是覆盖在制品表面可起到美化装饰的效果。以糖为原料制成的膏料、半成品，如白马糖、白帽糖膏、札干等装饰产品，在西点中的运用较为广泛。

第三节　乳及乳制品

乳是多种物质组成的混合物，化学成分比较复杂，主要包括水、脂肪、蛋白质、乳糖、维生素、灰分和酶等。牛乳的化学成分受牛的品种、个体、泌乳期、畜龄、饲料、季节、气温、挤奶情况及健康状态等因素的影响而有差异，其中变化最大的是脂肪，其次是蛋白质、乳糖及灰分。

一、乳的化学组成

1. 水分

乳中最多的成分是水。乳中绝大多数的水分以游离状态存在，成为乳的胶体体系的分散介质。极少部分水同蛋白质结合存在，叫结合水。还有一部分在乳糖结晶和乳糖晶体一起存在，叫结晶水。

2. 乳蛋白质

乳中的蛋白质按其存在状态可分为溶解的乳清蛋白和悬浮的酪蛋白两大类。其中乳清蛋白中有对热稳定的腺和胨,对热不稳定的各种乳白蛋白及乳球蛋白,还有少量脂肪球蛋白质。

（1）酪蛋白

酪蛋白是乳蛋白质中最丰富的一类蛋白质,一般占蛋白质的80%～82%。传统上将在20℃调节脱脂乳的pH至4.6时沉淀的一类蛋白质称为酪蛋白。实验表明,它是一类既相似又相异的多种蛋白质组成的复杂物质,属于结合蛋白质。它含有胱氨酸和蛋氨酸两种含硫氨基酸。

酪蛋白虽然是一种两性电解质,但是具有鲜明的酸性。其分子中含有的酸性氨基酸远比碱性氨基酸多。不溶于水,加热时不凝固。

酪蛋白能与钙、磷等无机离子结合成酪蛋白胶粒,以胶体悬浮液的状态存在于牛乳中。酪蛋白胶粒对pH的变化很敏感,调节脱脂乳的pH,酪蛋白胶粒中的钙离子与磷酸盐逐渐游离出来,pH到达酪蛋白等电点时,酪蛋白沉淀。另外,由于微生物的作用,乳中的乳糖分解为乳酸,当乳酸量足以使pH达到酪蛋白等电点时,同样可发生酪蛋白的酸沉淀,这就是牛乳的自然腐败现象。

（2）乳清蛋白

牛乳中酪蛋白沉淀下来以后,保留在上清液即乳清中的蛋白质称为乳清蛋白。乳清蛋白中含量最多的是β-乳球蛋白,其次是α-乳清蛋白。β-乳球蛋白是一种简单蛋白质,加热、增加钙离子浓度、pH超过8.6等条件都能使它变性。α-乳清蛋白比较稳定。

乳蛋白质属于完全蛋白质,即它含有人体全部必需氨基酸。1L的牛乳可以满足或超过成年人每日所需要的必需氨基酸。从牛乳蛋白质的氨基酸组成来看,牛乳蛋白质的营养价值非常高,同时也是一种非常经济的优质蛋白来源。由此可见,把牛乳及其制品作为面包、糕点生产的重要原料是今后的发展方向,也是食品工程技术人员今后研究的课题。

3. 乳脂肪

乳脂肪是由一个甘油分子和三个脂肪酸分子组成的三甘油酯的混合物。乳脂肪不溶于水,而以脂肪球状态分散于乳液中形成乳浊液。乳脂肪的脂肪酸组成。牛乳脂肪的脂肪酸种类远比一般脂肪多,已发现其脂肪酸达60余种,除含有低级饱和脂肪酸外,还含有高级饱和脂肪酸。不饱和脂肪酸主要是油酸,约占不饱和脂肪酸总量的70%。

乳中的脂肪成极细小的球体,均匀地分布在乳汁中,脂肪球的外面包裹着一层乳清或蛋白质薄膜。乳脂肪在15℃时的熔点为27～34℃,低于人的体温,同时乳脂肪本身已形成很好的乳化状态,因而含有乳及乳制品的面包和糕点消化率很高。

4. 乳糖

乳中糖类的 99.8% 以上是乳糖，此外，还有极少量的葡萄糖、果糖、半乳糖等。牛乳中约含 4.7% 的乳糖。乳糖甜味比蔗糖低，不易溶于水，但可溶于乳汁的水分中呈溶液状态存在。乳糖水解后生成一个分子的葡萄糖和一个分子的半乳糖。乳糖在乳酸菌的作用下，先分解为己糖，再分解成乳酸，其化学反应式如下：

$$C_{12}H_{22}O_{22}+H_2O \longrightarrow 2C_6H_{12}O_6$$
$$C_6H_{12}O_6 \longrightarrow 2C_2H_4OHCOOH$$

乳糖在串状酵母属酵母酶的作用下，可产生酒精发酵，化学反应式如下：

$$C_{12}H_{22}O_{11}+H_2O \longrightarrow 2C_6H_{12}O_6$$
$$C_6H_{12}O_6 \longrightarrow 2C_2H_5OH+2CO_2$$

乳糖对初生儿和幼儿的智力发育非常重要，因为在婴幼儿的消化道内，分解乳糖的乳糖酶最多，随着年龄的增长，消化道内呈现缺乏乳糖酶的现象，不能分解和消化乳糖。乳糖能促进黏多糖类的生成，这些物质是构成脑细胞的必要成分。另一方面，牛乳糖可以促进肠道内乳酸菌的生长。乳酸的形成，可以促进婴幼儿对钙和其他矿物质的吸收。可见，在烘焙食品里加入乳及乳制品或在加入乳糖的同时加入乳糖酶，则可以促进人们对乳糖的消化吸收。

5. 乳中的矿物质和维生素

牛乳中的矿物质主要有磷、钙、镁、氯、钠、硫、钾等，此外，尚有一些微量元素。牛乳中盐类的含量虽然很少，但对蛋白质的热稳定性有重要影响。牛乳中的铁含量比人乳少，因此在考虑儿童面包的营养时有必要予以强化。乳中的维生素含量和种类十分丰富。

二、西点中常用的乳及乳制品

1. 鲜牛乳

鲜牛乳（Milk）呈乳白色或白中稍带浅黄色，味微甜，有奶香味。牛乳是多种物质的混合物，化学成分较复杂，主要成分包括水、脂肪、蛋白质、乳糖、维生素、灰分和酶等。牛乳中的蛋白质包括两种，溶解的乳清蛋白和悬浮的酪蛋白。乳脂肪以脂肪球形式分散于乳浆中形成乳浊液。牛乳营养丰富，但由于水分含量高，在温度适宜时细菌繁殖较快，故不易保存。

2. 奶粉

奶粉（Milk Powder）是以牛、羊鲜乳为原料经浓缩后喷雾干燥制成的粉末。奶粉包括全脂奶粉和脱脂奶粉两大类。由于奶粉含水量低，便于保存，食用方便，因此在面点制作中奶粉应用广泛。在面点制作中要考虑奶粉的溶解度、吸湿度、滋味，因为这些对于面点的制作工艺和成品质量关系密切。

3. 炼乳

炼乳（Condensed Milk）色泽淡黄，呈均匀的稠流状态，有浓郁的乳香味。分为甜炼乳和淡炼乳两种。甜炼乳是在牛乳中加入 15% ~ 16% 的蔗糖，然后将牛乳中的水分加热蒸发，真空浓缩至原体积的 40% 左右，即为甜炼乳。淡炼乳是牛奶真空浓缩至原体积的 50% 时不加糖为淡炼乳。

4. 淡奶

淡奶（Evaporated Milk）又称奶水、蒸发奶、蒸发奶水等，它是将牛奶蒸馏去除一些水分后的结果。没有炼乳浓稠，但比牛奶稍浓。它的乳糖含量较一般牛奶高，奶香味也较浓，可以给予西点特殊的风味。同时淡奶也是做奶茶的最好选择。目前市场上最常见的淡奶为雀巢公司生产的三花淡奶。淡奶分植脂淡奶和全脂淡奶两种，全脂淡奶是蒸馏过的牛奶。经过蒸馏过程，淡奶的水分比鲜牛奶少一半。全脂淡奶因为是牛奶加工而成的，蛋白质含量高，使用的人工添加剂少，营养好。三花植脂淡奶中的脂肪是不含胆固醇的植物脂肪，有助心脏健康的同时，仍能保持香浓醇厚的味道。植脂淡奶无糖，易消化，健康又美味。但因为是经过加工而成，植脂淡奶里的添加剂多一些。

5. 鲜奶油

牛乳中的脂肪是以脂肪球的形式存在，它的相对密度为 0.94。所以牛乳经离心处理后即可得到鲜奶油。鲜奶油（Cream）和奶油（Butter）的区别在于鲜奶油是 O/W 型，奶油是 W/O 型。鲜奶油是白色像牛奶状的液体，但是乳脂含量更高。鲜奶油可以增加西点的风味，同时它具有发泡的特性，可以在搅打后体积增加，变成乳白状的细沫状的发泡鲜奶油。

鲜奶油又有动物性鲜奶油和植物性鲜奶油之分，动物性鲜奶油是从牛奶中提炼出来的，含有约 47% 的高脂肪及 40% 的低脂肪。在包装的成分说明上，动物性鲜奶油标明了"鲜奶油"或"Cream"。动物性鲜奶油的保存期较短，且不可冷冻保存，所以应尽快使用。植物性鲜奶油又称人造鲜奶油，主要成分为棕榈油、玉米糖浆及其他氢化物，可以从包装上的成分说明看出是否为植物性鲜奶油。植物性鲜奶油通常是已经加糖的，甜度较动物性鲜奶油高。植物性鲜奶油保存时间较动物性鲜奶油要长，可以冷冻保存，而且比动物性鲜奶油容易打发，比较适合用来裱花。

6. 奶酪

奶酪（Cheese）又称乳酪、干酪、芝士和起司等，是鲜乳经皱胃酶和胃蛋白酶的作用将原料乳凝聚，再将凝块加工、成型、发酵、成熟而制成的一种乳制品。奶酪是西点中重要的营养强化剂。通常是以牛奶为原料制作的，但是也有山羊、绵羊或水牛奶做的奶酪。大多数奶酪呈乳白色到金黄色。传统的干酪含有丰富的蛋白质、脂肪、维生素 A、钙和磷，现代也有用脱脂牛奶做的低脂肪干酪。

奶酪的种类非常多，在这里我们主要介绍在烘焙中比较常用到的几种奶酪。

（1）奶油奶酪

奶油奶酪（Cream Cheese）又称奶油乳酪、奶油芝士，是在未经发酵的新鲜奶酪中掺入适量的鲜奶油而制成的一种脂肪含量大约为 35% 的软质干酪。奶油奶酪是西点制作中最常用的奶酪之一，也是奶酪蛋糕中不可缺少重要材料。奶油奶酪是鲜奶经过细菌分解所产生的奶酪，经凝乳处理而制成的乳酪。奶油奶酪有不同大小规格和风味，可以涂抹在贝果和吐司上直接食用，也可以用于奶酪蛋糕、慕斯和馅料等。奶油奶酪在使用前应先室温或加热软化，并低速搅拌使其变柔软细腻后再于糖、鸡蛋或其他液体混合。奶油奶酪在开封后极容易吸收其他味道而变味，所以要尽快使用。

（2）马士卡彭奶酪

马士卡彭奶酪（Mascarpone Cheese）是一种原产于意大利伦巴第地区的软质奶酪，是一种将新鲜牛奶发酵凝结、继而去除部分水分后所形成的"新鲜奶酪"。马士卡彭乳酪呈淡象牙色，含有 70% ~ 75% 的脂肪，组织非常光滑细腻，软硬度介于鲜奶油与奶油奶酪之间，带有轻微的甜味及特有的奶酪风味。马士卡彭是高度易腐的，可散装或装于 8 或 16 盎司桶。马士卡彭奶酪是制作提拉米苏的主要材料，在甜酱、冰激凌和馅料中广泛使用。

（3）马苏里拉奶酪

马苏里拉奶酪（Mozzarella Cheese）是意大利坎帕尼亚那不勒斯地方产的一种淡味奶酪，其成品色泽淡黄，含乳脂 50%，经过高温烘焙后奶酪会融化拉丝，具有较高的黏性，且形成特殊的奶酪香味，所以是制作比萨的重要材料。

（4）农夫奶酪

农夫奶酪（Farmer's Cheese）是由牛奶制成的传统新鲜软奶酪。口感清淡，质地光滑。

（5）帕玛森奶酪

帕玛森奶酪（Parmesan Cheese）是一种意大利硬奶酪，经多年成熟干燥而成，色淡黄，具有强烈的水果味道，一般超市中有盒装或铁罐装的粉末状帕玛森奶酪出售。帕玛森奶酪用途非常广泛，不仅可以擦成碎屑，作为意式面食、汤及其他菜肴的调味品，还能制成精美的甜食。

7. 酸奶

酸奶（Yogurt），有时直译为"优格"，是在牛奶中添加乳酸菌使之发酵、凝固而得到的产品。它含有营养价值较高的乳蛋白、矿物质和维生素等，并且经过发酵，酸奶更容易被人体消化吸收。目前市面上销售的大部分酸奶都添加了香料、调味料及甜味剂等以增加酸奶的口味及风味，但制作西点时最好使用原味酸奶。酸奶的营养保健功效非常多，如能促进胃液分泌、提高食欲、加强消化的功效；能减少某些致癌物质的产生；能抑制肠道内腐败菌的繁殖，减弱腐败菌在肠道内产生毒素的能力；还能降低胆固醇。

8. 酸奶油

酸奶油（Ripened Cream）是在牛奶中添加乳酸菌培养或发酵后制成的，含18%的乳脂肪、0.5%的乳酸，质地浓稠，味道较酸，在西点烘焙中可以用于制作酸奶蛋糕。

三、乳制品在西点中的工艺性能

1. 赋予制品浓郁的奶香风味

乳制品的脂肪，能让人感受到一种奶香味。将其加入到烘烤食品中烘焙时，低分子脂肪酸的挥发使得奶香味更加浓郁，能起到促进食欲、提高制品食用价值的作用。

2. 提高制品的营养价值

面包、蛋糕等西点的主要原料是面粉，面粉中的蛋白质是不完全蛋白质，缺少色氨酸、赖氨酸、蛋氨酸等人体必需氨基酸。而乳制品中含有丰富的蛋白质、氨基酸、维生素和矿物质，与面粉组合使用可以起到营养互补的作用，从而提高整个制品的营养价值。除了提高制品的营养价值，乳制品还能使制品颜色洁白，滋味香醇，促进食欲。

3. 提高面团的筋力和耐搅拌能力

乳制品中含有大量乳蛋白质，对面筋有一定的增强作用，可以提高面团的筋力和强度，不会因为搅拌时间过长导致搅拌过度，影响成品的质量。与筋力强的面粉相比，筋力弱的面粉加入乳粉后揉制的面团能看出其面团筋力显著增强，适合高速搅拌。

4. 改善制品的组织

乳制品可以提高面团的筋力，改善面团的发酵耐力和持气性，因此，添加乳制品制作的面包，组织比较均匀、柔软、酥松且富有弹性。

5. 提高面团的发酵耐力

乳制品中含有大量的蛋白质，对面团发酵 pH 的变化具有一定的缓冲作用，使面团的 pH 不会发生很大的变化，保证面团的正常发酵，从而提高面团的发酵耐力，不至于因为发酵时间的延长而成为发酵过度的老面团。乳制品还可抑制淀粉酶的活性，减缓酵母的生长繁殖速度，从而减缓面团的发酵速度，有利于面团充分的均匀膨胀，增大面包体积。另外，乳制品可刺激酵母内酒精酶的活性，提高糖的利用率，有利于二氧化碳气体的产生。

6. 乳制品是良好的乳化剂

乳制品中含有较多的磷脂，磷脂具有亲油和亲水的双重性质，是较理想的天然乳化剂。它能使油、水和其他材料均匀地分布在一起，从而使得西点制品组织细腻，质地均匀。

7. 提高面团的吸水率

乳粉中含有大量的蛋白质，其中酪蛋白占蛋白质总量的80% ~ 82%，而酪蛋白含量是影响面团吸水率的重要因素之一。乳粉的吸水率为自重的100% ~ 125%，每增加1%的乳粉，面团吸水率就要相应的增加1% ~ 1.25%，烘焙食品的产量和出品率也相应增加，从而可降低成本。

8. 延缓制品的老化

乳中含有的蛋白质、乳糖、矿物质等具有抗老化作用。乳制品中蛋白质含量高，可增加面团的吸水率，面筋性能得到改善，面包体积增大，这些因素都有助于延缓西点制品的老化，延长保鲜期。

第四节　蛋及蛋制品

蛋品是生产面包、糕点的重要原料，尤其是蛋糕和鸡蛋面包用蛋量很大。蛋品对面包、糕点的生产工艺及改善制品的色、香、味、形和提高营养价值等方面都起到一定的作用。

鲜蛋包括鸡蛋、鸭蛋、鹅蛋等，在面包、糕点中应用最多的是鸡蛋。这里主要介绍鸡蛋。

一、鸡蛋的结构

鸡蛋由蛋壳、蛋白、蛋黄三个主要部分构成，各构成部分的比例，会因产蛋季节、鸡的品种、饲养条件等的不同而有所差别。以鸡蛋为例，全蛋中，蛋壳重量约占10.3%，蛋黄占30.3%，蛋白占59.4%，即蛋白与蛋黄的重量比约为2 : 1。鸡蛋一般平均重量为50 ~ 60g，在此范围内的鸡蛋，蛋白、蛋黄的比例差不多；若鸡蛋太小或太大，则蛋黄比例减少，蛋白比例增大。鸡蛋可食部分（去蛋壳）的化学组成见表3-8。

蛋是一种湿性材料，含有75%的水分，因此使用时应注意其水分含量而适当减少其他液体的使用量。一般西点中使用蛋的计量方式都是连壳计算，也有习惯用去壳的蛋液进行计量的。不论哪一种方式，只要是基于配方需要就没有差异。

表3-8　蛋的主要成分（%）

可食部分	比例	水分	脂肪	蛋白质	葡萄糖	灰分
全蛋	89.7	75	11.1	13.3	0.3	1.0
蛋黄	30.3	49.5	33.3	15.7	0.15	1.1
蛋白	59.4	88	—	10.4	0.38	0.7

二、鸡蛋的化学成分与物理特性

1. 蛋白的化学成分

蛋白是壳下皮内半流动的胶状物质，体积占全蛋的57%～58.5%。蛋白中约含蛋白质12%，主要是卵白蛋白，还含有一定量的维生素 B_2、烟酸、生物素和钙、磷、铁等物质。

蛋白是一种微黄色半透明的黏性半流体，通常呈碱性，pH 为 7.2～7.6。蛋白是典型的胶体物质，以水作为分散介质，以蛋白质作为分散相。由于蛋白的结构不同，所含蛋白质种类不同，蛋白的胶体状态亦有所改变。蛋白分为三层，外层为稀薄蛋白，约占蛋白的 20%～55%；中间层为浓厚蛋白，约占蛋白的27%～55%；内层为稀薄蛋白，约占 11%～36%。蛋白黏度的高低，主要与蛋白内黏蛋白含量有关。黏蛋白多者，黏度大，反之则稀。越新鲜的鸡蛋浓厚蛋白越多，随着储存时间的延长，在酶的作用下，浓厚蛋白会逐渐减少，而稀薄蛋白会逐渐增加。

蛋白中的蛋白质有卵白蛋白、伴白蛋白、卵球蛋白、卵黏蛋白和卵类黏蛋白五种。前三种为简单蛋白质，后两种为结合蛋白质。卵白蛋白是蛋白中的主要蛋白质，约占蛋白的 60%，卵黏蛋白是糖蛋白，在溶液中有较大的黏性，它与卵球蛋白一起维持黏稠蛋白的纤维结构，加强卵白蛋白的起泡性与泡的稳定性。这些蛋白质中含有各种必需氨基酸，消化吸收率在 50% 以上。

蛋白中的碳水化合物，分两种状态存在。一种是与蛋白质呈结合状态存在，在蛋白中含 0.5%；另一种是呈游离状态存在，蛋白内含 0.4%。游离糖中有98% 是葡萄糖。

2. 蛋黄的化学成分

蛋黄是浓稠不透明而呈半流动的乳状液，含有固体物 50% 左右，约为蛋白的 4 倍，而其组合成分比蛋白复杂得多。蛋黄的 pH 为 6～6.4，呈酸性。蛋黄包括浅色蛋黄、深色蛋黄、胚胎三部分。浅色蛋黄含量高，约占全蛋黄的95%。在蛋黄与蛋白之间有一层膜将二者分开，并包围着蛋黄，称为蛋黄膜。二者之间的化学成分，除有机和无机部分不同外，水分的含量相差很大，蛋白含水分 88% 左右，蛋黄含水分 58% 左右，因此，两者之间水溶解性盐类起一定的渗透压作用。储存较久的蛋，蛋黄水分逐渐增高，而蛋白水分逐渐减少，就是因为蛋白中的水分，有一部分由于渗透作用，渗透入蛋黄中所致。

蛋黄中的主要化学成分为蛋白质 15.6%、脂肪 29.82%、糖类 0.48%、其他成分则为水分、矿物质、卵磷脂及维生素等。

蛋黄中的蛋白质主要是卵黄磷蛋白与卵黄球蛋白。前者称为卵磷蛋白质（与蛋白质磷脂肪质结合），后者系水溶性蛋白。这些蛋白质中含有丰富的必需氨基酸，消化率亦在 95% 以上。

蛋黄中的脂肪含量为 30% ~ 33%，其中包括 10% ~ 12% 的磷脂质，在室温下是橘黄色的半流动液体。磷脂是结合脂肪，具有亲油和亲水的双重性，它的主要成分是卵磷脂、脑磷脂，还有神经磷脂和糖脂质等。除结合脂肪外，还有衍化脂肪，其主要成分是胆固醇。卵磷脂又称蛋黄素，在蛋黄中含量较高。卵磷脂中的胆碱和乙酸作用后可生成乙酰胆碱，这种物质是神经的传导体，故对人体的大脑和神经组织的发育有重要意义。

蛋黄中的碳水化合物以葡萄糖为主，约占 12%。矿物质以磷为最多，其次为氧化钾和氧化钙。还含有其他微量元素。蛋黄中含有丰富的维生素，蛋黄的维生素主要存在于蛋黄中，含有脂溶性的维生素 A、维生素 D、维生素 E、维生素 K，水溶性的维生素 B 和维生素 C。

蛋黄中也含有十分丰富的色素，脂溶性的色素多于水溶性的。脂溶性的有胡萝卜素、隐黄素、叶黄素；水溶性的有维生素 B_2。由于蛋黄中含有大量的胡萝卜素和维生素 B_2，故呈黄色。

蛋黄中含有二肽酶、淀粉酶、脂肪酶等，不含溶菌酶。

三、蛋在西点中的工艺性能

1. 蛋白的起泡性

蛋白是一种亲水胶体，具有良好的起泡性，在调制物理膨松面团中具有很重要的作用。蛋白经过剧烈搅拌，蛋白薄膜将混入的空气包围起来形成泡沫。由于受表面张力的影响，泡沫成为球形。由于蛋白胶体具有黏度，和加入的原料一起附着在蛋白泡沫层四周，使泡沫层变得浓厚结实，增强了泡沫的机械稳定性。当加入蛋品的点心进行烘烤时，泡沫内气体受热膨胀，使制品疏松多孔并具有一定的弹性和韧性。因此，蛋可以增加点心的体积，是一种理想的天然疏松剂。

打蛋白是调制蛋泡面团的重要工序，泡沫形成受到许多因素的影响，如黏度、油脂、pH、温度和蛋的质量等。

2. 蛋黄的乳化性

蛋黄中含有许多磷脂，磷脂具有亲油和亲水的双重性质，是一种理想的天然乳化剂，能使油、水和其他材料均匀地分布在一起，促进制品组织细腻，质地均匀，疏松可口，具有良好的色泽。

3. 凝固性

蛋白对热极为敏感，受热后凝固变性。蛋白在50℃左右开始浑浊，57℃左右黏度稍有增加，58℃左右开始发生白浊，62℃以上则就失去流动性，70℃时就成为块状和冻状，温度再增高则变得越硬。蛋黄在65℃左右时开始凝胶化，70℃就失去流动性，凝固温度高于蛋白。

4. 改善制品色泽，增进制品风味

由于美拉德反应，面包、糕点的表面涂上蛋液，经烘烤后会呈现漂亮的红褐色或是金黄色等发亮的光泽。含蛋的西点制品成熟后会产生特殊的蛋香味，且滋味美好。

5. 增加制品的营养价值

禽蛋的营养价值极高，含有人体所必需的优质蛋白质、脂肪、类脂质、矿物质、维生素等营养素，并且消化吸收率极高，是人体优质蛋白质等营养素的最佳来源。将蛋品加入到面包、蛋糕等西点中，根据蛋品和乳品在营养上的互补作用，能够大大提高产品的营养价值。如鸡蛋中铁含量相对较多，钙较少，而乳制品中钙含量高，铁含量少，将它们混合使用可以起到非常好的营养素互补作用。

6. 装饰美化作用

西点中常使用蛋白制成的膏料进行裱花，可以起到很好的美化装饰效果。

四、影响蛋液泡沫的形成和稳定性的因素

1. 温度

温度与气泡的形成有直接的关系。温度较高的蛋白比温度低的蛋白打发性好，但稳定性较差。蛋白打发界限温度为30～40℃，此温度下的鲜蛋起泡性最好，黏性也最稳定。温度太高或是太低都不利于蛋白的起泡。

2. 蛋白种类

稀蛋白含量高的蛋白起泡性能较好，这是因为蛋白表面张力较小的缘故，但是泡沫的稳定性较差，容易打发过头。浓厚蛋白较多时，蛋白黏稠度较大，打发性稍差，但泡沫的稳定性较好。这也是新鲜蛋比陈蛋更容易打发的原因。

3. 黏度

黏度对蛋白的稳定影响很大。黏度大的物质有助于泡沫的形成和稳定。因为蛋白具有一定的黏度，所以打起的蛋白泡沫比较稳定。在蛋白的打发过程中

常常加入糖，是因为糖具有较高的黏度，可以增大蛋液黏度。

4. 油脂

油脂是一种消泡剂，因此在打蛋时不能有油。油的表面张力很大，而蛋白气泡膜很薄，当油接触到蛋白气泡时，油的表面张力大于蛋白膜本身的延伸力而将蛋白膜拉断，气体则从断口处冲出，气泡立即消失。因此实际操作时，我们常常将蛋黄和蛋白分开来使用，就是因为蛋黄中含有油脂。

5. 蛋的成分

起泡性最好的是蛋白，其次是全蛋，蛋黄的起泡性最差。在利用蛋白打发时，如果加入少量的蛋黄或 1% 以下的油脂，起泡性会明显降低，甚至打不起来。蛋黄打发虽然需要更长时间来搅拌，但可以形成比较稳定的稀奶油状的泡沫。蛋黄的脂蛋白可以在含油脂的结构下，产生表面变性，形成气泡。而且由于固定成分多，浓度大，黏度高，稳定性也较高。海绵蛋糕的制作实际上就是依靠蛋的打发来实现膨松的。

6. pH

pH 对蛋白泡沫的形成和稳定有着很大的影响作用。蛋白在偏酸性的情况下气泡比较稳定，但 pH 在 6.5 ~ 9.5 之间时形成的泡沫虽然很强但是不稳定。打蛋时加入酸或是酸性物质就是要调节蛋白的 pH。蛋白的 pH 较小时，泡沫的形成虽然慢但是比较稳定。

第五节　油　脂

油脂是制作西点的重要原料之一，它对改善制品的色、香、味、形和提高制品的营养价值起着非常重要的作用。油脂是油和脂的总称。在常温状态下，呈液体状态的称为油，呈固体或是半固体状态的称为脂。

一、油脂的组成及性质

油脂中的脂肪酸可分为两大类，即饱和脂肪酸和不饱和脂肪酸。脂肪酸含量很大程度上决定了油脂的种类和性状。液体油中不饱和脂肪酸的含量较多，固体油脂中饱和脂肪酸的含量居多。

1. 饱和脂肪酸

化学性质较稳定，不易与其他物质起化学变化，如猪油等，含饱和脂肪酸较多，制作糕点有较好的乳化性、起塑性，色泽良好，风味较佳。

2. 不饱和脂肪酸

不饱和脂肪酸内含双键，化学性质不稳定，易与其他物质发生反应，易被氧化，使油和制品氧化酸败，如豆油、花生油等。含不饱和脂肪酸多，可塑性和色泽都较动物油脂差，使用量过多，油易游离使面团走油，影响面团质量。

3. 磷脂

动植物油中都含有磷脂，植物油中磷脂含量高于动物油脂，其中尤以大豆油和棉籽油中磷脂含量最多。油脂中所含有的磷脂按其化学结构可分为两种，分别为卵磷脂和脑磷脂。磷脂最重要的性质之一就是能降低水溶液表面张力，是一种天然的乳化剂，能够使糖、油和水等物质混合得很完全，形成稳定的乳浊液。

二、西点常用的油脂

（一）植物油

植物油中主要含有不饱和脂肪酸，其营养价值高于动物油脂，但加工性能不如动物性油脂或固态油脂。西点中使用的植物油以精制后的色拉油为主，这种油油性小，熔点低，融合性强，掺在蛋糕里可以使蛋糕柔软。除了作掺和油用，植物油在西点中还常作为油炸制品和制馅用油。在选择用油时，应注意避免使用含有特殊气味的油脂，以防破坏成品应有的风味。

1. 大豆油

大豆油是从大豆中提取出来的油脂，是最主要的食用油脂，主产于我国的东北部地区。按加工方法不同可分为冷榨油、热榨油和浸出油。大豆油中的亚油酸含量高，不含胆固醇。大豆油消化率高，可达95%，而且含有维生素 A 和维生素 E，营养价值高，故大量用于面点制作。但大豆油的起酥性比动物油差，所以通常被用作油炸制品用油和人造油脂的原料。

2. 花生油

花生油是从花生中提取出来的，带有花生的香气。呈淡黄色、透明、芳香、味美，为良好的食用油脂。花生油中饱和脂肪酸含量较多，达13% ~ 22%，特别是其中含有高分子脂肪酸，如花生酸和木焦酸。花生油熔点为 0 ~ 3℃，因此温度低时呈白色半固体状态，温度越低，凝固得越牢。它是人造奶油的良好原料。

3. 芝麻油

芝麻油是从芝麻中提取出来的，具有特殊的香气，故又称香油。根据加工方法的不同，可分为小磨香油和大槽油。小磨香油香气醇厚，品质最佳，是上等食用油脂，用于较高档的面点中。

在西点中使用的植物油脂还有椰子油、菜籽油、棉籽油等。植物油在常温下呈液态，因常有植物油气味，故使用时应先将油熬熟以减少不良气味。在植物油中，以花生油和芝麻油质量最佳，豆油次之。

（二）动物油

西点中常用的动物油有奶油和猪油。它们都具有熔点高、可塑性强、起酥性好的特点。

1. 奶油

奶油又称黄油或白脱油，是从牛奶中分离出来的。奶油具有特殊的香气，易消化，营养价值较高，制成的成品柔润、富有弹性，光滑度强，不易硬化，是西式面点和广式点心经常用的原料。

奶油的成分中，乳脂肪含量约为80%，水分约为16%，还含有0.2%的磷脂，其中丁酸（酪酸）是构成奶油特殊芳香味的来源。由于奶油中含有较多的不饱和脂肪酸甘油酯，使它具有一定的硬度，因而奶油具有良好的可塑性，适用于西式糕点中的饰花和保持糕点外形的完整。

奶油的熔点为28～30℃，凝固点为15～25℃，在常温下呈固态。由于它具有较低的熔点，入口即化，香味温和，烘烤后有浓郁且令人愉快的奶香味和口感，深受消费者的喜欢。但在高温情况下，奶油易软化变形，故夏季不能用奶油装饰糕点。奶油是微生物的良好培养基，在高温下易遭细菌和霉菌污染。此外，奶油中的不饱和脂肪酸易受氧化而酸败，高温和日光会加速氧化，故奶油必须冷藏保存。本书后文的配方中均使用"黄油"这一名称。

2. 猪油

猪油在酥类面点中使用较多，尤以中式面点中使用最为广泛，西点中使用不是很多。猪油具有色泽洁白、味道香、起酥性好等优点。在常温下呈固态，熔点较高，为28～48℃，利于加工操作，但融合性、稳定性较差。

（三）再加工油脂

1. 人造奶油

人造奶油又称麦淇淋和玛琪琳，是以氢化油为主要原料，添加水和适量的牛乳或乳制品、色素、香料、乳化剂、防腐剂、抗氧化剂、食盐和维生素，经混合、乳化等工序而制成的。人造奶油的软硬可根据各成分的配比来调整，其乳化性能和加工性能比奶油要好，是奶油的良好代用品。人造奶油中油脂含量为80%，水分14%～17%，食盐0～3%，乳化剂0.2%～0.5%。人造奶油乳化性、起酥性、可塑性均较好，制出的成品柔软而有弹性，但它的香味不如奶油，也不易被人体吸收。

人造奶油的种类很多，用于西点的有通用人造奶油、起酥用人造奶油、面包用人造奶油、裱花用人造奶油等。通用人造奶油又称通用麦淇淋，在任何气温条件下都具有良好的可塑性和融合性，一般熔点较低，口溶性好，可塑性范围宽，适用于各式蛋糕、面包、小西饼、裱花装饰等。起酥用人造奶油，又称酥皮麦淇淋、起酥玛琪琳，该人造奶油中含有熔点较高的动物性牛油，其优良的延展性及可塑性可经得起多次擀压及交叠的剧烈过程而不开裂。用作西点、起酥面包和膨胀多层次的产品中，一般含水量以不超过20%为佳。产品用途包括制作各式起酥糕点、松饼类、丹麦类面包糕点。面包用人造奶油，它可以加入到面包面团中，也可以进行面包的装饰和涂抹。加入到面团中的面包用人造奶油需具备良好的可塑性，且熔点要高，不然在折叠开皮时，易穿破面团。涂抹面包或是装饰用人造奶油，质量要求很容易涂在面包片上，在口腔内受人体的体温影响很容易融化，味道好，至于可塑性范围大小、打发性等要求不是很高。裱花用人造奶油，又称裱花麦淇淋。它具有很强的可塑性、融合性和乳化性，与糖浆、糖粉、空气混合形成的奶油膏膏体滑润细腻，稳定，保形效果好，易于操作。

2. 起酥油

起酥油是将精炼的动、植物油脂、氢化油或这些油脂的混合物，经混合、冷却塑化而加工出来的具有可塑性、乳化性等加工性能的固态或液态的油脂产品。起酥油不能直接食用，而是作为产品加工的原料油脂，具有良好的加工性能。与人造奶油最大的区别在于起酥油中没有水相。起酥油的分类如下。

（1）通用型起酥油　这类起酥油的适用范围很广，任何季节都具有很好的可塑性和酪化性，熔点一般较低，可用于加工饼干、面包和重型蛋糕等。

（2）乳化型起酥油　这类起酥油含乳化剂较多，通常含10%～20%的单脂肪酸甘油酯等乳化剂。其加工性能较好，常用于加工西式糕点和配糖量多的重糖糕点。用这种起酥油加工的糕点体积大，松软，口感好，不易老化。

（3）高稳定型起酥油　高稳定性起酥油一般是用氢化油脂加工而成。可用于深锅煎炸，并可作为糖果和烘焙食品中的脂肪、黄油替代品和涂层脂肪，还可用在植物性仿乳制品中，以及用来加工薄脆饼干和硬甜饼。这类起酥油的特性是，可以长期保存，不易氧化变质，起酥性好，"走油"现象较轻。

（4）面包用液体起酥油　这种起酥油以食用植物油为主要成分，添加了适量的乳化剂单（双）酸甘油酯、乙酰化单（双）酸甘油酯、硬脂酰乳酸钠（SSL）、聚山梨酸酯60、蒸馏单甘酯、琥珀酸单甘酯等，大大改善了起酥油在面团中的充气性、稳定性和分散性，既发挥了面包柔软组织的作用，又具有对面包的起酥作用，提高了面包的柔软度，延缓了面包老化速度，延长了面包保鲜期。乙酰化单（双）酸甘油酯、硬脂酰乳酸钠（SSL）既是面包抗老化剂和保鲜剂，又是面团的增筋剂和改良剂，提高面团的搅拌耐力、发酵耐力、醒发耐力和吸水率，增强了面包坯在烤炉中的膨胀力，增大了面包的体积。面包用液体起酥油适用于面包、糕点、饼干等的机械化、自动化、连续化生产线生产。

（5）蛋糕用液体起酥油　这类起酥油是由新鲜精炼植物性油脂经特殊加工而成，油脂品质好，呈金黄色的液态，香味醇厚，方便应用，具有较好的留香性和可操作性。一般可用于各式蛋糕（如海绵蛋糕、戚风蛋糕等）的制作，各式中点（如月饼等）及各式烘焙食品表皮的制作，也可用于饼干或面包的表面喷饰油。

蛋糕用液体起酥油的特点包括：

①有助于蛋糕面团的发泡，使蛋糕柔软、有弹性，口感好，体积大；

②特别适用于高糖、高油脂的奶油蛋糕；

③蛋糕组织均匀，气孔细密；

④可缩短打蛋时间；

⑤面糊稳定性好。

三、油脂的加工特性

1. 熔点

油脂熔点即油脂由固态融化成液态的温度，也就是固态和液态的蒸汽压相等时的温度。油脂的熔点与油脂中所含脂肪酸的饱和程度和构成脂肪酸的碳原子数有关。脂肪酸的饱和程度高、碳原子数目多的油脂熔点高，反之则低。另外，油脂由于是甘油酯的混合物和存在同质多晶现象，所以也没有确切的熔点，而是一个范围。一般动物性油脂饱和脂肪酸含量高，故其熔点高于植物油脂，如猪油的熔点为 36 ~ 48℃，大豆油的熔点为 –18 ~ –15℃。熔点是衡量油脂起酥性、可塑性和稠度等加工特性的重要指标。油脂的熔点既影响其加工性能又影响到在人体内的消化吸收，如牛羊油的成分中含有较多的高熔点饱和三酸甘油酯，这类脂肪食用时不但口溶性差，风味不好，而且熔点高于 40℃，不易被人体消化吸收。因此，现在多将牛羊油与液体油混合，经过酯交换反应，使其熔点下降，改善了口感，也提高了在人体内的消化吸收率。用于糕点、饼干的固态油脂，熔点最好在 30 ~ 40℃之间。

2. 可塑性

可塑性是人造奶油、奶油、起酥油、猪油的最基本特性，是指油脂在外力作用下可以改变自身形状，甚至可以像液体一样流动的性质。若要使固态油脂具有一定的可塑性，必须在其成分中包括一定的固体油和液体油。固体脂以极细的微粒分散在液体油中，由于内聚力的作用，以致液体不能从固体脂中渗出。固体微粒越细、越多、可塑性越小；固体微粒越粗、越少、可塑性越大。因此，固体和液体的比例必须适当才能得到所需的食品加工的可塑性，这就是某些人造油脂要比天然的固态油具有更好的加工性能的缘故。固态油在糕点、饼干面团中能呈片状、条状及薄膜状分布，就是由可塑性决定的，而在相同条件下液体油可能分散成点状或球状。因此，固态油要比液态油能润滑更大的面团表面积。用可塑性好的油脂加工面团时，面团的延展性好，制品的质地、体积和口感都比较理想。油脂可塑性还与温度有关。温度升高，部分固体脂肪熔化，油脂变软，可塑性变大；温度降低，部分液体油固化，未固化的液体油黏度增加、油脂变硬，可塑性变小。

油脂可塑性在西点中的作用有：

①可增加面团的延伸性，使起酥类制品形成薄而均匀的层状组织；

②可防止面团的过软和过黏，增加面团的弹力，使机械化操作容易；

③油脂与面筋的结合可柔软面筋，使制品组织均匀、柔软、口感更好；

④润滑作用，油脂可在面筋和淀粉之间的界面上形成润滑膜，有利于增加面包的体积。可防止水分由淀粉向面筋转化，防止淀粉的老化，延长面包的保存期。固态油脂优于液态油脂。

3. 起酥性

起酥性是通过在面团中限制面筋形成，使制品组织比较松散来达到起酥的作用。稠度适中的油脂起酥性较好，如果过硬会在面团中残留一些块状部分，起不到松散组织的作用；如果过软或为液态，会在面团中形成油滴，使成品组织多孔、粗糙。

在调制酥性糕点和酥性饼干时，加入大量油脂，由于油脂的疏水性，限制了面筋蛋白质的吸水作用。面团中含油越多吸水率越低，一般每增加1%的油脂，面粉吸水率相应降低1%。油脂能覆盖于面粉的周围并形成油膜，除降低面粉吸水率限制面筋形成外，还由于油脂的隔离作用，使已形成的面筋不能互相黏合而形成大的面筋网络，也使淀粉和面筋之间不能结合，从而降低了面团的弹性和韧性，增加面团的酥性。此外，油脂能层层分布在面团中，起润滑作用，使面包、糕点、饼干产生层次，口感酥松，入口易化。对面粉颗粒表面积覆盖最大的油脂阻碍了面筋筋络的形成，具有极好的起酥性。

影响面团中油脂起酥性的因素有以下几方面。

①固态油脂的起酥性优于液态油脂。固态油中饱和脂肪酸占绝大多数，稳定性好。固态油的表面张力较小，油脂在面团中呈片、条状分布，覆盖面粉颗粒表面积大，起酥性好，而液态油表面张力大，油脂在面团中呈点、球状分布，覆盖面粉颗粒表面积小，并且分布不均匀，故起酥性差。因此，制作起层次的酥类糕点时必须使用奶油、人造奶油或起酥油。在制作一般酥类糕点时，猪油的起酥性是非常好的。

②油脂的用量越大，起酥性越好。

③温度影响油脂的起酥性。因油脂中的固体脂肪指数和可塑性与温度密切相关，而可塑性又直接影响油脂对面粉颗粒的覆盖面积。

④鸡蛋、奶粉以及乳化剂对油脂的起酥性有辅助作用。

⑤油脂和面团的投料顺序、搅拌程度都对油脂的起酥性有直接的影响。

4. 油脂的融合性（充气性）

融合性是指油脂在经搅拌处理后，油脂包含空气气泡的能力，或称为拌入空气的能力。充气性是糕点、饼干、面包加工的重要性质。油脂的充气性对食品质量的影响主要表现在酥类糕点和饼干中。在调制酥类制品面团时，首先要搅打油、糖和水，使之充分乳化。在搅打过程中，油脂中结合了一定量的空气。油脂结合空气的量与搅打程度和糖的颗粒状态有关。糖的颗粒越细，搅拌越充分，油脂中结合的空气就越多。当面团成型后进行烘焙时，油脂受热流散，气体膨胀并向两相的界面流动。此时化学疏松剂分解释放出的二氧化碳及面团中的水蒸气也向油脂流散的界面聚集，使制品碎裂成很多孔隙，成为片状或椭圆形的多孔结构，使产品体积膨大、酥松。添加油脂的面包组织均匀细腻，质地柔软。

油脂的融合性与其成分有关，油脂的饱和程度越高，搅拌时吸入的空气量就越多。还与搅拌程度和糖的细度有关，糖的细度越小，搅拌越充分，油脂结合的空气就越多。一般起酥油的融合性比人造奶油好，猪油的融合性较差。故糕点、饼干生产中最好使用氢化起酥油。

5. 乳化性

油和水互不相溶。油属于非极性化合物，而水属于极性化合物。根据相似相溶的原则，这两类物质是互不相溶的。但在糕点、饼干生产中经常要碰到油和水混合的问题，例如，酥类糕点和饼干就属于水油型乳浊液，而韧性饼干和松酥糕点就属于油水型乳浊液。如果在油脂中添加一定量的乳化剂，则有利于油滴在水相中的稳定分散，或水相均匀地分散在油相中，使加工出来的糕点、饼干组织酥松、体积大、风味好。因此添加了乳化剂的起酥油、人造奶油最适宜制作重糖、重油类糕点和饼干。

6. 吸水性

起酥油、人造奶油都具有可塑性，在没有乳化剂的情况下也具有一定的吸水能力和持水能力。硬化处理的油还可以增加水的乳化性。在 25℃时，猪油的吸水率为 25% ～ 50%，氢化猪油为 75% ～ 100%，全氢化性起酥油的吸水率为 150% ～ 200%。油脂的吸水率对冰激凌和重油类西点的制作具有重要的意义。

7. 热学性质

油脂的热学性质主要表现在油炸食品中。油脂作为炸油,既是加热介质又是油炸糕点的营养成分。当炸制食品时,油能将热量迅速而均匀地传给食品表面,使食品很快成熟。同时,还能防止食品表面马上干燥和可溶性物质流失。油脂的这些特点主要是由其热学性质决定的。

(1)油脂的热容量 油脂的热容量是指单位重量的油脂温度升高1℃所需的热量。不同种类的油脂在不同温度下热容量不同,但差异很小,油脂的热容量较小,平均为0.49,水的热容量为1。油脂的热容量与脂肪酸有关。液体油热容量随其脂肪酸链长的增加而增高,随其不饱和度的降低而减小。固体油脂的热容量很小。油脂的热容量随温度升高而增加,在相同温度下,固体油的热容量小于液体油。

(2)油脂的发烟点、闪点和燃点 发烟点是指油脂在加热过程中开始冒烟的最低温度。闪点是指油脂在加热时有蒸汽挥发,其蒸汽与明火接触瞬时内发生火光而又立即熄灭时的最低温度。燃点是指发生火光而继续燃烧的最低温度。

8. 稳定性

油脂的稳定性是指油脂抗氧化酸败的性能。对植物油来说,油脂的稳定性取决于其不饱和脂肪酸和天然抗氧化剂的含量。固态油脂、起酥油的稳定性好于猪油和人造奶油,因而常用起酥油来制造需要保存时间长的焙烤食品,如饼干、酥饼、点心、油炸食品。

四、油脂在西点中的作用

1. 改善面团的物理性质

调制面团时加入油脂,经调制后油脂分布在蛋白质、淀粉颗粒周围形成油膜,由于油脂中含有大量的疏水基,阻止了水分向蛋白质胶粒内部渗透,从而限制了面粉中面筋蛋白质吸水和面筋的形成,使已成型的面筋微粒相互隔离,使已形成的微粒面筋不易黏结成大块面筋,降低面团的弹性、黏度、韧性,增强面团的可塑性。油脂含量越高,这种限制作用就越明显。

面粉的吸水率随着油脂用量的增加而减少。在一般主食面包中,油脂用量2%~6%,对面团吸水率影响不大,但对高成本面包则有较大的影响。在高油脂含量的油酥点心中,由于含水量低,制品可以保存较长时间。

2. 促进层酥类制品形成均匀的层状组织

可塑性好的油脂可以与面团一起延伸,经过多次折叠有利于起酥类制品层状组织的形成,使酥层清晰且均匀。

3. 促进面包体积增大

油脂在面包面团中充当面筋和淀粉之间的润滑剂，使得面团发酵过程中的膨胀阻力减小，从而可增强面团的延伸性，有利于增大面包的体积。

4. 促进酥类制品口感酥松

在油酥点心、饼干等西点中，油脂发挥着重要的起酥作用。由于这类制品中油脂用量都比较高，油脂的存在限制了面团中面筋的形成，且以薄膜状分布在面团中，能包裹大量气体，使制品在烘焙过程中因气体膨胀而酥松。

5. 促进制品体积膨胀，酥性增强

油脂的融合性（充气性）可使油脂类蛋糕体积增大，使油酥类干点、饼干面团在调制中包含更多空气，增加制品的酥松度。

6. 促进乳化，使制品质地均匀

奶油、人造奶油、起酥油等所具有的乳化性，有利于面团调制过程中油、水、蛋液的均匀混合，从而使得产品质地均匀。

7. 作为传热介质，形成油炸制品特色

油脂有较高的热容量和发烟点、闪点、燃点，作为油炸食品的传热介质，具有使制品迅速成熟、上色快、质感丰富、香味浓郁等特点。不同油温的传热作用，可使制品产生香、脆、酥、嫩等不同味道和质地。

8. 增进制品风味和营养

脂肪的水解、酯化等反应在烘焙过程中会形成特殊的香味，从而使得制品香味诱人。每种油脂都具有自身的独特香味，加入到西点中可以赋予产品以特殊的油脂风味。

每种油脂都具有各自的营养特色，可以供给人体各种必需氨基酸、脂溶性维生素、固醇、磷脂等，是人体一些必需脂肪酸的重要来源。而且油脂能为人体提供能量，每 100g 油脂可供热能 3762 ~ 3846kJ（900 ~ 920kcal），可以为人体补充能量。

五、不同制品对油脂的选择

1. 面包类制品

面包用油可以选择乳化起酥油、面包用人造奶油、面包用液体起酥油等。这些油脂在面包中能够均匀分散，润滑面筋网络，增大面包体积，增强面团持气性，不影响酵母发酵力，有利于面包保鲜，还能改善面包内部组织和表皮色泽，使面包口感柔软，易于切片等。

2. 混酥类制品

制作混酥类制品时应选择起酥性好、充气性强、稳定性高的油脂，如猪油、氢化起酥油等。

3. 起酥类制品

制作起酥类制品时应选择起酥性好、熔点高、可塑性强、涂抹性好的固体油脂，如酥片黄油等。

4. 蛋糕类制品

由于油脂蛋糕类制品含有较多的糖、蛋、乳和水分，因此应选择融合性好且含有高比例乳化剂的人造奶油和起酥油。

5. 油炸类制品

用于油炸的油脂应选择发烟点高，热稳定性高的油脂，如大豆油、菜籽油、棕榈油等。而含乳化剂的起酥油、人造奶油和添加卵磷脂的烹调油不宜作为炸油来使用。

第六节　水

水是西点制作的重要原料。在面包生产过程中，水的用量占面粉用量的50%以上，是面包生产的四大要素原料之一，没有水就无法调制面团。虽然饼干、糕点中用水量不是很多，但也是必不可少的加工原料。

一、水在西点制作中的作用

水在西点制作中的作用可分为以下6种：
①促进面筋质的形成；
②便于湿淀粉糊化和膨胀，增强面团的可塑性；
③帮助酵母发酵和增殖；
④溶解面点的原料，使各种原辅料充分混合成为均匀面团；
⑤调节面团的软硬度；
⑥面点成熟的一种传热介质。

二、水的分类及硬度表示方式

（一）水的分类

根据水质可将水分为硬水、软水、碱性水、酸性水等几类。

1. 硬水

硬水是指水中含有多量的钙盐和镁盐类化学物质的水。这种水硬度太高，易使面筋硬化，过度增强面筋的韧性，抑制面团发酵。这种水做出来的面包体积小，口感粗糙，易掉渣。

2. 软水

软水是指水中几乎不含有可溶性矿物质的水，如雨水、蒸馏水都是软水。软水的水质较软，易使面筋过度软化。增大面团的黏度，降低面团的吸水率。这种水制作出的面团虽然产气量正常，但持气性却不佳，面团不容易发起来，易塌陷，成品体积小，出品率较低，影响生产效益。

3. 碱性水

碱性水是指水中含有可溶性的碱性盐类，此类水的 pH 大于 7。水中的碱性物质会中和面团中的酸度，得不到面团所需要的 pH，抑制酶的活性，影响面筋成熟，延缓发酵，使面团变软。如果碱性过大，还会溶解部分面筋，使面筋变软，从而使面团缺乏弹性，降低了面团的持气性，且面包制品颜色发黄，内部组织不均匀，并有较大的碱味。

4. 酸性水

酸性水是指水中含有硫的化合物，使水呈酸性，此类水的 pH 小于 7。微酸型水有助于帮助酵母发酵，但若酸性较大，则会使发酵速度过快，软化面筋，致使面团的持气性下降，面包酸味较重，口感不佳，品质差。

（二）水质硬度表示方式

水的软硬度以前是以度数来表示的。1 度（德国度，°d）是指 100 mL 水中含有 1 mg 氧化钙。水硬度的法定计量单位是 mmol/L（毫摩 / 升），1° d=0.35663 mmol/L。水的硬度可分为 6 类：

极软水 0 ~ 1.4 mmol/L（0 ~ 4° d）；

软水 1.4 ~ 2.9 mmol/L（4 ~ 8° d）；

中硬水 2.9 ~ 4.3 mmol/L（8 ~ 12° d）；

较硬水 4.3 ~ 6.4 mmol/L（12 ~ 18° d）；

硬水 6.4 ~ 10.7 mmol/L（18 ~ 30° d）；

特别硬水 10.7 mmol/L 以上（30° d 以上）。

西点用水一般情况下只要符合饮用标准即可。对水的要求是透明、无色、无异味、无有害微生物，总硬度不超过 8.9 mmol/L（25° d）。

三、水质对面包品质的影响

水质对面团发酵和面包的品质影响很大。不同水中所含的矿物质见表 3–9。

表 3-9　不同水中的矿物质分析

矿物质	软水（mg/L）	中硬水（mg/L）	硬水（mg/L）	碱水（mg/L）	咸水（mg/L）
$CaCO_3$	30	60	350	65	163
$MgCO_3$	20	30	50	35	80
Na_2CO_3	0	0	0	110	0
$CaSO_4$	7	18	270	微量	361
$MgSO_4$	微量	6	130	22	12
NaCl	55	35	65	30	634

水中的矿物质一方面可提供酵母营养，另一方面可增强面筋韧性，但矿物质过量的硬水易导致面筋韧性过强，反而会抑制发酵，与添加过多的面团改良剂现象相似。

1. 硬水的影响

水质硬度太高，易使面筋硬化，过度增强面筋的韧性，抑制面团的发酵，面包体积小，口感粗糙，易掉渣。遇到硬水，可采用煮沸的方法降低硬度。在工艺上可采用增加酵母用量，减少面团改良剂用量，提高发酵温度，延长发酵时间等。

2. 软水的影响

软质水易使面筋过度软化，面团黏度增大，吸水率下降。虽然面团内的产气量正常，但面团的持气性却下降，面团不易起发，易塌陷，体积小，出品率下降，影响效益。国外改良软水的方法主要是添加酵母食物，这种添加剂中含有定量的各种矿物质，如碳酸钙、硫酸钙等钙盐，来达到一定的水质硬度。

3. 酸性水的影响

水的 pH 呈微酸性，有助于酵母的发酵作用。但若酸性过大，即 pH 降低，则会使发酵速度太快，并软化面筋，导致面团的持气性差，面包酸味重，口感不佳，品质差。酸性水可用碱来中和。

4. 碱性水的影响

水中的碱性物质会中和面团中的酸度，得不到需要的面团 pH，抑制了酶的活性，影响面筋成熟，延长发酵，使面团变软。如果碱性过大，还会溶解部分面筋，使面筋变软，使面团缺乏弹性，降低了面团的持气性，面包制品颜色发黄，内部组织不均匀，并有不愉快的气味。可通过加入少量食用醋酸、乳酸等有机酸来中和碱性物质，或增加酵母用量。

第七节　酵　母

酵母是单细胞微生物，学名啤酒酵母。在一定的条件下通过酶的作用能分泌酵素，产生大量的二氧化碳气体，可使面团组织膨松柔软，还能产生醇、醛、酮及酸等物质，这些物质产生人们喜欢的风味物质。

一、酵母的生理特性

烘烤食品发酵所利用的酵母是一种椭圆形的，肉眼看不见的，微小单细胞微生物，命名为Saccharomycs Cerevisiae。酵母的体积比细菌大，用显微镜可以观察到。酵母按生物在自然界的分类为菌类亚门中的子囊纲，不整子囊菌亚纲，不整子囊菌目，有孢子酵母科，酵母亚科，酵母属，啤酒酵母种。酵母虽然属于子囊菌，但一般却不以子囊孢子的方式繁殖，在温度、湿度、营养适当时，一般以出芽生殖法繁殖；只有在不良环境，例如，受温度、湿度、营养、光线、药剂的影响时才以孢子的方式繁殖。因此它不能合成营养，这些特性与细菌、霉菌的特性相似，微生物学家则将酵母列为真菌类。

1. 酵母细胞的构造及外表形态

（1）酵母的形状

酵母的形状为圆形或椭圆形，但也有长形和腊肠形的酵母，其外形有时也随环境的变化有所改变，一般不以形状来判断酵母的种类。酵母的一般宽度为4 ~ 6μm，长度为5 ~ 7μm。1g酵母中约有酵母细胞100亿至400亿个。

（2）酵母细胞的构造

酵母为单细胞体，所以它的营养器官也就是增殖器。酵母细胞构造包含细胞壁、细胞质膜、细胞质、细胞核、液泡、储存物颗粒等。

（3）酵母的颜色

酵母的颜色一般指酵母溶化在水中的颜色，一般为灰白色或淡土白色。

2. 酵母的化学组成

一般烘烤食品用新鲜（压榨）酵母的水分为70%左右，干燥酵母的水分为4% ~ 9%，另外还有蛋白质、碳水化合物、油脂、矿物质。

3. 酵母的繁殖

①无性繁殖法：无性繁殖法又分为出芽繁殖法和孢子繁殖法。

②有性繁殖法：有性繁殖法是实验室为培养更良好的酵母品种时采用的手段，如为了加强发酵力、储藏性，使用各种不同优良性质的酵母，利用杂交法

来繁殖新的、良好的品种。

4. 酵母所需要的营养

由酵母的基本成分可以知道酵母的生长与繁殖需要碳提供给生长的能量，还需要氮合成蛋白质和核酸，另外还需要无机盐类、维生素等物质。

5. 酵母的发酵反应

曾有人把酵母利用碳水化合物转变成二氧化碳和酒精的反应导出了如下公式：

$$C_6H_{12}O_6 \longrightarrow 2CO_2 \uparrow +2C_2H_5OH+100.8kJ$$

一般认为，面团的发酵是在无氧条件下进行的，上面只是一个基本反应式，因为酵母发酵并不只是产生二氧化碳和酒精，还有其他少量的发酵副产物，如琥珀酸、甘油醇、脂类等。这些成分给不同的面包制品带来了不同的风味。

酵母发酵并不一定由完整的细胞才能产生酒精及二氧化碳。酵母压成汁，发酵仍可进行，所以发酵可以认为是酵母的酶作用的结果。发酵虽然简单的写成以上反应式，但反应中间是许多复杂的生物化学变化。

可以被发酵的单糖有葡萄糖、果糖、甘露糖。半乳糖不容易被酵母所利用，酵母利用半乳糖必须经酵母适应后才可利用。据计算，25℃时1g糖产生281 mL的二氧化碳。但实验测得，每克砂糖可得到225 mL的二氧化碳，葡萄糖或麦芽糖可得到215 mL的二氧化碳。

酵母的发酵作用是在无氧的环境下进行的，发酵的最终产物为二氧化碳及酒精。但如果在有氧条件下，酵母进行呼吸作用，可加速酵母繁殖而消耗更多能量，最终产物为二氧化碳和水。总反应式为：

$$C_6H_{12}O_6+6O_2 \longrightarrow 6CO_2 \uparrow +6H_2O+2817.23kJ$$

如上所示，相同量的葡萄糖只释放出2817.23kJ热能。呼吸作用所释放的能量约为发酵作用的25倍多。酵母生产主要是进行有氧情况下的反应。

二、酵母的化学成分及营养

酵母含有丰富的蛋白质、多糖和矿物质，这是面包营养价值较高的原因（表3-10）。酵母繁殖速度受营养物质、温度等环境条件的影响，其中营养物质是重要因素。酵母所需要的营养物质有氮、碳、矿物质和生长素等。

碳源：主要作为酵母生长的能量来源，碳源主要来自于面团中的糖类。

氮源：主要作为酵母细胞所需的蛋白质及核酸的合成。氮源的主要来源是各种面包添加剂中的铵盐，如氯化铵、硫酸铵等。

矿物质：主要作为酵母细胞的结构，还能产生渗透作用，有利于营养物质渗透进入细胞内，常用的有镁、磷、钾、钠、硫、铜、铁、锌等。

生长素：维生素是促进酵母生长的重要物质，如维生素B_1、维生素B_2等。

表 3-10　酵母的化学成分

成分	质量指数
蛋白质	52.41%（包括氨 8%、嘌呤 12%、单氨基酸 60%、二氨基酸 20%）
脂肪	1.72%
多糖	30.25%
半纤维素等	6.88%
灰分	8.74%（包括五氧化二磷 54.5%、氧化钾 36.5%、氧化镁 5.2%、氧化钙 5.4%、氧化硅 1.2%、氧化钠 0 ~ 7%、三氧化硫 0.5%、氯及微量的铁）

三、影响酵母活性的因素

1. 温度

在一定的温度范围内，随着温度的升高，酵母的发酵速度加快、产气量也会增加。一般发酵温度不超过 40.5℃。正常的面包制作时，面团的理想温度为 30℃，温度超过 30℃虽然对面团中气体产生有利，但易引起其他杂菌如乳酸菌、醋酸菌的繁殖，使面包变酸。另外如温度过高，会使发酵过速，面团未充分成熟，保气能力不佳，影响最后产品的品质。面团发酵最适温度一般为 26 ~ 28℃，面包最后醒发的最适温度为 35 ~ 38℃；10℃以下发酵活动几乎停止，即使冷却到 –60℃时，只要不是每分钟 10℃那样急剧的冷却，酵母菌也不会被杀死。

2. pH

pH 即是指物质的酸碱度。酵母对 pH 的适应力较强，尤其可耐低 pH 的环境。但在面包制作时，最适宜酵母发酵的面团 pH 是在 4 ~ 6 之间，过高或过低都会降低酵母发酵的能力。

3. 渗透压

外界物质的渗透压的高低，对酵母活力有很大的影响，这是因为酵母的细胞膜是半透膜，具有渗透作用，所以当外界物质浓度过高时，酵母内的细胞质就会渗出体外，酵母也因此被破坏而死亡。当然也有些酵母在高浓度下仍可生存及发酵，在这方面干酵母比鲜酵母有更强的适应力。在制作面包的过程中，影响渗透压大小的主要是糖和盐两种原料。当配方中的糖量为 0 ~ 5% 时，不会抑制酵母的发酵能力，相反可促进酵母的发酵作用。当超过 6% 时，便会抑制发酵作用，如超过 10%，发酵速度会明显减慢，在葡萄糖、果糖、蔗糖和麦芽糖中，麦芽糖的抑制作用比前三种糖小，这可能是麦芽糖的渗透压比其他糖要低导致的。盐的渗透压则更高，对酵母发酵的抑制作用更大，当盐的用量达到 2% 时，发酵即受影响。盐比糖抑制酵母发酵的作用大。渗透压相当值为：2% 食盐 =

12% 蔗糖 =6% 葡萄糖。干酵母比鲜酵母耐高渗透压环境。

4. 水

水是酵母生长繁殖所必需的物质，许多营养物质都需要借助于水的介质作用而被酵母所吸收，一般情况下加水越多，面团越软，发酵越快。

5. 营养物质

影响酵母活性的营养源包括碳源和氮源。酵母发酵之所以能产生二氧化碳和酒精等，主要是因为面团内含有可以为酵母利用的、砂糖、葡糖糖、果糖、麦芽糖四种糖，其中，葡萄糖与果糖的发酵速度差别不大，葡萄糖稍快些，麦芽糖发酵速度比葡萄糖和果糖慢，发酵时，几乎是在葡萄糖、果糖、砂糖用尽后才利用麦芽糖。

酵母的氮源主要来源于面团改良剂，其中都含有硫酸铵、磷酸铵等铵盐，它能在发酵过程中提供氮源，促进酵母繁殖、生长和发酵。

6. 乙醇的影响

酵母对乙醇的耐力较强，但在发酵过程中随着乙醇产生量的增多，发酵速度有减慢的趋势。

7. 酵母浓度的影响

快速发酵法制作的面包和糖含量较高的面包一般需用大量的酵母以促进发酵，但是酵母倍数的增加不可能使发酵速度也成倍增加。

8. 死亡酵母的影响

死的酵母中含有谷胱甘肽，有降低面筋气体保持性的作用。为了不使面团持气性降低，需要加入一些改良剂，如碘酸钾等氧化剂，以去除谷胱甘肽对酵母活性的影响。

四、酵母的种类

1. 鲜酵母

鲜酵母（Fresh Yeast）又称压榨酵母，是经过一定时间，酵母数量达到一定标准的酵母液经沉淀分离，再将酵母压缩成块而成的。鲜酵母色泽淡黄或呈乳白色，无其他杂质，并有酵母固有的特殊味道。水分含量在 72% 为宜。1g 鲜酵母含有细胞 100 亿个左右，发酵力要求 650 mL 以上。鲜酵母有大块、小块和散装三种，大块约重 500g，小块约重 12.5g。

鲜酵母使用方便，只需按配方规定的用量加入所需的酵母，加入少量 20 ~ 30℃的水，用手捏成稀薄的泥浆状，不使结块，稍经复活后倒入面粉中即可。其缺点是不易保存，宜在 0 ~ 4℃的低温下保存，若温度超过这个幅度，酵母容易自溶和腐败。

2. 活性干酵母

活性干酵母（Active Dry Yeast）是由鲜酵母经低温干燥而成的分枝条状或颗粒状的酵母，色黄，颗粒大小比较均匀，无其他杂质。水分含量 10% 以下，发酵能力要求在 600 mL 以上。干酵母使用前一定要经过活化处理，一般是以 30℃ 的温水将酵母溶解，用水量为酵母的 5 倍，加适量的蔗糖，搅拌均匀后，静止活化 1 ~ 2h，然后调制面团，活化是为了恢复酵母的生活能力，提高它的发酵力，其优点是易于储存和运输，但是发酵力较鲜酵母差。

3. 即发活性干酵母

即发活性干酵母（Instant Active Dry Yeast）是一种发酵速度很快的高活性新型干酵母。使用具有高蛋白含量的酵母菌种，采用现代干燥技术，在流化床系统中，于相当高的温度下采用快速干燥的方式所制成。即发活性干酵母与鲜酵母相比，具有以下鲜明特点。

①活性特别高，发酵力高达 1300 ~ 1400 mL。因此，在所有的酵母中即发型酵母的使用量最小。

②活性稳定。因采用铝箔真空密封充氮气包装，储存期可长达 2 ~ 3 年，故使用量很稳定。

③发酵速度快。活性恢复特别快，能大大缩短发酵时间，特别适用于快速发酵工艺。

④使用时不需要用温水活化，很方便，省时省力。

⑤不需要低温储存，只要储存在室温状态下的阴凉处即可。无任何损失浪费，节省了能源。

五、酵母在面包中的作用

1. 使面团膨胀，使制品疏松柔软

发酵过程中，酵母主要利用面团中的糖进行繁殖、发酵，产生大量二氧化碳气体，最终使得面团膨胀，经烘焙后使制品体积膨大，组织变得疏松柔软。

2. 改善面筋

面团的发酵过程也是一个成熟的过程，发酵的产物如二氧化碳、酒精、酯类、有机酸等能增强面筋的延伸性和弹力，使面团得到细密的气泡和很薄的膜状组织。发酵产生的酒精使得脂质与蛋白质的结合松弛，面团软化。二氧化碳形成的气泡从内部拉伸面团组织，从而增强面团的黏弹性。发酵产生的有机酸，能帮助酵母的发酵，增加面团中面筋胶体的吸水和胀润，使面筋软化，延伸性增大。

3. 改善制品风味

面团在发酵过程中产生的有机酸、酯类等风味物质，在制品烘烤后可形成

发酵制品特有的香味，从而改善制品的风味特色。

4.增加产品营养价值，易于人体消化吸收

发酵过程中，酵母中的各种酶有利于促使面粉中营养成分的分解，如淀粉转变成麦芽糖和葡萄糖，蛋白质水解成氨基酸、胨、肽等物质，对人体的消化吸收具有很重要的意义，况且酵母本身就是营养价值很高的物质，含有丰富的蛋白质、维生素以及矿物质等，面团发酵过程中生长繁殖的大量酵母，使得面团等制品的营养价值明显提高。

六、酵母的选择和使用

酵母的选择和使用是否正确，直接关系到面团能否正常发酵和产品的质量。下面为选择酵母及正确的使用酵母提供几点建议：

①选择发酵耐力强、后劲大的酵母；
②控制好面团的温度；
③酵母种类不同，使用量不同；
④发酵方法不同，用量不同；
⑤配方中糖、盐用量高时，酵母用量增大；
⑥面粉筋力大，酵母用量增加；
⑦夏季用量少，冬季多；
⑧面团越硬，酵母用量越多；
⑨水质越硬，酵母用量越多。

第八节　巧克力及可可粉

巧克力被称为世界上最精致的食品，也是西点制作中使用非常广泛的一种原料。巧克力和可可粉既可以用于各类甜点、蛋糕和面包的调味，赋予制品诱人的香气、细腻润滑的口感；又可以制作淋面、涂层或装饰配件，赋予西点华丽的外观和丝绸般的质感；同时巧克力具有较好的营养价值和保健功能，又提升了产品的吸引力和商业价值。

一、巧克力的来源

巧克力（Chocolate）是用可可树的果实可可豆生产的。可可树最初来源于南美洲的亚马孙河雨林，因为可可树适合生长在炎热多雨的环境，因此可可豆的产地主要集中在中南美洲、西非及东南亚等。可可树的豆荚中包含大约 40 颗杏仁大小的可可豆，等豆荚成熟后将豆子挖出，放在太阳下晒几天，使其干燥和发酵。经过发酵、干燥的可可豆，再经过清洗、干燥、焙炒、去壳、研磨、精炼等加工得到液体巧克力，再加以调温、成型、冷却等步骤，制成具有独特香气、色泽、滋味和精细质感的固体巧克力。

可可豆必须要经过发酵和干燥处理，才能用于巧克力制品的生产。未经发酵的可可豆不但香气和风味较差，而且色泽呈蓝灰色，组织缺乏脆性。发酵是可可豆中所含糖分转化为酸的过程，产生的酸主要是乳酸和醋酸。发酵过程产生热量使可可豆温度升高到 50℃以上，杀死了其中的细菌，色素细胞被分解，可可碱和鞣制含量下降，蛋白质被酶解成可溶性含氮物，这一系列复杂的生物化学反应，使得可可豆的化学成分发生变化，在烘烤后形成巧克力特有的风味。

不同产地的可可豆有风味各不相同，有的会带点果香，有的带有烟熏的风味。可可豆的成分比较复杂，含有粗纤维、淀粉、矿物质、咖啡因、可可碱等超过 400 种化合物。生可可豆的水分含量约为 5.58%，脂肪为 50.29%，含氮物质 14.19%，可可碱 1.55%，其他非氮物质 13.91%，淀粉 8.77%，粗纤维 4.93%，灰分中主要为磷酸盐。可可豆中还含有咖啡因等神经中枢兴奋物质以及单宁，单宁与巧克力的色、香、味都有很大关系。

二、可可制品

1. 可可液块

可可液块又称可可浆、可可料，是可可豆经清理、焙炒、去壳、分离出豆肉，研磨而成的浆液即为可可液块。当温度较高时可可液块呈液态，温度较低时凝固成固体状。可可液块呈棕褐色，具有浓郁的可可香气和苦涩味，脂肪含量在 50% 以上。可可液块的成分较复杂，其中的灰分以磷酸盐含量较多，如磷酸钾等，还含有丰富的维生素，如维生素 A、维生素 E 和维生素 D 等。可可液块是制造巧克力的主要原料，根据巧克力种类不同，可可液块的配合比例按可可脂 50%，其他可可成分 50% 计算。

2. 可可粉

可可粉是可可豆经发酵、去皮、碾碎、去除部分可可脂、过筛而制成的棕红色粉末。可可粉具有浓郁的可可香味，是巧克力中苦味的来源。可可粉是制作咖啡和巧克力的主要原料，西点中可用于各式蛋糕、饼干等产品的制作。

可可粉按照可可脂含量不同可分为高脂可可粉、中脂可可粉和低脂可可粉。高脂可可粉可可脂含量不低于 20%，中脂可可粉可可脂含量在 14% ~ 19% 之间，低脂可可粉可可脂含量约在 10% ~ 13% 之间。按照碱化工艺可分为天然可可粉和碱化可可粉。碱化可可粉又称荷兰可可粉，是在可可豆加工过程中使用食用碱，使得可可粉的酸度降低，可可香味更浓郁。天然可可粉则不添加任何添加剂，颜色比碱化可可粉淡，香气也不如碱化可可粉浓。

天然可可粉是制作巧克力蛋糕的主要原料，一般添加量为面粉的20%左右，比例过高会使蛋糕带酸味，同时也会使蛋糕颜色变深，可添加少量苏打粉进行中和。可可粉亦可作为蛋糕、面包等产品的装饰原料。一般生产固体产品如巧克力、蛋糕、饼干等都用天然可可粉，而生产液态奶、巧克力味液态产品就需用碱化可可粉。从生产成本方面而言，碱化可可粉比天然可可粉要高。

3. 可可脂

可可脂又称可可白脱，是以可可豆为原料，经筛选、烘烤、研磨、压榨而成的天然植物油脂。可可脂呈乳黄色或淡黄色，具有浓重而优美的可可香味。可可脂融点较低，在27℃以下时呈固体，高于27.7℃时开始融化，随温度的升高会迅速熔化，到35℃就完全熔化。因此可可脂放在嘴里很快融化，并且毫无油腻感。可可脂是已知最稳定的食用植物油，含有能防止酸败的天然抗氧化剂，因此不像其他植物油脂那么容易酸败，可可脂能储存2～5年。

可可脂根据其生产工艺不同可分为天然可可脂和脱臭可可脂。天然可可脂呈淡黄色，有天然可可香气，是巧克力和西点生产的重要原料。脱臭可可脂呈明亮柠檬黄色，无气味，是天然可可脂经过物理方法除去杂质，色素和异味的产物，多用于高档化妆品、医药等的生产。

三、巧克力的分类及特点

按原料油脂的性质和来源可分为天然可可脂巧克力和代可可脂巧克力。按特点可分为黑巧克力、白巧克力、牛奶巧克力、无味巧克力、特色巧克力等。

1. 黑巧克力

黑巧克力又称纯巧克力，是一种主要由可可脂和少量糖组成，硬度较大，颜色呈棕褐色或棕黑、可可味浓郁且微苦的巧克力。黑巧克力中的牛奶和糖含量较低，可可的香味没有被其他味道所掩盖，因此带有浓郁的可可香味和明显的苦味。黑巧克力中的可可液块和糖的添加比例不同，可以将黑巧克力加工成不同硬度、风味和口感的制品。

根据可可脂含量的不同，黑巧克力可以分为不同硬度。如软质巧克力的可可脂含量为32%～34%，硬质巧克力的可可脂含量为38%～55%，超硬巧克力的可可脂含量为55%～70.5%。一般来说，可可脂含量越高，巧克力的熔点越低，越有利于脱模和操作。根据其加糖多少又有甜、半甜和苦巧克力之别。

黑巧克力用途较广，可将其加热软化，淋在西点产品表面制成脆皮巧克力点心，如脆皮巧克力蛋糕、脆皮巧克力饼干或是脆皮巧克力冰激凌等；或是用模具塑形，用于各类西点蛋糕的装饰；也可刮制巧克力花、巧克力卷等用于产品装饰或是盘饰；亦可与奶油等原料混合打发可用于夹心或是装饰用。

2. 牛奶巧克力

牛奶型巧克力是一种在巧克力中加入大量乳和乳制品，呈浅棕色且具有可可香味和奶香味的巧克力。牛奶巧克力比黑巧克力味道更清淡、更甜蜜，具有牛奶和巧克力均衡的风味和口感，因而深受消费者的欢迎，是世界上消费量最大的一类巧克力产品。牛奶巧克力中的可可固形物含量通常为36%，糖的含量一般不超过55%。牛奶巧克力可以用于蛋糕的装饰、夹馅、淋面、裱花装饰和脱模造型等。

3. 白巧克力

白巧克力是不含非脂可可固形物的，即不添加可可液块或可可粉的象牙白色的巧克力。白巧克力不含可可固体或可可浆，仅有可可的香味，口感上和一般巧克力不同，因此有些人并不将其归类为巧克力。白巧克力中的糖和乳制品含量较高，其可可脂也可以用植物油代替，因而其价格较黑巧克力便宜。白巧克力的融化温度比黑巧克力低，且容易变色，适用于制作慕斯、沙司和糖果等，也可以用于装饰蛋糕和甜品，很少用于制作烘焙制品。

4. 巧克力米

巧克力米多用于烘焙产品的表面装饰，根据需要可选择不同颗粒大小、形状、色彩的巧克力米。

5. 特色巧克力

特色巧克力是在上述巧克力中添加一些风味物质，制成的具有特殊风味和色泽的巧克力，如草莓巧克力、咖啡巧克力、柠檬巧克力等。特色巧克力可用于各类西点的装饰、夹馅、裱花等。

四、巧克力的工艺性能

巧克力是一种以脂肪为分散介质，糖、可可、乳固体及少量的水和空气为分散相的复杂的多相分散体系。它组织细腻润滑，是一种热敏性食品。在较低的温度下，具有硬而脆的质感，温度接近35℃时就会发软甚至融化。巧克力的颜色源于可可原料中的天然色素，光泽源于可可脂形成的细小晶体及蔗糖细小晶粒的光学特性。巧克力的香气滋味源于可可豆品种和加工条件，香味物质的形成与可可物料中游离氨基酸的类型和含量变化有关。其次，物料中的可可碱、咖啡碱、多元酚、有机酸和乳固体也影响巧克力的风味。巧克力的黏度在一定的温度下与可可脂的含量有关，含量越高流变性越好。

1.巧克力的调温定性

巧克力必须调温定性以增加巧克力的光泽和脆性。巧克力调温定性是指巧克力经过加热融化、调温冷却和加热回温三个过程，通过适当的温度调整，使巧克力具有良好的色泽、脆性和稳定性的过程。可可脂含量高的巧克力含有较多脂肪晶体，当加热到特定的温度会变得不稳定——黑巧克力大约是32℃，白牛奶大约30.5℃。巧克力调温定性将这些分子重新组成链，同时使可可脂的晶体变得稳定，使巧克力再次恢复原样。巧克力若不调温定性将容易破碎且带有灰色条纹，注模后容易黏附在模具上。为慕斯、奶油、甘那许和烘焙融化的巧克力将不需要调温定性。

在调温定性时，应使用可可脂含量较高的巧克力。可可脂含量较低的巧克力如用于制造曲奇饼干的巧克力片将不适合融化。每种巧克力最适合的调温温度不尽相同，具体如表3-11所示。

表3-11　巧克力调温的温度范围

过程	黑巧克力	牛奶巧克力	白巧克力
融化	50～55℃	45～50℃	45～50℃
调温	27～29℃	26～28℃	26～28℃
回温	30～32℃	29～30℃	29～30℃

2.巧克力调温定性的方法

常见的巧克力融化方法主要有部分融化法、台面法、微波炉法和可可脂法四种，每种方法都是依靠将巧克力融化、加热到一个特定的温度，然后冷却到一定温度，再重新加热到特定温度。为了容易融化，巧克力最好切成小而匀称的形状。当融化巧克力时，应确保装巧克力的碗里没有水，以防加热过度。同样重要的是，蒸汽和水也不能进入巧克力，因为这会使巧克力返砂。回温中搅拌巧克力时，应避免结合外面的空气进入，因为这会使巧克力变厚而且不均匀。重新加热和重新回温有助于增加巧克力的光滑度。

巧克力调温定性时理想的房间温度为20～22℃，并且湿度要低。处理巧克力时应戴上手套，除了满足卫生要求，也能防止巧克力获取人体热量过快融化。

（1）间接法　间接调温法适于经验不是很丰富的操作者。间接调温法是将所有的巧克力切碎，取2/3放入干燥的碗中，在微波炉或水浴加热融化，当黑巧克力温度达到48℃时，牛奶或白巧克力加热到46℃，远离热源。加入剩余的1/3的巧克力，用橡皮刮刀搅拌混合物直至团块融化，用快速可读温度计测试温度，巧克力温度必须保持在推荐温度以下，黑考维曲巧克力需要在32℃以下，牛奶白考维曲巧克力需要在30.5℃以下。这种方法借助固体巧克力部分晶体融化吸收热量，进而使整个巧克力降温。

（2）直接法 直接调温法适于经验丰富的操作者，但也是最经典的一种方法。首先将巧克力切碎，装入干燥的不锈钢碗中，隔水加热融化，并用橡皮刮刀不断搅动，黑巧克力加热到49℃，白巧克力加热到46℃。将融化好的巧克力的2/3倒在一块洁净干燥的大理石操作台上，用长刮刀或调色刀抹开巧克力，然后再铲到一起，反复操作直至黑巧克力降温到29～32℃，牛奶巧克力和白巧克力降温到30.5℃。此时巧克力将会变稠，把冷却的巧克力刮到碗中再加热融化。通过这种方法回温的巧克力光泽和脆性的保持时间比其他方法更长。使用这个方法回温巧克力时，应在倒出巧克力之前清除碗外面的水，以确保没有水滴在大理石上。巧克力在桌面上操作之后重新加热，它的温度会很快升高。如果过度加热，就会回温失败，需重新进行调温定性操作。

（3）微波炉法 微波炉法是一种相对简单、快速、卫生的方法，但需要通过一些摸索试验来确定不同微波炉适合的功率和时间。使用微波炉法调温定性的巧克力保持的时间相对较短。首先把切碎的巧克力放在一个干燥的玻璃碗或瓷碗中，把碗放进微波炉中加热10～12s后，取出碗，用橡皮刮刀温和的搅动巧克力，防止空气混入巧克力。再放入微波炉中加热，重复这个过程直到巧克力完全融化。

（4）可可脂法 可可脂法是一种最新的、较卫生高效的巧克力调温方法。这种调温方法是在融化的巧克力中添加巧克力重量1%的可可脂，这种方法不会影响巧克力的品质，只会使巧克力流动性更好。其操作方法是把切碎的巧克力放在一个干燥的不锈钢碗中，水浴加热巧克力至40～46℃，待其融化后离火。将黑巧克力冷却到35℃，牛奶、白巧克力冷却到33.5℃时，加入可可脂，搅拌直至巧克力变光滑。当黑巧克力冷却到31.5℃、牛奶、白色和彩色巧克力冷却到29.5℃时，即可使用。注意如果可可脂的储藏时间超过6个月，添加可可脂的温度需要提高0.5℃。

五、巧克力储存

巧克力应储存在阴凉干燥、湿度小且温度低于21℃的环境中，不能放在冰箱中。巧克力和巧克力糖果的最佳储藏温度为13～16℃，黑巧克力、白巧克力以及可可粉可以储存一年且风味不流失，但牛奶巧克力由于包含乳固体，因而储存时间相对较短。

温度对巧克力的储存期影响较大，不合适的储存环境会使巧克力的品质降低，主要表现为返霜和产生糖花。返霜又称为可可脂析出，当巧克力在 21℃ 以上温度储存时，巧克力中的可可脂会融化，并从巧克力中析出，然后在巧克力表面结晶形成一层白色的霜状物质。返霜对巧克力的口味没有影响，但会影响巧克力的外观，通过回温处理可以改善。糖花是指水蒸气在巧克力表面聚集，与巧克力中的糖混合后产生的糖薄膜，这样形成坚硬的巧克力将不能通过回温补救。

第九节　食品添加剂

一、乳化剂

乳化剂是一种多功能表面活性物质，可在许多食品中应用。

（一）乳化剂的分类

凡能使两种或两种以上互不相溶的液体（通常为油相和水相）均匀地分散的物质称为乳化剂。乳化剂的基本化学结构是由亲水基团（极性的）和亲油基团（非极性的）形成的。根据来源乳化剂分为两类，一类是以天然大豆磷脂为代表的天然乳化剂，一类是以脂肪酸多元醇酯为主的合成乳化剂。按亲水基团在水中是否携带电荷分为离子型乳化剂和非离子型乳化剂。绝大部分食品乳化剂是非离子表面活性剂。蛋糕油就是一种常用的乳化剂，它可以缩短蛋糕打发时间，使蛋糕膨发的更大，组织结构得到改良。在机械化操作中，还可以改善原料在加工中对机械的适应性。

（二）乳化剂在烘焙食品中的作用

1. 与淀粉交互作用

乳化剂分子可以与直链淀粉形成络合物，降低淀粉的结晶程度，从而防止淀粉制品的老化、回生、沉凝等，从而使制成的面包、蛋糕等烘焙制品具有柔软性，并有利于制品的保鲜。

2. 对蛋白质的作用

蛋白质中的氨基酸分子可以与乳化剂的亲水或亲油基团结合，通过这种络合作用，可以强化面筋的网状结构，防止因油水分离所造成的硬化，同时增强韧性和抗拉力，以保持其柔软性，抑制水分蒸发，增大体积，改善口感。其效果以双乙酰酒石酸甘油酯和硬脂酰乳酸盐最好。

3. 调节油脂结晶

在糖果和巧克力制品中,可通过乳化剂以控制固体脂肪结晶的形成和析出,防止糖果返砂、巧克力起霜,以及防止人造奶油、起酥油、巧克力酱料、花生酱以及冰激凌中粗大结晶的形成。

4. 稳定泡沫和消泡作用

乳化剂中的饱和脂肪酸链能稳定液态泡沫,可以用作发泡助剂。相反,不饱和脂肪酸链能抑制泡沫,可以起到消泡的作用,这种性质在富含乳品、蜂蜜、油脂的烘焙食品(如蛋糕、饼干)加工过程中具有重要的应用价值。

二、面团改良剂

面团改良剂是指能够改善面团加工性能,提高产品质量的一类添加剂的统称。面团改良剂还被称为面粉品质改良剂、面团调节剂、酵母营养剂等。面包改良剂一般是由乳化剂、氧化剂、酶制剂、无机盐和填充剂等组成的复配型食品添加剂。常用的乳化剂有离子型乳化剂 SSL、CSL、单硬脂酸甘油酯、大豆磷脂、硬脂酰乳酸钙(钠)、双乙酰酒石酸单甘酯、山梨糖醇酯等。常用的氧化剂有溴酸钾、碘酸钾、维生素 C、过氧化钙、偶氮甲酰胺、过硫酸铵、二氧化氯、磷酸盐等。用于面包的酶制剂则有麦芽糖 α - 淀粉酶、真菌 α - 淀粉酶、葡萄糖氧化酶、真菌木聚糖酶、脂酶、真菌脂肪酶、半纤维素酶等。一些天然物质也具有面包改良作用,如野生沙蒿籽、活性大豆粉、谷朊粉等。

以上几类物质对增大面包体积、改善内部结构、延长保鲜期都各有相应的效果。此外,有些改良剂中还添加了无机盐,如氯化铵、硫酸钙、磷酸铵、磷酸二氢钙等,它们主要起酵母的营养剂或调节水的硬度和调节 pH 的作用。还有些改良剂添加了维生素 B_1、维生素 B_2、铁、钙、小麦胚芽粉、烟酸等,它们主要起营养强化作用。

(一)目前常用的面团改良剂

1. 酵母伴侣面包改良剂

这类面团改良剂适用于长保质期和需要柔软的面包,尤其是各种甜面包。它的特点是:①改善面包组织,酶制剂和乳化剂极佳配伍能使制作的面包更柔软、组织更细腻;②增大面包体积,缩短面包发酵时间;③能使面筋得到充分扩展,更有利于机械化生产面包;④用量低,配方高度浓缩。

2. A500 面包改良剂

它适用于酵母发酵的各类面团,特点是用量少,能促进面筋的扩展,增大面包体积,改善面包组织,提高面团发酵的稳定性。

3. T-1 面包改良剂

它适用于酵母发酵的各类面团，尤其是筋力不足的面粉，能有效地扩展面筋。它的特点是能强化面筋，提高面团的吸水性，可以增大面包体积，提高经济效益。

（二）面团改良剂的作用表现

面团改良剂的作用表现为：

①改善面团的流变性特性，提高面团的操作性能和机械加工性能（耐打、防止入炉前后的塌架等）；

②提高入炉急胀性，使冠形挺立饱满；

③显著增大成品体积，30% ~ 100%（视具体粉质和配方而异）；

④改善成品内部组织结构，使其均匀、细密、洁白且层次好；

⑤改善口感，使面包筋道、香甜。

三、增稠剂

增稠剂是一种食品添加剂，主要用于改善和增加食品的黏稠度，保持流态食品、胶冻食品的色、香、味和稳定性，改善食品物理性状，并能使食品有润滑适口的感觉。增稠剂可提高食品的黏稠度或形成凝胶，从而改变食品的物理性状，赋予食品黏润、适宜的口感，并兼有乳化、稳定或使呈悬浮状态的作用，中国目前批准使用的增稠剂品种有 39 种。西点中常用的增稠剂包括琼脂、海藻酸钠、果胶、阿拉伯胶、明胶、黄原胶、CMC、吉利丁等。

（一）增稠剂的分类

1. 琼脂

琼脂又称琼胶、洋菜、冻粉。从红藻类植物石花菜中提取干燥制成，琼脂是一种多糖类物质。琼脂的性状无色，半透明或淡黄色半透明，表面皱缩，微有光泽，质地轻软而韧，细长条或鳞片状粉末，无臭、无味，较脆而易碎，琼脂在冷水中不溶，在冷水中浸泡时，慢慢吸水膨胀软化，吸水率高达 20 多倍。在沸水中琼脂易分散成溶胶，胶质溶于热水中，冷却时如凝胶浓度在 0.1% ~ 0.6% 便可凝结成透明的凝胶体。

琼脂在烘焙食品中有多种用途，常用于西式糕点、水果点心皮、水果派皮、蛋白膏等。制作果冻添加量 0.3% ~ 1.8%，形成的凝胶坚脆；制作糕点糖衣添加 0.2% ~ 0.5%，具有稳定作用且可作为防粘连剂，防止包装粘连；制作水果蛋糕时可以作为水果保鲜的被膜剂。

2. 食用明胶

食用明胶又称白明胶、明胶、鱼胶、全力丁、吉利丁，分为植物型和动物型两种。植物型是由天然海藻物抽提胶状物复合而成的一种无色无味的食用胶粉；动物型是由动物的皮、骨、软骨、韧带、肌腱等熬制成的有机化合物。多用于鲜果、糕点的保鲜、装饰及胶冻类的甜食制品。它口感软绵，有弹性，保水性好。烘焙食品中起增稠、凝胶、光泽、保鲜作用。

3. 果胶

果胶来源于水果、果皮及其他植物的细胞膜中，为白色、浅米色和黄色的一种粉末，微甜且稍带酸味，有特殊香气，无固定熔点和溶解度。它可作为果酱、果冻中的增稠剂和胶凝剂，蛋黄酱的稳定剂，在糕点中起防止硬化的作用。

4. 海藻酸钠

海藻酸钠又称褐藻酸钠、海带胶、褐藻胶、藻酸盐，是由海带中提取的天然多糖碳水化合物。广泛应用于食品、医药等产业，作为增稠剂、乳化剂、稳定剂、黏合剂、上浆剂等使用。海藻酸钠为白色或淡黄色不定型粉末，无臭、无味，易溶于水，不溶于酒精等有机溶剂。

海藻酸钠可以代替淀粉、明胶等作为冰激凌的稳定剂，可控制冰晶的形成，改善冰激凌的口感，也可稳定糖水冰糕、冰果子露、冰冻牛奶等混合饮料。许多乳制品，如精制奶酪、掼奶油、干乳酪等利用海藻酸钠的稳定作用可防止食品与包装物的连黏性，可作为乳制饰品上的覆盖物，可使其稳定不变，并防止糖霜酥皮开裂。海藻酸钠可做成各种凝胶食品，保持良好的胶体形态，不发生渗液或收缩，适用于冷冻食品和人造仿型食品。

（二）增稠剂的作用

1. 黏合作用

增稠剂在西点中起到很好的黏合的作用，使得制品组织均匀致密，口感较佳。

2. 起泡作用和稳定泡沫作用

增稠剂可以发泡，当搅拌溶液时，可形成网络结构，包裹住大量气体，并因液体表面黏性增加而使泡沫更加稳定。

3. 成膜作用

增稠剂能在食品表面形成非常光滑的薄膜，可以防止冰冻食品、固体粉末食品表面吸湿导致的质量下降。

4. 用于生产低能食品

增稠剂都是大分子物质，许多来自于天然果胶，在人体内几乎不被消化吸收。所以常用它代替糖浆、蛋白质溶液等能量物质，来降低食品的能量。

5. 保水作用

调制面团时，增稠剂可以加速水分向蛋白质分子和淀粉颗粒渗透的速度，有利于调粉过程。增稠剂的吸水能力很强，能吸收高于其几十倍甚至是几百倍的水量，并有持水性，这些特性能够改善面团的吸水量，增加产品重量。

6. 掩蔽作用

增稠剂对一些不良气味有掩蔽的作用，其中环糊精效果较好。

四、着色剂

食用色素的种类很多，按其来源可分为天然色素和合成色素两大类。

（一）天然色素

天然色素是从生物中提取的色素，按来源可分为动物色素、植物色素和微生物色素三大类；若以溶解性来分可分为脂溶性色素和水溶性色素。现在我国允许使用并制定国家标准的天然色素有紫胶红、红花黄、红曲米、辣椒红、焦糖、甜菜红、β-胡萝卜素等。

天然色素的缺点是对光、酸、碱、热等条件敏感、色素稳定性差、成本较高，但是由于天然色素对人体无害，有些还具有一定的营养价值，所以面点生产一般不用合成色素而使用天然色素。

1. 红曲色素

红曲就是曲霉科真菌紫色红曲霉，又称红曲霉，是用红曲霉菌在大米中培养发酵而成；红曲水是用红曲米染色而成，一般都是把红曲米制成红曲水使用，近代医学研究报告认为，红曲具有降血压、降血脂的作用，所含红曲霉素K可阻止生成胆固醇；红曲米外皮呈紫红色，内心红色，微有酸味，味淡，对蛋白质有很强的着色力，因此常作为食品染色色素；与化学合成红色素相比，具有无毒、安全的优点，而且还有健脾消食、活血化瘀的功效。

2. 焦糖

焦糖是糖类或糖的浓溶液加热到100℃以上发生焦糖化反应，使糖发生分解伴之以褐色产生。该反应在酸、碱的催化作用下可快速进行。由于铵法生产的焦糖中有4-甲基咪唑（该物为致惊厥剂），因而有的国家已禁用铵法生产焦糖。应尽量选用具有相容特性的焦糖。如果该平衡遭到破坏，则将产生浑浊及沉淀。酸性饮料中使用的焦糖等电点常控制在pH为2以下。对含单宁酸的制品，要特别注意。

3. β-胡萝卜素

β-胡萝卜素属胡萝卜素中的一种，广泛存在于胡萝卜、辣椒等蔬菜中。呈深红色至暗红色，有光泽斜方六面体或结晶性粉末，有轻微异臭和异味；不溶于水、丙二醇、甘油、酸和碱，溶于二硫化碳、苯、氯仿、乙烷及橄榄油等植物油，几乎不溶于甲醇或乙醇，稀溶液呈橙黄至黄色，浓度增大时呈橙色；对光、热、氧不稳定，不耐酸但弱碱性时较稳定（pH=2～7），不受抗坏血酸等还原物质的影响，重金属尤其是铁离子可促使其褪色。可用于奶油、人造奶油、油脂、果汁、清凉饮料、蛋糕、蛋黄酱等的着色剂，也可用于冰激凌、糖果和干酪等。

（二）食用合成色素

食用合成色素主要是指人工化学合成方法制得的有机色素。与天然色素相比，合成色素具有色彩鲜艳、成本低廉、坚牢度大、性质稳定、着色力强，并且可以调制各种色调等优点。但合成色素本身无营养价值，大多数对人体有害，因此要尽量少用。

我国目前准许使用苋菜红、胭脂红、柠檬黄、靛蓝和日落黄五种，并规定了最大使用量，苋菜红、胭脂红为 0.05 g/kg，柠檬黄、靛蓝、日落黄为 0.1 g/kg。

1. 苋菜红

苋菜红又称酸性红、杨梅红、鸡冠花红、蓝光酸性红等，为紫红色至暗红色粉末，无臭，易溶于水。0.01% 水溶液呈红紫色，溶于甘油和丙二醇，稍溶于乙醇，不溶于油脂，易被细菌分解。对光、热、盐均较稳定，耐酸性，对柠檬酸和酒石酸等均很稳定，在碱性溶液中则变为暗红色。由于对氧化还原作用敏感，故不适用于发酵食品的使用。苋菜红色素适用于果味水、果味粉、果子露、汽水、配制酒、浓缩果汁等，最大使用量为 0.05 g/kg。若与其他色素混合使用，则应根据最大使用比例折算。一般使用时先用水溶化后再加入配料中混合均匀。最大使用量为 0.05 g/kg。

2. 胭脂红

胭脂红为红至暗红色，颗粒或粉末，无臭，溶于水后呈红色。溶于甘油，微溶于乙醇，不溶于油脂，对光及碱尚稳定，但对热稳定性及耐还原性较差，耐细菌性也较差，遇碱变为棕褐色，20℃时 100 mL 水中可溶解 23g。在配制酒、果子露、果汁中使用较多，由于耐光性较差，制作的成品如汽水、果汁等在阳光下时间过长易褪色。最大使用量为 0.05g/kg。

3. 柠檬黄

柠檬黄又称酒石黄、酸性淡黄、肼黄。柠檬黄为橙黄色颗粒或粉末，耐热性、耐酸性、耐光性、耐盐性均好，对柠檬酸、酒石酸稳定，遇碱则增红，还原时为褐色。在饮料中最大使用量为 0.1 g/kg。

4. 靛蓝

靛蓝又称食用蓝、食品蓝。靛蓝为蓝色粉末，无臭，微溶于水、乙醇、甘油和丙二醇，不溶于油脂，耐热性、耐光性、耐碱性均较差，对柠檬酸、酒石酸和碱不稳定。在饮料和糕点中的最大使用量为 0.1 g/kg。

5. 日落黄

日落黄又称夕阳黄、橘黄、晚霞黄，日落黄为橙红色颗粒或粉末，无臭，可溶于水和甘油，难溶于乙醇，不溶于油脂，在水中 0℃时的溶解度为 6.9%，耐光性、耐热性强，在柠檬酸、酒石酸中稳定，遇碱变成棕色或褐红色，还原时褐色，可单独或与其他色素混合使用。最大使用用量为 0.1 g/kg。

五、赋香剂

香料是指具有香味的挥发性物质。在西点中加入香料是为了进一步改善和提高西点的香气和风味，增进食欲。

香料的种类很多，而香型更是千差万别，难以区分。按其来源可分为天然香料和人工合成香料。

（一）天然香料

天然香料又可分为动物性香料和植物性香料。在西点制作中主要添加的是植物性香料，是由植物的花、叶、茎、果皮和果仁等获得的，在西点制作中主要以带有香味的花和含油果料为主。鲜花类有玫瑰花、茉莉花、白兰花、椰子花、藤萝花等。一般鲜花都用糖渍和盐渍加工而成。果料有蜜饯、青梅、糖冬瓜、山楂、葡萄干等，都是用糖浸渍而成的。

（二）人工合成香料

人工合成香料又分为单体香料和合成香料。单体香料是由煤焦油中提取，或是从植物性香料中游离出来的单体成分及其衍生物。合成香料也称为香精，用多种香料调制而成。香精按制作方法又分为水质香精和油脂香精，前者用水和酒精作溶剂，后者用植物油和甘油等高沸点溶剂调制。

西点生产中所用的香料要求有耐热性，因西点熟制是要经受高温，故西点制作中除了拌制糕点外，水质香料一般不宜食用，而宜食用油脂香料，添加量一般为 0.05% ~ 0.15%。常用的香料品种有香草、薄荷、可可、橘子、杨梅、玫瑰等等多种香精油。由于香料有浓淡的差异，所以使用的数量上适当掌握。此外，必须使用国家规定标准检验合格的产品，不得随意滥用未经检验的香料。

六、化学膨松剂

化学膨松剂是指加入面团中的一些化学物质，在受热后可产生一系列化学反应，产生大量的二氧化碳气体，从而促进面团的膨胀疏松。常用的化学膨松剂有小苏打、臭粉、泡打粉和矾、碱、盐等。

（一）西点中常用的化学膨松剂

1. 小苏打

小苏打俗称食粉，其化学名称为碳酸氢钠，是一种白色粉末状固体。在使用时，要注意控制用量，一般在1%～2%之间，不易过多，否则会使制品发黄，有苦涩味道。这是由于小苏打呈碱性，可以中和面团中的酸，因此，放得较多就会出现前面所说的现象。

2. 臭粉

臭粉是一种白色晶体状物质，化学名称为碳酸氢铵，易于溶于水，水溶液为碱性，在35℃以上开始分解，产生二氧化碳气体和氨气，故制品有强烈的刺激性气味。

3. 泡打粉

泡打粉俗称发粉，是一种粉末状白色的物质，由碱性剂（小苏打）和酸性剂（酒石酸）配置而成的复合疏松剂。泡打粉少量放置呈于中性略偏碱。有一种泡打粉叫做塔塔粉，是酒石酸氢钾的酸性膨松剂，是制作戚风蛋糕的常用膨松剂。

（二）膨松剂在西点中的作用

1. 增大产品体积，使口感疏松柔软

膨松剂可以使制品体积膨大，形成松软的海绵状多孔组织，使制品柔软可口，易于咀嚼。制品体积增大也可以增加商品价值。

2. 增加制品美味感

膨松剂使制品组织松软，内有细小空洞，因此食用时，唾液很容易渗入到制品组织中，溶出食品中的可溶性物质，刺激味觉神经，感受其风味。

3. 利于消化

制品经起发后形成松软的海绵状多孔结构，进入人体后，更容易吸收唾液和胃液，使食品与消化酶的接触面积增大，提高消化率。

第十节　其他调辅料

一、食盐

食盐在西点中用量虽然不多，但不可或缺，它是制作面包的四大基本原料

之一。即使最简单的硬式面包如法国面包，可以不用糖，但是不可不用盐。食盐种类很多，面包配料使用的盐一般为精制盐，且要求溶解速度快。

1. 食盐的作用

（1）增进制品风味　盐为百味之源，不仅给人咸的口感，还能更好地衬托出原料自身的风味和面团发酵后的酯香味。适量的盐能使制品给人以咸香适口、香而不腻的感觉。食盐的浓度达到 0.2% 时，就能刺激人的味觉神经。

（2）调节和控制发酵速度　面团的发酵是由酵母的生命活动完成的。酵母在生长繁殖过程中，需要一些无机盐作为营养剂，这些无机盐主要是酵母氮源的氨盐，它作为缓冲剂以调节 pH。氯化钠（食盐）就是最常见的一种。因此添加适量的食盐，对酵母的生长和繁殖是有促进作用的。但是，食盐的渗透压比较高，对酵母也有抑制作用。因此，如果减少盐的用量，就可以增加发酵的速度；若食盐的分量增加，发酵就会变慢。这是因为食盐能使面筋充分的成熟，又能促使酶活跃，从而变淀粉为糖分。而如果食盐用量增多，食盐的渗透压增大，酵母细胞的水分脱出，因而造成酵母细胞的萎缩，降低酵母的发酵力，影响发酵速度。

（3）增强面筋筋力　面粉中掺以食盐能够改善面筋的物质性质。面团中加入 1% ~ 1.5% 的食盐，由于渗透压的作用，使得面粉中蛋白质的一部分水渗出，产生沉淀凝固变性，从而使其质地变密而增加弹力。面筋网络的性能得到改良，则易于扩展。同时，食盐能对面筋产生相互吸附的作用，增加面筋的弹性，从而使整个面团在延伸或膨胀时不易断裂。但是加入过量食盐，就会增强面团的持水性，则面团易被稀释，弹性或是延伸性就会变差。

（4）改善面包的内部颜色　面团掺盐后，因内部产生较细密的组织，光线照射制品的薄膜时，投射的阴影较小，故显得洁白。因此，食盐虽无直接漂白的功效，但有改善制品色泽的作用。

（5）增加面团的调制时间　如果调粉开始时即加入食盐，会增加面团调制时间 50% ~ 100%，现代面包生产技术都采用后加盐法，即在面团中面筋已经扩展但还未充分扩展或面团搅拌完成前的 5 ~ 6min 加盐。

2. 食盐在面包中的使用量和使用方法

面包的用盐量为 0.8% ~ 2%，加盐的量以及具体使用方法可从以下几个方面考虑：

①面粉筋力越强，食盐量应减少；

②配方中糖的用量较多时，食盐量应减少；

③配方中油脂用量较多时，食盐量应增加；

④配方中乳粉、鸡蛋、面团改良剂较多时，食盐量应减少；

⑤夏季温度高时，食盐量应增加；

⑥水质越硬，食盐量应减少；

⑦需要延长发酵时间时，食盐量应增加。

二、香料

香料是一类具有挥发性的物料，西点产品中主要用于各类糕点产品的增香、赋味或是去异味等，是一种风味增香剂，也称赋香剂。

香精是西点制作中常用的香性原料，主要用于增加产品的风味。香精往往由数十种香料调和成剂。可食用的香精按其溶解性可分为水溶性香精和油溶性香精两大类。水溶性香精主要是以蒸馏水、乙醇、丙二醇等为溶剂，由各种香料复合调配而成，一般为透明液体，易挥发，适用于各种水溶食品如饮料、奶茶、冰激凌等。油溶性香精（也称香精油）是以精炼植物油、甘油或丙二醇为溶剂与各种香料配制而成的，一般为透明液体，主要用于油脂含量较多的饼干、蛋糕等食品，此外也用于糖果及烘烤食品的增香。

香料根据来源可分为天然香料和合成香料。常见的天然香料有葱、姜、八角、花椒、桂皮、丁香、茴香等，这些香料多以鲜料或干料的形式用于家庭产品或是即食产品的增香、去异味等作用。一般工业化食品加工多使用合成香料，粉末状居多。烘焙用合成香料主要有乳脂香型、果香型和香草型等。蛋糕制作中常使用蛋糕香精（大多数蛋糕香精含有乳脂香型原料），可以掩盖蛋腥味，夹心面包中常使用果香型香精或是乳脂香精，可以赋予面包新鲜的水果风味或是乳香味，饼干中加入巧克力香精或是香草型香精赋予饼干多种风味味型，同时还可使饼干香气更饱满。

香料在西点工艺中的使用讲究方法、技巧及投料时间，以面包和饼干为例香精的使用方式主要有以下几种方式。

1. 面团调制阶段加香

食品工业生产面包或是饼干几乎都会提前在面团调制阶段加入香料与面粉及其他辅料混合形成香气分布均匀的面团。由于面包及饼干产品成型后一般需经过 180℃以上的高温烘焙，因此选择香精时需考虑香精的耐热性能，一般选用油溶性或粉末香精。为使香气分布均匀，在判定香精是水溶性还是油溶性后，一般根据相似相溶的原理，先将香精溶于水或油脂物料中，再将带有香精的水或油脂与其他原料混合。面团调制时间较强的如韧性饼干面团则可以在面团调制均匀后加入香精，以防香料在调制过程中挥发。且香精要避免与化学疏松剂直接混合。

2. 烘焙出炉阶段加香

面包、饼干烘焙出炉后加香，需注意高温对香精的影响，一般水溶性香精受热不超过 70℃，油溶性香精不超过 120℃。粉末香精使用简便，可经滚筒直接均匀撒在食品表面上；油溶性香精的使用一般选在喷油工序，以油为载体，将香精溶于其中再喷洒在面包或是饼干表面。

3. 夹心工艺阶段加香

威化饼干、夹心饼干、夹心面包等产品有夹心，一般称为夹馅料，夹馅料主要由糖、饴糖、乳制品、果酱、蛋黄酱制品等为主，香精可直接与这些原料混合，且夹馅料对香精的要求不是很高，一般水油两用性香精就可达到要求。

三、茶

茶，山茶目山茶科常绿灌木或小乔木植物，可食，具有解毒、强心、利尿、提神醒脑、减肥等多种功效，与可可和咖啡并称世界三大无酒精饮料，是一种保健饮品。茶是点心的好搭档，如19世纪盛行于欧洲上流社会的下午茶，欧洲人偏好发酵过的、味道醇厚的红茶，将之与奶油、糖搭配，配上几块小甜点，这天作之合的搭配持续了一个多世纪，直到20世纪70年代绿茶的进入，才打破了红茶配甜点的定律。

根据制茶方式的不同，茶叶可分为四类，即不需发酵的绿茶、轻发酵的清茶、半发酵的乌龙茶及全发酵的红茶。制作茶糕点早期用绿茶的较多，如日本的绿茶蛋糕，此茶在制作上多用蒸汽杀青，火上揉捻或是阳光下晒干，能保持茶色的鲜嫩翠绿及清雅圆润的味道，加入到蛋糕原料中制成蛋糕，清香而不腻，色泽诱人。常见的绿茶点心有铁观音蛋糕、龙井酥、抹茶蛋糕、布丁、慕斯等；常见的红茶点心有伯爵茶慕斯蛋糕、伯爵茶苹果戚风蛋糕等。茶叶不耐高温，温度越高苦味越浓，且易氧化变色，因此以茶为原料制作点心往往要反复多次试验，才能得到满意的产品。

四、酒类

西点产品中使用酒是一大特色，一些名点有专用的酒。烘焙用酒一般是用水果或是粮食天然发酵而成，不添加防腐剂，多用于调味。常用于烘焙产品有白兰地、朗姆酒、咖啡酒、米酒以及各种核果类原料制成的酒。如制作拿破仑酥要用拿破仑酒，提拉米苏用咖啡酒，巧克力蛋糕用香橙酒，芝士蛋糕及一些慕斯蛋糕用朗姆酒，酒不但能赋予烘焙产品特别的酒香气，还有杀菌等功效。

（一）酒类在西点中的作用

1. 去除异味

使用酒去除原料的异味和加工时的焦糊味，使产品具有较好的香味。

2. 浸泡水果干

脱去大部分水分，耐于储存的水果干在西点中常作为果料混入，形成风味产品，这些果料一般不直接使用，需经复水后再用，西点中果料的复水常选择各式酒，如用红酒给葡萄干复水，不但能赋予葡萄干柔软的口感，更能够丰富口味，增加红酒的香气与独特的色泽。

3. 解腻与赋味

西点产品重用油脂及糖，如拿破仑酥，烘焙成熟的酥皮之间夹入较多的奶油，口感较腻，于奶油中加入拿破仑酒，解决奶油口感过腻问题的同时增加拿破仑酒特有的酒香味，还起到了杀菌的作用。

（二）烘焙用酒的分类

烘焙用酒根据加工方法可分为酿造酒、蒸馏酒和混合酒三大类。根据所用原料的不同又可进行细分。

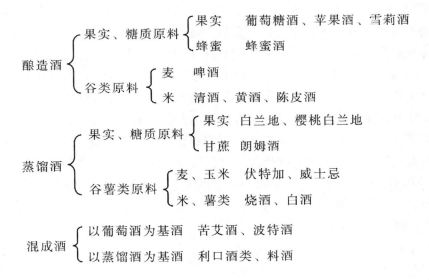

五、果料

果料在西点中应用较为广泛，是西点制作的重要辅料。果料在西点中主要用于装饰成品表面、制作馅心，也可以加入到面团中。

（一）西点中常用的果料

西点中常用的果料包括籽仁（瓜子仁、花生仁、芝麻），果仁（核桃仁、榛子仁、松子、杏仁、橄榄仁、栗子、椰蓉），干果（葡萄干、红枣、樱桃干等），果脯蜜饯，果酱，干果泥，新鲜水果，罐头水果和果膏等。

1. 籽仁类

籽仁类食品风味独特，营养丰富，含有较多的蛋白质、不饱和脂肪酸、维生素等，被视为健康食品。它在西点中的使用主要有三种形式：一是作为西点的馅料；二是作为配料直接加入到面团或是面糊中；三是作为装饰料装饰西点产品的表面。西点中常用的籽仁如下。

（1）花生仁　花生仁又称花生米，是花生果的籽仁。其形状有椭圆形、圆锥形、桃形和三角形数种，由种皮和种仁两部分组成。花生味甘性平，有醒脾开胃，调气止血、养肺润肠等功能。花生营养丰富，含有较多的粗脂肪，蛋白质、碳水化合物、氨基酸、维生素含量也很多，是烘焙食品的重要原辅料。花生仁在糕点中的应用主要有：将花生切碎撒在糕点表面装饰，如制作花生糕点、花生牛利；混入面团，如制作可可花生饼干，用量为 5% ~ 10%；制作糕点馅料，如制作花生酱、调制果仁馅等，用途广泛。

（2）瓜子仁　瓜子仁种类很多，有黑瓜子仁、白瓜子仁、葵花子仁等。它们的营养都很丰富，含有蛋白质、脂肪、碳水化合物、膳食纤维、维生素、矿物质等多种营养物质，质量也高。它们在西点中的使用同花生仁。

（3）芝麻　芝麻分黑芝麻和白芝麻两种。黑芝麻保健价值和药用价值较高，尤以维生素 E 含量较高，它的蛋白质属于完全蛋白质，蛋氨酸、色氨酸等含硫氨基酸比其他植物蛋白高，容易被人体消化吸收利用，是理想的植物蛋白质来源。黑芝麻平均脂肪含量为 50.76%，不饱和脂肪酸和亚油酸含量较高，对人体健康有益。芝麻中其他营养物质含量也很高，如维生素、矿物质等。芝麻在面包糕点中的应用同花生仁一样，可用于面包糕点的表面装饰，如制作芝麻面包、芝麻饼、芝麻牛利等；可混入面团，制作芝麻卷；可用作糕点月饼的馅料，如制作芝麻酱馅、调制果仁馅等。

2. 果仁

西点中常用的果仁有核桃仁和榛子仁。

（1）核桃仁　核桃仁又称胡桃肉，古称虾蟆，是核桃去壳后的种仁。核桃仁多为不规则块状，完整的类似脑球形，由两瓣种仁合成，皱缩多沟，凹凸不平，外被棕褐色或乳黄薄膜状种皮，味涩，剥去种皮显黄白色，质脆，富油脂，味淡。我国主产于河北、山东、山西、陕西、云南、贵州等地，其中以山东青州、山西汾阳、云南大理、陕西商洛、河南卢氏、湖北兴山的产品较为著名。核桃仁脂肪含量高达 50% ~ 70%，主要成分是亚油酸甘油酯，蛋白质含量 15.4%，碳水化合物含量为 10%，此外还含有一定量的钙、磷、铁、维生素 B_2 等。营养丰富，深受人们的喜爱。核桃仁大瓣可用来装饰烘焙食品，小块或是碎核桃可用来做核桃蛋糕、面包和点心。也可以将核桃制成粉加入到面团或是面糊中使用，或是用作蛋糕的表面装饰。

（2）榛子仁　榛子又称胡榛子、臻栗、山白果，是桦木科落叶乔木或小灌木臻的坚壳种子，是世界四大干果之一。榛子每100g可食部分含碳水化合物14.7g、蛋白质20g、脂肪44.8g、膳食纤维9.6g、维生素E 36.43g、钾1244mg、钙104mg、磷422mg，矿物质含量十分丰富。在糕点中可用来制作糕点馅心，也可用于糕点表面装饰。

此外，杏仁、松子、橄榄仁、栗子、椰蓉等在西点中的使用也较多。均可用于制作馅心或是装点西点表面。

3. 干果、水果与果脯

新鲜水果及水果制品在西点中使用也较多，起到改善和增加西点特色风味、装饰成品等作用。西点中常使用的干果如下。

（1）葡萄干　葡萄干是无核葡萄经过自然干燥或通风干燥而制成的干果食品。我国葡萄干主产于新疆。每100g可食部分含碳水化合物81.8g、蛋白质2.5g、脂肪0.4g、维生素C 5mg、钾995mg、铁9.1mg、磷90mg。有健脾开胃，补气养血等功用。多用于食品加工辅料，也可直接食用。在糕点中可混入面团中使用，如制作葡萄干蛋糕、葡萄干面包等；可用于糕点表面装饰，如制作葡萄干蛋片；也可调制馅心使用。

（2）红枣　红枣又称干枣，是鲜枣的干制品，分小红枣和大红枣两大类。小红枣有金丝枣、鸡心枣等品种；大红枣有灰枣、板枣、长红枣、圆铃枣等品种。以大红枣为例，大红枣的质量指标要求，果实饱满、个大均匀、肉质肥厚，具有本品种应有的色泽，个头均匀，肉质肥厚，杂质不超过5%等。大红枣的可食率达88%，每100g可食部分含碳水化合物71.6g、蛋白质2.1g、脂肪0.4g、膳食纤维9.5g、维生素C 7mg、烟酸1.6mg、钙54mg、钾185mg、磷34mg。烘焙食品中常与核桃一起用于蛋糕和布丁中。红枣也常被加工成枣泥，或做糕点的馅心。

（3）苹果脯　苹果脯是采用新鲜苹果经切瓣、去核、糖煮、干燥等工艺而制作。

（4）杏脯　杏脯是鲜果经去核、硫熏（定色防腐处理）、漂洗、糖煮（分多次煮和腌煮两种）、烘焙、自然回潮、整形、复烘精制而成。产品色泽浅黄鲜艳，半透明状，果片整齐，大小均匀，不破不烂。

金钱橘、柚皮糖、冬瓜条、蜜橘皮、青桃干、糖渍花瓣等也是西点上用得到的果脯产品。

新鲜水果和罐头水果，在装饰西点表面上，使用的非常多。不但能赋予西点产品以美好的水果味道，还能起到美化装饰、诱人食欲等作用，在蛋糕等制品中使用最多。

4. 果酱

果酱一般是以各式水果为主料，加糖、酸调节剂或是胶体经加热熬制而形成的凝胶物质。果酱在西点中多用来涂抹面包或是吐司等。常见的果酱有草莓酱、蓝莓酱、桑葚酱、苹果酱、黄桃酱、菠萝酱等，可根据个人口味和爱好选择。

（二）果料在西点中的作用

1. 提高产品的营养价值

果品中含有丰富的矿物质、维生素、有机酸、糖等物质；果仁中脂肪含量较高，加入到西点制品中自然能赋予产品更高的营养价值，而且这些营养物质都是天然的，对人体的健康很有益。

2. 改善制品的风味

不同的果料有不同的风味特色，加入到西点中能起到改善制品风味的作用。

3. 增加制品的花式品种

西点的花色品种有很多是以果料的色、香、味、形来调节和命名的，如菠萝面包、果酱面包、香蕉条等。

4. 装饰作用

未经装饰的西点产品显得比较单调，我们可以通过使用不同的果料组合来装饰点心，除了增加风味、满足营养方面的需求，更可以使制品外形美观，增加食欲，如各式水果装饰的蛋糕，各种果仁装点的面包。

六、淀粉及其他粉料

西点中常用的淀粉有谷类淀粉、薯类淀粉、豆类淀粉、其他类淀粉，最常用的为玉米淀粉。

1. 玉米淀粉

玉米淀粉又称粟粉，为玉蜀黍淀粉，溶于水中加热到 65℃ 时开始膨胀、糊化产生胶凝特性，多数用在西点派馅的胶冻原料中或奶油布丁馅，还可在蛋糕的配方中加入玉米淀粉，可适当降低面粉的筋力。

2. 马铃薯淀粉

马铃薯淀粉（土豆淀粉）是薯类淀粉中的一种，由于其特殊品种而受到特别青睐。在食品工业中，马铃薯变性淀粉主要用作增稠剂、黏结剂、乳化剂等，在烘焙食品中，它可制成颗粒作为布丁，添加在糕点面包中，增加营养成分，防止面包变硬，从而延长保质期。

淀粉在西点中的作用主要有：改善西点的质地和风味，增加西点的感官形状，保持西点的嫩化；用于西点馅料的增稠。

3. 其他粉料

（1）玉米粉　玉米粉是由玉米粒加工成一定大小粒度的颗粒状成品粮。可用于制作粗粮面包，以改善营养结构。

（2）吉士粉　吉士粉用于制作吉士酱、吉士馅，有时也用于制作曲奇饼干。

（3）塔塔粉　塔塔粉为酸性的白色粉末，蛋糕制作时的主要用途是帮助蛋白打发以及中和蛋白的碱性。

思考题

一、填空题

1. 面包专用粉又称 _____，其蛋白质含量平均在 ___% 以上，吸水率达 ____%，且面筋质较多，面筋强。

2. 蛋糕专用粉又称 _____，其蛋白质含量一般在 _____% 以下，吸水率在 _____%，且面筋质较少，面筋弱。

3. 面筋质主要是由 _____、_____ 两种蛋白质组成。

4. 人造奶油的分类包括 _____、_____、_____、_____ 四种。

5. 食用香精主要分为 _____、_____ 两大类。

6. 制作饼干、糕点时香兰素的使用量应控制在 _____ 范围内。

7. 制作饼干、糕点时香精的使用量应控制在 _____ 范围内，制作面包时香精的使用量应控制在 _____ 范围内。

8. 食用色素按来源可分为 _____、_____ 两大类。

9. 蛋糕乳化剂在蛋糕制作时使用量应控制在 _____ 范围为好。

10. 化学膨松剂小苏打的用量一般控制在 _____ 之间，用量过多易使制品发黄，有苦涩味道。

二、名词解释

1. 面筋

2. 延伸性

3. 弹性

4. 可塑性

5. 面粉的糖化力

6. 饴糖

7. 人造黄油

8. 油脂的融合性

9. 乳化剂

10. 氧化剂

11. 还原剂

12. 食品增稠剂

13. 蛋糕专用粉

14. 自发粉

15. 面粉的熟化

16. 葡萄糖浆

17. 转化糖浆

18. 甜度

19. 美拉德反应

20. 磷脂

21. 起酥油

22. 炼乳

23. 淡奶

24. 奶酪

25. 小苏打

26. 臭粉

27. 泡打粉

28. 可可粉

三、选择题

1. 面粉中的蛋白质含量每增加 1%，其吸水量将增加 _____。

A.1% B.2% C.3% D.4%

2. 水调面团调制时加入 _____ 会促进面筋的形成。

A. 白糖 B. 油脂 C. 泡打粉 D. 食盐

3. 制作面包一般选用 _____。

A. 低筋粉 B. 中筋粉 C. 高筋粉 D. 自发粉

4. 面粉蛋白质中含量最高的是 _____。

A. 麦球蛋白 B. 麦谷蛋白 C. 麦胶蛋白 D. 麦清蛋白

5. 面粉应储藏在 _____ 地方。

A. 阴凉干燥 B. 阴凉潮湿 C. 高温多湿 D. 阳光直射之处

6. 下列油脂中充气性最好的是 _____。

A. 猪油 B. 色拉油 C. 奶油 D. 黄油

7. 由于油脂的 _____，阻止了面团吸水涨润形成面筋的机会，使得混酥类点心酥松。

A. 乳化性 B. 融合性 C. 疏水性 D. 可塑性

8. 下列油脂中熔点最高的是 _____。

A. 猪油 B. 牛油 C. 奶油 D. 黄油

9. 下列油脂中胆固醇含量最高的是 _____。

A. 黄豆油   B. 花生油   C. 猪油   D. 棕榈油

10. 油脂保存不当易发生 _____ 现象。

A. 变色   B. 酸败   C. 熔化   D. 霉变

11. 色拉油必须密封保存，因为 _____。

A. 遇空气容易变色   B. 含不饱和脂肪酸易受氧化酸败

C. 易挥发   D. 易感染其他不良味道

12. 在制作蛋糕、点心时，食盐的使用量应控制在 _____ 之间。

A.0.8% ~ 2%   B.1% ~ 3%   C.2% ~ 4%   D.3% ~ 5%

13. 下列原料中甜度最低的是 _____。

A. 白砂糖   B. 果糖   C. 麦芽糖   D. 乳糖

14. 砂糖溶液的黏度随着浓度之增高而 _____。

A. 降低   B. 不变   C. 提高   D. 不一定

15. 新鲜鸡蛋放置一星期后 _____。

A. 蛋白黏稠度增加   B. 蛋壳变得粗糙

C. 蛋黄体积变大   D. 蛋白 pH 降低

16. 鲜奶油宜在 _____ 保藏。

A. 常温   B.5℃冷藏   C.0℃冷藏   D. 冷冻

17. 可以提高蛋白打发时的稳定性的是 _____。

A. 泡打粉   B. 臭粉   C. 塔塔粉   D. 小苏打

18. 乳化剂在面包中的功能是 _____。

A. 增加面包风味   B. 使面包柔软不易老化

C. 防止面包发霉   D. 促进酵母发酵

19. 下列色素为天然色素的是 _____。

A. 苋菜红   B. 日落黄   C. 可可壳色   D. 靛蓝

20. 吉利丁是指 _____。

A. 琼脂   B. 明胶   C. 果胶   D. 洋菜

21. 巧克力调制到 29℃ _____ 最佳。

A. 色泽   B. 光亮度   C. 酥脆度   D. 软性

22. 巧克力最好放置在 _____ 的地方保存。

A.18 ~ 20℃   B.12 ~ 18℃   C.8 ~ 10℃   D.0 ~ 5℃

23. 面粉水分含量过高，面粉 _____。

A. 筋力差   B. 不利储存   C. 质量差   D. 易霉变   E. 酸败

24. 评价面筋的工艺性能的指标有 _____ 等。

A. 弹性   B. 可塑性   C. 延伸性   D. 流动性   E. 韧性

25. 鸡蛋的特性有 _____。

A. 起泡性　　B. 融合性　　C. 凝固性　　　　D. 乳化性　　E. 起酥性

26. 下列色素中属于人工合成色素的有 _____。

A. 柠檬黄　　B. 姜黄　　C. 苋菜红　　　　D. 可可壳色　　E. 靛蓝

27. 西点制作中常用的增稠剂有 _____。

A. 冻粉　　B. 明胶　　C. 果胶　　　　D. 海藻酸钾

28. 巧克力的调温定性操作包括 _____ 等几个步骤。

A. 融化　　B. 凝固　　C. 调温　　　　D. 回温　　　　E. 加温

四、判断改错题

1. 油脂在常温下呈液态的称为油，呈固态的称为脂。（　　）

2. 酵母生长繁殖的最适温度为 35～39℃。（　　）

3. 法国金燕牌酵母属于低糖酵母。（　　）

4. 酵母是面包的膨大来源。（　　）

5. 鲜奶油与奶油的区别在于鲜奶油的乳液状态是 O/W，而奶油是 W/O。（　　）

6. 人造奶油与起酥油的主要区别在于人造奶油不含水。（　　）

7. 果胶是从动物皮和骨抽取出来的胶体。（　　）

8. 打发蛋白时添加之塔塔粉是一种碱性盐。（　　）

9. 制造巧克力的主要原料是可可豆。（　　）

10. 慢速氧化剂在面团调制阶段作用缓慢，而在醒发后期作用速度加快。（　　）

11. 泡打粉主要由小苏打、酸式盐和填充机三部分构成。（　　）

12. 随着加糖量的增加面团的吸水率也增加。（　　）

五、简答题

1. 面粉的主要化学成分有哪些？在西点制作中起什么作用？

2. 西点制作中常用的面粉种类有哪些？各有何特点？

3. 影响面筋形成的因素有哪些？

4. 面粉在面包中的作用有哪些？

5. 面粉在蛋糕中的作用有哪些？

6. 面粉在储藏保管时应注意哪些事项？

7. 西点中常用的糖的种类有哪些？

8. 糖的一般性质有哪些？

9. 糖在西点制作中的工艺性能有哪些？

10. 西点常用的乳制品有哪些？

11. 鲜奶油最常见有哪几种？

12. 乳制品在西点中的工艺性能有哪些？

13. 蛋糕用液态酥油的特点有哪些？

14. 起酥油与人造黄油的主要区别是什么?

15. 起酥油的加工特性有哪些? 其中哪种特性是最基本的特性?

16. 乳化起酥油适用于哪些西点的制作? 其特点有哪些?

17. 油脂的可塑性在西点中的作用有哪些?

18. 影响面团中油脂起酥性的因素有哪些?

19. 鸡蛋的主要化学成分有哪些? 蛋白和蛋黄的化学组成有哪些不同?

20. 鸡蛋在西点中的工艺性能有哪些?

21. 影响蛋液泡沫的形成与稳定的因素有哪些?

22. 水在西点中的作用有哪些?

23. 水质对面团和面包品质的影响有哪些?

24. 试述酵母的发酵反应?

25. 酵母的化学组成有哪些?

26. 影响酵母活性的因素有哪些?

27. 西点中常用的酵母有哪几种?

28. 酵母在西点中的作用有哪些?

29. 选择酵母时应考虑哪些因素?

30. 西点中常用的乳化剂有哪些?

31. 乳化剂在烘焙食品中的作用有哪些?

32. 面团改良剂在烘焙食品中的作用有哪些?

33. 西点中常用的面团改良剂有哪几种?

34. 西点中常用的增稠剂有哪些?

35. 增稠剂在烘焙食品中的作用有哪些?

36. 使用食用合成色素的注意事项有哪些?

37. 西点中常用的香料有哪些?

38. 西点中常用的化学膨松剂有哪些?

39. 使用化学膨松剂的注意事项有哪些?

40. 疏松剂的作用有哪些?

41. 香精香料的使用原则是什么?

42. 西点常用色素有哪些? 最大使用量是多少?

43. 西点常用的巧克力有哪些品种?

44. 融化巧克力注意事项有哪些?

第四章

西点制作基础原理

本章内容： 西点制作的工艺流程

西点面坯调制的基本理论

西点的膨松原理

西点的成熟原理

西点的乳化技术

教学时间： 3课时

教学方式： 教师讲解西点制作的基本原理，并合理运用经典案例阐述。

教学要求： 1. 熟悉西点制作的基本工艺流程。

2. 掌握西点配方的设计原理及配方计算方法。

3. 学会各类西点出品率的计算方法。

4. 掌握各类西点面坯调制原理和影响因素。

5. 掌握各类西点的膨松原理和影响因素。

6. 了解各类西点成熟方法的原理。

7. 掌握西点烘焙过程中热量和水分的迁移过程。

8. 掌握西点乳化的原理及技术。

课前准备： 阅读焙烤工艺学和烹饪化学方面的书籍，并在网上查阅各类烘焙原理方面的文章和资料。

第一节 西点制作的工艺流程

一、西点制作的基本工艺流程

西点的种类繁多,制作工艺也各不相同,但其总的工艺流程仍可以归纳如下:

原辅料准备→计量→面团(浆料)调制→成型→成熟→冷却→装饰→成品

↑

馅料加工

二、西点制作中的主要工序

1. 原辅料准备

根据配方要求,查看各种原料、辅料的数量和种类,并检查原料质量是否符合要求。对原料进行初加工,如面粉过筛、打蛋、水果、果料和果仁的清洗加工、籽仁类的清洗预烘等。

2. 计量

按配方和产量要求进行计算,求出各种原料的实际用量,并进行称量。

3. 面团(浆料)调制

将称量好的各种原料,按照各种产品投料的顺序,依次加入搅拌缸中进行搅打或搅拌,使原辅料充分的混合均匀,并形成符合一定要求的面团和浆料。

4. 馅料加工

在花样繁多的西点品种中,包馅西点占有相当大的比例。馅料制作是西点制作中一道极为重要的工序,制馅是把用于制作馅心的原料加工成蓉、末、丁,再加以各种配料和调料,找好口味调拌均匀,这种操作过程称为制馅。西点的馅料大多为甜馅,如果酱馅、水果馅、奶黄馅、吉士馅等。

5. 成型

成型是指将调制好的面团或浆料加工成具有一定形状的制品。西点的成型方法很多,有在成熟前成型的,也有成熟后成型,但大多数为成熟前成型。成型的方法有手工成型、模具成型和器具成型等。对于包馅的制品,成型的过程也包括包馅工序,但对于不宜烘烤的馅料,如新鲜水果、奶油膏等,则应在成熟以后再填装。

6. 成熟

成熟就是将已经成型的西点生坯,经过成熟而制成成品的工序。西点的成熟大多采用烘烤成熟，即利用烤箱加热成熟，但也有采用其他方式成熟的，如油炸、蒸、煮、煎等。也有采用先煮后烤的成熟方法，如贝果；也有采用隔水蒸烤的成熟方法，如乳酪蛋糕、焦糖布丁等。成熟时应该掌握好温度、湿度和时间的关系，在保证产品质量的前提下，制品的烘焙应在尽可能高的温度下与尽可能短的时间内完成。

7. 冷却

将加热成熟后的制品放在室温下冷却，使制品的温度降低，内部的水蒸气散失一部分，以利于后工序的操作，如装饰、切块、卷制、包装等。否则过热的制品进行装饰，会使鲜奶油融化、水果变色。若冷却不彻底的产品进行包装，则会在制品表面形成冷凝水，影响制品的外观，同时易滋生霉菌，缩短产品的保质期。

8. 装饰

西点的装饰是指选用适当的装饰材料对制品进行进一步的美化加工，如蛋糕裱花，面包、饼干表面撒上果仁、酥粒等。西点的装饰可分为烤前装饰和烤后装饰两种，可根据制品和装饰材料的特点进行选择。如面包、饼干的装饰多在烤前，而蛋糕的装饰多在烘烤后。果仁类、蔬菜类等装饰料多用在烘烤前装饰，而奶油类、新鲜水果、巧克力等则必须用在烘烤后进行装饰。

西点经过几千年的发展，形成了较为成熟的制作理论，相比中式点心来讲，每一种西点都有一定的配方标准。但西点的配方也不是一成不变的，而是根据条件在一定的范围内变动。这种变动并不是随意的，而是遵循一定的原则，即配方平衡原则。各种原辅料应当有适当的比例，以达到产品的质量要求。配方平衡原则对产品定位、定价、新产品开发都具有重要的指导意义，是进行新产品设计的基础。

三、配方平衡

配方平衡是指在一个配方中各种原辅料在量上要互成比例，达到产品的质量要求。因此，配方是否平衡是产品质量好坏的关键。要制定出正确合理的配方，首先要了解各种原辅料的工艺性能及其主要作用，然后根据所制产品的种类和特性，选择适当的原材料和配比。原材料按含水量不同可以分为干性原料和湿性原料，按主要成分分子结构可分为强性原料和弱性原料。

干性原料包括面粉、奶粉、膨松剂、可可粉等；湿性原料包括鸡蛋、牛奶、水、糖浆等；强性原料包括面粉、奶粉、鸡蛋、牛奶等；弱性原料包括糖、油、膨松剂、乳化剂。

（一）干湿平衡

干性原料需要一定量的湿性原料润湿，才能调制成面团和浆料。干性与湿性原料之间的配比是否平衡影响了面团或浆料的稠度及工艺性能。

1. 面粉与加水量

不同产品要求面粉的加水量不同，在制定配方时除了考虑面粉的吸水率外，还需考虑其他液体原料的影响，例如鸡蛋、各类糖浆等。配方中鸡蛋、糖浆、油脂含量增多时，面粉的加水量则应降低。每增加 1% 的油脂，应降低 1% 的加水量。糖浆的浓度一般在 60% ~ 80%，鸡蛋含水量约为 75%，蛋白含水量一般为 86% ~ 88%。因此，当其他湿性原料用量增加时，可根据其含水量相应降低配方中的加水量。

2. 糖量与总液体量

总液体量是指包括蛋、牛奶、糖浆中含有的水及添加剂的水的总和。总液体量必须超过糖的量，才能保证将糖充分溶解，否则影响产品质量，使产品结构较硬，组织干燥，表面易出现黑色斑点。如果总液体量过多，会造成组织过度软化，易使制品表面出现塌陷，产品体积小。

（二）强弱平衡

强性原料含有高分子的蛋白质，特别是面粉中的面筋蛋白质，它们具有形成和强化制品结构的作用。弱性原料是低分子成分，它们不能成为制品结构的骨架，相反，弱性原料在糕点中能使产品组织柔软，具有减弱或分散制品结构的作用。因此，强性和弱性原料在比例上必须平衡，才能保证制品质量。如果弱性原料过多，会使产品结构软化不牢固，易出现塌陷、变形等现象。反之，强性原料过多，会使产品结构过度牢固，组织不疏松，缺乏弹性和延伸性，体积小。

1. 油脂和糖的比例

强弱平衡考虑的主要问题是油脂和糖与面粉的比例，不同特性的烘焙制品所加的油脂量和糖的量是不同的。一般而言，酥性制品（如油脂蛋糕和松酥点心）要求起酥性要好，所以油脂添加量也较多，但油脂量一般不超过面粉量，否则制品会过于松散而不能成型。非酥性制品（如面包和海绵蛋糕）中油脂的添加量较少，否则会影响制品的气泡结构和弹性。糖的添加量则是在不影响制品品质的前提下，根据甜味的需要，适当调节糖的用量。

2. 泡打粉的加入比例

泡打粉是一种化学膨松剂，在制品中能协助或部分代替鸡蛋的发泡作用或油脂的酥松作用。因而在下述情况下应补充泡打粉：①蛋糕中蛋量有所减少，油脂蛋糕和松酥点心中油脂或糖量有所减少。②配方中有牛奶加入时，可加适量的泡打粉使之平衡，如海绵蛋糕配方中蛋量减少，除应补充其他液体外，还应适当加入或增加少量泡打粉以弥补膨松不足。③蛋的添加量减少得越多，泡打粉的添加量就要相应增加得越多。一般而言，蛋与面粉之比超过150%时，可以不加泡打粉。高、中档蛋糕的泡打粉用量为面粉量的0.5%～1.5%。较低档蛋糕（蛋量少于面粉量）的泡打粉用量为面粉量的2%～4%。以上原则亦适用于加油脂较多的酥性制品如油脂蛋糕、松酥点心、饼干等。即油脂减少得越多，泡打粉的使用量就要增加得越多。但必须指出的是，蛋量或油脂量过少，泡打粉过多将会影响制品质量。

（三）配方失衡对制品质量的影响

下面以蛋糕为例说明原料比例不当对制品质量的影响。

1. 液体

液体太多会使蛋糕最终呈"X"的形状。在热的烤炉中看不到过量液体产生的结果，因为这时液体以蒸汽的形式存在。然而一旦冷却后，蒸汽便重新凝结为液体，并沉积在蛋糕底部，形成一条"湿带"，甚至使部分糕体随之坍塌，制品体积缩小。液体量不足则会使成品出现紧缩的外观，且内部结构粗糙，质地硬而干。

2. 糖和泡打粉

糖和泡打粉过多会使蛋糕的结构变弱，造成顶部塌陷，导致所谓"M"错误（M表示蛋糕相应的形状）。在泡打粉和糖同时使用的情况下，有时难以判断究竟是糖还是泡打粉过多所造成的后果。如蛋糕口感太甜且发黏，则说明糖加得太多。泡打粉过多时，可能引起蛋糕底部发黑。糖和泡打粉不足则会使蛋糕质地发紧，不酥松，顶部突起太高甚至破裂。

3. 油脂

油脂太多亦能弱化蛋糕的结构，致使顶部下陷，且糕心油亮，口感油腻。如油脂不足，同糖添加量不足一样，蛋糕发紧，顶端突起甚至开裂。

四、西点配方的表示方法

目前，西点配方的表示方法主要有两种。

（一）烘焙百分比

1. 烘焙百分比的定义

烘焙百分比是以配方中的面粉的重量为100%，配方中其他原料的百分比相对于面粉的多少而定，且总百分比总量超过100%。烘焙百分比是烘焙业专用的百分比，它与一般的百分比有所不同。

2.烘焙百分比的优点

烘焙百分比有以下优点：

①从配方中可以一目了然地看出各原料的相对比例，简单明了，容易记忆；

②可以快速计算出配方中各原料的实际用量，计算快捷、精确；

③方便调整、修改配方，以适应生产需要；

④可以预测产品的性质和品质。

（二）面粉系数

1.面粉系数的定义

面粉系数是指配方中面粉的烘焙百分比除以配方总百分比所得的商。即把整个面团看作1，而求得面粉在其中所占的比重。从面粉系数可以看出面粉在配方中的实际百分比。

$$面粉系数 = 面粉烘焙百分比 ÷ 配方总百分比$$

2.面粉系数的优点

可以快捷的求出面团内面粉用量和其他原料用量，以及生产一定数量产品所需要的面粉用量。

$$面粉用量 = 实用面团总量 × 面粉系数$$

$$实用面团总量 = 面粉重量 ÷ 面粉系数$$

五、配方核定

配方中各原料的用量可用下文叙述的方法进行计算。

例1.已知面包的烘焙百分比，当面粉用量为600 g时，求表4-1中其他各原料的用量是多少？

表4-1　原料用量表

原料	烘焙百分比	实际用量（g）
面粉	100	600
干酵母	1	
面包改良剂	0.3	
盐	1	
糖	8	

续表

原料	烘焙百分比	实际用量（g）
油	4	
奶粉	4	
水	58	
总量	176.3	

解：①干酵母用量 =600×1%=6（g）

②面包改良剂用量 =600×0.3%=1.8（g）

③盐用量 =600×1%=6（g）

④糖用量 =600×8%=48（g）

⑤油用量 =600×4%=24（g）

⑥奶粉用量 =600×4%=24（g）

⑦水用量 =600×58%=348（g）

例2.按配方欲制作甜面包80个，分割重量为70 g/个，求表中4-2各原料的实际用量？

表4-2　原料用量表

原料	烘焙百分比（%）	实际用量（g）
面粉	100	
酵母	1	
盐	1	
面包改良剂	0.3	
白糖	17	
黄油	8	
奶粉	4	
鸡蛋	8	
水	45	
合计		

解：①应用面团总量 =70×80=5600（g）

②实际面团总量 =5600÷（1-2%）=5714（g）

③配方总百分比 =184.3%

④面粉用量 =5714÷184.3%=3100（g）

⑤干酵母用量 =3100 × 1%=31（g）

⑥盐用量 =3100 × 1%= 31（g）

⑦面包改良剂用量 =3100 × 0.3%=9（g）

⑧白糖用量 = 3100 × 17%= 527（g）

⑨黄油用量 = 3100 × 8%= 248（g）

⑩奶粉用量 = 3100 × 4%= 124（g）

⑪鸡蛋用量 = 3100 × 8%= 248（g）

⑫水用量 =3100 × 45%= 1395（g）

例3. 按配方欲制做法式面包20个，面包重量为300g/个，求表4-3中各原料的实际用量？

表4-3　原料用量表

原料	烘焙百分比（%）	实际用量（g）
面粉	100	
酵母	1.3	
盐	2	
面包改良剂	0.5	
水	64	
合计		

解：①产品总量 = 300 × 20 = 6000（g）

②实用面团总量 = $\dfrac{6000}{(1-2\%)(1-10\%)}$ =6803（g）

③配方总百分比 =167.8%

④面粉用量 = 6803 ÷ 167.8% = 4054（g）

⑤干酵母用量 = 4054 × 1.3% = 52.7（g）

⑥盐用量 = 4054 × 2% = 81.1（g）

⑦面包改良剂用量 =4054 × 0.5% = 20（g）

⑧水用量 = 4054 × 64% = 2595（g）

第二节　西点面坯调制的基本理论

一、西点面坯的分类

西点面坯根据其膨松方法和调制方法的不同可以分为如图4-1所示的几类。

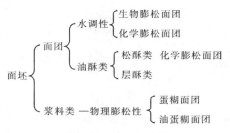

图 4-1　面坯的分类

二、面团形成的基本原理

面团和浆料是原辅料经混合、调制成的最终形式。浆料（或面糊）含水比面团多，不像面团那样能够揉捏和擀制。由面团加工的品种有面包、松酥点心、清酥点心、部分饼干等。由浆料加工的品种有蛋糕、巧克斯点心、部分饼干等。面团又因面筋蛋白质、油脂和糖的含量不同而具有不同的特性。面包面团面筋蛋白质的含量高，糖和油的含量较少，面团筋力强、弹性高；相反，松酥点心面团面筋含量少，油脂和糖含量较高，面团筋力弱、酥性好。蛋糕浆料呈糊状，是一种蛋液的泡沫体系和油、水分散在乳化体系，具有筋力弱、松软的特点，并随着油脂的增加，酥性提高，弹性降低。

调制面团时根据所用的原料、方法和用途的不同，可分为水调性面团、膨松性面团、油酥性面团等。虽然形成的面团很多，但是他们形成面团的原理有以下四种作用。

（一）蛋白质的溶胀作用

1. 面粉中水分

面粉中含有 12% ~ 14% 的水分，呈两种形态存在，即结合水和游离水。

（1）游离水　游离水又称自由水，面粉中的水分绝大多数属于游离水，它在面粉中的含量，受环境温度、湿度的影响。面粉中的水分的变化主要是游离水的变化。

（2）结合水　结合水又称束缚水，即结合在蛋白质、淀粉等胶体物质中的水分。在面粉中含量稳定，不具有水的一般性质。

2. 面粉中蛋白质的胶体性质

蛋白质具有胶体的一般性质，其水溶液称为胶体溶液或溶胶。粮食未成熟时，原生质里的蛋白质胶体溶液具有一定的流动性，成熟后便由溶胶变成凝胶（湿凝胶）。这个变化过程伴随水分子的丢失，处于液态和固态之间的状态，这种现象称为胶凝作用。湿凝胶进一步失水，体积减小，变成固态的胶体物质

（干凝胶）。面粉中蛋白质即为干凝胶。蛋白质形成干凝胶后，在一定条件下，又可以向相反的方向转化。蛋白质干凝胶吸水，体积增大，形成湿凝胶，这一过程称为蛋白质的溶胀作用。这一溶胀作用对于不同的蛋白质有着不同的限度。一种是无限溶胀，干凝胶吸水形成湿凝胶最后变成溶液，如面粉中麦清蛋白和麦球蛋白就是这样；另一种是有限溶胀，即干凝胶在一定条件下适度吸水变成湿凝胶后不再吸水，如小麦麦谷蛋白和麦胶蛋白的变化属于这种溶胀作用。

3. 化学结构和结合水

面粉的主要成分是蛋白质和淀粉，都具有与水作用的极性基，即都具有亲水性。

（1）蛋白质的化学结构与结合水　蛋白质是具有复杂化学结构的高分子化合物。蛋白质具有四级结构，其中三级结构中，分布着各种不同的亲水基团，如羟基（—OH）、氨基（—NH$_2$）、羧基（—COOH）等，几乎所有的亲水侧链都分布在分子的表面上，而大部分疏水基团都埋藏在分子内部，正是由于这些分布在分子表面的亲水基团同水分子的吸引力，使蛋白质吸水成为高度水化分子。

（2）淀粉的化学结构与结合水　淀粉分子在粮食中以白色固体淀粉粒的形式存在，淀粉粒是淀粉分子的集聚体。淀粉粒是由晶体和非晶体两种形态通过淀粉分子间的氢键联结起来的。晶体结构由排列成放射状的微晶束构成。

淀粉分子中每个葡萄糖残基上都有羟基、环氧质子和氧桥，这些都是分子中的极性点，都可以与水形成氢键。淀粉分子虽然具有亲水基团，但由于淀粉粒的晶体结构是由许多排列成放射状的微晶束构成的，晶束分子间的吸引力很强，主要是氢键力，淀粉的这种晶体结构使水分子由淀粉粒的孔隙进入淀粉内，很难进入淀粉的"晶束"中，水分子只能进入到淀粉颗粒的非结晶区，因此，淀粉的吸水量比较少。

4. 蛋白质的溶胀作用

蛋白质的溶胀作用形成面团的原理，是由于面粉中的麦谷蛋白和麦胶蛋白迅速吸水溶胀，体积增大，膨胀了的蛋白质颗粒互相连接起来形成了面筋，经过揉搓式面筋形成了面筋网络，即蛋白质骨架，同时面粉中的糖类（淀粉、纤维素等）成分均匀分布在的蛋白质骨架之中，这就形成了面团，如水调性面团中冷水面团即是蛋白质的溶胀作用所致。

（1）溶胀作用过程　面粉中的蛋白质遇水后，因其结构中表面有许多亲水基团，便将水吸在周围形成水化物。这种水化作用分两步进行，第一步，在蛋白质表面进行，吸水量较少，水分子吸附在蛋白质的表面，体积膨胀不大，是放热反应；第二步，水以扩散的方式向蛋白质胶体粒子内部渗透。在胶粒内部有低分子量可溶性物质（无机盐类）存在，水分子扩散至内部使可溶性物质溶解而增高了浓度，造成足够的渗透压力，使水大量地向胶体粒子内部渗透，蛋白质吸水量增多，体积显著增加，黏度增加，属于不放热反应。水以扩散的方式向胶体粒子内部渗透的过程实际是缓慢的。这就需要借助于外力，以加速渗透。所以，在和面时采用分次加水的办法，先将面粉拌和，然后再进行揉面揣面，这揉揣过程就是使上述第二步扩散加速进行，使面筋质的网状结构充分形成。与此同时，面粉中的淀粉液吸水胀润。面团溶胀的过程是逐步由游离水变为结合水的过程，可以明显地感到面团逐渐变软、黏性逐渐减弱、体积随之膨大、弹性不断增强的水化作用过程。

　　（2）蛋白质吸水量及计算　　面粉成分中的蛋白质吸水性较强，它的吸水量占面团总吸水量的60%～70%。面粉中蛋白质的吸水情况见表4-4。

表4-4　蛋白质的吸水情况

品名	面筋	麦谷蛋白	麦胶蛋白	软质小麦	硬质小麦
吸水率（%）	168	223	83	47.8	51.8

　　由此可见，干面粉与冷水调制过程中，面粉吸水，蛋白质起主要作用。制作面点的加水量一般为面粉量的50%～60%，经过揉揣使水分和面粉充分拌和而形成面团，这时，面团中存在着两种状态的水，即结合水和游离水。面团中的固形物和水的比例及分配如图4-2所示。

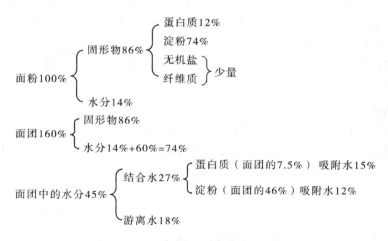

图4-2　面团中的固形物和水的比例及分配

　　在结合水内，蛋白质只占面团的7.5%，而结合水则是自重的2倍。这是因为随着揉揣的继续，蛋白质大量吸收相当于自身重量2倍的水，使面团体积膨胀；淀粉虽然数量上占46%，但结合水不过是其自身重的1/4。淀粉吸收水后体积增长不大，但可使面团具有可塑性。

（二）淀粉的糊化作用

淀粉颗粒遇 60℃ 以上的热水，大量吸水破裂糊化，形成有黏性的糊精，黏结其他成分而形成面团，如泡芙面团等。

（三）吸附作用

油和面粉既不能形成面筋，也不能糊化，而是凭借油和面粉颗粒的表面吸附而形成面团，如油酥性面团。

（四）黏结作用

有些面团不用水，而用鸡蛋与面粉混合成团。由于蛋是胶体物质，对面粉起黏结作用。

三、影响面团形成的因素

（一）原料因素

1. 糖类

蔗糖溶解于水中，密度增加，水分子运动速度减慢，在调制面团时，使面粉中蛋白质充分吸水形成面筋的机会减少（反水化作用），减慢了蛋白质吸水速度，而使面团变软，降低了弹性和延伸性。因此用糖量既能影响面粉的吸水率，也能改变面团的工艺性能。

在面团调制好的过程中，用糖量增加，吸水量降低，湿面筋量减少并变成败絮状。

2. 油脂

调制面团时，加入油脂，脂肪就被吸附在蛋白质分子表面，形成一层不透性的薄膜。同时由于油脂中含有大量的疏水烃基，阻止了水分子向胶粒内部渗透，限制了蛋白质的吸水和面筋的形成。面团中用油量越多，吸水率越低，面筋生成量越少。

由于形成不透性油膜，已经形成的面筋不易彼此黏合在一起形成大块面筋，从而降低了面团的黏性、弹性和韧性，增加了面团的酥性结构。

3. 蛋

蛋液有较高的黏稠性。在酥性面团中，蛋对面粉和糖的颗粒起黏结作用。同时，蛋黄中含有大量的卵磷脂，具有良好的乳化性能，可使油、水乳化后均匀分散到面团中去，增加制成品的疏松性。蛋白是一种发泡性溶胶，经搅拌使之含有气泡，分布于面团中，使组织膨松。

4．盐

调制面团时，加入适量的食盐，能增加面筋的弹性。用盐量过多，又会破坏面团的筋力。

5．碱

除了中和面团中的酸度并轻微松发作用外，主要目的是软化面筋，降低面团的弹性，增加延伸性。

（二）水的因素

1．水量

加水量与湿面筋的形成量有直接关系。

①制品种类不同，加水量不同：干油酥面团不加水，水油酥面团加水为40%；水调面团加水达40% ~ 70%；发酵面团用水50% ~ 58%。

②制成同样硬度的面团，蛋、糖用量多，水就要少一些；反之，水就要多一些。

③在30℃时，面粉中面筋含量每增加1%，吸水量就增加1% ~ 1.5%。

④面粉干燥，吸水量则多，反之则少。

2．水温

水的温度除了影响油、糖的溶解、发酵速度外，还关系到面筋蛋白质、淀粉的质量变化（表4–5）。水温30℃时，即为面筋蛋白质的最大胀润温度，吸水量高达150% ~ 200%，但对淀粉无多大影响。当水温在70%，淀粉吸水膨胀而糊化，蛋白质凝固变性吸水率反而降低。

表4–5　水温对面粉中的面筋和淀粉的影响

水温（℃）	面筋变化	淀粉变化
30	吸水率最高，150% ~ 200%，筋力最强	吸水很少
40	吸水率高，筋力降低	吸水开始增加、逐渐膨胀
60	吸水率饱和，筋力继续下降	吸水量、膨胀率均饱和
70	吸水量下降、筋力丧失、部分熟化	糊化
80	全部熟化	

（三）操作因素

1．投料次序

投料次序不同，也会使面团工艺性能有差异。一般将油、糖、蛋、水先行搅拌均匀，再投入面粉和成面团，这样粉粒和辅料结合均匀，组织均匀。如油和面粉结合再掺水，则粉粒吸水不匀，造成面团筋酥不均，组织结构不统一。在调制发酵面团时，油和糖需最后加入，否则酵母菌的生长会受到抑制，达不到发酵要求。

2. 调制时间和速度

调制时间是控制面筋形成和限制面团弹性的最直接因素，也就是说面筋蛋白质的水化过程会在调粉过程中加速进行。掌握适当的调粉度，会获得理想的效果。由于各种面团的特点不同，调制速度亦不同，如干油酥面团不需要筋力，调制速度快，时间短；而水油酥面团，则调制速度慢，时间长。

3. 静置时间

面团的静置时间的长短直接影响面团的物理性质。调粉完毕后让面团静置15 ~ 20min，通常会使面筋蛋白质水化作用继续进行，达到消除张力的作用，从而使面筋松弛而赋予面团较好的延伸性，同时还可降低黏性，使面团表面光滑。面团的静置时间过短，面团黏性大，延伸性小；静置时间过长，面团外表过硬而丧失胶体物质特性，内部软烂不易成性。因此面团的静置时间的长短要根据制品的要求来灵活掌握。

第三节　西点的膨松原理

在西点制作中，不仅仅要求制品有较好的色、香、味和形，而且要求制品必须组织疏松，这种疏松是在西点制作中有大量气体充入而使制品膨松。正是膨松技术所引入的气体在烘焙时受热膨胀，使得制品体积增大、组织疏松并形成良好的口感，易于人体消化吸收。西点的膨松按其气体的来源不同可分为生物膨松、化学膨松和物理膨松三种。

一、生物膨松

（一）酵母膨松原理

面团中引入酵母菌后，酵母菌得到了面粉中淀粉、蔗糖分解成的单糖作为养分而繁殖增生，进行呼吸作用和发酵作用，产生大量的二氧化碳气体，同时产生水和热。二氧化碳被面团中的面筋网络包住不能逸出，从而使面团出现了蜂窝组织，膨大、松软并产生酒香气味。酵种发酵还产生了酸味。反应式如下：

1. 淀粉分解

$$2（C_6H_{10}O_5）_n + nH_2O \xrightarrow{\text{淀粉酶}} nC_{12}H_{22}O_{11}$$

$$\text{淀粉} \qquad\qquad\qquad\qquad \text{麦芽糖}$$

$$C_{12}H_{22}O_{11}+H_2O \xrightarrow{\text{麦芽糖酶}} 2C_6H_{12}O_6$$

麦芽糖　　　　　　　　　　葡萄糖

$$C_{12}H_{22}O_{11}+H_2O \xrightarrow{\text{蔗糖转化酶}} C_6H_{12}O_6+C_6H_{12}O_6$$

蔗糖　　　　　　　　　　葡萄糖　　果糖

2. 酵母繁殖

$$C_6H_{12}O_6+6O_2 \longrightarrow 6CO_2+6H_2O+674kcal$$

$$C_6H_{12}O_6 \longrightarrow 2CO_2+2C_2H_5OH+24kcal$$

3. 杂菌繁殖

$$C_2H_5OH \xrightarrow{\text{氧化酶}} CH_3COOH+H_2O$$

（二）影响面团发酵的因素

在实际生产过程中，酵母的发酵受到下列因素的影响。

1. 温度

一般的面团发酵温度应控制在 25 ～ 28℃，这是因为酵母在 0℃ 以下失掉活动能力，15℃ 以下繁殖较慢，在 30℃ 左右繁殖最好，考虑到酵母菌代谢会产生一定热量，一般控制在 25 ～ 28℃。如温度过低，发酵速度慢，如高于适宜温度，则酵母菌发酵受到抑制，醋酸菌和乳酸菌容易繁殖，醋酸菌最适宜温度是 35℃，乳酸菌最适宜温度是 37℃，面团酸度增高。

2. 酵母

（1）酵母发酵力　要求酵母的发酵力一般在 650 mL 以上，活性干酵母的发酵力一般在 600 mL 以上。如果是用发酵力不足的酵母，将会引起面团发酵迟缓，从而造成面团发酵度不足，成品膨松度不够。

（2）酵母的用量　在一般情况下，酵母的用量越多，发酵速度越快。但研究表明，加入酵母数量过多时，它的繁殖力反而降低，且会出现明显的酵母的涩味。因此，应根据工艺和品种的要求来选择酵母的用量。一般快速发酵法的面包加酵母 2% ～ 3%，包子、馒头、花卷加入酵母 0.5% ～ 2%。

3. 面粉

（1）面筋的影响　在面团发酵时，用含有强力面筋的面粉调制成的面团能保持大量的气体，使面团成海绵状的结构；如果使用的面粉含有弱力面筋时，在面团发酵时所产生的大量气体不能保持而是逸出，容易造成制品坯塌陷而影响成品质量。所以选择面筋含量高的强筋粉最好。

（2）酶的影响　发酵时淀粉的分解需要酶的作用，如果面粉变质或经高温处理，会影响面团的正常发酵。

4. 加水量

含水量多的面团，酵母的增长率高（图4-3），同时面团较软，容易膨胀，从而加快了面团的发酵速度，发酵时间短，但是产生的气体容易散失。含水量多则酵母增长率低，同时面团硬，抑制了面团的发酵速度，但持气能力好。因此和面时要根据面粉的性质、含水量、制品品种和气温来确定加水量。

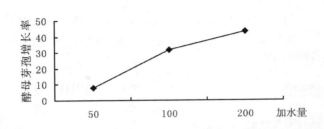

图4-3　加水量与酵母芽孢增长率的关系

面筋含量高的加水量多，面粉颗粒大的吸水速度慢。新小麦磨的粉含水量高，少加水，而用陈小麦磨的粉多加水。冬季气温低干燥，多加水，夏季少加水。含油和糖多的面团加水量少一点。

5. 发酵时间

发酵时间对面团的发酵影响很大，时间过长，发酵过度，面团质量差，酸味大，弹性也差，制成的制品带有"老面味"，呈塌落瘫软状态。发酵时间短，发酵不足，则不胀发，色暗质差，也影响成品的质量。应根据酵母用量、温度、确定发酵时间。

二、化学膨松

化学膨松面团是指把一些化学膨松剂掺入面团内调制而成的面团，化学膨松法是利用膨松剂的化学性质，利用加入面团中的化学疏松剂的受热分解或受热起化学反应产生气体，而使制品形成均匀致密的多孔组织，达到膨松的效果。因其膨松性不受面团中的糖、油、乳、蛋等辅料的限制，因此，一般适用于各种精细点心。

不同的疏松剂产生二氧化碳的方式不同，现举例如下。

1. 小苏打（$NaHCO_3$）

$$2NaHCO_3 \xrightarrow{\text{加热}} Na_2CO_3 + CO_2 \uparrow + H_2O$$

2. 碳酸氢铵（NH_4HCO_3）

$$NH_4HCO_3 \xrightarrow{\text{加热}} H_2O+NH_3\uparrow+CO_2\uparrow$$

3. 发酵粉

$$NaHCO_3+HOOC（CHOH）_2COOK \xrightarrow{\text{加热}} NaOOC（CHOH）_2COOK+CO_2\uparrow+$$
酒石酸

H_2O

$$2NaHCO_3+CaH_4（PO_4）_2 \xrightarrow{\text{加热}} Na_2CaH_2（PO_4）_2+2CO_2\uparrow+2H_2O$$
　　酸性磷酸钙　　　　　　　　　　磷酸二氢钙钠

三、物理膨松

物理膨松法又称机械力胀发法，俗称调搅法，是指利用鸡蛋或黄油等原料作调搅介质，通过高速搅打，然后加入面粉搅成蛋糊面团油或油酥面团，使制品中充入大量的空气，成熟时空气受热膨胀使制品形成膨松柔软的特性。西点的物理膨松常见于以下两种情况，即蛋类和糖搅打形成蛋糊面团，奶油和糖搅打形成油酥类面团。

（一）蛋类面糊的膨松原理

蛋可分为蛋白和蛋黄，因蛋白是一种亲水胶体，具有很好的起泡性能，通过高速搅拌，增加黏度，打进空气形成泡沫。同时泡沫层变得坚实，制品加热成熟时，面糊中的气泡受热膨胀，形成制品的膨松柔软的特性。

（二）影响蛋类面糊膨松的主要因素

1. 原料因素

（1）黏度　黏度大的物质有助于泡沫的形成和稳定，蛋白具有一定的黏度，所以蛋白打起的泡沫很稳定。打蛋白时常加入糖，就是因为糖具有黏度这一性质，同时糖还具有化学稳定性。

（2）蛋白和蛋黄分离　蛋黄含油，破坏蛋白膜。

（3）蛋白质量　新鲜的蛋浓厚蛋白多，稀薄蛋白少，故起泡性好。

2. 温度因素

温度的高低会直接影响蛋的黏稠度，蛋液温度较高时，其黏度较低，虽然发泡速度较快，但泡沫的稳定性降低，且会产生较大的气泡，会使蛋糕的组织粗糙；而当温度较低时，其黏度较大，不利于起泡，打发需要的时间较长。鸡蛋发泡的适宜温度为22℃左右。如温度过高可将蛋放入冰箱内低温；如温度过低，则可将蛋品放入温水中稍作加热，或在打制时将搅拌缸置于温水中加温，但温度不宜超过60℃，否则蛋白会变性凝固。当加入蛋糕发泡乳化剂时，可忽略温度的影响。

3. 器具因素

（1）搅拌桨的种类　充气工艺是以搅打为动力，搅打速度与搅打器接触面积大小有关。搅打速度越快越好，一般采用筐形搅拌器，因其具有较大的接触面积，比其他搅拌器能更有效地引入空气。

（2）搅拌速度　采用高速打发浆料，可以在短时间内引入大量气泡，从而缩短了搅打时间。然而，由于高速搅打的强度较大，容易产生出大的气泡，可能导致蛋糕的孔眼比较粗大。因此，在蛋液搅拌到最大体积时，再改用慢速搅拌片刻，可使搅打后期形成的大气泡破碎，使制品组织更加细腻均匀。

（3）器具卫生　在搅打之前，必须将搅拌缸和搅拌桨清洗干净，特别是不能有油脂，因为油脂的极性较强，具有很强的消泡作用。当遇到微量的油脂时，就会破坏球蛋白和黏蛋白的特性，使蛋白失去应有的黏性和凝固性，变得像水一样搅打不起。另外容器不干净，还会影响制品的保质期。

（三）油蛋类面糊的膨松原理

油蛋类西点的制作除使用鸡蛋、糖，还使用了相当数量的油脂以及少量的化学疏松剂，主要是利用油脂的充气性和起酥性来赋予产品特有的风味和组织，在一定范围内油脂量越多，产品的口感品质越好。油脂在经搅拌处理后，会融合大量空气，形成无数气泡，这些气泡被油膜包围不会逸出，随着搅打不断进行，油脂融合的空气越来越多，体积逐渐增大，并和水、糖等互相分散，形成乳化状泡沫体。油脂的充气性与其成分有关，油脂的饱和程度越高，搅拌时吸入的空气越多。还与搅拌程度和糖的细度有关，糖的细度越小，搅拌越充分，油脂结合的空气就越多。

第四节　西点的成熟原理

成熟是利用加热方法使生坯成熟的一道工序，有的面点是先成熟而后成型，例如瑞士卷、切块蛋糕等。在日常生活中，大多数面点制品都是先成型而后成熟的，这些制品的形态、特点基本上都在成熟前一次或多次定型。

西点的成熟方法有很多，但主要以烘烤为主，其他还有蒸、煮、炸、煎等。凡是采用其中一种方法使制品成熟的就称为单加热法，如面包。凡是采用两种或两种以上的方法使制品成熟的，就称为复合加热法，如贝谷。

一、西点成熟的作用

1. 提供卫生、容易消化吸收的面点

西点经过加热成熟可以起到消毒、灭菌的作用；成熟可以消除西点中的嫌忌成分；成熟可以促进西点中的大分子物质的分解，提高了食物的消化吸收率。

2. 熟制使西点具有良好的感官性状

西点经过加热成熟可以促进一些化学反应，形成西点的色泽、香气和风味。成熟工艺也决定了西点的口感、组织状态等。

二、西点中常用的熟制方法

熟制的导热介质包括水、油、汽、金属等，根据导热介质不同，可以将成熟方法分为以下几类：

①水导热——煮；

②油导热——炸；

③蒸汽——蒸；

④空气导热——烤；

⑤金属器皿导热——煎。

三、烘焙技术

烘焙又称烘烤、焙烤、烤焙等，是制品在烤炉中经高温加热，由生变熟的过程。烘焙是西点成熟的主要方法，烤制品的特点是色泽金黄、外部酥香、内部松软、富有弹性，适用于膨松面团、油酥面团制品等。制品在烘焙过程中发生一系列物理、化学和生物化学变化，如水分蒸发、气体膨胀、蛋白质凝固、淀粉糊化、油脂融化和氧化、糖的焦糖化和美拉德褐变反应等。经烘焙使制品产生悦人的色泽和香味。

（一）烘焙基本原理

根据辐射、对流、传导三种传热方式，热源将热量传递给制品，生坯首先表面受热后，水分剧烈蒸发，淀粉转化为糊精，并发生糖分焦化，使制品形成色泽鲜明、韧脆的外壳；其次，当表面温度逐步传到制品的内部时，温度不再保持原有的高温，降为100℃左右，这样的温度仍可使淀粉糊化变为黏稠状，使蛋白质变性为胶体，再加上内部气体的作用，水分散发少，这样就形成了内部松软、外部焦嫩、富有弹性的熟制品。

（二）烘焙的阶段

制品在烘焙过程中一般会经历急胀挺发、成熟定型、表皮上色和内部烘透几个阶段。

1.急胀挺发

制品内部的气体受热膨胀，制品体积随之迅速增大。

2.成熟定型

由于蛋白质凝固和淀粉糊化，制品结构定型并基本成熟。

3.表皮上色

由于表面温度较高而形成表皮，同时，由于糖的焦糖化反应和美拉德反应，表皮色泽逐渐加深，但制品内部可能还较湿，口感发黏。

4.内部烘透

随着热渗透和水分进一步蒸发，制品内部组织至最佳程度，既不黏湿，也不发干，且表皮色泽和硬度适当。在烘焙的前两个阶段不应打开炉门，以免影响制品的挺发、定型和体积胀大。进入第三阶段后，要注意表皮和底部的色泽，必要时适当调节面火与底火、防止色泽过深，甚至焦糊。

（三）烘焙温度的设定

一般来说，在保证产品质量的前提下，制品的烘焙应在尽可能高的温度下与尽可能短的时间内完成。同一制品在不同温度下烘焙的实验结果表明，制品在较高的温度下烘烤，可以得到较大的体积和较好的质地。以蛋糕为例，如烘焙温度太低，热在制品中的渗透缓慢，浆料被热搅动的时间过长，会导致浆料的过度扩展和气泡的过度膨胀，使成品的籽粒和气孔粗大、质地不佳。同时在较长时间的烘烤中，产品会因水分挥发过多而发干。但烘焙温度太高，制品容易出现表面结壳、甚至烤焦而内部尚未成熟定型的现象，这就是为什么烘焙不足往往发生在温度太高的情况下。过高的温度还会使蛋糕顶部突起太高，甚至破裂，这是由于表面浆料已经定型，而内部仍在不断膨胀的结果。

根据烤箱的温度设定，可将炉温分为上火和下火。上火，又称面火，是指烤炉（箱）内生坯上部空间的炉温；下火，又称底火，是指烤炉（箱）内生坯下部空间的炉温。

根据炉温的高低，又可以分为微火、中火和强火。微火，又称低温，使制品基本保持原有色泽的炉温，一般在170℃以下。中火，又称中温，使制品表面保持金黄色的温度，一般在170～220℃之间。强火，又称高温、旺火，使制品表面具有较深色泽的温度，一般在220℃以上。

烘焙温度的选择需要考虑下列因素。

1. 大小和温度

制品烘烤时，热量经制品传递的主要方向是垂直的而不是水平的。因此，决定烘焙温度所考虑的主要因素是制品的厚度。较厚的制品如烘焙温度太高，表皮形成太快，阻止了热的渗透，容易造成烘焙不足，因此要适当降低炉温。总的来说，大而厚的制品比小而薄的制品所选择的炉温低一些。

2. 配料

油脂、糖、蛋、水果等配料在高温下容易烤焦或使制品色泽过深，含这些配料越丰富的制品所需要的炉温越低。

3. 表面装饰

同样道理，表面有糖、干果、果仁等装饰材料的制品烘焙温度较低。

4. 蒸汽

烤炉中如有较多蒸汽存在，则可以容许制品在高一些的炉温下烘烤，因为蒸汽能够推迟表皮的形成，减少表面色泽。烤炉中装载的制品越多，产生的蒸汽也越多，在这种情况下，制品可以在较高的温度下烘烤。

必须指出的是，资料中所注明的烘焙温度和时间是作者推荐的参考数据，不能完全照搬。由于不同烤炉的传热性能不同，对不同的烤炉，制作者需要通过实践摸索出所生产品种的确切炉温和烘烤时间。

（四）烘焙时间与制品成熟的鉴别

显然，制品烘焙所需要的时间与烘焙温度、制品厚度及大小有关。一般而言，烘焙温度越高，所需时间越短；制品越厚，配料越多所需时间越长。烘焙时间也与烘焙容器的材料性能有关。色泽或无光泽的烘焙容器对辐射热的吸收和发散性能较好，可以使烘焙时间缩短，烤出的成品体积大、气孔小。相反，光亮的烘焙容器能反射辐射热，从而减慢了烘焙速度。然而，烘速太快的烘烤容器也有缺点，可能导致顶部突起、色泽太深且不均匀，这对容易上色的制品不一定适合。

蛋糕尤其是水果蛋糕容易产生表面或底部过度烘焙的问题。为避免上述现象，可采取一些保护措施，如盖纸、垫纸或用双层烘烤容器，以防止表皮或底部烘烤过度。此外，如前所述，根据烘烤出现的情况随时注意调节烤箱的温度。

在经验不足的情况下，操作者往往不易把握好制品，特别是蛋糕正确的烘焙程度。蛋糕最后成型的部分在顶部表皮中心下方 0.5 ~ 1cm 处。鉴别时可用指尖触压蛋糕表面中心处，如此处不能抵抗指尖的压力，有顺势下榻的趋势，则表明制品还未成熟；反之，如果能抵抗指尖的压力，即有一定弹性，则表明制品已经成熟。另一种简便的鉴别方法是用一根细竹扦从表皮中心插入制品内部，如取出的竹扦上未粘有任何湿浆料，则表明制品已成熟。

四、蒸制技术

蒸制是在常压或高压的情况下，利用水蒸气传导使制品成熟的一种熟制方法。就是把成型的生坯置于笼屉内，架在开水锅上，在蒸汽热量的作用下，成为熟品。蒸制的主要设备是蒸灶和笼屉。蒸的方法主要适用于不需要上色的制品，如布丁、乳酪蛋糕等。经过蒸制的西点吃口松软、馅嫩卤多、味道纯正，并能保持制品中的营养成分不被破坏，是一种使用较为广泛的熟制方法。蒸制时必须注意以下几点。

①蒸箱高压的压力与制品品种有关。

②灵活掌握蒸制的时间，蒸制时间与压力和品种有关，高压时间短，常压时间长，根据面点品种、质量等的不同掌握好蒸制时间。

③蒸锅加水六成满，一次加足。

④摆屉，醒发 10 ~ 30min，摆放要留空隙，不同品种不放在同一笼中。

⑤蒸制，必须水开汽足，盖严笼盖，无论蒸制什么制品，都要求火旺汽足以后再上笼。一次蒸熟，在蒸制过程中要始终保持旺火，锅中水量要足，笼盖要盖严，否则会出现制品不易胀发膨松，或产生黏牙、瘫痪、塌陷、僵皮等现象。

⑥下屉检查成熟与否，不可乱压，防止漏气变形。

五、煮制技术

煮是把成型的生坯投入水锅中，以水为传热介质使制品成熟的一种熟制方法。由于制品直接与水接触，淀粉颗粒能充分吸水膨胀，因此，水煮制品黏实，但容易产生表面糊化。操作时应注意以下几点。

1. 开水下锅

煮制时一般事先将水烧沸，然后才能把生坯下锅。因为坯皮中的淀粉、蛋白质在水温 60℃以上才吸水膨胀和发生热变性，并在较短的时间内受热成熟，所以沸水下锅才不会使面点出现破裂和黏糊。

2. 制品下锅数量要适当

同一锅中煮制制品的数量要适当，数量过多（水量不足）易造成制品黏锅、粘连、糊化、破裂等现象。煮制时应边下生坯边用勺推动，防止制品堆在一起，受热不匀，相互粘连。

3. 掌握煮制的时间和火力

在煮制过程中，要根据制品特点掌握好煮制时间和火力。如煮贝谷时，因还要放烤箱烘烤，所以一般煮 1min 左右就可以了。

六、炸制技术

炸是以油为传热介质使制品成熟的一种熟制方法。炸制时用的油量较多，油温较高，制品一般都具有清香、酥脆、色泽美观等特点。炸制时应注意以下几点。

1. 注意油质的清洁

油质必须清洁，若油质不洁，会影响热的传导或污染制品，使制品色泽变差，不易成熟。如使用植物油时，一定要事先熬制才能使用。这样才能去掉生油味，保证制品的风味质量。如用已炸过食品的"老油"，则要经常清除杂质，以保持油质清洁，在炸制制品时一般选用花生油，花生油透明晶亮、色淡黄，不生烟（少量的烟）、不起沫，可使制品着色均匀。此外还可通过调节油温来改变制品的着色程度，并使之具有花生的芳香气味。

2. 掌握火力，控制油温

不同制品需要不同的油温，有的需要温度较高的热油，有的需要温度较低的温热油。有的需先高后低，有的需要先低后高，情况极为复杂。油温的高低能直接影响制品的质量。如油温过高，就会炸焦炸糊，或外焦里不熟；油温过低，色淡，不酥不脆，耗油量大。因此，要根据制品所要求的口感、色泽及制品的体积大小、厚薄程度等灵活掌握油温。一般情况下，需要颜色浅或个体较大的品种，油温要低些，炸制时间要稍长些，如道纳斯、甜甜圈等；需要颜色较深或制品体小而薄的油温可稍高，而炸制时间则相应缩短。有些品种需急火快炸以达到外焦脆而里松软的要求，如油炸泡芙等。

七、煎制技术

煎是利用少量油的热传导使制品成熟的一种方法。煎制时采用一种扒炉，一般在锅底抹上一层油，温度在200℃左右，可正反两面煎，让制品两面都均匀受热，产生金黄色。

煎时用油量的多少，根据制品的不同要求而定，一般以在锅底抹薄薄的一层为限。有的品种需油量较多，但以不超过制品厚度的一半为宜。一般是锅烧热后放油（均匀布满整个锅底），再把生坯摆入，先煎一面，煎到一定程度，翻个再煎另一面，煎至成熟为止。

第五节　西点的乳化技术

一、乳化在西点制作中的作用

西点大多含有油脂，因此都要涉及油和水的分散，即乳化，乳化对西点的品质有重要意义。一种液体分散在另一种不相溶的液体中，形成高度分散体系的过程称为乳化。在一个油和水充分乳化且稳定的分散体系中，其他成分也随之得到很好的分散，使制品获得细腻、均匀的组织及良好的口感。对于面包制品，乳化剂不仅能改善制品的内部组织，而且能与面筋蛋白质结合，促进面筋交联，形成致密的网络结构，增大面包的体积和柔软度。乳化剂还能有效地推迟面包和糕点的老化，延长保质期。

二、乳化的原理

西点制品中不相溶的两相一般为油和水。乳化所得到的分散体系称为乳胶或乳状液（简称乳液）。乳液分为水包油型（油分散在水中）和油包水型（水分散在油中）两种类型，如牛奶是水包油型乳液，固体奶油、麦淇淋是油包水乳液。

油脂蛋糕浆料的糖、油浆调制法是乳化最典型的例子。首先，油脂和糖一起打发膨松，然后加入蛋液，此时蛋液中的大量水分与油脂在搅拌下即发生乳化。同时，乳液可以从原来的油包水型转变为水包油型。在烘焙初期，当温度达到40℃时，油脂中的气泡会转移到水相中。海绵蛋糕浆料所含油脂较少，属于水包油型。实际上，很多西点制品（如面包、蛋糕、奶油膏等）都具有乳液和泡沫的双重结构。

同泡沫一样，乳液因有很大的界面也是不稳定的，欲使其稳定就需要乳化剂。乳化剂分子结构特点与发泡剂一样，既有亲水基，又有疏水基，它在油水界面上吸附时，其亲水基朝水相，疏水基朝油相，在油滴（或水滴）周围形成一层保护膜，从而维持了乳液的稳定。

蛋糕发泡，乳化剂（蛋糕油）是一类由多种乳化剂（或发泡剂）组成的复合制品。从整体上看，这类制品具有稳定泡沫和稳定乳液的双重功能。由于海绵蛋糕的结构主要表现为泡沫体系，所以蛋糕油在海绵蛋糕制作中应用时，主要是利用它的发泡作用，即稳定泡沫的功能；而油脂蛋糕的配方中含有较多的奶油或人造黄油（麦淇淋），其结构主要表现乳液体系，所以蛋糕油在油脂蛋糕制作中应用时，主要是利用它的乳化作用，即稳定乳液的功能。

三、乳化剂使用的注意事项

乳化剂具有很多方面的功能，可以在西点的制作中广泛应用。海绵蛋糕、油脂蛋糕、奶油膏及面包制作中都可以使用乳化剂。目前，常用的乳化剂有单甘酯、蔗糖酯、硬酯酰乳酸钠剂（SSL）、硬酰乳酸脂钙（CSL）等。天然存在于蛋黄中的卵磷脂也是良好的乳化剂。应用乳化剂还需要注意以下问题。

（1）乳化剂的选择　一般HLB值（亲水亲油平衡值）大于7的乳化剂适用于水包油型乳液，HLB值小于7的乳化剂适用于油包水型乳液。直接选用市售的复合型乳化剂较为方便。蛋糕的发泡和乳化可用蛋糕油，面包可用含乳化剂的面包改良剂。

（2）乳化剂用量　足够的乳化剂才能在油、水界面上形成一定厚度的保护膜，乳液稳定。乳化剂的用量可按照商品包装上的使用说明，当配方中的油脂或水量增加时，应适当增加乳化剂的用量。

（3）搅拌速度　为了促使油、水最大程度的分散，乳化时应采用高速搅拌，工业生产甚至可用均质设备乳化。

（4）温度　温度太高或太低都不利于乳化。在西点制作中，油脂和蛋液乳化的最适合温度为20～25℃。

思考题

一、填空

1. 西点的配方平衡应遵循 ＿＿＿＿＿＿＿ 和 ＿＿＿＿＿＿＿ 的原则。

2. 面团形成主要靠 ＿＿＿＿＿ 、＿＿＿＿＿ 、＿＿＿＿＿ 和 ＿＿＿＿＿ 四种作用。

3. 西点的膨松方法主要包括 ＿＿＿＿＿ 、＿＿＿＿＿ 和 ＿＿＿＿＿ 三种。

二、名词解释

1. 烘焙百分比

2. 配方平衡

3. 物理膨松

4. 烘焙

5. 上火

6. 下火

三、选择题

1. 面包的膨松方法属于 ＿＿＿＿＿ 。

A. 化学膨松　　　B. 物理膨松　　　C. 生物膨松　　　D. 机械膨松

2. 蛋糕的膨松方法属于 _____。

A. 化学膨松　　　　B. 物理膨松　　C. 生物膨松　　D. 机械膨松

四、简答题

1. 简述西点制作的一般工艺流程。

2. 西点实践操作中应重点学习哪些内容？

3. 简述西点配方设计的基本原理。

4. 西点配方的表示方法有哪些？

5. 烘焙百分比的特点有哪些？

6. 西点面坯可以分为哪些类型？

7. 简述面团和浆料调制的基本原理。

8. 简述面团成团的基本原理。

9. 影响面团形成的因素有哪些？

10. 西点的膨松方法分为哪几类？

11. 简述生物膨松的基本原理。

12. 影响面团发酵的因素有哪些？

13. 化学膨松的原理是什么？

14. 物理膨松的原理是什么？

15. 影响蛋类面糊膨松的因素有哪些？

16. 西点熟制的作用有哪些？

17. 西点中常用的成熟方法有哪些？

18. 烘焙成熟的基本原理是什么？

19. 西点烘焙一般分为哪几个阶段？

20. 设置烤箱温度和时间的影响因素有哪些？

21. 西点乳化在西点制作中的作用有哪些？

22. 乳化的基本原理是什么？

23. 西点中使用乳化剂的注意事项有哪些？

第五章

蛋糕制作工艺

本章内容： 乳沫类蛋糕的制作
戚风蛋糕的制作
天使蛋糕的制作
虎皮蛋糕的制作
油脂蛋糕的制作
乳酪蛋糕的制作
慕斯蛋糕的制作
装饰蛋糕的制作

教学时间： 64 课时

教学方式： 由教师讲解各类蛋糕的特点、选料要求和制作原理，示范蛋糕的制作过程，通过实训，使学生掌握各类蛋糕的制作方法和操作要点。

教学要求： 1. 了解各类蛋糕的特点和选料要求。

2. 掌握各类蛋糕的配方设计和制作原理。

3. 学会各类蛋糕糊的搅拌方法。

4. 学会各类蛋糕的烘烤技巧。

5. 学会各类蛋糕的装饰和组装方法。

6. 熟悉各类蛋糕的质量鉴定方法和标准。

7. 掌握西点烘焙过程中热量和水分的迁移过程。

8. 掌握西点乳化的原理及技术。

课前准备： 阅读蛋糕制作工艺和蛋糕装饰等方面的书籍，并在网上查阅蛋糕制作和装饰技巧方面的文章和资料。

蛋糕是一种古老的西点，是以鸡蛋、糖、小麦粉和油脂为主要原料，以牛奶、果汁、奶粉、奶酪、巧克力等为辅料，经过搅拌、调制、烘烤后制成的一种具有浓郁蛋香、质地松软或酥散的点心。蛋糕是西方国家人们的茶点和节日喜庆糕点，也是食品工业中消费量较大的一类食品，因此蛋糕制作工艺是西点工艺学习中非常重要的一部分。蛋糕品种较多，包括海绵蛋糕、戚风蛋糕、天使蛋糕、虎皮蛋糕、油脂蛋糕、乳酪蛋糕、慕斯蛋糕和装饰类蛋糕等。本章主要学习蛋糕的制作原理，以及各类蛋糕的制作方法和工艺流程。

第一节　乳沫类蛋糕的制作

一、乳沫类蛋糕简介

乳沫类蛋糕，又称海绵蛋糕、清蛋糕，是利用蛋白的起泡性能，使蛋液中充入大量的空气，加入面粉烘烤而成的一类膨松点心，因为其结构类似于多孔的海绵而得名。这类蛋糕的主要原料依次为蛋、糖、面粉，另有少量液体油，当蛋用量较少时，需要添加化学膨松剂以帮助面糊起发。膨发途径主要是靠鸡蛋在搅打过程中包裹住大量的空气，进而在炉内产生蒸汽压力，使蛋糕体积起发膨胀。

二、乳沫类蛋糕的制作原理

蛋是乳沫类蛋糕膨大和获得水分的主要材料，搅拌时利用蛋白中的球蛋白降低蛋的表面张力，增加蛋的黏度，使打入的空气形成泡沫，再利用黏蛋白经机械搅拌而变性，在泡沫表面凝固成薄膜。机械不断地搅拌，球蛋白不断地增加泡沫，黏蛋白产生强韧的薄膜，气泡内的空气就不会外泄，再加入其他材料经烤焙而膨大，就形成蛋糕的体积及组织。然而蛋白在搅拌过程中，微量的油脂都会破坏球蛋白与黏蛋白的特性，使蛋白失去应有的黏性和凝固性。蛋黄含有固形物 2/3 的油脂，搅拌时会影响蛋白的打发，所以全蛋或蛋黄无法像蛋白那样可以搅拌至坚硬状态。但蛋黄的油脂内含有的卵磷脂是一种非常好的乳化剂，在单独搅拌蛋黄时可将蛋黄本身的油脂和水及拌入的空气形成乳化液，来增强乳化作用。

全蛋搅拌时，如果蛋白和蛋黄的比例超过原来的 2∶1，就很难搅拌起泡，因为蛋黄的油脂会影响蛋白的胶黏性。蛋黄用量少，卵磷脂不够，便无法与蛋白及拌入的空气达到乳化的状态，以致无法打发。蛋黄用量太多，固形物相对增加，乳化作用也增加，形成的乳化液就会过于黏稠，而影响蛋糕的体积。

三、乳沫类蛋糕的制作工艺流程及操作要点

1. 制作工艺流程

海绵蛋糕的搅拌方法可分为糖蛋法和乳化法两种类型。

（1）糖蛋搅拌法　糖蛋搅拌法是先将蛋液和糖放在搅拌机中，一起搅打至体积膨胀到原来的3～4倍，呈乳白色黏稠的糊状后，再加入过筛的面粉等原料，调拌均匀的搅拌方法。其工艺流程如下：

鸡蛋
绵白糖——搅拌 ——加水——拌粉——→加香料酒、油等——→入模——→烘烤——→冷却
盐

（2）乳化搅拌法　乳化搅拌法是将除了香料、酒等后加原料外的所有原料（蛋、糖、面粉、油、蛋糕油、水）混合在一起，经搅拌机快速搅打至体积膨胀到原来的3～4倍时，再加入香料和酒等后加原料拌匀的搅拌方法，是一种采用蛋糕油的搅拌方法。

鸡蛋
绵白糖——搅拌 ——加蛋糕油——继续搅拌——→拌粉——→加油、酒、香料——→入模
盐
——→烘烤——→冷却

2. 操作要点

（1）搅拌容器　搅拌容器要干净，否则将会使鸡蛋搅打不起来，最终蛋白变得像水一样。除了这方面，它也直接影响产品的保鲜期。所以，容器一定要彻底洗擦干净。

（2）鸡蛋选择　尽量选用新鲜鸡蛋，在鸡蛋敲破壳入桶前，最好是将鸡蛋先洗一下，这样有助于提高保质期。

（3）蛋浆搅打　打蛋浆时，鸡蛋的最佳温度是17～22℃之间，所以要根据季节和温度灵活调整。如遇冬季气温低，打蛋浆可适当加热。将搅拌缸底下加一大盆温水，使鸡蛋温度适当升高，这样有利于蛋浆液快速起泡并可以防止烤熟后底下沉淀结块。但注意温度不可过高，超过60℃时蛋白则会发生变性，从而影响起发，因此要掌握好加热的温度。

（4）蛋糕油的搅打　蛋糕油一定要在快速搅拌前加入，而且要在快速搅拌完成后能彻底溶解，这样也不会使蛋糕沉底变硬块。

（5）注意液体加入的时机　当蛋浆太浓稠时或配方面粉比例过高时，用慢速搅打加入部分水，如在最后加入，尽量不要一次性倒下去，这样很容易破坏蛋液的气泡，使体积下降。

（6）适当加入淀粉　有时为了降低面粉的筋度，使口感更佳，常在配方中加入淀粉，这时一定要将其与面粉一起过筛后再加入，否则如没有拌匀将会导致蛋糕未出炉就下陷。另外淀粉的添加也不能超过面粉比例的1/4。

（7）粉类原料过筛处理　泡打粉加入时也一定要与面粉一起过筛，使其充分混合，否则会造成蛋糕表皮出现麻点和部分地方出现苦涩味。

（8）判断打发终点　海绵蛋糕的蛋浆打发终点很难判断，但是有一种方法可以参考。就是在差不多的时候，停机用手指伸入轻轻一划挑起，如手指感觉还有很大阻力，挑起很长的浆料带出，则还未打发到终点。相反如手指伸入挑起很轻，没有甚至只有很短的尖锋带出则说明有点过了，所以在这时要特别关注，到适中时停机则能达到理想的效果。

四、影响乳沫类蛋糕品质的因素

1. 配方设计

海绵蛋糕膨松的关键是配方设计，配方设计要坚持干湿平衡、强弱平衡原则。

（1）干湿平衡　干性原料：面粉、奶粉、膨松剂、可可粉。湿性原料：鸡蛋、牛奶、水。

（2）强弱平衡　强性原料：面粉、鸡蛋、牛奶。弱性原料：糖、油、膨松剂、乳化剂。

（3）海绵蛋糕的配方比例　蛋糕中蛋含量直接影响蛋糕的质地。一般面粉和糖的量相等，蛋量则为面粉的1～2.5倍。在蛋量低的配方中为保持蛋糕的柔软性，可用适量的玉米淀粉代替面粉；制作蛋糕卷时，面粉的用量应低于糖的用量，以获得柔软的组织，方便操作。

海绵蛋糕的膨松来自于蛋白的发泡作用，由此而形成的具有一定硬度的泡沫结构，使蛋量有一个较大的变化范畴。此外，蛋不仅是湿性原料的主要来源，而且也是体现蛋糕特色和质量的最重要的原料，蛋量越多，蛋糕的质量和口感越好，档次越高。

（4）不同档次海绵蛋糕的配方比例　不同档次海绵蛋糕的配方比例如表5-1所示。

表5-1　不同档次海绵蛋糕的配方比例（％）

原料	高档海绵蛋糕	中档海绵蛋糕	低档海绵蛋糕
低筋粉	100	100	100
蛋	180～250	100～180	50～100
砂糖	110	80～100	100
油脂	20	10～20	10

原料	高档海绵蛋糕	中档海绵蛋糕	低档海绵蛋糕
乳化剂	5	10	10
泡打粉	0	2 ~ 3	5
盐	2	2	2
香草粉	1.5	1.5	1.5
牛奶（水）	35	30	20

不同档次的海绵蛋糕其变化主要在于鸡蛋与面粉的比例，比例越高则蛋糕越松软，口感越好，成本也越高。糖在海绵蛋糕中的变化不大，用量与面粉量接近，并随着原料总量的增加略有增加。糖的增加受到两方面因素的制约，即甜味过重时对结构的减弱，当糖量降低至面粉量的70%以下时，由于浆料的黏度降低，持气量和吸湿性下降，将会明显影响蛋糕的膨松度、体积、滋润度和货架期。糖的用量一般为面粉量的75% ~ 100%。当蛋、粉比高于1：1的配方，糖量可增加至面粉量的100% ~ 110%。

2. 制作工艺

蛋糕的制作过程中，有许多重要的地方和关键步骤，如掌握不好，将直接导致操作的失败。

①搅拌容器要干净，特别是制作戚风蛋糕时，如果容器中有油，则蛋液将搅打不起，最终蛋白变得像水一样，另外容器不干净还会影响制品的保质期。

②磕鸡蛋入桶时一定要注意卫生，最好是将鸡蛋洗一下，这样有助于延长保质期。

③如果冬季温度低时，蛋液要适度加热，鸡蛋使用的最佳温度是17 ~ 22℃之间。可把打蛋缸放在一盆热水上隔水加热，但温度不宜超过60℃，否则蛋白会变性凝固。

④蛋糕油一定要在快速搅拌之前加入，而且要在快速搅拌完成后能彻底溶解，这样也可以使蛋糕不会沉底变硬块。

⑤液体的加入，当蛋浆浓度太大和配方中面粉比例过高时，可在慢速时加入部分水，如在最后加入尽量不要一次倒下去，这样很容易破坏蛋液的气泡，使体积下降。

⑥有时为了降低面粉的筋度，使口感更佳，在配方中就加入一定比例的淀粉（不超过面粉的1/4），且淀粉要和面粉过筛掺均匀，否则将导致蛋糕没出炉就下陷。

⑦泡打粉加入时一定要与面粉一起过筛,使其充分混合,否则会造成蛋糕表皮出现麻点和部分地方出现苦涩味。

实例 1　海绵蛋糕杯

1. 产品简介

在海绵蛋糕中加入适量的杏仁片、瓜子仁或提子干等制成的杯子蛋糕,口感松软细腻,口味香甜清新,是深受人们喜爱的一种蛋糕。

2. 搅拌方法

乳化法。

3. 原料及配方(表5-2)

表5-2　海绵蛋糕杯的配方

原料	烘焙百分比(%)	实际用量(g)	产品图片
全蛋	166.7	600	
绵白糖	77.8	260	
低筋粉	100	360	
盐	0.8	3	
蛋糕油	6.9	25	
泡打粉	2.8	10	
牛奶	27.8	100	
色拉油	33.3	120	
奶香粉	1.4	5	
杏仁片	27.8	100	

4. 制作程序

①计量。按上述配方将所需原料计量称重,低筋粉、奶香粉、泡打粉一起过筛备用。

②面团调制。全蛋、绵白糖和盐一起加入搅拌缸,中速搅拌至糖溶化。加入蛋糕油和过筛的粉料后慢速拌匀再快速搅拌3～5min,快速把面糊打至浓稠,勾起呈软尖状。慢速加入牛奶、色拉油,搅拌均匀即可。

③成型。面糊装入模具七分满,表面撒杏仁片装饰。

④成熟。上火185℃、下火185℃烘烤23～25 min。

5. 工艺操作要点

①选用的鸡蛋要新鲜，蛋液的温度在 20℃左右较好。

②蛋糕油在高速搅拌前加入。

③打蛋液时搅拌速度要快。

④蛋糕糊做好后，必须有一定的稠度，不然提子会沉在蛋糕糊底部。

6. 成品要求

表面呈金黄色，内部呈乳黄色，顶部平坦或略微凸起，柔软而有弹性，内无生心，口感不黏不干，轻微湿润，蛋味甜味相对适中。

实例 2　瑞士卷的制作

1. 产品简介

瑞士卷是海绵蛋糕的一种，是将打发好的海绵蛋糕糊倒入铺了油纸的烤盘中，烤成薄薄的蛋糕片，抹上一层果酱或打发的奶油，再撒一些切碎的果肉，卷成蛋糕状。另外可以在蛋糕糊中加入抹茶粉、可可粉和咖啡粉，制成不同风味的瑞士卷蛋糕。

2. 原料及配方（表 5-3）

表 5-3　瑞士卷的配方

原料	烘焙百分比（%）	实际用量（g）	产品图片
全蛋	250	500	
绵白糖	100	200	
盐	2.5	5	
低筋粉	100	200	
蛋糕油	15	30	
牛奶	25	50	
色拉油	50	100	

3. 制作程序

①计量。按上述配方将所需原料计量称重，备用。

②蛋糕面糊的制作。全蛋、绵白糖、盐一起加入搅拌机，慢速搅拌至糖溶化。加入过筛的低筋粉，慢速拌匀后快速搅拌 5min。加入蛋糕油，快速拌至膨发。慢速加入牛奶（袋装牛奶或用奶粉调成的奶粉溶液）和色拉油，拌至均匀即可。

③成型。将面包糊装入垫好油纸的烤盘抹平。

④成熟。上火200℃、下火170℃，烤约15min。

⑤装盘。出炉后迅速将蛋糕移出，冷却后切开，卷成长卷。

⑥装饰。切开或进行装饰。

4. 工艺操作要点

①选用的鸡蛋要新鲜，且蛋液的温度要控制在20℃左右。

②蛋糕油在高速搅拌前加入。

③卷蛋糕卷时一定要卷紧，冷却后再切片。

5. 成品要求

色泽亮丽，粗细均匀，口感细腻滋润，果酱涂抹均匀，形态美观。

实例3 巧克力海绵蛋糕

1. 产品简介

巧克力海绵蛋糕是在海绵蛋糕糊加入一定量的巧克力，调制而成的具有巧克力风味的一种蛋糕。海绵蛋糕是使用全蛋（或者蛋黄和全蛋混合）作为蛋糕的基本组织和主要膨大原料，经过适当搅拌、烘烤而成的一类蛋糕。

2. 原料及配方（表5-4）

表5-4　巧克力海绵蛋糕的配方

原料	烘焙百分比（%）	实际用量（g）	产品图片
鸡蛋	250	500	
绵白糖	100	200	
蛋糕油	13	26	
低筋粉	100	200	
可可粉	10	20	
小苏打	1	2	
色拉油	25	50	
牛奶	50	100	
泡打粉	1.5	3	
奶油	150	300	

3. 制作程序

①计量。按上述配方将所需原料计量称重，低筋粉和泡打粉混合过筛备用。

②蛋糕糊的制作。鸡蛋和绵白糖一起加入搅拌缸，中速搅拌至糖溶化。低

筋粉、可可粉、泡打粉、小苏打一起过筛拌匀，和蛋糕油一起加入慢速拌匀后，改为快速拌至面糊膨胀起发。改慢速后加入牛奶、色拉油，搅拌均匀。

③成熟。将蛋糕糊倒入垫好油纸的烤盘中入炉烘烤，上火220℃、下火190℃，烤约15min。

④成型。冷却后切成长条，抹好奶油后两层叠起来。

⑤装饰。表面抹奶油，裱花进行装饰，切块。

4. 工艺操作要点

①选用的鸡蛋要新鲜，且蛋液的温度要在20℃左右较好。

②蛋糕油在高速搅拌前加入。

③卷蛋糕卷时一定要卷紧，冷却后再切片。

5. 成品要求

色泽亮丽，粗细均匀，口感细腻滋润，巧克力涂抹均匀，形态美观。

实例4　水果海绵蛋糕

1. 产品简介

水果海绵蛋糕是将烤好的海绵蛋糕用打发的奶油和各种水果、果酱装饰而成的蛋糕。

2. 原料及配方（表5-5）

表5-5　奶油水果海绵蛋糕的配方

原料	烘焙百分比（%）	实际用量（g）	装饰料	实际用量（g）	产品图片
全蛋	250	500	奶油	100	
绵白糖	125	250	草莓	50	
低筋粉	100	200	黄桃罐头	100	
盐	3	6	草莓果膏	30	
蛋糕油	17	33			
牛奶	30	60			
色拉油	50	100			

3. 制作程序

①计量。按上述配方将所需原料计量称重。

②面团调制。全蛋、绵白糖、盐一起加入搅拌缸，中速搅拌至糖溶化。低筋粉过筛后加入，加入后慢速拌匀再快速搅拌3～5min。加入蛋糕油快速把面

糊打至浓稠，勾起呈软尖。慢速加入牛奶、色拉油，搅拌均匀。

③成熟。面糊倒入模具，入炉烘烤，上火180℃，下火190℃，烘烤20～30min。

④冷却。出炉后，立起来冷却。

⑤装饰成型。冷却后切割成2片或3片，中间夹奶油、水果，表面抹奶油裱花，切块即成。

4. 工艺操作要点

①选用的鸡蛋要新鲜，且蛋液的温度要在20℃左右较适宜。

②蛋糕油在高速搅拌前加入。

③打蛋液时搅拌速度要快。

④蛋糕糊打好后，必须有一定的稠度，并且尽量不要有大气泡。如果拌好的蛋糕糊不断地产生很多大气泡，则说明鸡蛋的打发不到位，或者搅拌的时候消泡了，需要尽量避免这种情况。

⑤海绵蛋糕不要烤的时间太长，否则会导致蛋糕口感发干。

5. 成品要求

内部呈乳黄色，色泽均匀一致，糕体较轻，组织细密均匀，无大气孔，柔软而有弹性，内无生心，口感不黏不干，轻微湿润，蛋味甜味相对适中。

第二节　戚风蛋糕的制作

戚风蛋糕是以蛋、糖、面粉为主要原料，经过机械搅拌、调制、烘烤后制成的采用分蛋法（即蛋白和蛋黄分开）搅打后再混合而成，是一种松软、有弹性的海绵蛋糕，质地松软、柔韧性好、口感滋润，不含乳化剂，蛋糕风味突出。

一、戚风蛋糕的制作原理

蛋糕的膨胀原理主要是物理膨胀作用的结果，通过机械搅拌，使空气充分存在于坯料中，经过热空气膨胀，使坯料体积疏松膨大。

鸡蛋由蛋白和蛋黄两部分组成，蛋白是黏稠性的胶体，具有起泡性。蛋液受到急速而连续的搅拌，能使空气混入蛋液内形成细小的气泡，被均匀地包在蛋白膜内，受热后空气膨胀时，凭借胶体物质的韧性使其不致于破裂。烘烤中面糊内气泡受热膨胀使蛋糕体积因此而膨大。蛋白保持气体的最佳状态是在呈现最大体积之前产生的。因此，过度的搅拌会破坏蛋白胶体物质的韧性，使蛋白保持气体的能力下降。但在制作清蛋糕时，蛋白与蛋黄一起搅拌很容易与蛋白及拌入的空气形成黏稠的乳液，可以保存拌入的气体，烘烤成体积膨大的蛋糕。

二、戚风蛋糕对原料的要求

1. 鸡蛋

鸡蛋一定要新鲜，确保蛋白和蛋黄能分得开。其次越新鲜的鸡蛋，蛋白的发泡性能越好。

2. 蛋糕粉

蛋糕粉的蛋白质含量低，筋力弱，一般湿面筋含量应小于24%。蛋糕粉是经过氯漂的蛋糕专用粉，其 pH 较低，颜色较白，面筋较弱，便于蛋糕的膨松。如果面粉筋力过强，蛋糕内部孔洞大且不均匀，孔洞壁厚且蛋糕口感发硬，外观收缩变形。如果面粉筋力太低，蛋糕制品过于松散，容易塌陷，失去海绵状结构。

3. 塔塔粉

塔塔粉是一种酸性的白色粉末，主要成分为酒石酸氢钾，主要用途是为了降低蛋白的 pH，提高蛋白打发的速度和蛋泡的稳定性，以增大蛋糕体积。可选择塔塔粉、柠檬汁和白醋等酸性原料。

4. 糖

选择纯度高的绵白糖来制作戚风蛋糕最好，白砂糖次之。在戚风蛋糕制作中，糖可以增加蛋白液的黏度，以提高蛋白泡沫的稳定性。同时糖还起到增加制品甜味、提高营养价值、增加烘焙颜色等作用。

5. 盐

盐在蛋糕生产中有抑制糖的甜度、增加风味、增加蛋白液的韧性和白度三个作用。

三、制作工艺流程及操作要点

1. 戚风蛋糕的制作工艺流程

计量→分蛋→蛋黄糊的制作→蛋白打发→蛋糕面糊的制作→成型→成熟

2. 操作要点

（1）计量　按上述配方将所需原料计量称重，面粉和泡打粉混合过筛备用。

（2）蛋黄糊的制作　将低筋粉、盐放于打蛋盆内，将色拉油倒在面粉的上面。将蛋黄、糖、牛奶依次倒在色拉油上面，用打蛋器慢慢搅拌 4 ~ 5min，将蛋黄面糊搅拌均匀待用。

（3）蛋白打发　蛋白、塔塔粉放入打蛋缸内高速搅打，当蛋白搅打至湿性发泡时加入糖，继续搅打，当蛋白搅打至中性发泡显软峰状时待用。

（4）蛋糕面糊的制作　先将 1/3 蛋白膏倒入蛋黄糊内搅拌均匀，再将其倒入剩余的蛋白膏内一起搅拌均匀即可。

（5）成型　模具铺油纸，将蛋糕糊倒入模具抹平即可。

（6）成熟　上火 170℃、下火 150℃，烘烤 30 min。

四、蛋糕成熟度的检验方法

（1）看　观察色泽是否达到制品要求的棕黄色，四周是否已经脱离模具，顶部是否已隆起。

（2）摸　用手指轻轻触摸蛋糕表面有弹性，感觉硬实，内部呈固体状，没有流动性。

（3）听　用手指轻轻按蛋糕的表面，能听到沙沙的响声。

（4）插　用竹扦插入蛋糕的最高部位，拔出后不粘手。

实例 1　戚风蛋糕卷

1. 产品简介

戚风蛋糕蛋糕卷多以戚风蛋糕为基础，常卷入奶油或果酱，加上水果粒、巧克力等配料，或直接卷起制成的蛋糕卷。

2. 原料及配方（表 5-6）

表 5-6　戚风蛋糕卷的配方

	原料	烘焙百分比（%）	实际用量（g）	产品图片
蛋黄部分	蛋黄	85	170	
	牛奶	55	110	
	色拉油	15	30	
	低筋粉	100	200	
	绵白糖	30	60	
蛋白部分	蛋白	200	400	
	绵白糖	80	160	
	塔塔粉	2	4	
	盐	1	2	

3. 制作程序

①计量。按上述配方将所需原料计量称重。

②蛋黄糊的制作。将蛋黄部分的牛奶、色拉油、绵白糖一起加入盆中，加热到70℃，拌至糖溶化。加入过筛的低筋粉，搅拌至均匀离火。加入蛋黄，拌匀备用。

③蛋白打发。将蛋白、塔塔粉、盐、部分绵白糖放入打蛋缸内高速搅打，当蛋白搅打至湿性发泡时加入剩余的绵白糖，继续搅打，当蛋白搅打至干性发泡显软峰状时即为蛋白膏待用。

④蛋糕面糊的制作。先将1/3蛋白膏倒入蛋黄糊内搅拌均匀，再将其倒入剩余的蛋白膏内一起搅拌均匀。

⑤成型。将面糊倒入8寸圆形蛋糕模具中，装七八分满即可，轻拍模具震出气泡，抹平即可入炉烘烤。

⑥成熟。上火120℃、下火120℃，烤约30min。

⑦蛋糕冷却。烤熟后将蛋糕模倒扣在蛋糕倒立架上冷却。

⑧成型。蛋糕脱模后，直接卷成蛋糕卷，或抹上打发的鲜奶油再卷起。

4. 工艺操作要点

①蛋白和蛋黄要分清楚，搅拌工具和容器不能沾油，以防蛋白的泡沫被破坏。

②严格控制搅拌的温度，蛋白温度在17～22℃时起泡性较好。温度过高蛋液会变的稀薄，胶黏性差，无法保住气体。温度过低黏性较大，搅拌时不易带入空气。

③糖加的时机应待蛋白搅至湿性发泡时才能加入，加早了蛋白的黏度大，打发速度降低。

④蛋白搅打至中性发泡，显软峰状即可。搅拌时间不宜过长，否则，反而会破坏蛋糕糊中的气泡结构，从而影响蛋糕的质量。

⑤蛋黄面糊制作时一定要搅拌均匀，不能产生结块。

⑥蛋白部分和蛋黄部分混合时搅拌不要过久和过猛，以免蛋白受油脂的影响而产生消泡现象。

5. 成品要求
色泽金黄，气泡均匀，口感细腻滋润，蛋香浓郁。

实例2　肉松戚风卷

1. 产品简介
肉松戚风卷是戚风蛋糕的一种，是在戚风蛋糕糊上撒上芝麻、葱花烤制成熟，冷却后抹上沙拉酱卷成卷后,切成段,并在两头蘸上肉松。其质地松软、口感滋润,咸香可口。

2. 原料及配方（表 5-7）

表 5-7　肉松咸风卷的配

	原料	烘焙百分比（%）	实际用量（g）	产品图片
蛋黄部分	蛋黄	70	140	
	牛奶	75	150	
	色拉油	35	70	
	低筋粉	100	200	
	绵白糖	30	60	
	泡打粉	5	10	
蛋白部分	蛋白	150	300	
	绵白糖	70	140	
	塔塔粉	2	4	
	盐	1	2	
装饰料	肉松	50	100	
	葱花	25	50	
	沙拉酱	50	100	

3. 制作程序

①计量。按上述配方将所需原料计量称重。

②蛋黄糊的制作。将蛋黄、绵白糖混合,搅打至发白,加入色拉油、牛奶搅拌均匀,筛入低筋粉和泡打粉搅拌均匀。

③蛋白打发。将蛋白、塔塔粉、盐、部分绵白糖放入打蛋缸内高速搅打,当蛋白搅打至湿性发泡时加入剩余的绵白糖,继续搅打,当蛋白搅打至湿性发泡呈软尖峰状。

④蛋糕面糊的制作。先将 1/3 蛋白膏倒入蛋黄糊内搅拌均匀,再将其倒入剩余的蛋白膏内一起搅拌均匀,混合均匀后加入部分肉松和葱花,搅拌均匀。

⑤成型。将面糊倒入垫好不粘布或油纸的烤盘中,然后抹平,撒上葱花、肉松,即可入炉烘烤。

⑥成熟。上火 180℃、下火 150℃,烤约 15min。

⑦切分。烤熟后移出烤盘冷却,蛋糕表面抹沙拉酱成卷,切段后两头抹沙拉酱,蘸上肉松。

4. 工艺操作要点

①蛋白中不能粘蛋黄或油脂。

②糖加的时机应待蛋白搅至湿性发泡才能加入。

③蛋白搅打至中性发泡，显软峰状即可。

④蛋黄面糊制作时一定要搅拌均匀，不能产生结块。

⑤蛋白部分和蛋黄部分混合时搅拌不要过久和过猛，以免蛋白受油脂的影响而产生消泡现象。

5. 成品要求

色泽金黄，气泡均匀，口感细腻滋润，蛋香浓郁。

实例 3　　咖啡伴侣蛋糕

1. 产品简介

咖啡伴侣蛋糕是在戚风蛋糕糊中添加了咖啡粉制成的具有咖啡香味的一种蛋糕，其质地松软、柔韧性好、口感滋润，不含乳化剂，蛋糕与咖啡风味突出。

2. 原料及配方（表 5-8）

表 5-8　咖啡伴侣蛋糕的配方

	原料	烘焙百分比（%）	实际用量（g）	产品图片
蛋黄部分	蛋黄	85	170	
	绵白糖	35	70	
	色拉油	15	30	
	低筋粉	100	200	
	泡打粉	3	6	
	咖啡粉	10	20	
	热开水	55	110	
蛋白部分	蛋白	200	400	
	绵白糖	100	200	
	塔塔粉	2	4	
	盐	1	2	
装饰料	肉松	50	100	
	葱花	25	50	
	沙拉酱	50	100	

3. 制作程序

①计量。按上述配方将所需原料计量称重，低筋粉和泡打粉混合过筛备用。

②分蛋。将全蛋磕入搅拌缸中，将蛋黄捞出。

③蛋黄糊的制作。用热开水冲开咖啡粉，冷却后与蛋黄、绵白糖、色拉油等搅拌均匀后，将低筋粉、泡打粉混合在一起，并过筛两次使其混合均匀后，倒入蛋黄液中。用打蛋器搅拌 4 ~ 5min，使面粉与蛋黄搅拌均匀无结块即可。

④蛋白的搅打。将蛋白、塔塔粉放入打蛋缸内高速搅打，当蛋白搅打至湿性发泡时加入绵白糖，继续搅打，当蛋白搅打至中性发泡显软峰状时待用。

⑤蛋糕糊的制作。先将 1/3 蛋白膏倒入蛋黄糊内搅拌均匀，再将其倒入剩余的蛋白膏内一起搅拌均匀即可。

⑥成型。烤盘铺油纸，将蛋糕糊倒入抹平即可。

⑦成熟。上火 180℃、下火 150℃，烘烤 17min 左右。

⑧切分。烤熟后在盘中冷却，取出切成大小相同的两片，在一片蛋糕表面抹咖啡奶油，将另一片叠放在上面，用刀切成大小均匀的长方形块。

4. 工艺操作要点

①蛋白中不能粘蛋黄或油脂。

②应待蛋白搅至湿性发泡再加入糖。

③蛋白搅打至中性发泡，显软峰状即可。

④蛋黄面糊制作时一定要搅拌均匀，不能产生结块。

⑤蛋白部分和蛋黄部分混合时搅拌不要过久和过猛，以免蛋白受油脂的影响而产生消泡现象。

5. 成品要求

色泽淡雅，气泡均匀，口感细腻滋润，蛋香浓郁。

实例 4　可可戚风卷

1. 产品简介

可可戚风卷是在戚风蛋糕中添加了可可粉制成的一款具有浓郁的可可味的美味糕点。蛋糕口感柔软细腻，风味独特的口感推到极致。

2. 原料及配方（表 5-9）

表5-9　可可戚风卷的配方

	原料	烘焙百分比（%）	实际用量（g）	产品图片
蛋白部分	蛋白	211	400	
	绵白糖B	84	160	
	塔塔粉	2	4	
	食盐	2	4	
蛋黄部分	绵白糖A	37	70	
	低筋粉	100	190	
	玉米淀粉	11	20	
	小苏打	1	2	
	泡打粉	3	6	
	牛奶	79	150	
	蛋黄	105	200	
	色拉油	42	80	
	可可粉	8	15	
装饰	淡奶油	158	300	
	绵白糖	16	30	

3. 制作程序

①计量。按上述配方将所需原料计量称重。

②分蛋。将全蛋磕入搅拌缸中，将蛋黄捞出。

③蛋黄糊的制作。将牛奶、可可粉、绵白糖A一起加入盆中，加热到可可粉溶化，加入色拉油搅拌均匀，加入蛋黄搅拌均匀，加入过筛的低筋粉和玉米淀粉、小苏打，拌至均匀备用。

④蛋白的打发。将蛋白、塔塔粉、盐、部分绵白糖B一起加入搅拌缸中，拌至湿性发泡后加入剩余的绵白糖，继续拌至干性发泡。

⑤蛋糕面糊的制作。将两部分混合均匀。

⑥成型。模具铺油纸，将蛋糕糊倒入模具抹平即可。

⑦成熟。上火180℃、下火150℃，烘烤15min。

⑧装饰切分。烤熟后在盘中冷却。淡奶油加糖打发，抹在蛋糕表面，用擀面杖卷成卷，切成厚薄均匀的块。

4. 工艺操作要点

①蛋白中不能粘蛋黄或油脂。

②应待蛋白搅至湿性发泡再加入糖。

③蛋白搅打至中性发泡，显软峰状即可。

④蛋黄面糊制作时一定要搅拌均匀，不能产生结块。

⑤蛋白部分和蛋黄部分混合时搅拌不要过久和过猛，以免蛋白受油脂的影响而产生消泡现象。

5. 成品要求

色泽金黄，气泡均匀，口感细腻滋润，蛋香浓郁。

实例5　古早蛋糕

1. 产品简介

古早是古旧的意思，古早蛋糕是来源于台湾的一种传统的蛋糕。古早蛋糕指采用最基本的蛋糕原料，采用传统的打蛋方法，经水浴烘烤制成的一种的蛋糕。蛋糕口感柔软细腻，有弹性，让人体验到怀旧的感觉。

2. 原料及配方（表5-10）

表5-10　古早蛋糕的配方

	原料	实际重量（g）	产品图片
蛋白部分	蛋白	200	
	绵白糖	75	
	盐	2	
	柠檬汁	2	
蛋黄部分	蛋黄	100	
	玉米油	75	
	低筋粉	90	
	牛奶	60	

3. 制作程序

①计量。按上述配方将所需原料计量称重。

②准备工作。将全蛋磕入搅拌缸中，将蛋黄捞出，将蛋白放入冰箱冷藏至17～22℃，面粉提前过筛。

③蛋黄糊的制作。将玉米油加热到150～160℃，冲入低筋粉中，快速搅拌至无干粉状态。将牛奶加入低筋粉混合物中，搅拌均匀。加入蛋黄搅拌至混合物无颗粒且顺滑状态。

④蛋白的打发。蛋白加盐、几滴柠檬汁打至鱼眼泡，绵白糖分三次加入，打至中性发泡。

⑤蛋糕面糊的制作。将 1/3 的打发蛋白加入蛋黄糊中翻拌均匀后，再倒回蛋白中翻拌均匀。

⑥成型。提前用锡箔纸包裹好模具底部，然后将面糊倒入模具中至八分满。

⑦成熟。在烤盘中加入自来水至模具 2cm 高左右。上火 180℃、下火 160℃，烘烤 60 min。

⑧装饰切分。烘烤完成后打开蛋糕模具边缘锡箔纸，脱模。

4. 工艺操作要点

①蛋黄糊要搅拌至混合物无颗粒且顺滑的状态，搅拌完成后的蛋黄糊表面用保鲜膜密封，防止表面发干。

②当蛋白打发到气泡变细密时时，加快打发速度，打发到软尖峰状即可。

③面糊注入模具时，模具提前放置在烤盘上。

④最佳食用时间：烘烤完成后 1 天内。

5. 成品要求

色泽金黄，气泡均匀，口感柔软蓬松，蛋香浓郁。

实例 6　红茶蛋糕的制作

1. 产品简介

红茶蛋糕是一款适合家庭制作的常见点心，是以红茶味道为特色的蛋糕，口感松软细腻，制作简单，做法多样。

2. 原料及配方（表 5-11）

表 5-11　红茶蛋糕的配方

	原料	烘焙百分比（%）	实际重量（g）	产品图片
蛋白部分	蛋白	247	370	
	绵白糖	133	200	
	塔塔粉	5	8	
	食盐	3	5	
蛋黄部分	热开水	80	120	
	低筋粉	100	150	
	泡打粉	3	5	
	红茶粉	10	15	
	蛋黄	120	180	
	色拉油	67	100	
	玉米淀粉	20	30	

3. 制作程序

①计量。按上述配方将所需原料计量称重，面粉和泡打粉混合过筛备用。

②分蛋。将全蛋磕入搅拌缸中，将蛋黄捞出。

③蛋黄糊的制作。用热开水冲红茶粉冷却后，与蛋黄一起混和均匀后，加入色拉油、低筋粉、玉米淀粉、泡打粉，搅拌均匀至无面粉颗粒后备用。

④蛋白打发。将蛋白、塔塔粉、盐放入打蛋缸内中速搅打至起泡，加入 2/3 的绵白糖，继续中速拌至湿性发泡时加入剩余砂糖，继续搅打，当蛋白搅打至中性发泡时待用。

⑤蛋糕面糊的制作。先将 1/3 蛋白膏倒入蛋黄糊内搅拌均匀，再将其倒入剩余的蛋白膏内一起搅拌均匀即可。

⑥成型。模具铺油纸，将蛋糕糊倒入模具抹平即可。

⑦成熟。上火 180℃、下火 180℃，烘烤 23min。

4. 工艺操作要点

①蛋白中不能粘蛋黄或油脂。

②糖加的时机应待蛋白搅至湿性发泡才能加入。

③蛋白搅打至中性发泡，显软峰状即可。

④蛋黄面糊制作时一定要搅拌均匀，不能产生结块。

⑤蛋白部分和蛋黄部分混合时搅拌不要过久和过猛，以免蛋白受油脂的影响而产生消泡现象。

5. 成品要求

色泽金黄，气泡均匀，口感细腻滋润，蛋香浓郁。

实例 7　抹茶蛋糕

1. 产品简介

抹茶蛋糕是适合家庭制作的常见点心，绿茶味道为特色，蛋糕松软，制作简单，做法多样。

2. 原料及配方（表 5-12）

表 5-12　抹茶蛋糕的配方

	原料	烘焙百分比（%）	实际重量/（g）	产品图片
蛋白部分	蛋白	247	370	
	绵白糖	140	210	
	塔塔粉	5	7	
	盐	3	5	

	原料	烘焙百分比（%）	实际重量/（g）	产品图片
蛋黄部分	热开水	67	100	
	低筋粉	100	150	
	泡打粉	3	5	
	抹茶粉	13	20	
	蛋黄	120	180	
	色拉油	67	100	
	玉米淀粉	13	20	
	蜂蜜	13	20	
装饰料	草莓	67	100	
	蓝莓	33	50	
	核桃仁	33	50	
	巧克力插件		4 片	

3. 制作程序

①计量。按上述配方将所需原料计量称重，面粉和泡打粉混合过筛备用。

②分蛋。将全蛋磕入搅拌缸中，将蛋黄捞出。

③蛋黄糊的制作。用热开水冲抹茶粉后与蛋黄、蜂蜜一起混合，均匀后加入色拉油、低筋粉、玉米淀粉、泡打粉，搅拌均匀至无面粉颗粒后备用。

④蛋白打发。将蛋白、塔塔粉、盐放入打蛋缸内中速搅打至起泡，加入2/3的绵白糖，继续中速拌至湿性发泡时加入剩余的砂糖，继续搅打，当蛋白搅打至干性发泡时待用。

⑤蛋糕面糊的制作。先将1/3蛋白膏倒入蛋黄糊内搅拌均匀，再将其倒入剩余的蛋白膏内一起搅拌均匀即可。

⑥成型。模具铺油纸，将蛋糕糊倒入模具抹平即可。

⑦成熟。上火180℃、下火150℃，烘烤15min。

⑧装饰。在盘中冷却后，切成边长15cm的正方形块，在一片蛋糕表面抹上打发的淡奶油，放入草莓丁和蓝莓，将另一片盖在上面。表面抹上一层打发的淡奶油，撒上抹茶粉后，用烤熟的核桃仁和巧克力插件进行装饰。

4. 工艺操作要点

①蛋白中不能粘蛋黄或油脂。

②应待蛋白搅至湿性发泡再加入糖。

③蛋白搅打至干性发泡。

④蛋黄面糊制作时一定要搅拌均匀，不能产生结块。

⑤蛋白部分和蛋黄部分混合时搅拌不要过久和过猛，以免蛋白受油脂的影响而产生消泡现象。

5. 成品要求

色泽翠绿，气泡均匀，口感细腻滋润，蛋香浓郁。

实例 8　彩虹戚风蛋糕

1. 产品简介

彩虹戚风蛋糕是戚风蛋糕的一个品种，特色在于加入了草莓色香油，使蛋糕颜色更加好看。

2. 原料及配方（表 5-13）

表 5-13　彩虹戚风蛋糕的配方

	原料	烘焙百分比（%）	实际重量 /（g）	产品图片
蛋白部分	蛋白	345	380	
	绵白糖	145	160	
	塔塔粉	9	10	
	盐	7	8	
蛋黄部分	草莓色香油	5	5	
	绵白糖	45	50	
	低筋粉	100	110	
	蛋黄	318	350	
	色拉油	118	130	
	植脂奶油	200	220	

3. 制作程序

①计量。按上述配方将所需原料计量称重，面粉和泡打粉混合过筛备用。

②分蛋。将全蛋磕入搅拌缸中，将蛋黄捞出。

③蛋黄糊的制作。蛋黄与绵白糖一起搅拌至糖溶化，加入色拉油，搅拌至均匀，加入过筛的低筋粉拌至均匀无颗粒。

④蛋白打发。盐、塔塔粉、蛋白与 1/3 的绵白糖加入搅拌缸中，拌至起泡阶段，加入剩余的绵白糖，快速拌至硬性发泡。

⑤蛋糕面糊的制作。取 1/3 蛋白部分与蛋黄部分面糊搅拌均匀，将拌匀的面糊倒入剩余蛋白部分中混合至均匀。

⑥成型。将混合好的面糊分成两部分，其中一部分装入裱花袋挤入垫油纸或不粘布的烤盘中，中间留一道空隙。将另一部分面糊加入草莓色香油拌匀，装入裱花袋挤入原色面糊的中间。

⑦成熟。入炉烘烤，上火 180℃、下火 150℃，烤约 15 ～ 20min。

⑧装饰。烤熟后在盘中冷却后，在蛋糕表面抹上打发的植脂奶油，用擀面杖卷成卷，切成厚薄均匀的块。

4. 工艺操作要点

①蛋白中不能粘蛋黄或油脂。

②蛋黄面糊制作时一定要搅拌均匀，不能产生结块。

③蛋白部分和蛋黄部分混合时搅拌不要过久和过猛，以免蛋白受油脂的影响而产生消泡现象。

5. 成品要求

色泽红黄相间，纹理顺畅清晰，气泡均匀，口感细腻滋润，蛋香浓郁。

第三节　天使蛋糕的制作

一、天使蛋糕简介

天使蛋糕，它是采用蛋白打发制作而成的一种海绵蛋糕。天使蛋糕与其他蛋糕有所不同，它拥有棉花般的质地和颜色，是靠硬性发泡的蛋白、白糖和白面粉制成的。不含牛油、油质，靠蛋白的泡沫支撑蛋糕，因此口味和材质都非常轻。

二、天使蛋糕的制作原理

搅拌时利用蛋白中的球蛋白降低蛋的表面张力，增加蛋的黏度，使打入的空气形成泡沫，再利用黏蛋白经机械搅拌而变性的特点，在泡沫表面凝固成薄膜。机械不断地搅拌，球蛋白不断地增加泡沫，黏蛋白产生强韧的薄膜，气泡的空气就不会外泄，再加入其他材料经烘烤而膨大，就形成蛋糕的体积及组织。

三、天使蛋糕面糊的搅拌方法

天使蛋糕面糊的搅拌方法可以分为传统搅拌法和混合搅拌法两种。

1. 传统搅拌法

传统天使蛋糕配方中不含油脂及额外的水分，配方中的糖分为两部分，一部分与蛋白一起加入搅打蛋白糊，剩余部分与面粉一起拌入蛋白糊中。

2. 混合搅拌法

现代蛋糕多使用蛋糕专用粉制作，面糊吸水能力大大提高，较传统的天使蛋糕，配方中不仅添加了水分，部分品种还添加了油脂，因此面糊搅拌方法与传统法略有差别，采用的是混合调制法，即除去搅打蛋白糊部分原料外，剩余各项原料混合搅拌成面糊，再与蛋白糊混合成天使蛋糕。

四、天使蛋糕的制作工艺流程及操作要点

1. 天使蛋糕的制作工艺流程

计量 → 分蛋 → 蛋白糕的制作 → 蛋糕面糊的制作 → 成型 → 成熟

2. 操作要点

①计量。按上述配方将所需原料计量称重，将蛋糕粉过筛备用。

②蛋白糕的制作。将蛋白放入搅拌缸内中速搅拌至起泡，然后加入塔塔粉、盐和 2/3 的白砂糖继续中速搅打，当蛋白搅打至湿性发泡时，即勾起时有弹性挺立但尾端稍弯曲时待用。

③蛋糕面糊的制作。把过筛好的蛋糕粉和剩余的绵白糖加进打好的蛋白膏中搅拌均匀即可。

④成型。模具铺油纸，将蛋糕糊倒入模具抹平即可。

⑤成熟。上火 220℃、下火 180℃，烘烤 20min。

五、蛋糕的烘烤

烘烤是蛋糕熟制的过程，也是蛋糕制作工艺的关键，要获得高质量的蛋糕制品，就必须掌握烘烤的工艺要求。蛋糕烘烤是利用烤箱内的热量，通过辐射、传导、对流的作用，而使制品成熟，经烘烤成熟的制品质量与烘烤温度和时间有密切关系。

1. 烘烤的温度和时间

烘烤蛋糕的温度和时间与蛋糕糊的配料密切相关，比如在相同烘烤条件下，油脂蛋糕要比海绵蛋糕的温度低，时间也长一些。因为油脂蛋糕的油脂用量大，配料中各种干性原料较多，含水量少，面糊干燥、坚韧，如果烘烤温度高，时间短，就会发生内部过生、外部烤焦现象。而海绵蛋糕的油脂含量少，组织松软，易于成熟，烘烤时要求温度高一些，时间短一些。

烘烤蛋糕的温度和时间与制品的大小和厚薄有关，在相同的烘烤条件下，相同配料的蛋糕，因大小和薄厚不同，烘烤的时间和温度就不一样。如长方形的大蛋糕坯的烘烤温度就要低于小圆形蛋糕和花边形蛋糕，时间要长一些。蛋糕坯薄而面积大，为了保证松软，要求烘烤温度高、时间短，否则水分流失大，

制品硬脆，难于卷成圆筒形，甚至会出现断裂现象。

根据经验，一般将蛋糕的烘烤分为以下三种情况。

①高温短时间法。适用于卷筒蛋糕（薄坯），温度为 230℃左右，时间在 10min 以内。

②中温中时间法。适用于一般海绵蛋糕，厚薄均匀在 2cm 左右，温度为 200 ~ 220℃，时间在 25min 左右。

③低温长时间法。适用于一般的重油蛋糕，温度在 160 ~ 180℃，时间在 45min 以上。

2. 烘烤的基本要求和注意事项

①烘烤蛋糕前应检查烤箱是否清洁，性能是否正常，根据制品的需要，调整好烤箱的温度和时间。

②制品进入烤箱要放在最佳位置，烤盘、模具码放不能过密和紧靠烤箱边缘，更不能重叠码放，否则制品受热不均，会影响成品质量。

③中途尽量少动，如若要翻盘，必须做到小心轻放，保持水平。

④蛋糕出炉后，为防收缩太大，可将蛋糕趁热反置于铁丝网架上。同时，为保证蛋糕的外观完整，应做到冷透后再进行下一道工序（如包装、裱花等）。

实例 1　牛奶天使蛋糕

1. 产品简介

天使蛋糕是采用蛋白打发制作而成的一种海绵蛋糕。天使蛋糕与其他蛋糕有所不同，它拥有棉花般的质地和颜色，是由硬性发泡的蛋白、白糖和面粉制成的。不含黄油、油脂，靠蛋白的泡沫能更好地支撑蛋糕，因此口味和材质都非常的轻。

2. 原料及配方（表 5-14）

表 5-14　牛奶天使蛋糕的配方

原料	烘焙百分比（%）	实际重量（g）	产品图片
蛋白	280	420	
蛋糕粉	65	97.5	
玉米淀粉	35	52.5	
绵白糖	220	330	
盐	4	6	
塔塔粉	4	6	
草莓果酱	6	9	
香橙果酱	60	90	

3. 制作程序

①计量。按上述配方将所需原料计量称重，将蛋糕粉过筛备用。

②蛋白糕的制作：将鸡蛋中的蛋白分出后，放入搅拌缸内中速搅拌至起泡，然后加入塔塔粉、盐和2/3的绵白糖继续中速搅打，当蛋白搅打至湿性发泡，即勾起时有弹性且挺立，但尾端稍弯曲时待用。

③蛋糕面糊的制作：把过筛好的蛋糕粉、玉米淀粉和剩余的绵白糖加进打好的蛋白膏中，搅拌均匀即可。

④成型：装入圈型模具的七成满，将蛋糕糊抹平即可。

⑤成熟。上火170℃，下火160℃，烘烤20min左右。

⑥冷却。蛋糕烤熟后倒扣在蛋糕散热架上冷却。

⑦切分。脱模后的蛋糕均分成八块后，表面挤上草莓果酱或香橙酱即可。

4. 工艺操作要点

①可以将葡萄干、蜜豆等加入到蛋白膏中以减少糖的用量。

②蛋白中不能掺入蛋黄或者油脂，否则蛋白起泡性会受到影响。

③蛋白要打发至湿性发泡，注意鉴别其打发程度。

④加盐的量要控制好，盐也可以让天使蛋糕色泽更洁白。

5. 成品要求

口感绵软柔韧，色泽诱人，不含油脂。

实例2　红豆天使蛋糕卷

1. 产品简介

红豆天使蛋糕卷是在原味天使蛋糕的基础上，加入红豆，使天使蛋糕的口感更清香甜润。

2. 原料及配方（表5-15）

表5-15　红豆天使蛋糕卷的配方

原料	烘焙百分比（％）	实际重量（g）	产品图片
蛋白	281	450	
蛋糕粉	100	160	
绵白糖	200	320	
盐	4	6	
塔塔粉	4	7	
红豆	31	50	
香橙果酱	60	100	

3. 制作程序

①计量。按上述配方将所需原料计量称重，将蛋糕粉过筛备用。

②蛋白糕的制作。将蛋白分出后放入搅拌缸内中速搅拌至起泡，然后加入塔塔粉、盐和 2/3 的白砂糖继续中速搅打，当蛋白搅打至湿性发泡（即勾起时有弹性挺立但尾端稍弯曲）时待用。

③蛋糕面糊的制作。把过筛好的蛋糕粉、剩余的绵白糖和红豆搅匀，加进打好的蛋白膏里再次搅拌均匀即可。

④成型。模具铺油纸，将蛋糕糊倒入模具抹平即可。

⑤成熟。上火 180℃、下火 160℃，烘烤 20min 左右。

⑥装饰切分。烤熟后移出烤盘冷却后，表面涂抹果酱，借助擀面杖将蛋糕卷成卷后切块即可。

4. 工艺操作要点

①由于加入红豆到蛋白膏中，所以要适当减少糖的用量。

②蛋白中不能掺入蛋黄或者油脂，否则蛋白可能会打发不起来。

③蛋白要打发至湿性发泡阶段，注意鉴别蛋白的硬度。

④加盐的量要控制好，盐可以让天使蛋糕色泽更洁白。

5. 成品要求

口感绵软柔韧，色泽洁白，口感细腻。

第四节　虎皮蛋糕的制作

虎皮蛋糕是将蛋黄打发后加入淀粉制成的一种营养价值高，形似虎皮，口感香软细腻，香味浓郁的蛋糕。

一、虎皮蛋糕的制作原理

蛋黄中含有 33.3% 的卵磷脂和 15.7% 的蛋白质，卵磷脂具有亲油和亲水的双重性质，是一种理想的天然乳化剂。在高速搅打时，蛋黄中的蛋白质在卵磷脂的乳化作用下，可以包裹一定量的气泡，使蛋黄糊的体积增大。通过搅打，使制品组织更加细腻，质地均匀，疏松可口。

蛋黄在 65℃ 左右时开始凝胶化，70℃ 就失去流动性，在高温烘烤作用下，蛋黄中的蛋白质变性收缩，并与糖发生反应，形成具有黑褐色的斑点，形成了虎皮的纹路和色泽。

二、虎皮蛋糕的选料要求

1. 蛋黄

选择新鲜鸡蛋的蛋黄部分，鸡蛋最好不要冷藏。

2. 玉米淀粉

玉米淀粉又称玉蜀黍淀粉，是以玉米为原料制成的淀粉。玉米淀粉比面粉更白，吸湿性强。

3. 色拉油

色拉油可以使虎皮蛋糕坯质量提高，质地松软，细腻滋润，孔洞细小，延长保存期。

4. 糖

选择纯度高、易溶解的绵白糖或细砂糖。在虎皮蛋糕制作中起到增加制品甜味，提高营养价值，增加蛋黄糊的黏度以帮助蛋黄的起发，增加蛋糕的烘焙颜色等作用。

5. 蜂蜜

蜂蜜作为古老的美容健康圣品，加入蛋糕中既增加了甜味与香味，也提高了蛋糕的营养价值。

三、虎皮蛋糕的制作工艺流程及操作要点

1. 虎皮蛋糕的制作工艺流程

计量 → 蛋黄糕制作 → 蛋糕面糊的制作 → 成型 → 成熟

2. 操作要点

①烤制温度。制作时要烤出虎皮花纹，蛋黄一定要打发好，并且用220℃的高温烘烤，使蛋黄受热变性收缩，才能出现虎皮花纹。

②烤制时间。由于烤制温度较高，所以所需时间较短，一定注意观察，一旦上色至自己喜欢的颜色就要及时取出来。

③蛋糕的夹馅。除了用打发的淡奶油，也可以用奶油霜。

④烤盘的选择。尽量用平底的烤盘来制作虎皮，有些烤盘的底部有很明显的凹凸，用来做虎皮效果不太好。

实例　虎皮蛋糕卷

1. 产品简介

虎皮蛋糕卷是将虎皮蛋糕包裹在戚风蛋糕卷外，制成的一种口感柔软细腻、香味浓郁、营养丰富、形似虎皮的一种特殊风味的蛋糕。

2. 原料及配方（表 5-16）

表 5-16　虎皮蛋糕卷的配方

原料	烘焙百分比（%）	实际重量（g）	产品图片
蛋黄	600	450	
玉米淀粉	100	75	
色拉油	13	10	
绵白糖	240	180	
蜂蜜	20	15	
果酱	13	10	

3. 制作程序

①计量。按上述配方将所需原料计量称重。

②搅拌。将蛋黄、绵白糖和蜂蜜一起倒入搅拌缸中，中速搅至糖溶化后，改快速搅拌至浓稠，体积增大。加入淀粉慢速搅拌均匀成团后，加入色拉油拌匀即可。

③装模。烤盘上铺油纸后，将虎皮面糊倒入盘内抹平待烤。

④烘烤。上火 230℃、下火 140℃，烘烤 5min，关掉面火继续烤 3 ~ 5min 至蛋糕成熟。

⑤成型。将烘烤好的虎皮蛋糕面向下扣在一张干净的油纸上，去掉本来的油纸后，抹上果酱，将戚风蛋糕卷放在上面将其卷起，用光刀切成厚约 1.5cm 的片状，装盘即成。

4. 工艺操作要点

①蛋糕糊打好后一定要用慢速搅拌一会儿，以赶走内部的大气泡。

②出炉后马上将蛋糕放在凉架上冷却，表皮向上，这样不会让水汽弄湿表皮，也不会有凉架的烙印。

③散热 3 ~ 4min 后，蛋糕摸上去还有余温就可以操作了，不必等到完全冷却才卷，否则蛋糕容易裂开。

5. 成品要求

一层黄色的如虎纹般的纹路，香香软软，口感细腻滋润，蛋香浓郁。

第五节　油脂蛋糕的制作

油脂蛋糕属于油脂类蛋糕，内部含有较高的油脂，口感香甜，其制品油润松软，营养价值较高。

一、油脂蛋糕的特点

油脂蛋糕又称为黄油蛋糕、面糊类蛋糕，是以黄油、鸡蛋、糖和面粉为主要原料制成的一种油香浓郁的蛋糕。油脂蛋糕顶部平坦或略微突起，表皮呈金黄色，内部气孔细小而均匀，质地酥散、细腻、滋润、香甜适口、口感深香有回味。相比海绵蛋糕，油脂蛋糕的结构相对紧密，弹性和柔软度不如海绵蛋糕，但口感更酥散、滋润，具有浓郁的奶油香味，保存期也更长。

油脂的充气性和起酥性是形成油脂蛋糕组织与口感特征的主要原因。根据油脂用量的多少，油脂蛋糕可以分为重油蛋糕和轻油蛋糕。重油蛋糕组织紧密，颗粒细小，口感更细腻滋润；轻油蛋糕组织疏松，颗粒较粗糙。鸡蛋对油脂蛋糕的质量也起重要作用，用量一般略高于油脂量，等于或低于面粉量。糖的用量与油脂量接近。

二、油脂蛋糕的制作原理

制作油脂蛋糕时，油脂在机械搅拌过程中会拌入大量的空气，并产生气泡。加入蛋液继续搅拌时，油蛋糊中的气泡会继续增多。这些面糊中的气泡在烘烤时会受热膨胀，从而使油脂蛋糕体积膨大，质地松软。

三、油脂蛋糕的制作工艺

油脂蛋糕的搅拌方法常用的有三类，即糖油搅拌法、粉油搅拌法和分开搅拌法。

（一）糖油搅拌法

糖油搅拌法是调制油脂类面糊时最常用的搅拌方法，是将配方中的油脂和糖先搅拌至起发后，再加入其他原料的一种搅拌方法。糖油搅拌法可以使水性原料和油性原料很好的乳化，所以可以添加较高比例的水和鸡蛋，使得烘烤出来的蛋糕体积较大，组织更松软。

1. 糖油搅拌法的工艺流程

油脂⎤
糖粉⎦ →搅拌→加鸡蛋→加面粉→加牛奶和水→入模→烘烤→冷却

2. 糖油搅拌法的操作要点

①将奶油或其他油脂（最佳温度为21℃）放于搅拌缸中，用桨状搅拌器以

低速将油脂慢慢搅拌至呈柔软状态。

②加入糖、盐及调味料，并以中速搅拌 8 ~ 10min 至松软且呈绒毛状。

③将蛋液分次加入，并以中速搅拌，每次加入蛋时，需先将蛋搅拌至完全被吸收再加入下一批蛋液，此阶段约需 5min。

④刮下缸边的材料继续搅拌，以确保缸内及周围的材料均匀混合。

⑤过筛的面粉材料与液体材料交替加入（交替加入的原因是面糊不能吸收所有的液体，除非适量的面粉加入以帮助吸收）。

（二）粉油搅拌法

粉油搅拌法是指在调制油脂类面糊时，先将配方中的油脂和面粉放入搅拌机中搅拌至起发后，再加入其他原料的一种搅拌方法。粉油搅拌法适用于油脂含量较高的产品，一般油脂用量要高于 60%。采用粉油搅拌法制作的产品体积较小，但组织非常的柔软细腻，口感较好。

1. 粉油搅拌法的工艺流程

油脂⎤
　　⎬→搅拌→加糖→加鸡蛋→加牛奶和水→入模→烘烤→冷却
面粉⎦

2. 粉油搅拌法的操作要点

①将油脂放于搅拌缸内，用桨状搅拌器以中速将油脂搅拌至软，再加入过筛的面粉与发粉，改以低速搅拌数下（1 ~ 2min），再用高速搅拌至呈松发状，此阶段需 8 ~ 10min（过程中应停机刮缸，使所有材料充分混合均匀）。

②将糖与盐加入已打发的粉油中，以中速搅拌 3min，并于过程中停机刮缸，使缸内所有材料充分混合均匀。

③再将蛋分 2 ~ 3 次加入上述料中，继续以中速拌匀（每次加蛋时，应停机刮缸），此阶段约需 5min。最后再将配方中的奶水以低速拌匀，面糊取出缸后，需再用橡皮刮刀或手彻底搅拌均匀即成。

（三）分开搅拌法

1. 分开搅拌法的工艺流程

分开搅拌法是将配方中糖和鸡蛋放在一起打发后，再将油脂和面粉放入一起搅拌起发，然后再将两种浆料混合在一起的一种搅拌方法。分开搅拌法适用于油脂含量较低的产品，通过鸡蛋的发泡性能来使蛋糕膨松。分开搅拌法由于操作工序相对复杂，因而使用较少。

2. 分开搅拌法的操作要点

①将油脂放于搅拌缸内，用桨状搅拌器以中速将油脂搅拌至软，再加入过筛的面粉与发粉，改以低速搅拌数下（1～2min），再用高速搅拌至呈松发状，此阶段需 8～10min（过程中应停机刮缸，使所有材料充分混合均匀）。

②将糖与蛋放入另一搅拌缸中快速打发。

③再将上述打发的原料混合在一起，慢速拌匀（每次加蛋时，应停机刮缸），最后再将配方中的奶水以低速拌匀，面糊取出缸后，需再用橡皮刮刀或手彻底搅拌均匀即成。

四、油脂蛋糕的装模

蛋糕面糊一般不能直接倒入烤盘中烘烤，否则难以从烤盘中取出，所以烤盘需涂油、垫纸或撒粉。而油脂蛋糕一般不直接倒在大烤盘中烘烤，而是装入各种形状的模具中。

1. 正确选择模具

常用的模具的材料是不锈钢、马口铁、金属铝制成的，形状有圆形、长方形、桃心形、花边形等，还有高边和低边之分，选用模具时要根据制品的特点及需要灵活掌握，如蛋糊中油脂含量较高，制品不易成熟，选择模具时不宜过大。相反，海绵蛋糕的蛋糊中油脂成分少，组织松软，容易成熟，选择模具的范围比较广泛。

2. 注意蛋糕糊的定量标准

蛋糕糊的填充量是由模具的大小和蛋糕的规格决定的，蛋糕糊的填充量一般应以模具的七八成满为宜。因为蛋糕类制品在成熟过程体积继续胀发，如果量太多，加热后容易使蛋糕糊溢出模具，影响制品的外形美观，造成蛋糕糊料的浪费。相反，模具中蛋糊量太少，制品成熟过程中坯料因水分挥发过多，也会影响蛋糕成品的松软度。

3. 应防止出现粘模现象

海绵蛋糕糊在入模前，只需在模中刷一层油或垫一张纸。油脂蛋糕的模具一般使用液体植物油涂刷后，再扑上一层薄面粉，这样有利于产品脱模。或者涂抹固态油脂，如黄油。而一些小型的金属蛋糕模、多连蛋糕模、连体烤盘等在装入面糊前先放入烤炉中预热，再趁热刷油，填入面糊，也有良好的脱模效果。

4. 抹平

面糊倒入烤盘或烤模后应将表面刮平整，这样才能保证烘烤后的蛋糕厚薄一致。尤其对于蛋糕薄坯而言尤为重要。装好面糊的烤盘与烤模在操作台上敲震一下，使面糊中大的空气泡溢出，使蛋糕组织更均匀。

五、油脂蛋糕的烘烤工艺

烘烤是决定油脂类蛋糕品质的重要环节，烘烤不仅使蛋糕成熟，而且形成了蛋糕金黄的色泽、诱人的香味、膨松的组织和松软的口感。常见油脂蛋糕的烘烤温度和时间见表5-17。

表5-17　油脂蛋糕的烘烤工艺参数

蛋糕形状及大小	温度（℃）	时间（min）
小模型蛋糕	190	10 ~ 15
纸杯蛋糕	180	15 ~ 20
薄片蛋糕	上火180，下火160	25 ~ 30
长方形蛋糕	170	45 ~ 50
空心烤盘蛋糕	上火170，下火190	25 ~ 40

油脂蛋糕含油量高，水分含量相对海绵蛋糕较低，所以面糊较干稠，因此烘烤时炉温不易过高，否则蛋糕表面容易结皮焦糊，而内部还没有成熟，有时会造成蛋糕开裂和冒漏的现象。

六、油脂蛋糕出炉后的处理

①油脂蛋糕出炉后应继续在烤盘内放置10min以后再取出，如果趁热取出则蛋糕较软，容易变形塌陷。

②油脂蛋糕的装饰须在蛋糕完全冷却后进行。

③油脂蛋糕需要用塑料包装盒包装后冷藏。

七、影响油脂蛋糕品质的因素

1. 油的用量和质量

一般油脂用量越多，产品的口感也越好，即油脂的数量决定了油脂蛋糕的档次。但油脂含量也不能太高，太高一是蛋糕的热量高，二是蛋糕容易塌陷。轻油蛋糕中油脂用量为面粉的30% ~ 60%，重油蛋糕为60% ~ 100%。

油脂质量直接决定了油脂蛋糕的品质。制作油脂蛋糕的油脂应当具有良好的充气性和可塑性，良好的充气性使得面糊在搅拌时吸入的空气量较多，而良好的可塑性使得油脂能更好地保存气体。兼具好的可塑性和充气性的油脂包括奶油、人造奶油、氢化油和起酥油等。优质的奶油具有特有的香味、无异味，颜色为均匀一致的、微有光泽的淡黄色。内部组织无食盐结晶，断面无空隙，无水分，稠度及延展性适宜。

2. 糖的用量和细度

配方中糖用量高于面粉的蛋糕称为高成分油脂蛋糕，糖用量低于面粉用量的称为低成分油脂蛋糕。糖用量越多，就需要越多的鸡蛋和水分来溶解糖，因而蛋糕含水量越高，蛋糕越柔软。糖的细度对油脂的充气性能有直接影响，糖的颗粒越小，油脂包裹的空气越多。因此制作油脂蛋糕时最佳选择为糖粉，其次为绵白糖，一般不使用白砂糖。

3. 化学膨松剂

在制作油脂蛋糕类制品时，有时也加入一些化学膨松剂，如泡打粉等。它们在制品成熟过程中，能产生二氧化碳气体，从而使成品更加松软和膨松。

4. 面粉的筋度

制作油脂蛋糕应选择由软质白小麦磨制而成的面粉，通常蛋白质含量为7% ~ 9%，湿面筋含量在24%以下。低筋粉是筋度较低、较白的面粉，是西点制作的基本材料。

5. 温度

温度的高低直接影响油脂的硬度和打发性。温度过高，油脂太软，易打发，但很容易由于摩擦生热而使油脂熔化，反而使蛋糕体积减小。而当温度较低时，油脂的硬度大，不易打发，需要的搅拌时间较长。一般在20 ~ 25℃的室温条件下，将黄油软化1 ~ 2h后进行搅拌，控制搅拌好的面糊温度在22℃比较适宜。面糊温度过高，在装模时较稀软，烤出的蛋糕体积小，组织粗糙，颜色深，且蛋糕松散干燥。当面糊温度较低时，面糊黏稠，流动性差，烤出的蛋糕体积较小，组织过于紧密。

6. 搅拌工艺

对于不同配方和性质的油脂蛋糕，应选择适宜的搅拌方法。轻油脂蛋糕一般选择糖油搅拌法，而重油脂蛋糕一般选择粉油搅拌法。

面糊的搅拌程度对油脂蛋糕的质量有直接的影响，而面糊的密度直接反映了蛋糕糊的搅拌程度。在面糊的搅拌过程中，不断充入空气使面糊的密度越来越轻，成品蛋糕的体积也越来越大。如果搅拌不足，则面糊中充入的空气少，面糊的密度较大，制得的成品蛋糕体积小，内部组织紧密，口感不够疏松。而当搅拌过度时，面糊的密度较小，成品体积大，但是内部的孔洞较多较大，组织不够细腻，影响成品的口感。

7. 烘烤工艺

烘烤工艺是决定蛋糕质量的关键因素，三分做，七分烤，烘烤不仅可以使蛋糕成熟，体积膨胀，还可以形成蛋糕的色、香、味、形、口感和营养。蛋糕的烘烤主要是控制炉温和时间，要根据产品的配方、模具的形状、大小、厚薄来确定烘烤的工艺。在相同尺寸的模具条件下，油脂蛋糕烘烤的温度要低于海绵蛋糕。这是因为油脂蛋糕中水分含量少，面糊较稠，加热时传热没有海绵蛋糕快，如果炉温高容易使其外焦内生，甚至造成表面过早结皮，内部继续受热膨胀从顶部爆裂出来，影响油脂蛋糕的外形和口感。

实例1　葡萄干玛芬蛋糕

1. 产品简介

玛芬蛋糕又称小松饼、英式松饼，是最具代表性的一种油脂蛋糕。玛芬蛋糕口感细腻松软，香气浓郁，制作方法简单。通过在面糊中添加葡萄干、蔓越莓干、核桃、杏仁片、蜜豆和巧克力丁等，来制成不同口味的玛芬蛋糕。

2. 原料及配方（表5-18）

表5-18　葡萄干玛芬蛋糕的配方

原料	烘焙百分比（%）	实际用量（g）	产品图片
黄油	100	500	
绵白糖	80	500	
鸡蛋	100	500	
蛋糕粉	100	500	
泡打粉	3	15	
葡萄干	30	150	

3. 制作程序

①计量。按上述配方将所需原料计量称重，蛋糕粉和泡打粉混合过筛备用。

②搅拌。采用糖油搅拌法。先将绵白糖、黄油放入搅拌缸中快速搅打至发白呈绒毛状，然后分批缓缓加入鸡蛋快速搅打至起发。改慢速后加入蛋糕粉和泡打粉搅打均匀后，加入葡萄干拌匀即可。

③成型。模具刷油拍粉，用裱花袋将蛋糕糊装入模具的八成满即可。

④成熟。上火 180℃、下火 180℃，烘烤 20 ～ 25min。

4. 工艺操作要点

①黄油、鸡蛋温度应在 20℃以上回温，使黄油软化容易起发，鸡蛋具有较好的起泡性。

②鸡蛋要分次加入，使其与黄油很好的乳化，混合均匀。

③蛋糕粉和泡打粉要先混匀过筛，加入蛋糊后混合均匀即可，防止起筋。

④模具只装八成满即可，然后要轻墩模具，排出多余的空气，达到均匀状态后再烘烤。

5. 成品要求

色泽棕黄色，气泡均匀，口感细腻、湿润。

实例 2　磅蛋糕

1. 产品简介

磅蛋糕又称奶油蛋糕，是一种最基础的重油脂蛋糕。最早欧洲在制作奶油蛋糕时，使用 1 磅的黄油、1 磅的糖、1 磅的鸡蛋和 1 磅的面粉，且搅拌后装模量也是 1 磅，因而人们称其为磅蛋糕。磅蛋糕内部组织细密，口感细腻松软，香气浓郁，制作方法较为简单。可以在面糊中添加葡萄干、蔓越莓干、核桃、杏仁片或巧克力丁等，制成不同口味的磅蛋糕。

2. 原料及配方（表 5-19）

表 5-19　磅蛋糕的配方

原料	烘焙百分比（%）	实际用量（g）	产品图片
黄油	100	500	
绵白糖	100	500	
鸡蛋	100	500	
蛋糕粉	100	500	
泡打粉	3	15	
香草粉	0.8	4	

3. 制作程序

①计量。按上述配方将所需原料计量称重，蛋糕粉、泡打粉和香草粉混合过筛备用。

②搅拌。采用糖油搅拌法。先将绵白糖、黄油放入搅拌缸中快速搅打至发白呈绒毛状，然后分批缓缓加入鸡蛋快速搅打至起发，改慢速后加入蛋糕粉和

泡打粉搅打均匀即可。

③成型。长方形模具刷油拍粉，将蛋糕糊装入模具的八成满即可。

④成熟。上火 180℃、下火 180℃，烘烤 35min。

⑤切分。蛋糕出炉冷却后，可以切成片，也可以在表面装饰糖霜或巧克力后再切片。

4. 工艺操作要点

①黄油、鸡蛋温度应在室温下回温，使黄油软化容易起发，鸡蛋具有较好的起泡性。

②鸡蛋要分批加入，通过高速搅拌使其与黄油很好的乳化，形成均匀的膏状。

③面粉加入蛋糕糊后慢速搅拌均匀即可，防止起筋。

④搅拌好的蛋糕糊要尽快装模烘烤，放的时间长了面粉容易生筋。

5. 成品要求

色泽棕黄色，气泡均匀，口感细腻、湿润。

实例 3 英式水果蛋糕

1. 产品简介

英式水果蛋糕又称水果奶油蛋糕，是一种传统的英式下午茶点心，是在油脂蛋糕糊中加入切碎的果料和果仁，口感和风味更加丰富，回味长久。

2. 原料及配方（表 5-20）

表 5-20 英式水果蛋糕的配方

原料	烘焙百分比（%）	实际用量（g）	产品图片
黄油	80	500	
糖粉	68	425	
鸡蛋	100	625	
蛋糕粉	100	625	
泡打粉	2	12.5	
朗姆酒	6	37.5	
红樱桃干	8	50	
葡萄干	8	50	
核桃仁	12	75	

3. 制作程序

①计量。按上述配方将所需原料计量称重后，将蛋糕粉、泡打粉和香草粉

混合过筛备用。

②果仁预处理。红樱桃干、葡萄干洗干净后，用温水浸泡至软。核桃仁放入上下火均为150℃的烤箱烘烤10min，切成黄豆粒大小的颗粒备用。

③搅拌。采用糖油搅拌法。先将绵白糖、黄油放入搅拌缸中快速搅打至发白，呈绒毛状，然后分批缓缓加入鸡蛋快速搅打至起发，改慢速后加入蛋糕粉和泡打粉搅打均匀即可。

④成型。长方形模具刷油拍粉，将蛋糕糊装入模具的八成满即可。

⑤成熟。上火170℃，下火160℃，烘烤40min。

⑥切分。蛋糕出炉冷却后，可以切成片，也可以在表面装饰糖霜或巧克力后再切片。

4. 工艺操作要点

①黄油、鸡蛋温度应在室温下回温，使黄油软化容易起发，鸡蛋具有较好的起泡性。

②鸡蛋要分批加入，通过高速搅拌使其与黄油很好的乳化，形成均匀的膏状。

③干果需用温水浸泡至软，果仁烘烤出香味后使用，蛋糕的香味更适。

④搅拌好的蛋糕糊要尽快装模烘烤，放的时间长了面粉容易生筋。

5. 成品要求

色泽棕黄色，组织均匀，口感滋润、丰富，带有果仁浓郁的香味。

实例4　蔓越莓黄油蛋糕

1. 产品简介

蔓越莓黄油蛋糕是一种添加了蔓越莓干的轻油脂类蛋糕，其口味酸甜适口，细腻滋润有回味，制作过程简单。

2. 原料及配方（表5-21）

表5-21　蔓越莓黄油蛋糕的配方

原料	烘焙百分比（％）	实际用量（g）	产品图片
黄油	45	225	
糖粉	66	330	
全蛋	60	300	
低筋粉	100	500	
泡打粉	2	10	
蔓越莓干	25	125	
牛奶	25	125	

3. 制作程序

（1）计量

按上述配方将所需原料计量称重，低筋粉和泡打粉混合过筛备用。

（2）搅拌

①黄油、糖粉一起加入搅拌缸中，搅拌至发白，呈绒毛状。

②分批缓缓加入鸡蛋，快速搅打至起发。

③加入 1/3 混合有泡打粉的面粉搅拌均匀后，再加入 1/3 的牛奶搅拌均匀，如此重复。

④最后加入蔓越莓干拌均匀即可。

（3）成型

用裱花袋将蛋糕糊装入模具的七成满即可。

（4）成熟

放入上火 180℃、下火 170℃的烤炉烘烤 30min。

4. 工艺操作要点

①面糊在搅拌缸中要注意随时停机刮缸，以免搅拌出来无法均匀光滑。

②鸡蛋分次加入，使其与黄油很好的混合。

③蛋糕粉和泡打粉要先混匀过筛，加入蛋糊后混合均匀即可，防止起筋。

④模具只能装七成满，然后要轻震模具，排出多余的空气，达到模具均匀状态后再烘烤。

5. 成品要求

色泽棕黄色，口感细腻松软，成品香甜。

实例 5　德式苹果蛋糕

1. 产品简介

苹果蛋糕是德国的传统蛋糕，有很多人也称它为老祖母配方。把老祖母与苹果放一起，很是温暖亲切，嘴里还有美妙的酸甜感。满满的苹果块，自带微酸的清甜，还有浓醇清新的奶香味，可口绵软，吃一口绝对会深深地爱上它。

2. 原料及配方（表 5-22）

表 5-22　德式苹果蛋糕的配方

原料	烘焙百分比（%）	实际用量（g）	产品图片
黄油	101	168	
糖粉	81	134	
鸡蛋	81	134	
蛋糕粉	100	166	
泡打粉	3	5	
苹果	181	300	
黄油	39	65	
细砂糖	60	100	
低筋粉	60	100	
糖粉		适量	

3. 制作程序

①计量。将各种原料按实际用量称量好，并把低筋粉和泡打粉过筛混匀备用。将苹果削皮、去核，等分竖切成 8 份，放入盐水中浸泡 2min，沥干水分后使用。

②酥粒制作：将低筋粉、黄油、细砂糖倒入碗中，搅拌至混合物呈现颗粒状即可。

③蛋糕糊的搅拌。将黄油、糖粉一起加入搅拌缸搅拌，拌至膨大呈乳黄色，分批缓缓加入鸡蛋，快速搅打至起发；拌匀后加入过筛的低筋粉和泡打粉，慢速搅拌均匀至无干粉且呈现统一黏稠度的状态即可。

④装模。将慕斯圈底部用锡纸包裹，将打好的蛋糕糊装入模具，约七成满即可，磕实以赶出大气泡。将切好的苹果片，同一朝向侧摆放至蛋糕面一周，中间位置也放满。最后将酥粒均匀撒在蛋糕体上，覆盖过苹果块 。

⑤烘烤。放入上火 180℃、下火 170℃的烤炉烘烤约 45min。

4. 工艺操作要点

①每一个烤箱的温度都会有一些偏差，要根据自己的烤箱进行调节。

②蛋糕密封常温可以保存 3 天，密封冷藏可以保存 5 天。

③建议冷却后食用，风味更佳。

5. 成品要求

具有苹果的香气，口感酸甜细腻，体积膨大，口感极佳。

实例 6　巧克力黄油蛋糕

1. 产品简介

巧克力黄油蛋糕是用黑巧克力、黄油、鸡蛋和面粉制成的具有浓郁巧克力风味、口感细腻滋润的一种油脂蛋糕。

2. 原料及配方（表 5-23）

表 5-23　巧克力黄油蛋糕的配方

原料	烘焙百分比（%）	实际用量（g）	产品图片
黄油	80	400	
绵白糖	110	550	
鸡蛋	60	300	
低筋粉	100	500	
泡打粉	3	15	
牛奶	40	200	
食盐	2	10	
原味黑巧克力	35	175	

3. 制作程序

①计量。按上述配方将所需原料计量称重，低筋粉和泡打粉混合过筛备用。

②巧克力融化。巧克力用 50℃的水浴法隔水融化备用。

③搅拌。采用糖油搅拌法，先将绵白糖、黄油放入搅拌缸中快速搅打至发白，呈绒毛状，加入融化的巧克力拌匀，然后分批缓缓加入鸡蛋和牛奶快速搅打至起发，改慢速后加入蛋糕粉和泡打粉搅打均匀即可。

④成型。将蛋糕糊装入纸杯模具中，七八成满即可。

⑤成熟。上火 185℃、下火 180℃，烘烤 25min 左右。

4. 工艺操作要点

①黄油应在室温下软化，糖和油搅拌时需时常停机刮缸，使油脂充分搅拌松发。

②巧克力隔水融化的温度不宜太高，一般不超过 60℃。

③鸡蛋要分批加入，每加一次蛋液后，要等搅拌至蛋液与油脂充分乳化融合后再加下一批。

④面粉和泡打粉一定要先过筛混匀，否则泡打粉分布不均匀，则蛋糕中会

有大孔洞。

⑤搅拌好的蛋糕糊要尽快装模烘烤，放的时间长了面粉容易生筋。

5. 成品要求

黑巧克力色，形态饱满，顶部略鼓起，巧克力风味浓郁，内部气泡均匀，口感细腻湿润。

第六节　乳酪蛋糕的制作

一、乳酪蛋糕的分类及特点

乳酪蛋糕又称奶酪蛋糕、芝士蛋糕，是欧美国家婚礼上必备的一种糕点，象征着"甜蜜的爱情"。乳酪蛋糕营养丰富，奶香浓郁，口感细腻顺滑，近年来在世界各国都非常流行。

乳酪蛋糕按奶酪含量的不同可以分为轻乳酪蛋糕和重乳酪蛋糕。重乳酪蛋糕中乳酪含量非常高，是面粉的 10 ~ 20 倍，味道浓重而强烈，在欧洲基本都是指重乳酪蛋糕，以德国的乳酪蛋糕最具代表性，基本是用纯乳酪制作的。轻乳酪蛋糕也被称为日式乳酪蛋糕，是在日本改进并兴起的、奶油奶酪比重比较小的乳酪蛋糕。改进后的配方中添加了少量的低筋面粉，并且里面鸡蛋的用量明显增加，口感已接近蛋糕，且成本也低了许多。

乳酪蛋糕按制作方法的不同可分为烤制型和冻制型两种。烤制型乳酪蛋糕通常由奶油奶酪、糖、鸡蛋、牛奶或鲜奶油等原料经长时间烘烤而成。冻制型乳酪蛋糕需要加入凝固剂使其在冰箱内低温冷藏凝固后食用，最具代表性的是意大利的提拉米苏，入口清凉爽滑，口感介于冰激凌和蛋糕之间。冻乳酪蛋糕由于不用烤制，可以加些酒或果泥等来调味调色，使得成品的外观更整齐，颜色更漂亮，香味更浓郁。

二、乳酪蛋糕的制作原理

一般来说，乳酪蛋糕的面层比其他蛋糕的面层稍微硬一点，依据所用的干酪和具体做法的不同，奶酪蛋糕的外观和口味有很多变化。有的奶酪蛋糕质地很密，有的比较膨松，有的利用吉利丁片或吉利丁粉制作而成，有的则利用蛋黄或蛋白稍经处理后制成，总之这种蛋糕做法百变，风味百变，颜色也非常亮丽诱人。

三、乳酪蛋糕的选料要求

1. 奶油奶酪

乳酪蛋糕的主要原料就是奶酪。奶酪是牛奶经浓缩、发酵制成的一种营养丰富的奶制品。奶酪品种繁多，口味也各式各样，但在西点中使用最多的是奶油奶酪。奶油奶酪是一种未成熟的全脂奶酪，色泽洁白，质地细腻，口感微酸，非常适合用来制作奶酪蛋糕。

2. 绵白糖

制作乳酪蛋糕一般采用绵白糖。因为绵白糖质地绵软、细腻，结晶颗粒细小，并在生产过程中喷入了 2.5% 左右的转化糖浆，因而在制作乳酪蛋糕时更容易溶解，且不易结晶。

3. 鸡蛋

鸡蛋是乳酪蛋糕制作中的重要原料之一，在乳酪蛋糕中起发泡和乳化等作用，同时具有提高营养价值、改善色泽、保持柔软性的作用。

4. 淡奶油

淡奶油又称稀奶油，是从牛奶中提炼出来的动物奶油，脂肪含量一般在 30% ~ 36%，打发后呈固态。在冻乳酪蛋糕中起润滑、膨松和增加香味的作用。

5. 酸奶

酸奶是以牛奶为原料，经过巴氏杀菌后添加乳酸菌发酵制成的、具有酸味和特殊香味的一种牛奶制品。在乳酪蛋糕制作中被用于制作酸奶乳酪蛋糕。酸奶不仅能够增加蛋糕的风味，提高食用者的食欲，而且具有很好的保健功能。

6. 玉米淀粉

玉米淀粉又称玉蜀黍淀粉，是以玉米为原料制成的淀粉，色泽比面粉更白，吸湿性强。在乳酪蛋糕中常加入适量的玉米淀粉，以降低面粉的筋性。

7. 饼底

因为乳酪蛋糕口感比较扎实细腻，一般需要配一层饼干底或蛋糕片做底，一是可以起到隔垫的作用，方便拿取和切分，二是与奶酪相搭配口感更丰富。饼干底常用消化饼干做原料，奥利奥巧克力饼干也可以。蛋糕片通常就选用戚风蛋糕切下一片即可。

实例 1　轻乳酪蛋糕

1. 产品简介

轻乳酪蛋糕中奶油奶酪比重较小，配方中添加了少量低筋面粉，并且鸡蛋的用量明显增加。口感已有点接近蛋糕，但比蛋糕更细腻、软润，且带有芝士的香味，是深受年轻人喜欢的一种糕点。

2. 原料及配方（表 5-24）

表 5-24　轻乳酪蛋糕的配方

	原料	烘焙百分比（%）	实际重量（g）	产品图片
奶酪部分	奶油奶酪	500	300	
	黄油	170	102	
	牛奶	500	300	
	玉米淀粉	55	33	
	低筋粉	100	60	
	蛋黄	250	150	
蛋白部分	蛋白	500	300	
	塔塔粉	10	6	
	绵白糖	320	192	

3. 制作程序

①计量。按上述配方将所需原料计量称重，低筋粉混合过筛备用。

②奶油奶酪糊的搅拌。奶油奶酪、黄油一起加入搅拌缸里拌匀，逐步加入蛋黄，搅拌均匀。玉米淀粉，低筋粉过筛后，加入拌匀后，再加入牛奶搅匀。

③蛋白打发。蛋白加入塔塔粉中速搅拌至湿性发泡后，加绵白糖打发中性发泡。

④混合。将蛋白部分与奶油奶酪部分材料混合，拌匀即可。

⑤装模。模具垫入油纸，装入蛋糕糊，八成满即可。

⑥水浴烘烤。烤盘加水再放入烤模，再放入上火 150℃、下火 120℃的烤箱烘烤 40 ~ 60 min。

⑦冷却脱模。烘烤结束后将模具取出后，用尖刀将蛋糕与烤模刮开后，放置 15 min 后脱模。凉透后，在表面涂刷一层果胶。

4. 工艺操作要点

①搅打奶油奶酪时，要反复用橡皮刮刀将搅拌缸内壁上黏附的物料刮下，这样才能使物料搅拌均匀，不会有颗粒黏附在缸壁上。

②牛奶和蛋黄要分次加入，每一次加入时要等蛋黄充分搅拌融合后才可以加下一批。

③蛋白的打发同戚风蛋糕的制作，蛋白打发到中性发泡即可。

④垫在模具中的蛋糕底的大小与模具底部大小相同，厚度在1cm左右。

⑤蛋白部分和蛋黄部分混合时搅拌不要过久和过猛，以免蛋白受油脂的影响而产生消泡现象。

5.成品要求

色泽表面棕红色，侧面淡黄色，外观整齐美观，内部组织均匀，口感细腻滋润、香味浓郁。

实例2 核桃乳酪蛋糕

1.产品简介

核桃乳酪蛋糕口感较丰富，细腻爽滑的芝士蛋糕配上核桃仁、杏仁的嚼劲、打发的蛋白使蛋糕变得松软轻盈，再融入浓浓的奶酪香气，使得核桃乳酪蛋糕口感层次丰富，回味深厚，是一款深受消费者喜爱的糕点。

2.原料及配方（表5-25）

表5-25 核桃乳酪蛋糕的配方

原料	烘焙百分比（%）	实际重量（g）	产品图片
饼干	600	150	
黄油	121	30	
淡奶油	200	50	
牛奶	564	141	
奶酪	1256	314	
鸡蛋	140	35	
玉米淀粉	100	25	
核桃仁	200	50	
绵白糖	292	73	

3.制作程序

①计量。按上述配方将所需原料计量称重。

②模具垫底。将饼干装入塑胶袋中捣碎压成屑，杏仁角烤熟，黄油放入不

锈钢盆中以隔水加热的方式融化，将消化饼干屑、奶油、杏仁角、牛奶、绵白糖一起搅拌均匀。取一烤模，在烤模的底部铺上一张油纸，再将拌匀的消化饼干平铺在烤模底部，再用刮刀压平即为底层的派皮。

③蛋糕糊搅拌。奶酪以隔水加热的方式使其回软，和绵白糖一起放入搅拌缸中速搅拌均匀后，分批加入全蛋拌匀。加入提前混合均匀的淡奶油与牛奶拌匀，加入玉米淀粉拌至均匀无颗粒。再将牛奶和淡奶油分批加入，搅拌至奶酪糊呈现出光滑细致具有流动性的状态，最后加入切碎的核桃仁拌匀即可。

④装模。将蛋糕糊倒入提前垫好底的模具中，装入八成满即可。

⑤烘烤。放入上下火均为180℃的烤箱中烘烤约50min。

⑥装饰。食用前在蛋糕表层涂上果胶即可。

4. 工艺操作要点

①软化奶油奶酪时，水浴温度应保持在65℃左右，温度不能太高。

②软化奶油奶酪时应经常用橡皮刮刀将搅拌缸内壁上黏附的物料刮下，这样才能使物料搅拌均匀，不会有颗粒黏附在缸壁上。

③蛋黄要分次加入，每一次加入时要等蛋黄充分搅拌融合后才可以加下一批。

④奶酪糊搅拌好后要保持比较浓稠的状态，如果较稀时则应当放入冰箱冷藏使其变浓稠。

⑤蛋白的打发同戚风蛋糕的制作，蛋白打发到中性发泡即可。

⑥如果是活底的蛋糕模，需要把底部用锡纸包起来，防止下一步水浴烤的时候底部进水。

⑦蛋白部分和乳酪糊混合时搅拌不要过久和过猛，以免蛋白受油脂的影响而产生消泡现象。

5. 成品要求

形态整齐美观，上色均匀，内部组织细腻均匀，无大气孔，口感细腻丰富，香甜适口。

实例3 戚风乳酪蛋糕

1. 产品简介

戚风乳酪蛋糕是在蛋黄糊中加入适量软化的奶油奶酪，再与打发的蛋白进行混合，装模后进行隔水蒸烤的一种轻乳酪蛋糕。制作工艺与戚风蛋糕很相似，添加了奶油奶酪后，使蛋糕的口感更细腻，带有奶油奶酪的香味，营养价值更高，因而深受人们的喜爱。

2. 原料及配方（表 5-26）

表 5-26　戚风乳酪蛋糕的配方

	原料	烘焙百分比（%）	实际重量（g）	产品图片
奶酪部分	奶油奶酪	600	360	
	牛奶	350	210	
	淡奶油	150	90	
	蛋黄	150	90	
	玉米淀粉	2	1.2	
	低筋粉	100	60	
蛋白部分	蛋白	300	180	
	柠檬汁	15	9	
	绵白糖	220	132	

3. 制作程序

①计量。按上述配方将所需原料计量称重，玉米淀粉、低筋粉过筛后混合均匀备用。

②准备模具。在模具内壁抹黄油，底部垫油纸，外边包上锡纸。

③奶酪蛋黄糊的搅拌。将奶油奶酪和一半的牛奶水浴熔化，倒入淡奶油和剩余的牛奶拌匀，加入蛋黄拌匀后，加入过筛的粉料。

④蛋白打发。蛋白加入柠檬汁，中速搅拌至湿性发泡后，加绵白糖打至中性发泡。

⑤混合。将蛋白部分与奶油芝士部分材料混合，拌匀即可。

⑥装模。将调好的蛋糕糊装入准备好的模具，八成满即可。

⑦烘烤。放入上、下火各 150℃的烤箱烘烤 40 ~ 50min。

⑧冷却脱模。烘烤结束后将模具取出，用尖刀将蛋糕与烤模刮开后，放置 15min 后脱模。凉透后，在表面涂刷一层果胶。

4. 工艺操作要点

①软化奶油奶酪时，水浴温度应保持在 65℃左右，温度不能太高。

②在搅拌奶油奶酪的过程中应经常用橡皮刮刀将搅拌缸内壁上黏附的物料刮下，这样才能使物料搅拌均匀，不会有颗粒黏附在缸壁上。

③蛋黄要分次加入，每一次加入时要等蛋黄充分搅拌融合后再加下一批。

④奶酪糊搅拌好后要保证其比较浓稠，如果较稀时则应当放入冰箱冷藏使其变浓稠。

⑤蛋白的打发参照戚风蛋糕的制作，蛋白打发到中性发泡即可。

⑥如果是活底的蛋糕模，需要把底部用锡纸包起来，防止下一步水浴烤的

时候底部进水。

⑦蛋白部分和乳酪糊混合时搅拌不要过久和过猛，以免蛋白受油脂的影响而产生消泡现象。

5. 成品要求

表面平整，无气泡，呈现漂亮的烘焙色。

实例 4　意大利酸奶乳酪蛋糕

1. 产品简介

意大利酸奶乳酪蛋糕是一种添加了酸奶的重乳酪蛋糕，既具有酸奶的酸味，又具有浓郁的奶酪风味，口感细腻爽滑，冷藏后口感更佳。

2. 原料及配方（表 5-27）

表 5-27　意大利酸奶乳酪蛋糕的配方

原料	烘焙百分比（%）	实际重量（g）	产品图片
奶油奶酪	1250	250	
绵白糖	250	50	
全蛋	300	60	
淡奶油	750	150	
酸奶	600	120	
玉米淀粉	100	20	
饼干屑	500	100	
黄油	75	15	

3. 制作程序

①计量。按上述配方将所需原料计量称重。

②制作饼干底。饼干压成屑，与融化的黄油拌匀成团。模具刷上融化的黄油，将拌好的饼干屑与黄油压入模具备用。

③蛋糕糊搅拌。奶油奶酪和绵白糖放入搅拌缸中，中速搅拌均匀后，分批加入全蛋拌匀，加入提前混合均匀的淡奶油与酸奶拌匀，最后加入玉米淀粉，拌至均匀无颗粒。

④装模。将蛋糕糊倒入提前垫好底，外部包了锡纸的话底蛋糕模具中，装入八成满即可。

⑤隔水烘烤。烤盘加水再放入烤模，放入上火 180℃、下火 190℃的烤箱中烘烤约 45min。

4. 工艺操作要点

①将黄油融化后再与饼干屑拌匀，否则很难将其拌均匀。

②在加入玉米淀粉后要充分搅拌保证无颗粒存在。

③隔水烘烤。在烤盘中加入深约 2cm 的水，再将装有面糊的模具放入水中。

5. 成品要求

表面呈现漂亮的烘焙色，表面烤干，有弹性。

实例 5　提拉米苏

1. 产品简介

提拉米苏是起源于意大利威尼斯西北方一带的一种咖啡酒味的甜点。其意大利原文（Tiramisu）是指将蛋糕浸泡在浓缩咖啡的糖水中，tira 是提拉的意思，mi 是我用，su 是在上，整个意思理解为自我提升、带我走。18 世纪，提拉米苏是夜间游玩补充营养的点心，这个糕点因含有浓缩咖啡液，吃了会有提神兴奋的作用。同时这个时期的提拉米苏开始使用新鲜的马士卡彭奶酪来制作，使得提拉米苏口感更细腻爽滑，味道更浓郁。如今提拉米苏在世界各国都很流行，演变至今，做法也发生了一系列的变化，味道虽然大体相同，但风格各异。

提拉米苏是以手指饼干为支撑，配合浓缩咖啡和酒增加香味，中间添加奶酪、蛋、鲜奶油与糖的柔软奶酪糊，表面以可可粉为主要装饰材料的一种乳酪慕斯蛋糕。提拉米苏的口感非常浓郁细滑，配方很简单，却将奶酪、咖啡和酒的香味融合在一起，使得提拉米苏既具有奶酪和淡奶油的幼滑香浓，咖啡的甘苦，又具有酒香的醇美和可可粉的醇厚。提拉米苏以其独特的风味和幼滑的口感，在世界各国流行，经久不衰。

2. 原料及配方（表 5-28）

表 5-28　提拉米苏的配方

原料	烘焙百分比（%）	实际用量（g）	产品图片
手指饼干	50	100	
马士卡彭奶酪	100	200	
绵白糖	20	40	
蛋黄	20	40	
蛋白	20	40	
咖啡甜酒	25	50	
淡奶油	30	60	
吉利丁	2.5	5	
无糖可可粉	10	20	
意大利香浓咖啡	40	80	
柠檬汁	10	20	

3. 制作程序

①制作饼干层：将 2/3 的咖啡甜酒与意大利香浓咖啡混合后，将手指饼干放入浸一下取出，在模具底部摆放一层。

②蛋黄糊制作。吉利丁用冷水浸泡至软，蛋黄加一半的绵白糖隔水加热搅拌至浓稠发白后，加入泡软的吉利丁使其融化，加入剩余的 1/3 咖啡甜酒拌匀。

③奶酪糊的搅拌。将蛋白加入柠檬汁搅打至湿性发泡后，加入剩余的一半绵白糖搅打至中性发泡；淡奶油单独搅打至湿性发泡。马士卡彭奶酪用打蛋器搅打顺滑，拌入蛋黄糊后，加入打发的蛋白和淡奶油搅拌均匀。

④装模。在摆放了手指饼干的模具底部倒入一半奶酪糊后，放上饼干，再倒入剩余的马斯彭奶酪。

⑤冷藏。用保鲜膜封口后，放入冷藏室中使其凝固。

⑥装饰。用撒粉的模具在其表面撒上少许可可粉，即可食用。

4. 工艺操作要点

①隔水加热蛋黄时温度不宜太高，一般在 80 ～ 90℃之间，否则蛋黄会凝固形成蛋花。

②淡奶油搅拌速度不宜太快，一般使用中速即可。

③饼干浸泡的时间不宜太久，否则饼干泡软了就会影响口感。

④从冰箱里拿出来后，用电吹风在蛋糕模的周围吹一圈，或用热毛巾捂一下就可以轻松脱模了。

5. 成品要求

形态美观，色泽和谐，入口细腻滑爽，口味香醇浓厚。

实例 6　酸奶冻乳酪蛋糕

1. 产品简介

酸奶冻乳酪蛋糕属于乳酪类蛋糕的一种，是在打发的淡奶油中，加入酸奶、奶酪调味，加入融化的吉利丁，经冷却后凝成一种凝冻式的乳酪蛋糕。其特点是口感细腻，略带酸味和奶酪的醇香，可根据不同喜好调节酸奶和奶酪的添加量。

2. 原料及配方（表 5-29）

表 5-29　酸奶冻乳酪蛋糕的配方

原料	烘焙百分比（％）	实际用量（g）	产品图片
奶油奶酪	100	200	
绵白糖	40	80	
无盐黄油	25	50	

原料	烘焙百分比（%）	实际用量（g）	产品图片
吉利丁	5	10	
蛋黄	8	16	
酸奶	50	100	
柠檬汁	10	20	
淡奶油	100	200	
曲奇饼干	50	100	

3. 制作程序

①制作饼干底。饼干压成屑，与融化的黄油拌匀成团。模具刷融化的黄油后，将拌好的饼干屑与黄油压入模具底部，放入冰箱冻硬备用。

②吉利丁片的融化。吉利丁片放入适量冷水中泡软，然后放入不锈钢调味盅内加入 30 mL 水，隔水加热融化。

③搅打奶酪。在搅拌机内将奶酪和绵白糖搅打至白色膏状，充分搅拌，按顺序依次加入蛋黄、酸奶、柠檬汁搅拌均匀。

④淡奶油打发。将淡奶油搅打到六分发的程度，用搅拌器挂起奶油后可以往下掉的程度即可。

⑤浆料混合。将打发的奶油一点一点地加入到奶油奶酪中，用小铲子缓缓混合均匀后，加入溶好的吉利丁片水，用小铲搅拌至黏稠状态。

⑥成型。从冰箱中取出模具，倒入乳酪糊，再放入冰箱冷冻 1h 以上至定型。

⑦装饰。将冷冻定型后的冻乳酪蛋糕取出，脱模后进行表面装饰。

4. 工艺操作要点

①在饼干屑中加入黄油时一定要先将黄油融化，否则很难拌均匀。

②乳酪在室温条件下软化一段时间，搅打起来更容易。

③脱模时用喷火枪加热模具边缘即可快速脱模。

5. 成品要求

形态美观，色泽和谐，入口细腻滑爽，口味香醇浓厚。

第七节　慕斯蛋糕的制作

一、慕斯蛋糕的简介

慕斯是一种冷冻式的甜点，可以直接吃，也可以做蛋糕夹层。慕斯通常是将奶油打发后，加入凝固剂经冷冻后制成的一种气凝胶状的糕点。慕斯是从法语音译过来的，最早出现在美食之都法国巴黎，是甜点大师们在奶油中加入起稳定作用、改善结构、口感和风味的各种辅料，使之外形、色泽、结构、口味变化丰富。慕斯的质地比布丁和巴伐琳（Bavarian）更柔软，产品入口即化。慕斯与巴伐琳和巴伐露（Bavarois）最大的不同点是配方中的蛋白、蛋黄、鲜奶油都需要单独与糖打发，随后再混入一起拌匀，所以质地比较松软。慕斯所使用的胶冻原料是吉利丁或鱼胶粉，因此需要低温处存放。慕斯的口感是冰激凌与布丁相结合的感觉，细腻、爽滑、柔软、入口即化。

慕斯蛋糕就是在蛋糕上加上慕斯浆料，经冷冻制成的风味独特、造型精美、口感清凉爽滑的一类蛋糕。慕斯蛋糕具有口味纯正、自然清新、不油腻、口感细腻的特点，因此适合各种年龄层次的人；慕斯外形装饰具有层次清晰、色彩协调、主题明确、精致美观的特点，又兼有冰激凌甜品的口感风味。

二、慕斯蛋糕的制作原理

慕斯可以说是一种气溶胶状的结构，制作原理是将奶油和蛋白等打发，使其充入大量的气泡，再通过添加吉利丁或明胶或鱼胶粉等增稠剂使其凝结形成稳定的气溶胶机构，经过冷冻后使其形成冻。不必烘烤即可直接食用，夏季要低温冷藏，冬季无须冷藏，可保存 3 ~ 5 天。

三、慕斯蛋糕的分类

（一）按成型方法分类

慕斯蛋糕按照成型方法不同可以分为杯装类和切块类两种。

1. 杯装类

杯装类是指将慕斯浆料装入玻璃杯、塑料杯等透明的漂亮容器中，所形成的杯状慕斯蛋糕。

2. 切块类

切块类是指利用慕斯圈等较大的模具冷冻成型后，用刀切成各种形状的慕斯蛋糕。

（二）按口味不同分类

慕斯蛋糕按照口味不同可以分为水果慕斯、奶酪慕斯、巧克力慕斯、坚果慕斯、茶类慕斯、塔派慕斯和水果果冻类慕斯等多种口味。

1. 水果慕斯

水果慕斯是利用一些新鲜水果、果酱、果汁或果粒果酱为主要原料制成的具有水果口味的慕斯。一般情况下软质水果用得比较多，如芒果、草莓、香蕉、水蜜桃等。将软质水果打成浆料或整粒添入馅料中，表面可以装饰果酱和新鲜水果，浓浓的奶油香味与清新香甜的水果香搭配在一起，使得水果慕斯口味纯正、自然清新，是深受儿童和女士们喜爱的一种甜点。

2. 巧克力慕斯

巧克力慕斯是将巧克力添加在慕斯馅料中，形成的一种具有浓厚醇香的巧克力香味与口感细腻软滑的特色慕斯。巧克力慕斯表面一般涂抹一层软质巧克力酱作为装饰，或是用巧克力喷枪在表面喷上巧克力颗粒，再插上巧克力插件，整体以巧克力为主。

3. 坚果慕斯

坚果慕斯是指将一些熟的果仁经过粉碎，或是将坚果酱添加在慕斯中形成一种特殊的果仁味慕斯，其中还可以配合一些整粒的果仁作为夹心，表面用巧克力装饰件和果仁搭配形成带有各种果仁口味的一种慕斯。常用的果仁原料有板栗、榛子、核桃和开心果。在坚果慕斯中，最具代表性的作品是蒙布朗（Mont-Blanc），它是以板栗泥为主要原料，搭配朗姆酒制成的一种具有特殊香味的慕斯。蒙布朗是以欧洲阿尔卑斯山的俊秀山峰"白朗峰"命名，其外形就是照着白朗峰的样子去做的，将栗子奶油一条一条地挤在慕斯蛋糕上，就像下了白雪的白朗峰。这道美味的法国糕点是一道既高贵又受大众欢迎的甜点。

4. 奶酪慕斯

奶酪慕斯将各种不同口味、不同类型的奶酪加入慕斯中，形成的一种具有特殊奶酪香味的甜点。奶酪慕斯中最具代表性的产品是提拉米苏，其口感细滑爽滑，浓浓的奶酪香味配合了酒的醇香，夹杂了淡淡的咖啡香，是一款令人回味无穷的美味甜品。

5. 茶类慕斯

茶类慕斯是添加了各种不同口味的茶叶而制成的一类茶香浓郁的慕斯。最初的茶类慕斯是将茶叶放入牛奶中煮，将茶味完全散发出来后捞出，再加入鲜奶油等材料做成的慕斯。近年来的做法是直接将各种茶粉添加到慕斯糊中，如大家非常熟悉的抹茶慕斯，在市场中的普及度很高。

6. 塔派慕斯

塔派慕斯是将慕斯或各种馅料、甜点浆料充实于可食用的器皿中，此名字源于古罗马时代派美点心，盘状点心是一种借助于塔派的外形使慕斯添加在其中，让塔、派作为一个可外壳容器。塔派慕斯口味基本上没有任何规定，任何一种口味都适合，塔、派在外形上会比较容易变化，从而使慕斯的外观上也有了一定的变化空间。塔、派的基本做法相同，在饼干用面团或派类面团制成的盘状台子中挤入奶油，再点缀时令水果和一些巧克力装饰件即可，看起来非常简单，但想要做好也要费一番功夫。

四、慕斯蛋糕的选料要求

1. 鲜奶油

鲜奶油主要是指可以打发起泡、形成均匀浓稠的泡沫的液体奶油，主要包括植脂奶油和淡奶油。鲜奶油除了赋予慕斯芬芳浓郁的乳香味以外，还起到填充慕斯，使其膨大的作用，并使慕斯具有良好的弹性。一般情况下，鲜奶油的风味直接影响慕斯的口感和口味，因此最好选择淡奶油，这是因为淡奶油没有甜味，而奶香味更浓郁。另一方面淡奶油的泡沫更加细腻，使得慕斯的口感更香滑细腻，清新醇正。

2. 蛋白

蛋白也可以作为慕斯的填充材料，但其泡沫的稳定性不如鲜奶油，因而现在已经较少使用。蛋白是一种韧性材料，打发加入慕斯中虽然也有可塑性，但其气泡会随着温度及时间的变化而渐渐的消泡，并出现表面干裂、内部塌陷等现象，因而现在的慕斯里很少用蛋白，而使用鲜奶油。

3. 吉利丁

吉利丁是一种从动物的骨皮里提炼出来的一种有机化合物胶体。吉利丁具有强大的吸水特性和凝固功能。慕斯内没有面粉或其他淀粉来做凝固材料，主要是靠吉利丁的吸水特性来凝结成固体的。吉利丁从外观上来看分为片状、粉状、颗粒状三种类型。由于吉利丁是一种干性材料，在使用之前必须在水中浸泡，待干性的胶质软化成糊状再使用。如果不用水浸泡，会出现融化不均匀的现象，容易有颗粒粘在边上。同时需注意，泡吉利丁的水温必须低于28℃，因为在28℃的时候吉利丁就会开始慢慢地溶化。吉利丁质量的判断可以从味道来区别，质量好的吉利丁闻起来没有什么味道，质量差的吉利丁闻起来会有一种腥昧，腥味越浓质量就越差。

4. 牛奶

牛奶是慕斯中的主要原料，其作用包括：①牛奶是慕斯中水分的主要来源；②牛奶中含有很丰富的蛋白质、乳糖等成分，可以使慕斯的口感更为爽口、质地更加细致润滑；③提高慕斯的营养价值，如果用水代替牛奶，虽然可行，但在风味、口感上远不如牛奶，特别是用水做的慕斯，冷冻后内部会形成冰晶体，从而影响整个慕斯的口感和风味。

5. 糖

糖是慕斯蛋糕的主要原料之一，其作用包括：①增加慕斯蛋糕的甜度；②赋予慕斯蛋糕很好的弹性，糖在温水加热后会形成葡萄糖和果糖，分布在慕斯中可使其变得细腻柔软，同时也具有了像布丁一样良好的弹性；③使慕斯内的水分不至于很快地流失掉，因此糖的用量越多，慕斯的保质期也越长，稳定性就越好；④赋予慕斯良好的光泽，尤其在切片中，切面的光泽度可诱人食欲。

6. 蛋黄

蛋黄是慕斯蛋糕中的重要材料之一，具有较好的凝聚力和乳化作用，可使慕斯蛋糕质地保持稳定。蛋黄用于制作慕斯时要加热到 80 ~ 90℃，这主要是因为生的蛋黄中有大量的细菌，加热可以灭菌。但要注意的是加热温度不能超过100℃，温度过高会使蛋黄形成蛋花状，影响整个慕斯的口感。

7. 蛋糕坯

慕斯蛋糕是由牛奶和胶质凝结而成，必须借助夹层蛋糕或饼干的力量，来衬托成型，这与派皮与派馅的相互结合是同样的原理。在慕斯中加入蛋糕坯，一方面可以消除油腻感，另一方面利用蛋糕胚的吸湿性将酒和奶的香味吸附在蛋糕内，使慕斯更加芬芳可口。此外，慕斯的水分含量较高，夹在慕斯中的蛋糕坯应当选择水分含量较低的。通常会选用乳化海绵蛋糕坯，而很少使用戚风蛋糕，因为戚风蛋糕水分含量较高，支撑不住慕斯的重量，且两者水分含量都大，会使戚风蛋糕吸水形成烂糊状。如果慕斯蛋糕的模具高为 5cm，那么海绵蛋糕坯的高度为 1cm 左右比较适宜。

五、慕斯蛋糕的制作工艺流程及操作要点

1. 慕斯蛋糕的制作工艺流程

吉利丁片泡软，蛋黄加糖拌匀　　奶油打发　蛋糕切片垫入模具

果料绞
　　　→ 加热 → 融化 → 冷却待用 → 混合 → 入模 → 冷冻 → 装饰 → 成品
碎成泥

2. 操作要点

①淡奶油或植脂奶油的搅拌一般打到六成发即可，不能过度搅拌，防止过硬不易拌匀，且蛋糕口感不够细腻。

②隔水加热蛋黄时温度不宜太高，一般在 80 ~ 90℃之间，否则蛋黄会凝固形成蛋花。

③在慕斯中加入鲜奶油时的温度一般为 30 ~ 40℃，温度太低，会使酱料太稠、太干，失去细腻嫩滑的口感。温度太高则鲜奶油融化，使得浆料太稀。浆料太稀是没有办法直接补救的，只有重新调配方，完全冷透以后再加打发的鲜奶油，将两者调和至适宜的稠度。浆料太稠、太干则可以采取隔水加热的方法，搅拌到适宜的稀稠度就可以离火了。

④慕斯馅制作完成后要尽快装模，防止鱼胶凝结。

⑤慕斯做好后放入冰箱冷冻成型。

⑥慕斯从冰箱里拿出来后，用电吹风或火枪在蛋糕模周围吹一圈，或用热毛巾捂一下就可以轻松脱模了。

实例 1　草莓慕斯

1. 产品简介

草莓慕斯是用草莓果粒果酱和牛奶混合加热，加入泡软的吉利丁片融化后，与白巧克力混合，并加入打发的淡奶油经冷冻制成的具有浓郁草莓香味，酸甜适口、细腻爽滑的甜品。

2. 原料及配方（表 5-30）

表 5-30　草莓慕斯蛋糕的配方

原料		烘焙百分比（%）	实际重量（g）	产品图片
垫底	海绵蛋糕坯	2 片	2 片	
慕斯糊	草莓果粒果酱	70	105	
	牛奶	50	75	
	纯白巧克力	110	165	
	吉利丁片	5	7.5	
	淡奶油	100	150	
装饰原料	草莓果酱	100		
	草莓	50		
	巧克力插件	5 个		
	薄荷叶	适量		

3. 制作程序

①原料准备。将海绵蛋糕切成 1cm 左右厚的片；吉利丁片加入 30 mL 的冷水浸泡至软。

②淡奶油的打发。将淡奶油打至六成发左右备用。

③草莓慕斯糊的调制。将草莓果粒果酱和牛奶倒入双层盆混匀后隔水加热，加入泡好的吉利丁片搅拌至完全融化后，加入切碎的纯白巧克力拌匀，融化至无颗粒状。停火冷却至 40℃ 左右，加入打发的淡奶油拌匀即可。

④装模。慕斯圈用油纸包住底部放在不锈钢盘中，放入与其大小相同的海绵蛋糕片。将调好的草莓慕斯糊装入裱花袋中，挤入慕斯圈模中至 1/2 处。再放入第二片海绵蛋糕，倒入剩余的慕斯糊，用抹刀抹平表面。

⑤冷冻。将不锈钢盘端平放入冰箱中冷冻。

⑥脱模。取出冷却好的慕斯，用火枪将慕斯圆模周围烧热，待慕斯边缘略融化时脱模。

⑦装饰。将脱好模的慕斯放在网架上淋上一层草莓果酱，用抹刀将草莓果酱抹平，在表面装饰上草莓、巧克力插件及薄荷叶即可。

4. 工艺操作要点

①淡奶油不要搅打得太硬，稍微软一点的泡沫奶油，更容易保持慕斯膏体的细腻软滑。

②浆料需冷却到 40℃ 左右再与淡奶油混合，如果温度太高易使淡奶油融化，浆料太稀，不易成型，失去慕斯的泡沫状口感。如果温度太低，则浆料太稠，太干，会使慕斯失去细腻嫩滑的口感。

③慕斯冷冻成型后、使用前放入冷藏室解冻，口感更佳，冷藏保质期可以达到 3 天。

5. 成品要求

形态美观，色泽鲜艳，口味纯正，不油腻，口感细腻。

实例2　巧克力慕斯蛋糕

1. 产品简介

巧克力慕斯是最常见的一种慕斯蛋糕，是将巧克力融化后拌入慕斯糊中制成的具有巧克力香味的一种慕斯蛋糕，是深受人们喜爱的一种甜品。

2. 原料及配方（表 5-31）

表 5-31　巧克力慕斯蛋糕的配方

原料		烘焙百分比（%）	质量（g）	产品图片
垫底材料	巧克力海绵蛋糕坯	2 片	2 片	
慕斯糊	巧克力	40	120	
	牛奶	80	240	
	吉利丁片	5	15	
	淡奶油	100	300	
	蛋黄	30	90	
	绵白糖	30	90	
装饰原料	软巧克力酱	100		
	巧克力片	12 片		
	巧克力插件	3 个		
	马卡龙	2 个		

3. 制作程序

①原料准备。将巧克力海绵蛋糕切成 1cm 左右厚的片；吉利丁片加入 30 mL 的冷水浸泡至软，巧克力切碎。

②淡奶油的打发。将淡奶油打至六成发左右。

③巧克力慕斯糊的调制。牛奶倒入双层盆中隔水加热，加入泡好的吉利丁片搅拌至完全融化，将蛋黄和绵白糖搅拌均匀后加入，继续加热至 80℃ 左右。离火后加入切碎的巧克力拌匀，融化至无颗粒状。冷却至 40℃ 左右时，加入打发的淡奶油拌匀即可。

④装模。慕斯圈用油纸包住底部，放在不锈钢盘中，放入与其大小相同的巧克力海绵蛋糕片。将调好的巧克力慕斯糊装入裱花袋中，挤入慕斯圈模中至 1/2 处。再放入第二片蛋糕坯，倒入剩余的慕斯糊，用抹刀抹平表面。

⑤冷冻。将不锈钢盘端平放入冰箱中冷冻。

⑥脱模。取出冷却好的慕斯，用火枪将慕斯圆模周围烧热，待慕斯边缘略融化时脱模。

⑦装饰。将脱好模的慕斯放在网架上，淋上一层巧克力酱，用抹刀将其抹平，在侧面贴上巧克力片，表面装饰巧克力插件及马卡龙即可。

4. 工艺操作要点

①淡奶油不要搅打得太硬，稍微软一点的泡沫奶油，更容易保持慕斯膏体的细腻软滑。

②巧克力混合物在没有完全冷却的时候是比较稀的状态，必须冷藏到浓稠才能和打发后的鲜奶油混合。但冷藏的时间不要太长，否则巧克力混合物会凝固。如果混合物凝固了，可以隔水加热并搅拌，使它融化到合适的浓稠程度。

③慕斯冷冻成型后使用前放入冷藏室解冻口感更佳，冷藏保质期可以达到3天。

5. 成品要求

形态美观，色泽和谐，口味纯正，不油腻，口感细腻。

实例 3　瑞士奶酪慕斯

1. 产品简介

瑞士奶酪慕斯是一种奶冻式的甜点，加入奶酪与凝固剂来造成浓稠冻状的效果，可以直接吃或做蛋糕夹层。

2. 原料及配方（表 5-32）

表 5-32　瑞士奶酪慕斯蛋糕的配方

	原料	烘焙百分比（%）	实际用量（g）	产品图片
垫底材料	巧克力海绵蛋糕坯	2 片	2 片	
慕斯糊	奶油奶酪	80	240	
	绵白糖	20	60	
	淡奶油	100	300	
	蛋黄	30	90	
	朗姆酒	1	3	
	吉利丁片	3.3	10	
	水	6.7	20	
装饰原料	镜面果胶	1 个	50	
	马卡龙		1 个	
	巧克力插件		1 个	

3. 制作程序

①原料准备。将绵蛋糕切成 1cm 左右厚的片；吉利丁片加入 30 mL 的冷水

浸泡至软。

②淡奶油的打发。将淡奶油打至六成发左右。

③乳酪慕斯糊的调制。奶油奶酪与绵白糖隔水加热搅拌，拌至软化，加入蛋黄搅拌至均匀。将提前用水浸泡的吉利丁片加入，隔水加热至融化。离火后冷却至40℃左右时，加入打发的淡奶油、朗姆酒搅拌至均匀即可。

④装模。慕斯圈用油纸包住底部放在不锈钢盘中，放入与其大小相同的海绵蛋糕片。将调好的乳酪慕斯糊装入裱花袋中，挤入慕斯圈模中至1/2处；再放入第二片蛋糕坯，倒入剩余的慕斯糊，用抹刀抹平表面。

⑤冷冻。将不锈钢盘端平放入冰箱中冷冻。

⑥脱模。取出冷却好的慕斯，用火枪将慕斯圆模周围烧热，待慕斯边缘略融化时脱模。

⑦装饰。将脱好模的慕斯放在网架上淋上一层镜面果胶，用抹刀将其抹平，在侧面贴上镜面果胶，表面装饰巧克力插件及马卡龙即可。

4. 工艺操作要点

①奶油奶酪与绵白糖必须搅拌均匀，确保乳酪中无颗粒。

②吉利丁片必须提前用冷水浸泡至软。

③淡奶油、朗姆酒须搅拌均匀。

④装入模具中一定要放入冷冻柜中冷冻。

5. 成品要求

形态美观，口感柔软，入口即化，具有浓郁的奶酪香味。

实例4　巧克力咖啡慕斯

1. 产品简介

巧克力咖啡慕斯是将巧克力和咖啡融化后，拌入慕斯糊中制成的融合了巧克力醇香和咖啡的甘苦的一种慕斯蛋糕，入口爽滑细腻，回味长久，是深受人们喜爱的一种甜品。

2. 原料及配方（表5-33）

表5-33　咖啡慕斯蛋糕的配方

原料		烘焙百分比（%）	实际重量（g）	产品图片
垫底材料	海绵蛋糕坯	2片	2片	

续表

原料		烘焙百分比（%）	实际重量（g）	产品图片
慕斯糊	牛奶	25	75	
	吉利丁片	5	15	
	蛋黄	5	15	
	浓缩咖啡	35	105	
	巧克力酱	50	150	
	淡奶油	100	300	
装饰原料	可可粉		50	
	巧克力插件		3个	

3. 制作程序

①原料准备。将绵蛋糕切成 1cm 左右厚的片；吉利丁片加入 30 mL 的冷水浸泡至软。

②淡奶油的打发。将淡奶油打至六成发左右。

③乳酪慕斯糊的调制。牛奶倒入双层盆中，将提前用水浸泡的吉利丁片加入，隔水加热至融化。蛋黄搅拌均匀后加入，继续加热至 80℃ 左右。加入巧克力酱和浓缩咖啡拌匀，离火后冷却至 40℃ 左右，加入打发的淡奶油搅匀即可。

④装模。慕斯圈用油纸包住底部放在不锈钢盘中，放入与其大小相同的海绵蛋糕片。将调好的慕斯糊装入裱花袋中，挤入慕斯模中至六成满处。再放入第二片蛋糕坯，倒入剩余的慕斯糊，用抹刀抹平表面。

⑤冷冻。将不锈钢盘端平放入冰箱中冷冻。

⑥脱模。取出冷却好的慕斯，用火枪将慕斯模周围烧热，待慕斯边缘略融化时脱模。

⑦装饰。将脱好模的慕斯放在网架上撒上可可粉，表面装饰巧克力插件即可。

4. 工艺操作要点

①慕斯使用的吉利丁是动物胶，因此成品需低温保存。

②鲜奶油打至六成发，呈浓稠状，但用打蛋器提起时还能向下掉落说明刚刚好。

5. 成品要求

造型美观，色泽对比鲜明，口感滑软细腻。

实例 5 红豆奶酪慕斯

1. 产品简介

红豆奶酪慕斯是添加了奶油奶酪和红蜜豆制作而成的具有浓郁的奶酪香味，又具有蜜豆的香甜的一种松软性甜食。

2. 原料及配方（表 5-34）

表 5-34 红豆奶酪慕斯蛋糕的配方

原料		烘焙百分比（%）	实际用量（g）	产品图片
垫底材料	海绵蛋糕坯	2 片	2 片	
慕斯糊	奶油奶酪	50	100	
	绵白糖	15	30	
	蛋黄	45	90	
	淡奶油	100	200	
	君度酒	7.5	15	
	红蜜豆	75	150	
	吉利丁片	5	10	
	水	15	30	
装饰原料	可可粉		50	
	巧克力插件		3 个	

3. 制作程序

①原料准备。将海绵蛋糕切成 1cm 左右厚的片，吉利丁片加入 30 mL 的冷水浸泡至软。

②淡奶油的打发。将淡奶油打至六成发左右。

③慕斯糊的调制。奶油奶酪倒入双层盆隔水软化，加入蛋黄和绵白糖隔水加热至 70℃，加入浸泡好的吉利丁片隔水加热至融化。离火后冷却至 40℃左右，加入打发的淡奶油和君度酒搅匀后，加入蜜豆拌匀即可。

④装模。慕斯圈用油纸包住底部放在不锈钢盘中，放入与其大小相同的海绵蛋糕片。将调好的慕斯糊装入裱花袋中，挤入慕斯圈模中至六成满处。再放入第二片蛋糕坯，倒入剩余的慕斯糊，用抹刀抹平表面。

⑤冷冻。将不锈钢盘端平放入冰箱中冷冻。

⑥脱模。取出冷却好的慕斯，用火枪将慕斯圆模周围烧热，待慕斯边缘略

融化时脱模。

⑦装饰。将脱好模的慕斯放在网架上撒上可可粉，表面装饰巧克力插件即可。

4. 工艺操作要点

①称料准确，按配方称量。

②要将吉利丁彻底融化，不能留有颗粒。

③加热蛋黄时温度不能过高，否则会导致蛋黄凝固形成蛋花。

④在入模后最好把模具往桌子上轻轻地磕一下，可以起到消泡的作用，这样慕斯会比较平滑。

⑤慕斯蛋糕在冷藏保存的时候，应当用密封盒或保鲜膜密封，以防止蛋糕体变干燥及冰箱异味渗入。

5. 成品要求

造型美观，色泽明艳，口感滑软细腻。

实例 6　芒果慕斯蛋糕

1. 产品简介

添加了芒果泥的慕斯蛋糕色泽亮丽，具有芒果和鲜奶油的清香，口味自然柔和，口感细腻软滑。

2. 原料及配方（表 5-35）

表 5-35　芒果慕斯蛋糕的配方

原料		烘焙百分比（%）	实际用量（g）	产品图片
垫底材料	海绵蛋糕坯	2 片	2 片	
慕斯糊	牛奶	50	100	
	吉利丁片	5	10	
	蛋黄	15	30	
	芒果	100	200	
	淡奶油	100	200	
	绵白糖	15	30	
装饰原料	芒果		2 个	
	草莓		3 个	

3. 制作程序

①原料准备。将海绵蛋糕切成 1cm 左右厚的片；吉利丁片加入 30 mL 的冷水浸泡至软。将芒果去皮，切下芒果肉放入搅拌机中打成果蓉。

②淡奶油的打发。将淡奶油打至六成发左右。

③慕斯糊的调制。先将牛奶和泡软的吉利丁倒入双层盆中，隔水加热至完全融化。加入搅拌至发白的蛋黄，搅拌加热至 80 ~ 90℃停火。加入芒果蓉搅拌均匀，冷却至 40℃左右加入打发的淡奶油，拌匀即可。

④装模。8 寸圆形慕斯圈用油纸包住底部放在不锈钢盘中，放入与其大小相同的海绵蛋糕片。将调好的慕斯糊装入裱花袋中，挤入慕斯圈模中至六成满处。再放入第二片蛋糕坯，倒入剩余的慕斯糊，用抹刀抹平表面。

⑤冷冻。将不锈钢盘端平放入冰箱中冷冻。

⑥脱模。取出冷却好的慕斯，用火枪将慕斯圆模周围烧热，待慕斯边缘略融化时脱模。

⑦装饰。将芒果顺长切成片，在蛋糕表面围一圈后，再点缀上草莓即可。在芒果和草莓表面刷镜面果胶，防止变色。

4. 工艺操作要点

①选择果肉细腻，成熟度适中的芒果进行制作。

②芒果蓉也可以用芒果果酱代替，其加糖量要适度调整。

③装饰好的芒果慕斯蛋糕冷藏保存，时间不宜太长。

5. 成品要求

色泽鲜艳，形态美观，具有芒果和鲜奶油的柔和香味，口感细腻软滑，入口即化。

实例 7　蓝莓慕斯

1. 产品简介

蓝莓慕斯是一种添加了蓝莓果酱的慕斯蛋糕，具有蓝莓的香味，口感爽滑细腻，入口即化。

2. 原料及配方（表 5-36）

表 5-36　蓝莓慕斯蛋糕的配方

原料		烘焙百分比（%）	实际重量（g）	产品图片
垫底材料	海绵蛋糕坯		2 片	

续表

原料		烘焙百分比（%）	实际用量（g）	产品图片
慕斯糊	牛奶	25	50	
	吉利丁片	5	10	
	蛋黄	30	60	
	绵白糖	10	20	
	蓝莓果酱	100	200	
	纯白巧克力	40	80	
	淡奶油	100	200	
装饰原料	巧克力插件		2个	
	薄荷叶		3个	

3. 制作程序

①原料准备。将海绵蛋糕切成 1cm 左右厚的片，吉利丁片加入 30 mL 的冷水浸泡至软。

②淡奶油的打发。将淡奶油打至六成发左右备用。

③蓝莓慕斯糊的调制。将吉利丁片加牛奶拌匀放入盆中隔水加热，融化后加入蓝莓果酱拌匀。将蛋黄加入盆中，边加水边搅拌，待温度至 80～90℃时停火，加入切碎的纯白巧克力拌匀至融化。停火冷却至 40℃左右，加入打发的淡奶油拌匀即可。

④装模。慕斯圈用油纸包住底部放在不锈钢盘中，放入与其大小相同的海绵蛋糕片。将调好的草莓慕斯糊装入裱花袋中，挤入慕斯圈模中至 1/2 处。再放入第二片海绵蛋糕，倒入剩余的慕斯糊，用抹刀抹平表面。

⑤冷冻。将不锈钢盘端平放入冰箱中冷冻。

⑥脱模。取出冷却好的慕斯，用火枪将慕斯圆模周围烧热，待慕斯边缘略融化时脱模。

⑦装饰。将脱好模的慕斯在表面喷上一层白巧克力，装饰上巧克力配件，薄荷叶即可。

4. 工艺操作要点

①称料准确，按配方称量。

②要将吉利丁粉彻底融化，不能留有颗粒。

③加热蛋黄时温度不能过高，否则会导致蛋黄凝固形成蛋花。

④制作时最大的特点是配方中的蛋白、蛋黄、鲜奶油都要单独与糖打发，再混入一起拌匀，所以质地较为松软，有点像打发了的鲜奶油。

5. 成品要求

形态美观，色泽鲜艳，口味纯正，不油腻，口感细腻。

第八节　装饰蛋糕的制作

一、蛋糕装饰的目的

装饰蛋糕是西点的重要组成部分，是西点品种变化的主要手段，可以说千姿百态、丰富多彩的西点品种正是源于这种装饰。它通过对蛋糕装饰的主题、形式、结构等内容的设计，运用涂抹、裱型、构图、淋挂、捏塑等工艺，充分体现装饰蛋糕的原料美、形式美与内容美，给人以美的享受。蛋糕的装饰是蛋糕制作工艺的最终环节，通过装饰点缀，不但增加蛋糕的风味特点，提高成品的营养价值和质量，更重要的是给人们带来美的享受，增进食欲。另外蛋糕装饰还起到保护蛋糕的作用，通过涂抹奶油、淋巧克力和包覆翻糖皮，使蛋糕不易失水干燥，延长了保质期。

二、蛋糕常用的装饰材料

蛋糕的装饰材料按用途分可分为两大类：一是在蛋糕表面涂抹或中间夹心的软质原料；二是可以捏塑造型、点缀用的硬质材料。原料的选择多以美观、淡雅、营养丰富为特点。常用的蛋糕装饰材料如下。

①奶油制品：淡奶油、植脂奶油和黄油等。

②巧克力制品：巧克力、奶油巧克力、翻糖巧克力、巧克力针和巧克力碎皮等。

③糖制品：蛋白奶油、糖粉、糖浆、翻糖和糖艺等。

④新鲜水果及罐头制品：如草莓，菠萝，猕猴桃，红、绿、黑樱桃罐头，黄桃罐头等。

⑤其他装饰材料：各种结力冻、果酱、果仁等。

三、几种常见蛋糕装饰材料的调制方法

1. 鲜奶油

鲜奶油主要包括动物性鲜奶油、植物性鲜奶油和合成性鲜奶油三种。鲜奶油是目前国内外最流行的一种蛋糕装饰材料。无论是用于夹心，还是表面装饰，都是最适口又易于成型的材料。由于鲜奶油价格较高，一般用于高级点心和蛋糕的装饰中。

（1）鲜奶油的调制方法　淡奶油一般冷藏保存，可以直接倒入搅拌桶内，慢速搅拌至稀软状，再用中速搅拌至具有一定的硬度，达到需要的可塑性即可，此时体积比原始体积增大了 3～4 倍。最后再改慢速搅拌半分钟，使奶油变得细腻光滑，呈细白状即可。植脂奶油一般冷冻保存，在打发前需在冷藏冰箱中解冻，不用全部化开，有 2/3 解冻即可，打发方法同淡奶油。

（2）鲜奶油的使用特性

①一次性不可搅拌过多，最好在 1h 内用完，否则溶解后，会失去光泽，而形状也逐渐稀软，毛糙，不易操作。

②搅拌有剩余，可存于冰箱内冷冻，待下次使用时解冻搅拌即可。

③搅拌的最佳温度在 0～5℃，环境温度 20℃左右。

2. 黄油

黄油也是常用的装饰材料，由于凝固点较高，有时因凝固较快而影响操作，所以调制时尤其要注意的是温度。

（1）黄油膏的调制方法　将黄油室温软化后，倒入搅拌缸内，用中速搅拌至光滑，颜色为乳白色时，可加入甜味材料（如糖浆、糖粉等）继续搅拌至有可塑性，体积增大 2～3 倍，颜色为乳白色，光滑细腻状，软硬度适中。

（2）黄油膏的使用特性

①由于黄油很容易凝固，特别是在气温较低时，所以使用时最好能采取一定的保温措施，例如提高室温，隔水加热等。

② 一般黄油与糖浆的比例为 5：4。

③ 若要添加色素，不能像鲜奶油那样直接添加，最好先将色素用水化开后，加入奶油调拌均匀。

3. 巧克力

巧克力是以可可粉、糖、油脂、牛奶、香料等多种材料，经过均质机乳化调制而成的，通常以熔点的高低来判断巧克力质地的硬、软、稀。而以其所含的成分及调配比率，来区分出各等巧克力。高品质的巧克力质地细而滑，吃起来硬而脆，表面富有光泽，入口即化，香醇美味。

（1）巧克力奶油膏的调制方法　将巧克力融化后加入黄油膏中，搅拌均匀即可使用，可用于裱花。

（2）巧克力淋酱（甘纳许）的调制方法　黑巧克力淋酱配方：黑巧克力 200g，淡奶油 200g，麦芽糖 20g。白巧克力淋酱配方：白巧克力 300g，淡奶油 180g。

制作时将巧克力先切碎后，放入双层盆中隔水搅拌加热，水温控制在 50～60℃。不要超过 60℃，否则巧克力的组织状态会被破坏，失去原有的光泽和细腻感。等巧克力完全溶解后，加入麦芽糖和淡奶油拌匀即可。加入淡奶油后搅拌幅度要小，防止起泡，影响巧克力淋酱的组织状态。

（3）巧克力的使用特性

①硬质巧克力可刨成巧克力屑直接铺在蛋糕表面及四周，或融化后直接涂抹在蛋糕表面。

②巧克力溶解的方法是用隔水加热法，溶解的最佳温度为50℃，否则，巧克力会失去可塑性。

③巧克力与奶油膏的比例一般为2∶5，可依情况调节比例。

4. 翻糖

翻糖音译自Fondant，常用于蛋糕和西点的表面装饰，是一种工艺性很强的蛋糕。它不同于我们平时所吃的奶油蛋糕，是以翻糖为主要材料来代替常见的鲜奶油，覆盖在蛋糕体上，再以各种糖塑的花朵、动物等作装饰，做出来的蛋糕如同装饰品一般精致、华丽。因为它比鲜奶油装饰的蛋糕保存时间长，而且漂亮，立体，容易成型，在造型上发挥空间比较大。翻糖蛋糕的糕体必须采用美式蛋糕的制作方法，运用新鲜鸡蛋、进口奶油与鲜奶等最天然的食材，甚至会添加健康的新鲜水果或进口白兰地腌渍过的蔬果干——扎实细致且层次丰富的口感，配以口味多样、醇厚的夹心；无论是甜甜的果香，或是浓浓的巧克力风韵，都让人回味无穷，所以是国外最流行的一种蛋糕，也是婚礼和纪念日时最常使用的蛋糕。

（1）翻糖的配方（表5-37）

表5-37　翻糖的配方

原料	烘焙百分比（%）	实际用量
凉水	6	60 mL
吉利丁	2	20g
液体葡萄糖	2	20 mL
甘油	12.5	125 mL
糖粉	100	1000g

（2）翻糖的调制方法

①吉利丁用冷水泡软，放入双层盆中，在水浴中隔水加热至融化。加入葡萄糖和甘油，搅拌均匀，形成流动的黏稠液体。

②将已过筛的糖粉倒入大碗中，在中间挖窝，慢慢地倒入混合好的液体，期间不断搅拌，混合均匀。

③将混合好的原料倒在撒了糖粉的案板上，揉搓至顺滑，如果糖膏变得太过黏稠的话，可以再撒一些糖粉。揉搓好的糖膏可以直接使用，或者用保鲜膜

裹紧，放入保鲜袋中储存，用时再取出来。

四、蛋糕装饰的类型

1. 简易装饰

简易装饰属于用一种装饰料进行的一次性装饰，操作较简单、快速，如在制品面上撒糖粉，摆放一粒或数粒果干或果仁，或在制品表面裹附一层巧克力等。仅使用馅料的装饰也属于简易装饰的范畴。

2. 图案装饰

这是最常用的装饰类型，一般需使用两种以上的装饰料，通常具有两次或两次以上的装饰工序，操作较复杂，带有较强的技术性。如在制品表面抹上奶膏、糖霜等或裹上翻糖后再进行裱花、描绘、拼摆、挤撒或粘边等。

3. 造型装饰

造型装饰属于高级装饰，技术性要求很高。装饰时，或将制品做成多层体、房屋、船、马车等立体模型，再作进一步装饰；或事先用糖制品、巧克力等做成平面或立体的小模型，再摆放在经初步装饰的制品（如蛋糕）上。这类装饰主要用在传统高档的节日喜庆蛋糕和展品上。

五、蛋糕装饰的方法

蛋糕装饰的方法较多，但最常用的方法有涂抹、淋挂、裱花、捏塑和点缀等。

1. 涂抹

涂抹是装饰工艺的第一阶段，一般方法是先将一个完整的蛋糕坯分成若干层，然后借助工具以涂抹的方法，将装饰材料涂抹在每一层中间及外表，使表面均匀铺满装饰材料，以便对蛋糕进一步装饰。

2. 淋挂

淋挂是用较硬的材料，经过适当温度融化成稠状液体后，直接淋在蛋糕的外表面上，冷却后表面凝固，平坦、光滑。具有不粘手的效果，如脆皮巧克力蛋糕等。

3. 挤裱

挤裱是将各种装饰用的糊状材料，装入带有花嘴的裱花袋中，用手施力，挤出花形和花纹，是蛋糕装饰技巧中的重要环节。

4. 包裹

包裹是将翻糖皮擀薄后，包裹在蛋糕的表面，是翻糖蛋糕制作成功与否的第一步。

5. 捏塑

捏塑是将可塑性好的材料,如翻糖,用手工制成形象逼真、活泼可爱的动物、人物、花卉等制品,捏塑原料应具有可食性。

6. 点缀

点缀是把各种不同的再制品和干鲜制品,按照不同的造型需要,准确摆放在蛋糕表面适当位置上以充分体现制品的艺术造型。

六、蛋糕装饰的技巧

蛋糕装饰要注意色彩搭配,造型完美,图案构思巧妙,具有丰富的营养价值。

1. 蛋糕的色彩搭配

好的色彩选择和搭配不仅给人以美的享受,还能增加人的食欲,所以在蛋糕的装饰中具有非常重要的作用。例如婚礼蛋糕一般以白色为基调,显得纯洁淡雅;而在制作儿童生日蛋糕时,又多配上各种颜色,使蛋糕显得活泼而富有生机;在制作巧克力蛋糕时又多以巧克力本色为基调进行装饰,从而使蛋糕显得庄重、高贵、典雅。总而言之,蛋糕的装饰要采用明快、低彩、雅洁、冷暖含蓄相结合为主体的色调,局部的点缀以高明度色彩的花、叶图案来烘托,以达到文雅、恬静、赏心悦目的效果。

2. 蛋糕的形状、大小

小的装饰型蛋糕,不仅在色彩上有要求,在形状、大小上也有要求。现如今有一种向小的发展趋向,小而精致,小而可爱,小而诱人。形状有长方形、梭子形、圆柱形、三角形等,变化多样。

3. 图案构思

一个好的装饰蛋糕是一幅美丽的图画,具有较好的韵律和节奏感。所谓韵律,是指造型中画面诸因素的节奏,在裱花师感情的协调下达到和谐。所谓节奏,是指构图中形象要素通过长短和强弱变化,有规律地交替组合。每一个装饰蛋糕一定要有明确的主题,即中心思想,如教师节装饰蛋糕设计中,红花代表学生,绿叶代表教师,书本代表教师的辛勤耕耘。主题表达的方法一般有以下五个原则:①要有主宾的配合;②要有层次的结合;③要有疏密和均齐;④要通过反复的配合;⑤要有饱满和均落。

4. 熟练使用各种工具

要熟悉各种工具的使用方法和用途。对裱花嘴、压花的工具、翻糖模等用途应了如指掌,随心所欲的运用于装饰中。

5. 蛋糕的成型

蛋糕的成型主要有两种:一是蛋糊装入模具内,经烘烤成熟而成;二是整盘成熟的蛋糕坯，通过夹心、卷制、裱挤、切割而成，如夹心蛋糕，卷筒蛋糕等。卷筒蛋糕应该卷紧、卷实，最好放在冰箱里冷藏定型 20min 以上。

实例1　植脂鲜奶油装饰蛋糕

1. 产品简介

植物性鲜奶油，又称植脂奶油，是大部分蛋糕房制作蛋糕的首选，既便宜，打发后又稳定，裱花清晰。植脂鲜奶油生日蛋糕是指在蛋糕坯上涂抹打发的植脂鲜奶油霜，裱花后，用各种水果、巧克力插件、果酱等进行装饰而成的外形美观，并具有一定艺术观赏性的蛋糕（图 5-1）。

图 5-1　艺术观赏性蛋糕

2. 原料及配方（表 5-38）

表 5-38　植脂奶油装饰蛋糕的配方

原料	水果装饰蛋糕	香橙果膏装饰蛋糕	玫瑰花蛋糕
8 寸戚风蛋糕底坯	1 个	1 个	1 个
植脂奶油	300 mL	300 mL	500 mL
黄桃罐头	1 听	1 听	—
草莓	100g	100g	—
猕猴桃	1 个	1 个	—
火龙果	1 个	1 个	—
香橙果膏	—	300g	—
红色素	—	—	适量
绿色素	—	—	适量
巧克力插件	1 个	1 个	1 个

3. 制作程序

①准备工作。准备好所有的原料和器具，并洗净水果和器具备用。

②植脂奶油的打发。将解冻的植脂奶油倒入打蛋机中，先慢速 1min，后中

速搅拌5～6min,至原来体积的3倍左右,形成色泽洁白,可塑性强的鲜奶油膏体。最后改慢速搅打半分钟使其变得细腻。

③蛋糕坯修整。将8寸的蛋糕坯脱模后,用刀修理平正后,分为3片。厚薄一致,上层切面朝上。

④夹馅。将蛋糕坯放在转台中央,每层中间夹一层奶油膏,厚约0.5cm,撒上什锦果粒。

⑤涂面。食指放在抹刀面中间,拇指握住抹刀与手柄交界处,其余手指从另一侧握住手柄。取1片蛋糕放在裱花转台上,用抹刀挑一些打发好的鲜奶油放在蛋糕片中央。用手腕晃动抹刀,并转动裱花台,让鲜奶油均匀的平铺在蛋糕片上。放上第二片蛋糕片,重复放鲜奶油抹开过程。放上最后一片蛋糕片,放上较多的奶油。手持抹刀,抹刀与蛋糕平面呈45°夹角。边晃动手腕,使抹刀左右摇动,边转动裱花台。用抹刀将鲜奶膏均匀涂满糕坯表面和四周,要求刮面平整,抹光。

⑥装饰。

A. 水果装饰蛋糕。用8齿裱花嘴在蛋糕周围挤12个奶油圈,中间用黄桃丁和草莓进行装饰,插上巧克力插件即可。

B. 香橙果膏装饰蛋糕。将香橙果膏装入裱花袋中,在蛋糕表面和侧面均匀地挤一层,用抹刀轻轻抹平。在表面挤上一些奶油霜垫底后,将水果切成各种形状插在奶油霜上,最后插上巧克力插件即可。

C. 玫瑰花蛋糕。用个大碗装适量奶油霜,加入粉色素搅匀,装入安装了玫瑰花嘴的裱花袋,在裱花拖上裱玫瑰花,用剪刀取下平放在蛋糕上,做数朵装饰好后,再用一个小碗调绿色素,用树叶裱花嘴挤上叶子,最后插上巧克力插件即可。

⑦刷胶。在水果表面刷镜面果胶,防止水果氧化及失水。

4. 工艺操作要点

①掌握好奶油的搅打程度,当搅打到出现清晰、硬挺的纹路,提起打蛋头,会拉出硬挺的小尖角,说明已经打发好了。

②抹奶油应平整,抹奶油的数量视具体情况而定,夹心可多可少,蛋糕表面厚度一般在1cm左右。

③挤奶油时裱花袋与蛋糕成45°角,挤注时用力要均匀。

④小裱花蛋糕图案要清爽,裱花饱满,色清淡,立体感强。

5. 成品要求

蛋糕表面光滑平整,色彩淡雅,图案饱满匀称,花朵逼真,口感细腻爽滑,口味纯正清新。

实例 2　淡奶油裱花蛋糕

1. 产品简介

淡奶油是从鲜奶中离心分离出来的动物性鲜奶油，用其制作的蛋糕比植脂奶油更健康，口感更细腻，香味更纯正（图 5-2）。但淡奶油的打发性能不如植脂奶油好，一是不易打发，二是打发后稍一受热就容易化掉，裱出的花纹不清晰，不能裱较复杂的花形。

图 5-2　淡奶油裱花蛋糕

2. 原料及配方（表 5-39）

表 5-39　淡奶油装饰蛋糕的配方

原料	实际重量
8 寸戚风蛋糕底坯	1 个
淡奶油	500g
绵白糖	50g
草莓	100g
蓝莓	30g
薄荷叶	5 片

3. 制作程序

①淡奶油打发。淡奶油加入绵白糖中速打发，直至奶油全部融化，糖浆全部融合，形成体积膨松、光滑细腻、可塑性强的奶油膏。

②将奶油膏的 2/3 涂抹在底坯上，抹平，抹光洁，然后切去四边，开成 100 个长方形小块，将剩余的奶油膏装入裱花袋，分别在每一小块上裱挤图案，即可装盘。

4. 工艺操作要点

①当天气较热的时候，打发好的动物性鲜奶油非常容易化，请在开足冷气的空调房里打发鲜奶油并装裱蛋糕。

②鲜奶油打发好后不能久放，要立刻使用。

③切蛋糕时刀口要整齐，厚薄要均匀。

④奶油膏抹面厚薄均匀，切忌露底，要抹平、抹光。

5. 成品要求

造型完美，图案构思巧妙，注意表面的光洁度。

实例3　巧克力装饰蛋糕

1. 产品简介

巧克力装饰蛋糕包括巧克力淋面蛋糕、巧克力脆皮蛋糕和巧克力碎屑蛋糕三类。巧克力淋面蛋糕以可可戚风蛋糕为坯，表面淋巧克力甘纳许，再裱饰花纹，口感糕坯绵软，巧克力涂层软而细腻，宜在4℃左右储藏。巧克力脆皮蛋糕以可可海绵蛋糕为坯，可可奶油浆夹馅，表面淋上融化的巧克力，口感细腻松软，巧克力涂层入口即化，保质期较巧克力攀丝蛋糕长。巧克力碎屑蛋糕是以可可清蛋糕为坯夹以可可奶油浆料，表面涂淋奶油巧克力浆，简单裱花，并饰以巧克力碎屑，或以巧克力加可可粉制成的酥豆。图案简洁大方，糕坯松软，奶油巧克力味特浓（图5-3）。

图5-3　巧克力装饰蛋糕

2. 原料及配方（表5-40）

表5-40　巧克力装饰蛋糕的配方

原料	巧克力淋酱蛋糕	巧克力脆皮蛋糕	黑森林蛋糕
8寸巧克力戚风蛋糕坯	1个	1个	1个
黑巧克力	300 g	500 g	500 g
白巧克力	—	100	—
淡奶油	500 mL	200 mL	500 mL
草莓	100g	100g	—
巧克力插件	1个	1个	1个
黑樱桃罐头	—	—	1听

3. 制作程序

①准备工作。准备好所有的原料和器具，并洗净水果和器具备用。

②淡奶油的打发。将部分淡奶油倒入打蛋机中，先慢速打 1min 后，中速搅拌 5 ~ 6min，至原来体积的 3 倍左右，形成色泽洁白、可塑性强的鲜奶油膏体，最后改慢速搅打半分钟使其变得细腻。

③蛋糕坯修整。将 8 寸的蛋糕坯脱模后，用刀修理平整后，分为 3 片。厚薄一致，上层切面朝上。

④夹馅。取 1 片蛋糕放在裱花转台上，用抹刀挑一些打发好的鲜奶油放在蛋糕片中央。食指放在抹刀面中间，拇指握住抹刀与手柄交界处，其余手指从另一侧握住手柄。用手腕晃动抹刀，并转动裱花台，让鲜奶油均匀地平铺在蛋糕片上。放上第二片蛋糕片，重复放鲜奶油抹开过程，放上最后一片蛋糕片。

⑤涂面。在蛋糕表面放上较多的奶油，手持抹刀，抹刀与蛋糕平面呈 45°夹角，边晃动手腕，使抹刀左右摇动，边转动裱花台。用抹刀将鲜奶膏均匀涂满糕坯表面和四周，要求刮面平整，抹光。

⑥装饰。

A. 巧克力淋酱蛋糕。将巧克力先切碎后，放入双层盆中隔水搅拌加热，水温控制在 50℃ 以下。不要超过 50℃，否则巧克力的组织状态会被破坏，失去原有的光泽和细腻感。等巧克力完全溶解后，加入麦芽糖和淡奶油拌匀即可。加入淡奶油后搅拌幅度要小，防止起泡，影响巧克力淋酱的组织状态。将 8 寸巧克力戚风蛋糕放在底下铺了油纸的冷却网上，将巧克力淋酱淋在蛋糕表面，轻轻震动冷却网，使多余的淋酱自然流淌平整，放置冷却凝固后，装饰草莓和巧克力插件。

B. 巧克力脆皮蛋糕。将黑巧克力和白巧克力分别切碎后，隔水融化调温。将 8 寸巧克力海绵蛋糕放在底下铺了油纸的冷却网上，将融化的黑巧克力淋在蛋糕表面，轻轻震动冷却网，使多余的黑巧克力自然流淌平整，放置冷却凝固。将融化的白巧克力装入裱花袋中，在蛋糕表面画上花纹，并写上字，最后装饰巧克力插件即可。

C. 黑森林蛋糕。沿蛋糕边缘挤 10 个奶油圈，每个圈内放 1 个黑樱桃。黑巧克力刨成屑，在蛋糕的外缘蘸上巧克力屑，并在蛋糕的中心倒入剩余的巧克力屑。注意不要撒在奶油圈上，最后插上巧克力插件即可。

⑦刷胶。在水果表面刷镜面果胶，防止水果氧化及失水。

4. 工艺操作要点

①巧克力的溶解最佳温度是 40℃ 左右，水浴温度不要超过 50℃，否则巧克力会发砂而不光洁。

②淋巧克力浆要光滑，使鲜奶不露底。

③刨巧克力屑尽量保持完整，用张油纸盛放，蘸和撒时动作要轻柔，防止将巧克力屑弄碎。

5.成品要求

色泽：色彩高雅，巧克力淋膏细腻光洁，花纹完整、清晰。

内质：糕坯组织松软，厚薄一致，油膏细腻。

形态：图案简洁明快，装饰具有欧洲风情。

口味：滋润爽滑，口味纯正，巧克力香味浓郁。

实例4 翻糖蛋糕

1.产品简介

翻糖蛋糕是源自于英国的艺术蛋糕，由于其精美的造型、绚丽的色彩而受到世界各国人们的喜爱（图5-4）。延展性极佳的翻糖可以塑造出各式各样的造型，并将精细特色完美地展现出来，造型的艺术性无可比拟，充分体现了个性与艺术的完美结合，因此成为当今蛋糕装饰的主流。翻糖蛋糕凭借其豪华精美以及别具一格的时尚元素，除了被用于婚宴，还被广泛使用于纪念日、生日、庆典，甚至是朋友之间的礼品互赠。

图5-4 翻糖蛋糕

2.原料及配方（表5-41）

表5-41 翻糖装饰蛋糕的配方

原料	烘焙百分比（%）	实际用量
凉水	6	40 mL
吉利丁粉	2	7g
葡萄糖浆	2	40 mL
甘油	12.5	40 mL
糖粉	100	400g
色素	适量	适量

3. 制作程序

①翻糖的制作。吉利丁放冷水浸泡 5min，隔热水融化，加入糖浆、甘油融化。将糖粉放入搅拌机，把糖浆材料冷却至室温，倒入糖粉中，用搅拌机打匀。面板撒糖粉，手上抹黄油，把 3 种材料取出揉至不太粘手即可。注意不要因为感觉软而放太多糖粉，因为还需要进一步醒制，这时的手感并不一定是最后成品的手感，如果放太多糖粉，最后会变得太干太硬。用保鲜膜包好，放冰箱冷藏一夜。冷藏后会有点硬，使用时拿出揉一下就好了，注意随时用保鲜膜盖起来，防止变干。

②花瓣。将糖花膏擀成薄片，为每朵花切出 4 片花瓣。将花瓣放在泡沫垫上，用球形工具一半按在花瓣上，一半按在泡沫垫上，将切边整理柔和。把它放到双面脉纹器的一半的上面，然后用另一半盖住，确保这两半对准确。用力往下压，使花瓣形成纹路。

③花型。将糖花膏擀成很薄，为每朵花切出 4 片花瓣。将花瓣放在泡沫垫上，用球形工具一半按在花瓣上，一半按在泡沫垫上，将切边整理柔和。把它放到双面脉纹器一半的上面，然后用另一半盖住，确保这两半对准确。用力往下压，使花瓣形成纹路。

④装饰。红色罂粟花上会有些黑色的点点，可以用黑色的可食用色粉涂在花瓣的底部，以形成这种效果。然后剪一些小条的纸巾，扔起来插在花瓣之间，以使它们形成空隙，看起来更逼真。

⑤制作花蕊。用糖花膏做一个绿色的小锥形，然后用镊子在小锥顶面夹出 8 个小脊。用一个刻纹工具沿着侧面往下轻轻地划出一些条纹。

⑥制作花的雄蕊。擀一条很薄的黑色糖花膏，然后用切割轮刀快速地来回切出一些扁平的 Z 字形。

⑦在切好的 Z 字形两边各切一条直线，以形成单独的两条，然后将其围绕在雌蕊旁边。

4. 工艺操作要点

①蛋糕体做好最好放入冰箱，便于切割。

②注意干燥之后的糖花膏易碎。

③压花时要在新鲜的糖膏上进行。

④如果奶油温度太高，可放入冰箱内冷藏几分钟。

5. 成品要求

造型美观，观赏性强，香甜可口，奶香浓郁，色泽鲜艳。

思考题

一、填空题

1. 按照蛋糕用料和制作工艺，蛋糕可分为 ＿＿＿＿＿＿、＿＿＿＿＿＿ 和 ＿＿＿＿＿＿ 三类。

2. 蛋糕在烘烤过程中一般会经历 ＿＿＿＿＿、＿＿＿＿＿、＿＿＿＿＿ 和 ＿＿＿＿＿4个阶段。

3. 在蛋白搅打过程，油是一种 ＿＿＿＿＿＿。

4. 蛋白在 ＿＿＿＿＿＿ 性条件下，气泡更稳定。

5. 蛋白起泡的最佳温度 ＿＿＿＿＿＿。

6. 打蛋时为了使空气持续冲入，搅打方向应该 ＿＿＿＿＿，这样才能使空气连续不断地被充入到蛋液中。

二、判断改错题

1. 海绵类蛋糕与天使蛋糕同属面糊类蛋糕，并使用发粉作为膨大剂。（　　　）

2. 面糊类（奶油）蛋糕其中油脂为面粉量80%视为重奶油，为面粉量35%视为轻奶油。（　　　）

3. 海绵蛋糕的配方中，蛋糖比例最佳是1：1，而在生产中往往糖的比例高于蛋。（　　　）

4. 温度对蛋白的起泡性没有影响。（　　　）

5. 制作戚风蛋糕时使用的泡打粉越多，制作出来的蛋糕体积越大，组织越细腻。（　　　）

6. 制作海绵蛋糕时，奶油可不经融化直接加入搅拌。（　　　）

7. 制作海绵蛋糕时，搅拌后的理想温度为 19～22℃。（　　　）

8. 面糊类蛋糕若搅拌时采用粉油拌合法时，配方中的油量最好是在40%以上。（　　　）

9. 戚风蛋糕在蛋白打发后与其他材料搅拌太久，会使面糊消泡，产品膨大不良。（　　　）

10. 乳化蛋糕的搅打过程中，应将蛋液打起后加入SP。（　　　）

11. 制作面糊类蛋糕时，若采用糖油拌合法，全部鸡蛋应一次加入，不需分次加入。（　　　）

12. 制作蛋糕时，搅拌后的面糊比重会影响蛋糕成品的体积。（　　　）

13. 海绵类蛋糕与天使蛋糕同属于面糊类蛋糕，并使用发粉作为膨大剂。（　　　）

14. 制作葡萄干蛋糕时，葡萄干在使用前必须泡水或泡酒，待软化后再使用。（　　　）

15. 打发蛋白时添加的塔塔粉是一种碱性盐。（　　　）

16. 海绵蛋糕加入油脂可增加制品的柔软性和口感，但不宜直接添加固体油脂。（　　）

17. 蛋糕经装饰后，不但可以增加产品的美观度，还可以防止蛋糕老化，延长保质期。（　　）

18. 制作水果蛋糕为避免水果下沉，宜采用快速搅拌，使面糊拌入多量空气来托浮水果。（　　）

三、单项选择题

1. 乳沫类蛋糕又称为 _____。

A. 油脂蛋糕　　　B. 戚风蛋糕　　　C. 天使蛋糕　　　D. 海绵蛋糕

2. 在制作戚风蛋糕，食盐的用量应控制在 _____ 之间。

A. 0.8% ～ 2%　　B. 1% ～ 3%　　C. 2% ～ 4%　　D. 3% ～ 5%

3. 乳化剂在蛋糕内的主要功能是 _____。

A. 改善蛋糕的风味　　　　　　　B. 使蛋糕的颜色加深

C. 使蛋糕的组织细腻、体积膨大　　D. 蛋糕柔软性

4. 适合制作慕斯蛋糕的是 _____。

A. 面糊类蛋糕　　B. 乳沫类蛋糕　　C. 戚风类蛋糕　　D. 磅蛋糕

5. 冰激凌蛋糕一定要在 _____ 下保存。

A. 冷藏　　　　　B. 冷冻　　　　　C. 常温　　　　　D.10℃

6. 影响蛋液膨胀的重要因素是 _____。

A. 湿度　　　　　B. 温度　　　　　C. 蛋黄　　　　　D. 蛋清

7. _____ 可以促进蛋清起泡的稳定性。

A. 弱酸　　　　　B. 强酸　　　　　C. 强碱　　　　　D. 弱碱

8. 蛋糕的膨胀原理主要是 _____ 膨胀的结果。

A. 化学　　　　　B. 物理　　　　　C. 生物　　　　　D. 理化

9. 在制作海绵蛋糕时添加蛋糕油可以减少 _____，提高品质，工序简易。

A. 原料　　　　　B. 面粉　　　　　C. 工时　　　　　D. 成本

10. 海绵蛋糕中最基本的配方原料为 _____。

A. 细砂糖、面粉、盐、牛奶　　　　B. 面粉、色拉油、水

C. 面粉、细砂糖、酸粉　　　　　　D. 面粉、细砂糖、蛋

四、多项选择题

1. 制作油脂蛋糕时应选择 _____ 较好的油脂。

A. 黏性　　　　　B. 可塑性　　　　C. 乳化性

D. 融合性　　　　E. 酥性

2. 影响蛋泡形成与稳定的因素有 _____。

A. 温度　　　　　B. 油脂　　　　　C. 蛋的成分

209

D. 黏度　　　　　　　E. pH

3. 海绵蛋糕表面不平整的原因是 _____。

A. 面粉质量太差　　　　　　　　B. 搅打不足

C. 浆料未抹平　　　　　　　　　D. 炉温不均匀

E. 蛋糕油太多

4. 蛋糕成型选用模具要根据 _____ 来选择。

A. 蛋糕的膨胀力　　　　　　　　B. 制品质量

C. 制品需要　　　　　　　　　　D. 制品特点

5. 油脂蛋糕出现顶部或内部坍塌其原因是 _____。

A. 糖和油脂太多　　　　　　　　B. 泡打粉过多

C. 加入面粉前搅拌过度　　　　　D. 烘焙不足

E. 液体太多

6. 常见的蛋糕搅拌方法有 _____。

A. 蛋粉搅拌法　　　　　　　　　B. 油糖搅拌法

C. 蛋油搅拌法　　　　　　　　　D. 糖蛋搅拌法

E. 粉油搅拌法

7. 制作裱花蛋糕时，挤注花纹时要掌握 _____。

A. 抓捏力度　　　　　　　　　　B. 裱花的姿势

C. 挤注量　　　　　　　　　　　D. 裱花嘴和蛋糕平面的夹角

五、简答题

1. 乳沫类蛋糕的制作原理是什么？

2. 乳沫类蛋糕的选料要求有哪些？

3. 乳化海绵蛋糕制作的工艺流程是什么？

4. 在搅打蛋液过程中为什么不能碰到油脂？

5. 如何鉴定油脂的质量？

6. 试述盐在蛋糕中的作用。

7. 如何判断蛋糕面糊的搅拌程度？

8. 如何判断乳沫类海绵蛋糕的烘烤程度？

9. 糖蛋搅拌法制作海绵蛋糕的操作要点有哪些？

10. 戚风蛋糕的膨松原理是什么？

11. 戚风蛋糕的选料要求有哪些？

12. 蛋糕中加盐的作用是什么？

13. 制作戚风蛋糕的一般工艺流程是什么？其操作要点有哪些？

14. 检验蛋糕成熟的方法主要有哪些？

15. 天使蛋糕的特点是什么？

16. 为什么天使蛋糕面糊装盘时，烤盘一般不刷油？

17. 烘烤天使蛋糕的基本要求和注意事项有哪些？

18. 制作虎皮蛋糕与一般蛋糕有什么不同之处？

19. 制作虎皮蛋糕的要点是什么？

20. 影响虎皮蛋糕质量的因素有哪些？

21. 如何判断蛋液搅拌的最佳点？

22. 油脂蛋糕与海绵蛋糕的区别有哪些？

23. 油脂蛋糕的制作原理是什么？

24. 油脂蛋糕的制作工艺流程是什么？

25. 鸡蛋在油脂蛋糕制作过程中的作用是什么？

26. 油脂蛋糕的搅拌方法有哪些？

27. 为什么油脂蛋糕在烘烤时温度不宜太高？

28. 为什么油脂蛋糕一般采用模具烘烤成型？

29. 乳酪蛋糕分为哪几类？各有何特点？

30. 制作乳酪蛋糕对原料有哪些要求？

31. 为什么乳酪蛋糕要隔水烘烤？烘烤时的注意事项有哪些？

32. 乳酪蛋糕烘烤到什么程度为最佳状态？

33. 制作冷冻乳酪蛋糕的工艺流程是什么？有哪些操作要点？

34. 慕斯蛋糕的制作原理是什么？

35. 慕斯蛋糕是怎样分类的？

36. 制作慕斯蛋糕的一般工艺流程是什么？操作要点有哪些？

37. 制作慕斯蛋糕的基本原料有哪些？

38. 慕斯蛋糕的脱模技巧有哪些？

39. 蛋糕装饰的目的是什么？

40. 蛋糕装饰的类型有哪些？

41. 用于装饰蛋糕制作的蛋糕坯有哪几种？

42. 装饰蛋糕的基本步骤是什么？

43. 蛋糕装饰的方法有哪些？

44. 制作奶油装饰蛋糕的操作要点有哪些？

45. 奶油膏的调制方法有哪些？

46 在调制巧克力时有哪些注意事项？

47. 制作翻糖的原料有哪些？

48. 翻糖蛋糕制作时的操作要点是什么？

六、论述题

1. 设计一款海绵蛋糕实验方案，说明生产工艺及注意事项。

2. 根据所学知识，设计一种戚风杯子蛋糕的制作方案，并说明其所需原料、生产工艺及注意事项。

3. 试述制作油脂蛋糕的工艺流程及操作要点是什么？

第六章

饼干制作工艺

本章内容： 酥性饼干的制作

韧性饼干的制作

苏打饼干的制作

其他类饼干的制作

教学时间： 16课时

教学方式： 由教师讲解各类饼干的特点、选料要求和制作原理，示范饼干的制作过程，通过实训，使学生掌握各类饼干的制作方法和操作要点。

教学要求： 1.了解各类饼干的特点和选料要求。

2.掌握各类饼干的制作原理和工艺流程。

3.学会各类饼干的面团搅拌方法。

4.学会各类饼干成型方法及烘烤技能。

5.学会各类饼干的装饰方法。

6.熟悉各类饼干的质量鉴定方法和标准。

课前准备： 阅读饼干制作工艺方面的书籍，并在网上查阅饼干制作和装饰技巧方面的文章和资料。

饼干是一种深受人们喜爱的西式点心，常被作为零食、茶点和餐后甜点食用。在欧洲饼干被称为 Biscuit，美国称饼干为 Cookie，日本则将比较松脆的饼干称为 Biscuit，把含油、糖和蛋较多的比较酥松和松软的饼干称为 Cookie。

饼干的定义是以面粉为主要原料，加入糖和油脂等辅料，经调粉、成型、烘烤等工艺制成的口感酥松或松脆的食品。饼干具有食用方便、便于携带、品种多样、营养丰富、制作便捷、保质期长等特点，已成为人们日常生活中不可或缺的一种方便食品。饼干的利润率较高，且顾客的需求量大，因此已成为大多数面包房的主打商品。饼干的花色品种很多，通常按制作工艺特点可把饼干分为酥性饼干、韧性饼干、苏打饼干、千层酥类和其他深加工饼干五大类。

第一节　酥性饼干的制作

一、酥性饼干的制作原理

酥性饼干一般采用重油、重糖的配方，油脂的疏水性和糖的反水化作用，限制了面筋蛋白质的吸水作用，从而阻碍了面筋的形成。

大多数酥性饼干采用了乳化法来调制面糊，因此面糊的乳化效果直接决定了最终产品的组织结构、出品率和口感。当黄油和糖粉搅拌至糖粉溶化时，黄油开始包裹气体，因此充分的搅拌可以使饼干变得膨松。然后分批加入鸡蛋，通过高速搅拌使油脂与鸡蛋很好的乳化，形成乳浊液，可以使饼干组织更细腻。最后拌入面粉等干性原料，减少了面粉与水的接触时间，从而降低了面筋的形成量，使饼干更酥松。

二、影响饼干质地的因素

饼干的口感和美味在很大程度上取决于其配方结构。配方中各种原辅料的比例决定了饼干的酥脆性、柔软性、咀嚼度和延展性等。当然还存在其他一些影响因素，包括搅拌的方法、饼干的大小和厚度、烘烤温度、烤盘的位置，了解上述影响因素，可以通过适当的调节配方和合理的使用设备来制作出高品质的产品来。影响饼干质地的因素见表6-1。

表 6-1 影响饼干质地的因素

所需的质地	脂肪	糖	水	面粉	大小或形状	烘烤
酥脆性	高	高，砂糖	低	高筋	薄面团	全熟，烤盘上冷却
柔软度	低	低，吸湿的糖	高	低筋	厚面团	烤盘垫油纸，烘烤不足
咀嚼性	高	高，吸湿的糖	高	高筋	不相关，冷冻面团	烘烤不足，架子上冷却
延展性	高	高，粗砂糖	高	低筋	不相关，常温面团	烤盘抹油，低温

1. 酥脆度

酥脆饼干是由高油、高糖、低含水量的坚硬面团制成的。脆性饼干是被切开的，所以是完全烤干的，面团在烤制之后会扩散得更薄，烤透之后，扩散的更薄的比不扩散的更加脆。在配方中使用粗砂糖会使面团更容易扩散，糖粉会减少饼干的扩散性。

高筋粉会使饼干紧实酥脆。低温长时间的烘烤使曲奇更干更酥，小而薄的饼干常常比厚饼干脆。如果想要调节脆度，可以根据表 6-1 中的选项调节饼干的配比，制作扩散性较好的饼干，其口感常常更脆。

2. 柔软度和咀嚼性

软饼干是由含水量高、脂肪含量低、糖含量低的面团或面糊制成。鸡蛋中的水会帮助面粉生成面筋，鸡蛋中的蛋白质在烘烤之后会变得紧致牢固，因此在面团中加入鸡蛋，使用砂糖代替糖粉和用转化糖、葡萄糖，蜂蜜或玉米糖浆代替 10% ~ 15% 的糖都会使饼干更加柔软和有咀嚼性。这些糖能充当保湿剂，在烘烤时吸收水分从而使饼干更软。用高温、稍微烘烤不足来确保耐嚼的质地，趁热用保鲜膜将烤盘整个包起来。这样能帮助饼干保持水分，保持柔软。扩展对柔软或咀嚼性有较大的影响，扩展的太多的饼干往往不够绵软和耐咀嚼。

3. 延展性

配方的结构和成分对饼干延展性的大小起主要作用。如果想要延展性大，可以增加小苏打或酵母的用量。相反，减少膨松剂的用量，选择面筋含量低的面粉都会降低面团的延展性。高筋粉会有相反的影响。用玉米淀粉代替饼干配方中的部分面粉，将会使饼干更加坚实。糖的细度对面团的延展性也有影响，一般糖粉会降低面团的延展性，而砂糖可以增加面团的延展性。面团的搅拌方法也会对面团的扩展产生影响，乳化不足会阻碍面团的扩展，过分乳化则会起到增强的作用。烤盘上涂抹黄油或者垫油纸都能增强面团的扩展。

三、饼干的用料要求

1. 面粉

生产不同类型的饼干所选用的面粉也有差别，一般生产酥性饼干，宜使用蛋白质含量较低的低筋粉。如果面粉中面筋含量较高，可以选择掺入一部分淀粉。加淀粉的量一般控制在面粉总量的 25% 以下。面粉在使用前需过筛，过筛除了可以使面粉形成微小粒和清除杂质以外，还能使面粉中混入一定量的空气，制成的饼干较为酥松。在过筛装置中需要增设磁铁，以便去除磁性杂质。

2. 糖

制作酥性饼干一般选用糖粉或糖浆。砂糖最好溶化为糖浆使用，加水量一般为砂糖量的 30% ~ 40%。加热溶化时要控制好温度并经常搅拌，防止焦糊，使砂糖充分溶化，煮沸溶化后需过滤再冷却后使用。

3. 油脂

制作酥性饼干时应选用起酥性好、稳定性高、熔点较高的油脂，一般选择奶油、人造奶油和植物性起酥油等。油脂使用前应放置常温软化，不宜完全融化，否则会破坏其乳状结构，降低成品质量，而且会造成饼干"走油"。

四、酥性饼干的制作工艺流程及操作要点

1. 酥性饼干的制作工艺流程

原辅料预处理 → 计量 → 面团调制 → 成型 → 装盘 → 烘烤 → 冷却

2. 酥性饼干制作的操作要点

（1）面团调制　先将奶油和糖粉充分地混合在一起，分次加入鸡蛋搅拌，并适时地停机顺着搅拌缸往下刮浆料，拌匀后改慢速加入面粉、盐、香精和泡打粉等，拌匀后拌入坚果、巧克力片或大块食材，注意不要过度搅拌。

（2）成型

挤注成型：将搅好的面团装入裱花袋或曲奇饼干裱花器中，选用合适的裱花嘴，将面团挤成厚薄均匀、大小一致、形态美观的形状。

印模成型：将面团放入冰箱冷藏冻硬后，擀成薄片再用印模刻成不同花色而制成的饼干。这类饼干面团装袋后可以在冰箱里冷冻存储长达 1 个月。

冷冻切割成型：将调好的饼干面团用保鲜膜包好，整理成正方体形、长方体形、圆柱体形、椭圆柱形、三角柱形等，然后放在冰箱里冷冻，可以储存长达 1 个月。调好的面团在需要烘焙时取出来，用刀切割成厚薄均匀的薄片即可。要制作厚薄均匀的饼干需要用一个分配设备或者刀来标注从哪里开始切割面团。

这类饼干经常会在切片前在饼坯四周粘上白糖或者坚果碎，使其烘烤之后芳香四溢。

舀制成型：将柔软的面团用勺子挖成团滴落在烤盘上，烘烤时黄油融化使饼坯延展成薄饼状。对于舀制成型的饼干来说外形没有其他饼干那么统一，但应尽量大小一致，以便于烘烤后上色均匀。在舀制成型饼干的制作中常常给饼坯留出足够的空间，这是为了能够让饼坯在烘烤伸展开后不至于连在一起。

（3）装盘　直接将面团挤入烤盘中，每个生坯间的距离要适当，分布均匀。

（4）烘烤　将烤盘直接放入预热的烤箱中，烘烤至饼干表面呈棕红色为止。

（5）出炉　端出烤盘，振动后倒出饼干，并将饼干摊匀冷却，防止饼干弯曲变形。

（6）冷却　冷却至40℃以下，若室温为25℃，可自然冷却5min左右即可。

五、酥性饼干制作的注意事项

①调制面团时，应注意投料次序，面团的理想温度为25℃左右。在调粉机中调制约10 min，加水量不宜过多，也不能在调制时随便加水，否则会造成面筋过量润胀，影响质量。调好的面团应干散，手捏成团，具有良好的可塑性，无弹性、韧性和延伸性。

②当面团黏度过大，胀润度不足而影响成型操作时，可将面团静置10min左右。

③当面团结合力过小，不能顺利操作，可采用适当辊压的方法，以改善面团性能。

④成型时压延比不要太大，应不超过4∶1，否则易造成表面不光洁、粘辊、饼干僵硬等现象。

⑤由于酥性饼干易脱水上色，所以应先用220℃左右的高温烘烤使饼干定型，再用低温180℃烤熟即可。

实例1　曲奇饼干

1. 产品简介

曲奇饼干是一款高糖、高油脂的甜点，由于其口感酥松，奶香浓郁，因而深受世界各国人民的喜爱。

2. 原料及配方（表 6-2）

表 6-2　曲奇饼干的配方

原料	烘焙百分比（%）	实际用量（g）	产品图片
低筋粉	100	300	
玉米淀粉	7	20	
吉士粉	3	10	
黄油	67	200	
糖粉	50	150	
盐	1	2	
鸡蛋	40	120	
碎核桃仁	7	20	

3. 制作程序

①计量。按上述配方将所需原料计量称重，低筋粉、玉米淀粉和吉士粉等粉料过筛备用。

②面团调制。将黄油、盐和糖粉混合搅打至膨松，再分次加入鸡蛋，充分搅打使其乳化均匀、体积胀起后，加入过筛的粉料，慢速拌匀成面糊。

③成型。面糊装入裱花袋中，在刷过油的烤盘上挤成圆圈形、圆饼形、钻石型、长条形等，并在表面装饰核桃仁、杏仁片等。

④成熟。放入上火 210℃、下火 170℃的烤箱中，烘烤 10 ~ 15min 至表面棕黄色即可。

4. 工艺操作要点

①黄油需提前从冰箱取出，放在室温下软化。不可过度加热助其软化，融化了的黄油不利于产品的制作。

②注意黄油打发程度，让空气充分搅打进去，变得轻盈膨松才行。

③鸡蛋要分次加入，确保与黄油很好的乳化。

④注意烘焙温度，如果曲奇边缘上色而中间不熟时，可以在烤盘下面垫个架子再烤，以确保上色均匀。

⑤刚出炉的曲奇吃起来有点软，口感不好，需凉透后再吃，且需密封保存，防止受潮。

5. 成品要求

纹路清晰，色泽金黄，口感酥松，香甜适口。

实例 2　葱香曲奇

1. 产品简介

葱香曲奇是一款咸味曲奇，在原味曲奇中加入葱花调和烘焙而成。当葱香气味从烤箱中慢慢飘出时，令人十分陶醉，尤其是炎炎夏季，下午茶配着葱香曲奇诱人的葱香，醒脑提神。

2. 原料及配方（表 6-3）

表 6-3　葱香曲奇的配方

原料	烘焙百分比（%）	实际用量（g）	产品图片
低筋粉	100	400	
黄油	45	180	
糖粉	32	128	
香葱	5	20	
盐	1	4	
鸡蛋	12.5	50	
牛奶	15	60	

3. 制作程序

①计量。按上述配方将所需原料计量称重，低筋粉、糖粉、盐等粉料过筛备用。

②备料。香葱洗净切成细碎的葱花备用。

③面团调制。黄油、糖粉和盐放入搅拌缸中，搅打至白色绒毛状、体积胀起时，分次加入鸡蛋快速搅打均匀，再加入葱花和牛奶，充分搅拌后分次加入低筋面粉，调拌成均匀的软面糊。

④成型。将面糊装入裱花袋中，在烤盘上挤成圆饼形，入烤箱烘烤。

⑤成熟。在上火 210℃、下火 170℃的烤箱中烤制 15 ~ 18min，至表面棕黄色即可。

4. 工艺操作要点

①可以将黄油切成小块后软化，用手按压黄油时可以轻松的按出指印，说明黄油已经软化好了。

②黄油搅拌至颜色变浅，接近白色，体积膨松变大，说明打发得刚好。黄油不可打发过度，否则制作的曲奇不易保持花纹。

③注意烘焙温度与时间，必要时可以在烤盘下面垫个架子烘烤。

5. 成品要求

葱香浓郁，咸香适口，口感酥松，纹路清晰，色泽金黄。

实例3 金手指曲奇

1. 产品简介

金手指曲奇是一种金黄色的长条形饼干，因其形似金手指而得名。面团调制及加工工艺与基本款曲奇相同，成型上略有所不同。

2. 原料及配方（表6-4）

表6-4 金手指曲奇的配方

原料	烘焙百分比（％）	实际用量（g）	产品图片
低筋粉	50	250	
高筋面粉	50	250	
吉士粉	5	25	
奶油	50	250	
糖粉	30	150	
盐	0.5	2.5	
鸡蛋	12	60	

3. 制作程序

①计量。按上述配方将所需原料计量称重，面粉、吉士粉等粉料过筛备用。

②面团调制。奶油、糖粉和盐混合搅打至呈白色绒毛状时，分次加入鸡蛋快速搅打均匀。加入过筛的粉料，调拌成均匀的软面糊即可。

③成型。将面糊装入裱花袋中，在烤盘上挤成手指状长条。

④成熟。烤箱预热至170℃，烤制时间20～25min。

4. 工艺操作要点

①调制蛋奶糊，奶油与糖盐粉需混合充分。

②面粉加入蛋奶糊中搅拌，不得搅拌上劲。

③注意烘焙温度和时间。

5. 成品要求

色泽金黄，长短均匀，厚薄一致，香味浓郁，口感酥脆。

实例4 棋格饼干

1. 产品简介

棋格饼干是将香草面团和巧克力面团两种不同颜色的面团拼接成棋盘形，

冻硬后切割成薄片，经过烘烤而制成的一种饼干产品。

2.原料及配方（表6-5）

表6-5　棋盘饼干的配方

原料	烘焙百分比（%）	香草面团（g）	烘焙百分比（%）	巧克力面团（g）	产品图片
无盐黄油	67	250	67	250	
糖粉	33.5	125	33.5	125	
鸡蛋	16	60	16	60	
盐	1.6	6	1.6	6	
香草香精	1	3.7	1	3.7	
低筋粉	100	373	90	335.7	
可可粉	—	—	10	37.3	

3.制作程序

（1）计量

按上述配方将所需原料计量称重，干性原料过筛备用。

（2）面团调制

①香草面团调制。黄油和糖粉一起打发至白色膨松状，逐个加入鸡蛋搅拌，每加一个鸡蛋均需充分混合。最后加入盐、香精和低筋粉的混合物，搅拌均匀成香草面团。

②巧克力面团调制。黄油和糖粉一起打发至膨松状，逐个加入鸡蛋搅拌，每加一个鸡蛋均需充分混合。最后加入盐、香精、可可粉和低筋粉的混合物，搅拌均匀成巧克力面团。

③将面团用保鲜膜包好后，放入-18℃的冰箱冷冻定型。

（3）成型

①将香草面团和巧克力面团取出后擀成1.1cm厚的长方形薄片，平均切成三等分，稍微刷点水，将两片香草面片中间夹一片巧克面片重叠黏合在一起，另外两片巧克力面片夹一块香草面片。

②用长刀将叠好的面团切成1cm厚的长条。

③将切好的长条重新排列在一起，中间刷水使面团互相黏合，侧面成9格棋盘状，用保鲜膜包好后放入-18℃冰箱冷冻定型。

④将冻硬的面团取出，揭掉保鲜膜后，用尺量厚度后切割成0.9～1cm厚的饼坯，均匀的摆放在刷过油的烤盘中。

（4）成熟

上火190℃、下火150℃烘烤20～22min，烤至白色面团部分颜色变棕黄色即可。

4. 工艺操作要点

①黄油必须室温软化后才能打发，否则影响其打发的效果。

②面团搅拌好后不能直接成型，必须用保鲜膜包好后放置在冰箱冻硬后再整形。

③黑、白面团黏合时，如果面团表面有面粉必须将其刷干净，否则会影响黏合效果。

④注意烘烤的温度和时间，烤至香草面团部分呈棕黄色即可。

5. 成品要求

色泽分明，层次均匀，形态美观，香气浓郁，口感酥松。

实例 5　夏威夷果饼干

1. 产品简介

夏威夷果是一种营养丰富、口感香酥滑嫩，具有独特奶油香味的干果。单果重 15 ~ 16 g，含油量在 70% 左右，蛋白质含量高达 9%，含有 8 种人体必需氨基酸，还富含矿物质和维生素。果仁有"世界坚果之王"之美称，风味和口感都比腰果好。夏威夷果饼干是一种由夏威夷果碎、巧克力、无盐黄油、低筋面粉、鸡蛋等原料经过面团调制、成型、烘烤等步骤制成的一种营养饼干。

2. 原料及配方（表 6-6）

表 6-6　夏威夷果饼干的配方

原料	烘焙百分比（%）	实际用量（g）	产品图片
整夏威夷果	50	240	
红糖	25	120	
半甜巧克力	12.5	60	
植物油	3	15	
无盐黄油	75	360	
糖粉	37.5	180	
鸡蛋	10	48	
香草香精	3	15	
盐	1.25	6	
低筋面粉	100	480	
夏威夷果碎	50	240	

3. 制作程序

（1）计量　将各种原料按配方中的比例称量好。

（2）面团调制

①将夏威夷果和红糖加工磨碎，制成类似于花生酱的光滑的混合物，待用。

②巧克力和植物油放在一个置于滚水中的碗里融化待用。

③黄油搅打至软，加入糖粉，打发，加入夏威夷果混合物。

④逐个加入鸡蛋、香草香精和盐，低速搅拌均匀后，加入面粉和夏威夷果碎，混合均匀。

⑤将面团分成 540g 一个待用。

（3）成型

①工作台上放一个硅胶垫子，将 1/3 的面团擀成 15cm×25cm 的长方形，将表面压平；

②将 1/2 的巧克力抹在面团上，放入冰箱 3 ~ 5min，至巧克力凝固；

③取 1/3 的面团擀好了盖在巧克力上，再抹一层巧克力，冷冻 3 ~ 5min，最后将剩余的 1/3 的面团盖在巧克力上；将整个面团包起来冷冻 1 h；

④沿着面团纵向切开，使其宽度变为 1.25cm，再切成小块，平铺在放有油纸的烤盘中待烤。

（4）成熟

烤箱预热到 190℃，烤 14 ~ 18min，至饼干呈金黄色即可。

4. 工艺操作要点

①夏威夷果和红糖需加工磨碎，制成光滑的混合物，类似于花生酱。

②巧克力和植物油放在一个置于滚水中的碗里熔化待用。

③鸡蛋需要逐个加入。

④抹巧克力时抹一层放入冰箱冷藏一会。

5. 成品要求

层次均匀，形态美观，香气浓郁，口感酥脆。

实例 6　杏仁薄脆

1. 产品简介

杏仁薄脆是以杏仁、面粉、糖、油脂为主要原料，加入调味品等辅料，经调粉、成型、烘烤制成的薄脆焙烤食品。其中杏仁含有丰富的单不饱和脂肪酸，有益于心脏健康，含有维生素 E 等抗氧化物质，能预防疾病和抗氧化。

2. 原料及配方（表 6-7）

表 6-7　杏仁薄脆的配方

原料	烘焙百分比（%）	实际用量（g）	产品图片
无盐黄油	53	270	
红糖	85	435	
鸡蛋	13	67	
牛奶	6	30	
盐	0.6	3	
肉桂粉	0.7	4	
泡打粉	1.5	8	
低筋粉	100	510	
杏仁片	6	30	

3. 制作程序

①计量。将各种原料按配方中的比例称量好待用。

②面团调制。黄油加入红糖打发，逐个加入鸡蛋搅打，再放入牛奶、盐、肉桂粉、泡打粉和面粉，搅拌均匀即可。将面团放在容器中，冷冻过夜待用。

③成型。工作台上撒一层干粉，将面团擀成 0.3cm 厚，切成 7.5cm×4cm 的长方形待用。将切好的面团放在铺有油纸的烤盘中，间隔 2cm 排列，刷一层蛋液，撒上杏仁片即可。

④成熟。180℃烤大约 18min，轻压表面能够弹回来即可，冷却后密封保存。

4. 工艺操作要点

①购买烘焙用的杏仁片，制作杏仁薄脆前，建议先将其烤香。

②烤盘铺垫一张烘焙纸，将杏仁片平铺其上，上、下火 150℃烘烤 3~5min，至表面微黄变色、香味溢出时取出，摊凉后加入面糊中即可。

③烤盘预热，注意烘烤的温度和时间。

5. 成品要求

层次均匀，形态美观，香气浓郁，口感酥脆。

第二节　韧性饼干的制作

一、韧性饼干的特点

韧性饼干是以面粉、糖和油脂为主要原料，加入疏松剂、改良剂与其他辅料，经热粉工艺调粉、辊压、成型、烘烤而制成的口感松脆的焙烤食品。韧性饼干的特点是表面多为凹花，外观光滑，表面平整、有针眼，断面有层次，口嚼松脆、耐嚼。

韧性面团俗称热粉，这是由于这类面团在调制完毕时比酥性面团的温度高而得名。韧性面团中糖和油的用量少，面筋形成量比酥性面团多，吸水量也大，要求面团有良好的延伸性和可塑性。通过搅拌和改良剂调节面团的润胀度，胀发率较大，密度较小。成品口感松脆，可做中低档产品。常见的韧性饼干有牛奶饼干、香草饼干、蛋味饼干、儿童营养饼干、巧克力饼干、玛利饼干、波士顿饼干等。

二、韧性饼干的制作原理

韧性面团中糖和油的用量少，面粉中的面筋蛋白质吸水溶胀，形成了大量的面筋。通过机械的搅拌，面筋充分扩展，从而使面团的弹性降低，延伸性增加。

三、韧性饼干的制作工艺流程

原材料预处理→计量→面团调制→静置→辊压→成型→烘烤→喷油→冷却

四、韧性饼干的操作过程

①面团的调制。采用热粉调制法，先将水和糖一起煮沸，使糖充分溶化，稍冷却，再将油、食盐、鸡蛋等混入搅拌均匀，冲入预先混合均匀的面粉、淀粉、奶粉，调制成具有一定韧性的面团。

②静置。调制好的面团静置 10 ~ 20 min，以减小内部张力，防止饼干烘烤时收缩变形。

③压片。将面团擀压成 2 mm 左右厚度的面片，薄厚应一致。

④成型。用刀或印模切制成各种形状的饼干坯，并在生坯上打好针孔。

⑤装盘。要求生坯摆放尽量紧密，间距均匀。

⑥烘烤。韧性饼干宜采用较低温度、较长时间的烘烤。制成的饼干坯入炉烘烤时，在高温作用下，饼干内部所含的水分蒸发，淀粉受热糊化，蛋白质受热变性而凝固，膨松剂分解而使饼干体积增大，最后形成多孔型酥松的饼干成品。烘烤的温度和时间，随饼干品种与块形大小的不同而异。一般采用 180 ~ 190℃的上火，150 ~ 160℃的下火，烘烤时间为 10 ~ 15 min。

⑦冷却。冷却至 40℃以下，若室温 25℃，可自然冷却 5 min 左右即可。

五、韧性饼干的操作要点

①调制韧性面团时，一般会添加面粉用量5% ~ 10%的小麦淀粉或玉米淀粉，

从而降低面粉的筋度，减小面团的弹性和黏性，增加其可塑性，同时还可以缩短调粉时间，使面团更光滑，制成的饼干形态好，花纹保持能力增强。

②调制好的韧性面团温度应控制在 38 ~ 40℃。这样有利于降低其弹性、韧性、黏性和柔软性，使后续操作顺利，制品质量提高。冬季需要将糖水加热到 85 ~ 90℃来确保面团有较高的温度，夏季则用温水即可。

③掌握面团的软硬度。韧性面团通常要调软一些，这样可以使面团调制时间缩短，延伸性增大，弹性减弱，成品疏松度提高，面片压延时光洁度高，面带不易断裂，操作顺利，质量提高，面团含水量应保持在 18% ~ 24%。

④面团调好后要静置 10 ~ 20 min，使面团松弛，降低其弹性，确保饼干烘烤时不收缩变形。

⑤掌握面团的搅拌程度。面团调制好后，面筋的网状结构被破坏，面筋中的部分水分向外渗出，面团明显柔软，弹性显著减弱，面团表面光滑、颜色均匀，有适当的弹性和塑性，撕开面团，其结构如牛肉丝状，用手拉伸则出现较强的结合力，拉而不断，伸而不缩，这便是调粉完毕的标志。

实例 1　巧克力甜饼干

1. 产品简介

巧克力甜饼干是将制作成长条形的甜饼干烤熟后，一端披覆上黑巧克力制成的双色韧性饼干。口感酥脆，香甜适口。

2. 原料及配方（表 6-8）

表 6-8　巧克力甜饼干的配方

原料	烘焙百分比（%）	实际用量（g）	产品图片
低筋粉	100	750	
糖粉	28	210	
奶粉	2	15	
香草粉	0.02	0.15	
泡打粉	1	7.5	
奶油	20	150	
水	25	187.5	
黑巧克力	26	195	

3. 制作程序

①计量。按上述配方将所需原料计量称重，干性原料过筛备用。

②面团调制。将全部原料放入和面机中，搅打至面筋完全扩展阶段。

③成型。将面团取出后直接擀压成长方形面坯，采用3折法折叠3次，擀成0.5cm厚的长方形面带。用打孔器打孔后，面团放置松弛20 min左右，用量尺和车轮刀切割成长6cm、宽1cm的长条形饼干，并小心地移入刷过油的烤盘中。

④成熟。上火180℃、下火150℃，烘烤10～12 min。

⑤融化巧克力。黑巧克力切碎后，利用隔水加热法将巧克力融化。

⑥饼干装饰。将晾凉的饼干一端蘸上1/2的巧克力，整齐地摆放在油纸上冷却。待巧克力凝固后装盘。

4. 工艺操作要点

①奶油需室温软化后再使用，否则会呈颗粒状打不均匀。

②调制的面团应使用和面机，如果采用搅拌机需使用勾状搅拌桨。

③面团应搅拌到面筋扩展阶段，面团光滑平整时再停机。

④面带打洞后再松弛，松弛后再切割成型，否则面坯容易变形。

⑤烘烤时，烤盘下面可以垫烤架烘烤，防止饼干底部烤焦。

⑥溶解巧克力时温度不可太高，以不超过50℃为宜，否则会影响巧克力的光泽度。

⑦饼干需冷却到30℃以下后蘸巧克力。

5. 成品要求

形状规则，饼面平整，上色均匀，口感酥脆，香甜适口。

实例2　小熊饼干

1. 产品简介

小熊饼干是将甜饼干面团调好后，用小熊模具刻制成型后，烘烤而制成的一种韧性饼干。

2. 原料及配方（表6-9）

表6-9　小熊饼干的配方

原料	烘焙百分比（％）	实际用量（g）	产品图片
低筋粉	100	500	
糖粉	30	150	
奶粉	4	20	
泡打粉	1	5	
奶油	20	100	
水	25	125	

3. 制作程序

①计量。按上述配方将所需原料计量称重，干性原料过筛备用。

②面团调制。将全部原料放入和面机中，搅打至面筋完全扩展阶段。

③成型。将面团取出后直接擀压成长方形面坯，采用3折法折叠3次，擀成0.5cm厚的长方形面带。用打孔器打孔后，面团放置松弛20min左右，用小熊模具刻出饼干后，并小心地移入刷过油的烤盘中。

④成熟。表面刷蛋液后，上火180℃、下火150℃，烘烤10~12min。

⑤包装。待饼干晾凉后，装入塑料袋中即可。

4. 工艺操作要点

①奶油需室温软化后再使用，否则会呈颗粒状打不均匀。

②面团应搅拌到面筋扩展阶段，面团光滑平整时再停机。

③烘烤时，烤盘下面可以垫烤架烘烤，防止饼干底部烤焦。

④饼干需冷却到30℃以下再包装。

5. 成品要求

形状规则，饼面平整，上色均匀，口感酥脆，香甜适口。

实例3　杏仁脆饼

1. 产品简介

杏仁的营养价值很高，而杏仁脆饼的营养价值更丰富。杏仁含有丰富的单不饱和脂肪酸，有益于心脏健康；含有维生素E等抗氧化物质，能预防疾病和早衰。杏仁中含蛋白质27%、脂肪53%、碳水化合物11%，每100g杏仁中含钙111mg，磷385mg，铁70mg，还含有一定量的胡萝卜素、抗坏血酸及苦杏仁苷等。杏仁脆饼是由低筋粉、糖粉、杏仁片、奶油等原料经调粉、成型、烘烤制成的焙烤食品。

2. 原料及配方（表6-10）

表6-10　杏仁脆饼的配方

原料	烘焙百分比（%）	实际用量（g）	产品图片
糖粉	75	60	
鸡蛋	37.5	30	
蛋白	37.5	30	
鲜奶油	87.5	70	
低筋粉	100	80	
杏仁片	125	100	
橙皮屑	—	适量	

3. 制作程序

①备杏仁粒。杏仁粒先用 150℃烘烤 30 ~ 40min 至熟，放凉后浸入水中 5 ~ 10min，再沥干水分备用。

②面糊调制。将糖粉、鸡蛋和蛋白混合，略微加热使糖粉充分溶解在蛋液中，再加入鲜奶油搅拌均匀。将低筋粉、杏仁粒和橙皮屑等依次加入上述调好的蛋奶糊中，充分搅拌均匀。

③成型。用汤匙舀少量搅拌均匀的面糊于铺了烘焙纸的烤盘上，略微按扁，置预热好的烘箱中烘烤。

④成熟。上火 160℃、下火 150℃，烘烤 15 ~ 20min 即可。

4. 工艺操作要点

①控制蛋液的加热温度。

②注意面糊调制的量，一次不能太多，否则成型时间长，面粉生筋。

③烘烤时注意查看烘烤制品的上色情况，但过程中不能提前打开烤箱。

5. 成品要求

形态美观，触口柔软，香气宜人，色泽诱人。

实例 4　姜饼屋

1. 产品简介

姜饼是一种由中筋粉、苏打粉、姜粉、红糖粉等原料精制而成的一种饼干。在中世纪的欧洲，"姜"是一种昂贵的进口香料，因此只有在圣诞节、复活节这样的重要节日人们才制作姜饼。把姜加入饼干可以增加风味，并有驱寒的功用。19 世纪初期，在 12 月 6 日圣尼古拉斯节时，法国北部和德国的教父、教母都会在这一天送各种形状，如心形、人形的姜饼给孩子们，或偷偷地放入孩子们期待的袜子内。久而久之，姜饼演变为圣诞节的节日点心。人们根据童话里圣诞老人居住屋子的想象，将姜饼用糖霜凝结搭建成屋形，并作为礼物赠送亲友，姜饼屋就成了圣诞节的标志性糕点。而美国人更将姜饼屋的气氛推到极致，成为深受世界各国人民喜爱的姜饼屋。

2. 原料及配方（表 6-11）

表 6-11　姜饼屋的配方

原料	烘焙百分比（％）	实际用量（g）	产品图片
中筋粉	100	300	
红糖粉	10	30	
糖粉	20	60	

续表

原料	烘焙百分比（%）	实际用量（g）	产品图片
姜粉	1	3	
肉桂粉	0.5	1.5	
牛奶	12	36	
蜂蜜	15	45	
鸡蛋	10	30	
白油	20	60	
蛋白	13	40	
柠檬汁	3	8	
糖粉	100	300	

3. 制作程序

（1）计量　按上述配方将所需原料计量称重，干性原料过筛备用。

（2）面团调制

①将黄油温热融化，加入鸡蛋、牛奶、蜂蜜、红糖粉和糖粉，搅打均匀。

②中筋粉、苏打粉、食盐、姜粉、桂皮粉过筛后混合均匀，倒入上面的浆料中，搅拌成均匀的面团。

③将面团放冰箱冷藏 30min 待用。

（3）成型

将面团擀压成一张厚约 0.5cm 的长方形面坯，松弛 20min 左右，用打孔器打孔后，将纸样拼摆在面饼上，用小刀沿纸样切割成型，并小心地移入刷过油的烤盘中，表面刷蛋液。

（4）成熟　上火 180℃、下火 180℃，烘烤 10 ~ 15min 即可。

（5）蛋白糖霜的制作　蛋白 40g，柠檬汁 8g，糖粉 300g。先将蛋白、柠檬汁与 1/3 的糖粉搅打至起发后，再加入 1/3 糖粉搅拌均匀后，最后再加入剩下的 1/3 糖粉拌匀即可。

（6）姜饼屋的搭建　将晾凉的饼干用糖霜凝结搭建成屋形，并用小糖人进行装饰。

4. 工艺操作要点

①按照配方准确称量原料。

②调制好的面团需放置冰箱冷藏 1h 左右，使面团松弛，硬度增加，黏性降低，便于成型操作。

③做姜饼屋之前，在硬卡纸画好纸样，并用剪刀裁剪好备用。

④注意烘烤温度与时间。

5. 成品要求

上色均匀，饼面平整，形态美观，色彩亮丽，姜味香浓，口感酥脆。

第三节　苏打饼干的制作

苏打饼干又称发酵饼干、梳打饼干、克力架等，是以面粉、油脂、酵母为主要原料，加入各种辅料，经发酵、调粉、辊压、叠层、烘烤而制成的松脆、具有发酵制品特有香味的焙烤食品。苏打饼干按其配方不同可分为咸苏打饼干和甜苏打饼干。常见的苏打饼干有甜苏打饼干、葱油苏打饼干、咸奶苏打饼干、芝麻苏打饼干、燕麦苏打饼干、全麦苏打饼干等。

一、苏打饼干的制作原理

苏打饼干可以利用小苏打、泡打粉或酵母来使饼干变得膨松。当面团调制完成后，加入的酵母遇水溶解后便开始恢复活性，在面团中生长繁殖，并产生大量的二氧化碳气体，被面团中的面筋包裹住。当饼干被烘烤时，二氧化碳气体受热膨胀，同时小苏打或泡打粉等化学膨松剂也会受热分解，产生二氧化碳气体，使饼干变得膨松。

二、苏打饼干制作的一般工艺流程

苏打饼干的制作分为一次发酵法和二次发酵法两种,制作的一般工艺流程如下。

1. 一次发酵法

原辅料预处理 → 计量 → 面团调制 → 面团整形 → 面团发酵 → 成型 → 烘烤 → 冷却

2. 二次发酵法

原辅料预处理 → 计量 → 种子面团调制 → 面团基础发酵 → 主面团调制 → 二次发酵 → 面团整形 → 成型 → 烘烤 → 冷却

一次发酵法制作苏打饼干操作简单，节约时间，但其发酵时间短，面团的弹性较大，延伸性和柔软性不如二次发酵法，制成的饼干容易收缩变形。二次发酵法操作步骤较为复杂，耗时久，但饼干的品质优于一次发酵法。

三、苏打饼干的制作过程

①原辅料预处理。中筋粉在称量前需要先过筛。

②计量。所有的物料按照配方计算出实际用量后，按要求称量好备用。

③面团调制。

一次发酵法面团的调制是将配方中将所有的干性原料倒入搅拌机中混合均匀，加入适量的温水搅拌成团后，加入室温软化好的奶油，继续搅拌至面筋扩展阶段即可。

二次发酵法面团的调制分为种子面团的调制和主面团的调制。

种子面团搅拌时通常使用总配方中 40% ~ 50% 的面粉，加入预先用温水活化的干酵母，酵母用量一般为面粉量的 0.5% ~ 0.7%，再加入温水，加水量一般为面粉用量的 40% ~ 42%，在和面机中搅拌至面团光滑，冬天时面团温度控制在 28 ~ 32℃ 之间，夏天则为 25 ~ 28℃。第一次发酵的目的是使酵母在面团内得到充分的繁殖，以增加面团的发酵耐力，使面团弹性降低到理想的程度。发酵完毕时面团的 pH 在为 4.5 ~ 5.0，发酵时间一般为 6 ~ 10 h。

主面团搅拌是将第一次发酵好的面团加入到配方中剩余的 50% ~ 60% 的面粉，再加入油脂、食盐、磷脂、饴糖、乳粉、鸡蛋等原料，搅拌至面团光滑。冬天时面团温度控制在 30 ~ 33℃，夏天在 28 ~ 30℃。发酵温度 28 ~ 32℃，第二次发酵时间为 3 ~ 4 h。

④面团整形。将面团用起酥机上压延折叠 3 折 3 次，将面坯整形成厚 0.3 cm 左右的长方形面带。通过压延折叠可以使面团质地更松软、均匀，面团的整形过程也是进一步揉和的过程。

⑤发酵。面团经整形机整形之后，放入 30℃、相对湿度 80% ~ 90% 的醒发箱中发酵 0.5 ~ 3 h。

⑥压面。将发酵好的面饼压成 0.2cm 左右厚的面皮，反复压 3 ~ 4 遍后可以使成品形成一定的层状结构。

⑦扎孔。用打孔器在饼干胚上均匀的打孔，可以让揉面过程包在面饼中的气体或发酵产生的气体，在烘焙过程中排出来，避免形成小泡，影响饼干外观。

⑧成型。苏打饼干可以采用切割成型或模具冲印成型，然后用铲刀转移到烤盘上，烤盘需要涂少量奶油，避免烤制后饼干粘底。

⑨苏打饼干烘焙温度。上火 180 ~ 190℃，下火 150 ~ 180℃，烘焙时间 15 ~ 17 min（随时观察烘焙情况以免烤焦）。

四、苏打饼干制作的注意事项

①小苏打遇水和酸释放出二氧化碳使产品膨胀。小苏打产生的碳酸钠在高温下与油脂发生皂化反应，产生肥皂。小苏打添加太多的话，饼干会有肥皂味，同时饼干的 pH 也会升高，饼干内部呈暗黄色。

②苏打饼干面粉的吸水率一般在 30% ~ 40%，加水量过多，面筋形成达到最大时，面团在压模之后容易收缩变形，而且面团会太黏，印模成型时会粘模具。加水量太少，则面团太干燥，松散，成型困难，最后饼干成品比较硬，口感也不脆。

③面团温度对于面团中面筋形成量有很大的影响，采用 30℃的温水和制面团比较合适。

④发酵之后的面团会变得顺滑，更有弹性，同时延生性也会增大，并可以包覆更多的气体。发酵时间需要适当控制，因为发酵时间太短，发酵不足，那么面团除了不会膨胀得足够大，质地也会变得很粗糙；但是如果发酵时间太长了，面团会发黏，并带有酸味。

⑤苏打饼干在烘焙第一阶段（约 8min）下火应当高一点，上火低一点，可以在饼干表面还没有形成硬壳之前就胀发起来，使得饼干更加膨松。烘焙第二阶段（约 6min），使下火温度降低一点，上火升高，可以让饼干更快上色，同时避免饼干底面烤焦。

⑥烘焙完成之后，将饼干放入 80℃的环境下冷却 5min 后，再取出在常温下冷却，这样可以防止饼干冷却过快产生裂缝。

实例1　奶油苏打饼干

1. 产品简介

奶油苏打饼干是由奶油、面粉、小苏打、干酵母等原料经过调制面团、醒发、成型、烘烤等步骤制作而成的一类饼干。

2. 原料及配方（表 6-12）

表 6-12　奶油苏打饼干的配方

原料	烘焙百分比（%）	实际用量（g）	产品图片
面粉	100	500	
奶油	20	100	
盐	1.4	7	
小苏打	0.5	2.5	
干酵母	1.0	5	
香草粉	0.6	3	
水	35	175	

3.制作程序

（1）计量　将各种原料按配方中的比例称量好待用。

（2）面团调制

①种子面团的调制。先将150g面粉过筛后放在盆里，加入5g酵母和75g的水，调和成光滑的面团，放入30℃、相对湿度75%的醒发箱中，发到中间略有塌陷即可。

②主面团的调制。将剩余的面粉、小苏打和香草粉过筛后，与发酵好的种子面团、奶油、食盐和水倒入搅拌机中，慢速搅拌成团后，改快速搅拌至面团光滑。面团和好后，盖上保鲜膜醒发30～40min。

（3）成型

①将醒发好的面团放在酥皮机上压延3折，一共3次，然后擀压到0.3cm厚待用。

②利用饼干模具进行刻印成型，并轻轻地放入刷过油的烤盘上待烤。

（4）成熟

上火200℃、下火200℃，烘烤10min。

4.工艺操作要点

①调制面团时，一定要搅拌适度，达到面筋完全扩展阶段即可。

②种子面团要发酵充足，有利于饼干成品的风味和组织结构的形成。

③注意烘烤温度和时间，随时观察饼干的色泽，防止烘烤过度。

5.成品要求

色泽深金黄色，形态美观。

实例2　葱香苏打饼干

1.产品简介

葱香苏打饼干是在咸苏打饼干中加入干香葱叶、大蒜粉和生姜粉等制成的具有特殊风味的一种薄脆性苏打饼干。

2.原料及配方（表6-13）

表6-13　葱香苏打饼干的配方

原料	烘焙百分比（%）	实际用量（g）	产品图片
低筋粉	100	300	
奶粉	50	150	
小苏打	2	6	
盐	4	12	

续表

原料	烘焙百分比（%）	实际用量（g）	产品图片
砂糖	10	30	
干酵母	1.5	4.5	
干香葱碎	5	15	
大蒜粉	1	3	
水	60	180	
无盐黄油	20	60	

3. 制作程序

（1）计量

将各种原料按配方中的比例称量好待用。

（2）面团调制

①干酵母用30℃的温水溶化后，放置20min左右使酵母活化。

②将低筋粉、小苏打、奶粉、盐、糖、大蒜粉和黄油等放在搅拌缸内拌匀后，加入酵母水低速搅拌至成团。

③将干葱叶加入到搅拌缸中，低速搅拌直至面团表面光滑即可。

（3）成型

面团取出后用酥皮机擀压3折3次，并擀压成0.25cm厚的面带，并用打孔器均匀的打孔。用量尺和车轮刀将面带切成长4cm、宽3cm的长方形，并用铲刀将切割好的饼干移入烤盘中，中间间隔1cm以上。

（4）发酵

放置在30℃，相对湿度70%的醒发箱中醒发松弛20 min，待饼干的厚度达到0.4cm左右即可。

（5）成熟

烤箱预热到200℃，烤10～14min至金黄色即可。

4. 工艺操作要点

①注意各原料的使用比例。

②注意面团的搅拌程度，搅拌到面团光滑即可，不可过度搅拌。

③苏打饼干烘烤成熟度的判断方法是用手直接按压饼干，如果硬硬的、压不下去说明熟了，否则太早拿出来饼干会不熟。

5. 成品要求

色泽金黄色，形态美观，口感酥脆，葱香浓郁。

实例 3　全麦苏打饼干

1. 产品简介

全麦苏打饼干是由全麦粉、燕麦、泡打粉、黑胡椒等原料经调粉、成型、烘烤制成的焙烤食品，制作过程非常简单，但营养丰富，且燕麦风味浓郁。

2. 原料及配方（表 6–14）

表 6–14　全麦苏打饼干的配方

原料	烘焙百分比（%）	实际用量（g）	产品图片
全麦粉	100	300	
快熟燕麦	60	180	
泡打粉	1.4	4.2	
砂糖	5	15	
黑胡椒	2	6	
辣椒	1.4	4.2	
芝麻	10	30	
盐	4	12	
无盐黄油	100	300	
香醋	20	60	

3. 制作程序

①计量。将各种原料按配方中的比例称量好待用。

②面团调制。称量好除香醋外的所有原料，放入搅拌缸内低速搅拌直到黄油变成豌豆大，倒入香醋，继续搅打直至面团光滑。

③成型。面团擀成 3 mm 厚的面片，切成直径为 2.5 cm 的菱形，放在烤盘中待烤。

④成熟。烤箱预热到 190℃，烤 12 ~ 14 min 至表面棕黄色即可。

4. 工艺操作要点

①注意各种原料的使用比例。

②面团搅拌时使用低速，不可速度过快。

③注意烘烤的温度和时间，随时观察饼干的色泽。

5. 成品要求

成品颜色为棕黄色，大小一致，装饰美观，饼皮不要太厚。

实例4　玉米纤维燕麦苏打饼干

1. 产品简介

玉米纤维燕麦苏打饼干是一种由面粉、玉米纤维粉、燕麦粉、牛奶、鸡蛋等原料经过调制、成型、烘烤等步骤精制而成的一种健康美味的饼干食品。

2. 原料及配方（表6-15）

表6-15　玉米纤维燕麦饼干的配方

原料	烘焙百分比（%）	实际用量（g）	产品图片
低筋粉	100	163	
玉米纤维粉	32	52	
燕麦粉	85	138	
红糖	86	140	
白糖	104	170	
盐	3.7	6	
精制玉米油	58	95	
奶油	58	95	
牛奶	18	29	
鸡蛋	56	92	
小苏打	2.5	4	
泡打粉	1.8	3	
香草香精	8	13	

3. 制作程序

①计量。按上述配方将所需原料过筛，计量称重备用。

②面团调制。先将低筋粉、玉米纤维粉、燕麦粉、红糖、白糖、小苏打、泡打粉、奶油、精制玉米油打成糊，依次加入其他辅料混合均匀，制成饼干糊。

③成型。制好的饼干糊静置后，置于间隙为5cm的饼干模具中成型。

④成熟。烤箱预热至177℃，将饼干生坯送入烤箱，烘烤10min至淡棕色即可。

4. 工艺操作要点

①按照配方准确称量原料。

②面团的调制过程中掌握好面糊的稠度。

③调制好的面糊需静置后待用。

④烤箱预热，把握好烤制时间。

5. 成品要求

口感酥脆，上色均匀，成品大小一致。

实例 5　麸皮苏打饼干

1. 产品简介

麸皮苏打饼干是将麸皮、高筋粉、低筋粉，加入干酵母、黄油、水、糖粉等混合，经发酵、成型、烘烤而制成的香脆美味的饼干制品。

2. 原料及配方（表 6-16）

表 6-16　麸皮苏打饼干的配方

原料	烘焙百分比（%）	实际用量（g）	产品图片
低筋粉	40	400	
高筋粉	40	400	
麸皮	20	200	
无盐黄油	15	150	
糖粉	6	60	
干酵母	1.3	13	
麦芽抽提液	1	10	
小苏打	0.4	4	
盐	1.2	12	
水	40	400	

3. 制作程序

①计量。按上述配方将所需原料过筛，计量称重备用。

②面团调制。将所有的干性原料放入搅拌缸中搅拌均匀，缓缓加入水，搅拌成团，搅拌至面团光滑即可。

③成型。面团取出后室温发酵 30min，用酥皮机擀压 3 折 3 次后，将面带压延成 0.3cm 左右厚的面带。用打孔器均匀的打孔后，用量尺和车轮刀将面带切成 5cm×5cm 的面片，整齐的摆放在铺了油纸的烤盘中，留出适当的间隙。

④成熟。上火 180℃、下火 150℃，烤 15 ~ 17min 即可。

4. 工艺操作要点

①面团搅拌时采用全部原料投入搅拌杆中，一次搅拌完成。

②面团搅拌好后，微微发酵后再擀压，饼干膨胀会比较均匀。

③面坯打洞一定要均匀，烘烤时饼干才不会鼓包。

5. 成品要求

麦香浓郁，成品大小一致，上色均匀，口感酥脆。

第四节　其他类饼干的制作

除了酥性饼干、韧性饼干和苏打饼干外，还有其他类饼干，如蛋圆饼干、薄脆饼干、威化饼干、夹心饼干、装饰饼干、水泡饼干和蛋卷等。

1. 蛋圆饼干

蛋圆饼干又称杏元饼干，是以鸡蛋、糖粉、面粉为主要原料，加入疏松剂、香精等辅料，搅打成面浆，通过裱花袋挤出成型或挤出机挤出成型，经烘烤而制成的口感松脆的焙烤食品。市场上常见的有芝麻杏元饼干、雪花杏元饼干等。这种饼干在配料中大量使用了鸡蛋，因此其口感非常酥松，入口即化。

2. 薄脆饼干

薄脆饼干是以低筋粉、蛋白、糖、油脂和果仁等为主要原料，经搅拌、成型、烘烤而制成的薄而脆的一种饼干。这种饼干口感酥脆，果香浓郁，是一种营养价值非常丰富的点心。

3. 威化饼干

威化饼干又称华夫饼干，是以面粉（糯米粉）、淀粉、糖粉、油脂为主要原料，加入乳化剂、膨松剂等辅料，经调粉、浇注、烘烤而制成的饼干薄片，然后涂上夹心料，将数片组合在一起，经切割而成的饼干。常见的威化饼干有花生威化饼干、草莓威化饼干、香蕉威化饼干、柠檬威化饼干、巧克力威化饼干等。

4. 夹心饼干

夹心饼干是在两块饼干之间添加糖、油脂或果酱为主要原料的各种夹心料的夹心焙烤食品。

5. 装饰饼干

装饰饼干又称粘花饼干，是在饼干表面涂布巧克力酱、果酱等辅料，或喷洒调辅料，或粘糖花等制成的有涂层、线条或图案的饼干。装饰饼干要求外形完整美观，大小均匀，装饰料与饼干贴合紧密。

6. 水泡饼干

水泡饼干是以面粉、糖、鸡蛋为主要原料，加入膨松剂，经调粉、多次辊压、成型、沸水烫漂、冷水浸泡、烘烤制成的具有浓郁蛋香味的疏松、轻质的饼干。这类饼干配方中用油较少，用蛋多，成品低脂肪、高蛋白，口感香甜、疏松，入口即化，特别适合老年人和儿童食用。

7. 蛋卷

蛋卷是以面粉、糖、鸡蛋和油为主要原料，加入膨松剂、改良剂、香精等辅料，经搅打、调浆、浇注或挂浆、烘烤卷制而成的焙烤食品。如芝麻蛋卷、奶油蛋卷、椰丝蛋卷、双色蛋卷。蛋卷一般烤至金黄色，呈圆筒形或扁筒形，松脆可口，淡香浓郁。

实例 1 杏元饼干

1. 产品简介

杏元饼干是由面粉、淀粉、糖粉、鸡蛋等原料，经调粉、成型、烘烤而制成的圆形的金黄色具有浓郁蛋香味的饼干。

2. 原料及配方（表 6-17）

表 6-17 杏元饼干的配方

原料	烘焙百分比（%）	实际用量（g）	产品图片
面粉	100	500	
淀粉	10	50	
糖粉	70	350	
鸡蛋	20	100	
小苏打	0.4	2	
水	6	30	

3. 制作程序

①浆料调制。先将鸡蛋、糖粉在打蛋机中低速混匀，然后高速搅打，缓慢加入水，待泡沫稳定后，加入面粉、淀粉、小苏打等，低速搅匀，制成浆料。

②挤浆成型。用注浆机或三角布袋将浆料挤在烤盘上，大小均匀，间距不小于 30mm。然后静置，待表面光滑，即可入炉烘烤。

③烘烤。由于杏元饼干含蛋含糖量较高，膨胀大，易上色，因此可选用低温烘烤，炉温在 180 ~ 190℃。

④冷却。出炉后，冷却至室温即可。

4. 工艺操作要点

①浆料调制的过程中要注意搅打的速度。

②浆料挤在烤盘中，大小要均匀，有一定间距。

③烘烤时选用低温。

④烘烤过程中不要打开烤箱。

5. 成品要求

形态美观，颜色泽金黄，蛋香浓郁，香甜适口，成品大小均匀。

实例 2 山核桃薄饼

1. 产品简介

山核桃含有较多的蛋白质及不饱和脂肪酸，这些成分皆为大脑组织细胞代谢的重要物质，能滋养脑细胞，增强脑功能。山核桃薄饼是由山核桃碎、面粉、玉米糖浆、无盐黄油等原料经调粉、成型、烘烤制成的焙烤食品。

2. 原料及配方（表 6-18）

表 6-18 山核桃薄饼的配方

原料	烘焙百分比（%）	实际用量（g）	产品图片
红糖	100	180	
无盐黄油	83	150	
玉米糖浆	125	225	
香草精	2.5	5	
盐	2.5	5	
通用面粉	100	180	
山核桃碎	83	150	

3. 制作程序

①把糖、黄油、玉米糖浆、香草精放在炖锅内，煮沸。

②将盐、面粉和坚果混合均匀。

③把混匀的面粉加入煮沸的糖浆中，倒入平底锅中，冷却到能用手拿即可。

④用小勺子挖面团，分成相同大小的面团，放在油纸上，压薄。

⑤烤箱预热到160℃，烤15～18min至呈深棕色。

4. 工艺操作要点

①糖、黄油、玉米糖浆、香草精需要加热，注意火候。

②用勺子挖面团时，注意面团大小要均匀。

③注意烘培的温度和时间。

5. 成品要求

香甜适口，成品大小均匀，形态美观，香气袭人。

实例3　芝麻薄脆

1. 产品简介

芝麻薄脆是以白芝麻与蛋白、糖和面粉一起烘焙而成的薄而脆的饼干产品，此饼干芝麻香味浓郁，酥脆香甜。

2. 原料及配方（表6-19）

表6-19　芝麻薄脆的配方

原料	烘焙百分比（%）	实际用量（g）	产品图片
低筋粉	100	200	
白芝麻	200	400	
白砂糖	150	300	
鸡蛋白	200	400	

3. 制作程序

①计量。按上述配方将所需原料过筛，计量称重备用。

②芝麻处理。白芝麻优选干净、无杂物的，淘洗干净，并烘干水分。

③面团调制。将面粉、白砂糖、蛋白混合在一起搅拌均匀后，加入预处理过的白芝麻，搅拌均匀成糊即可。

④成型。烤盘铺上油纸后，将饼干糊装入带圆形嘴子的裱花袋里，挤成圆形饼状即可。

⑤成熟。上火200℃、下火190℃，烘烤15min左右，出炉晾凉即可。

4. 工艺操作要点

①使用的蛋白量可根据饼干糊的黏度适量略有增减。

②面糊的搅拌不宜太猛，防止蛋糊起泡。

③饼干糊挤在烤盘上时要留有足够的间隙，防止烘烤时造成粘连。

④要求饼干形状圆形，表面亮皮，大小一致，口感酥脆香甜，有芝麻香味。

⑤注意烘烤温度和时间。

5. 成品要求

表面亮皮，成品大小一致，口感酥脆香甜。

思考题

一、填空

1. 饼干按制作工艺特点可分为四大类：＿＿＿＿＿＿＿、＿＿＿＿＿＿＿、

_____ 和 _____。

2. 饼干制作的主要原料是 _____,此外还有 _____等辅料。

3. 生产韧性饼干,宜使用湿面筋含量在 _____ 的面粉;生产酥性饼干,使用湿面筋含量在 _____ 的面粉为宜。

4. 饼干一般烘烤温保持在 _____ 左右,不得超过 _____。冷却最适宜的温度是 _____,室内相对湿度70% ~ 80%。

二、名词解释

1. 冷酥性操作法

2. 苏打饼干

三、选择题

1. 饼干制作辅料油脂的预处理过程中,_____ 不需要软化。

A. 猪油　　　　　B. 奶油　　　　　C. 椰子油　　　　D. 起酥油

2. 饼干制作中,_____ 需要滚轧多次折叠并旋转90°。

A. 韧性饼干　　　B. 酥性饼干　　　C. 两者皆是　　D. 两者皆非

3. 粗饼干属于 _____ 饼干。

A. 发酵　　　　　B. 普通　　　　　C. 苏打　　　　　D. 酥性

四、简答题

1. 酥性饼干面团调制的关键点有哪些?

2. 酥性饼干与韧性饼干操作工艺上有什么区别?

3. 酥性饼干的成型方法有哪些?

4. 酥性饼干的特点有哪些?

5. 酥性饼干的制作要点有哪些?

6. 韧性饼干的成型原理是什么?

7. 制作韧性饼干的操作要点有哪些?

8. 如何让饼干有韧性?

9. 调制韧性饼干面团时为什么要使用淀粉?

10. 韧性饼干面团调制完毕的标志是什么?

11. 简单解释糖类和盐在饼干制作过程中的作用。

12. 结合实际,说明在制作韧性饼干时,如何正确判断面粉调制完毕?有哪些感官标志?

13. 简述苏打饼干的制作原理。

14. 制作苏打饼干的一般工艺流程是什么?

15. 制作苏打饼干的操作要点有哪些?

16. 苏打饼干在烘烤前为什么要扎孔?

17. 调制苏打饼干面团时如何控制水温?

18. 简述苏打饼干的发酵工艺。

19. 制作薄脆饼干的操作要点有哪些？

20. 薄脆饼干烘烤时一般烤炉温度控制在多少？

第七章

西式点心制作工艺

本章内容： 油酥点心的制作

　　　　　清酥点心的制作

　　　　　泡芙的制作

　　　　　班戟和华夫饼的制作

　　　　　布丁的制作

　　　　　冷冻类甜点的制作

　　　　　其他类西点的制作

教学时间： 32 课时

教学方式： 由教师讲解各类西式点心的特点、选料要求和制作原理，示范西式
　　　　　点心的制作过程，通过实训，使学生掌握各类西式点心的制作方法
　　　　　和操作要点。

教学要求： 1. 了解各类西式点心的特点及选料要求。

　　　　　2. 掌握各类西式点心的制作原理和工艺流程。

　　　　　3. 学会各类西式点心的面团搅拌方法。

　　　　　4. 学会各类西式点心的成型方法及烘烤技能。

　　　　　5. 学会各类西式点心的装饰方法。

　　　　　6. 熟悉各类西式点心的质量鉴定方法和标准。

课前准备： 阅读西式点心制作工艺方面的书籍，并在网上查阅西式点心制作和
　　　　　装饰技巧方面的文章和资料。

西式点心（Pastry）是继面包、蛋糕之后发展起来的另一大类点心，品种繁多、特色各异。西式点心配方中用蛋量一般较少，有的甚至完全不用，质地的酥松主要依靠油脂和糖的作用，其次是化学膨松剂的作用。这类点心原料经混合后，大多要调制成面团，经成型后再烘烤为成品。一般可分为油酥、清酥、泡芙、华夫、布丁和冷冻甜点等类型。

第一节　油酥点心的制作

一、油酥点心的分类与特点

油酥点心（Sweet and Short Pastry）是以面粉、油脂和糖为主要原料制成的一类不分层的酥松点心，又称为混酥点心或松酥点心。

油酥点心的分类方法很多，按口味不同可以分为甜酥点心和咸酥点心两种。甜酥点心主要是作为零食点心来食用，而咸酥点心多作为正餐的前肴来食用。甜酥点心大多选用各种水果、巧克力、打发的鲜奶油、果酱和蛋黄糖等作为馅心和装饰；咸酥点心则主要以肉类、火腿、海鲜类、奶酪和蔬菜等作馅心。

按照形状不同可把油酥点心分为塔、派和福兰。

1. 塔

塔又称挞，它是以油酥面作皮，借助模具成型，经烘烤、填馅、装饰等工艺制作的一种点心。塔的形状因模具不同而异，多为小型模具，有圆形、船形、梅花形等，如蛋挞、椰子挞、鲜果塔，口感滑嫩，奶香味十足。

2. 派

派又称馅饼，它以油酥面作皮，口味有咸、甜两种，从外形看有单皮派和双皮派。单皮派由派皮与派馅两部分组成；双皮派以水果派为主，往往在馅料上面加盖一层派皮，或者使用格子网状派皮。一般每只可供 8～10 人食用，多以水果为馅料或作为装饰，如苹果派、柠檬派等。

3. 福兰

福兰又称攀，呈扁平的圆盘状，直径约 20 cm，主要是通过馅心的不同变化来丰富品种，馅心可以放在两层面皮中间做成夹心的形式。此外，油酥点心配方中也可加入可可粉、果仁及其他风味物，并适当添加油脂、糖和膨松剂。

按烘烤方法的不同又可以把派分为烘烤类和非烘烤类。烘烤类是将生塔皮或派皮中填入馅料后烘烤而成的制品。非烘烤类是事先将塔皮和派皮烘烤成熟冷却后，再把馅料填入，经冷藏后馅料凝固后，再装饰供食用的点心。

二、油酥点心的制作原理

在调制油酥面团时，加入了较高比例的油脂，这些油脂颗粒被吸附在蛋白质分子表面，形成一层不透性的薄膜。同时由于油脂中含有大量的疏水烃基，阻止了水分子向胶粒内部渗透，限制了蛋白质的吸水和面筋的形成。面团中用油量越多，吸水率越低，面筋生成量越少。由于形成不透性油膜，已经形成的面筋不易彼此黏合在一起形成大块面筋，从而降低了面团的黏性、弹性和韧性，增加了面团的酥性结构。另外，面团中加入的糖具有很强的反水化作用，会吸收面团中的水分而阻碍面筋的形成。蛋液有较高的黏稠性。在酥性面团中，蛋对面粉和糖的颗粒起黏结作用。同时，蛋黄中含有大量的卵磷脂，具有良好的乳化性能，可使油、水乳化均匀分散到面团中去，增加制品的疏松性。

而固体油脂具有很好的充气性，在搅拌过程中会包裹大量的空气，使制品烘烤后变得疏松。另外，油酥点心面团中也会添加适量的化学膨松剂，如泡打粉，也会使油酥点心变得酥松可口。

三、油酥点心的制作工艺流程

1. 烘烤型油酥点心

面团调制 → 冷藏 → 面皮擀制 → 装模 → 制馅 → 填馅 → 烘烤 → 冷却 → 装饰

2. 非烘烤型油酥点心

面团调制 → 冷藏 → 面皮擀制 → 装模 → 烘烤 → 冷却 → 制馅 → 填馅 → 装饰

四、油酥点心的制作工艺

调制油酥面团的基本原料为面粉、黄油、糖粉、鸡蛋等。在实际操作中，为了增加油酥面团的口味和产品质量，往往要加入其他辅料和调味品以增加成品的风味和酥松性。例如为了突出油酥面坯的香味，可在调制油酥面团时，加入适量的香兰素或香草精；为了增强油酥面团的松酥性，可加大油脂的用量或加入适量的膨松剂；为了增加油酥面坯的独特口味，可在调制面团时加入适量的柠檬皮、杏仁粉等。

1. 面团的调制

根据油酥点心口味的不同，可分为甜酥派面团和咸酥派面团，面团调制工艺略有不同。

（1）甜酥派面团　首先将油脂和糖粉搅拌至白色绒毛状后，分批加鸡蛋混合搅拌至细腻，最后加入过筛的低筋粉和泡打粉拌匀即可。搅拌好的面团用保鲜膜包好后冷藏，使其具有一定的硬度，以便于后面的成型。

（2）咸酥派面团　低筋面粉过筛后，加入冷藏的黄油，用面刀切拌成颗粒后，加入冰水、鸡蛋和盐继续拌匀即可。搅拌好的面团用保鲜膜包好后冷藏，使其具有一定的硬度，以便于后面的成型。

2. 派和塔的成型方法

（1）派皮　将混酥面团擀成 3mm 左右厚的面皮，分两块，一块做底，一块做皮。派盘先刷一层黄油，放入一片面皮，用手指稍稍压平，先将调制好的馅料倒入，中间略高，再盖上另一块面皮，周边用花夹子将上下两层面皮夹牢，表面刷蛋液，戳上小孔即可。

（2）塔皮　将混酥面团擀成片状，根据模具大小切成小块，分别装入塔模，捏制成型后，放置 15min 左右，用牙签在底部戳小孔，以防底部拱起变形。

3. 塔和派的烘烤工艺

（1）派的烘烤　蛋液要刷均匀，以免烤出的成品颜色不一致，烤炉温度为 180℃左右，烘烤时间为 30 ~ 60min，烤至金黄色即可。

（2）塔的烘烤　烤炉温度为 180 ~ 210℃，烤至金黄色即可。

（3）烘烤注意事项

① 装入的馅料要适量，以防制品不丰满或馅料溢出，影响质量。

② 烤炉温度适当，烘烤时间要依制品大小、薄厚而定。

③ 水果胶要刷均匀。

实例1　水果塔

1. 产品简介

水果塔是一种源自英国的甜食，以各种各样的水果配着蛋糕或巧克力等，是英式下午茶中必不可少的一道甜点。充满麦香味的酥脆质感配以水果鲜嫩的口感，味道鲜美，营养价值丰富，色彩缤纷，是一道极为美丽而迷人的风味甜品。制作水果塔的水果一般选用新鲜的时令水果，也可以用罐头水果，常用的水果有草莓、猕猴桃、车厘子、香蕉、菠萝、葡萄、桃子等。制作好的水果塔最后还可在水果面上刷一层镜面果胶，使其光亮且不易变色。

2.原料及配方（表7-1）

表7-1   水果塔的配方

塔坯原料	烘焙百分比（%）	实际用量（g）	馅料	实际用量（g）	产品图片
低筋粉	100	400	淡奶油	500	
无盐黄油	45	180	绵白糖	50	
糖粉	30	120	草莓	200	
泡打粉	1	4	黄桃罐头	150	
鸡蛋	30	120			

3.制作程序

（1）计量   按上述配方将所需原料计量称重，面粉、泡打粉等粉料过筛备用。

（2）塔皮的制作

①搅拌。无盐黄油室温软化后加入糖粉拌匀，分次将全蛋液加入搅拌均匀，最后改慢速后将过筛的面粉和泡打粉加入，拌匀即可。

②成型。将塔皮面团擀成0.3cm厚的面皮，盖在塔模上，让塔皮下沉与模具圈黏合在一起，用手将塔皮捏合在模具上。

③松弛。叉子在塔皮底部插上一些小孔，入冰箱冷藏松弛。

④成熟。上火200℃、下火200℃，烤制10～15min，至派皮金黄且熟透即可。

（3）填馅装饰   淡奶油加绵白糖打至九成发，黄桃切片，草莓洗干净沥水。派皮冷却后，挤上鲜奶油，铺上一圈黄桃片后，放入1～2个草莓即可。若想增加表面光泽度可在水果上涂一层镜面果胶。

4.工艺操作要点

①塔生坯烤制前需用叉子在底部插上一些小孔并松弛一段时间，防止烤制时塔皮回缩。

②水果建议选用质感柔软的浆果如蓝莓、樱桃等，不建议用水分过多的水果。

③填馅可根据口味选用，也可以选择蛋奶冻或柠檬馅。

5.成品要求

塔皮厚薄均匀，成品大小一致，颜色金黄，制品表面有光亮，口感酥软，口味香醇浓郁。

实例2   椰子塔

1.产品简介

椰子塔是水果塔的一种，主要以椰茸为原料来制作馅心。椰子塔保留了塔本身浓郁酥软的品质特征,再配以淡淡的椰子清香及香浓的奶味,口味清新自然,令人回味无穷。

2. 原料及配方(表7-2)

表7-2 椰子塔的配方

塔坯原料	烘焙百分比(%)	实际用量(g)	馅料	实际用量(g)	产品图片
低筋粉	100	500	鲜牛奶	500	
无盐黄油	50	250	鸡蛋	600	
糖粉	30	150	细砂糖	250	
泡打粉	0.5	2.5	椰浆粉	300	
鸡蛋	25	125			

3. 制作程序

(1)计量 按上述配方将所需原料计量称重,面粉、泡打粉过筛备用。

(2)塔皮的制作

①搅拌。无盐黄油室温软化后加入糖粉拌匀,分次加入全蛋液搅拌均匀,最后改慢速后将过筛的面粉和泡打粉加入,拌匀后用保鲜膜包好冷藏。

②成型。将塔皮面团擀成0.3cm厚,盖在塔模上,让塔皮下沉与模具圈黏合在一起。

③松弛。用叉子在塔皮底部插上一些小孔,放入冰箱冷藏松弛。

(3)椰子馅的制作 将鸡蛋、牛奶、细砂糖、椰浆粉称量后倒入盆中,搅拌均匀,用细筛过滤后待用。

(4)成型 将调制好的椰子馅倒入松弛好的塔皮中,八成满即可。

(5)成熟 上火170℃,下火200℃烤制10~15min,至派皮金黄且椰子馅心熟透即可。

4. 工艺操作要点

①烤制温度不能过高,否则椰子馅口感易老,且易开裂。

②塔皮需松弛20min后再装入馅料,否则烘焙时塔皮容易回缩。

③烤好的椰子塔应当表皮酥脆,馅心滑嫩。若烤好后底部不酥脆,较软,可以脱模后再放入烤箱,用上火170℃,下火170℃,烤制5min。

5. 成品要求

椰香浓郁,口感酥软,塔皮厚薄均匀,成品大小一致,颜色金黄,制品表面有光亮。

实例 3　奶酪培根塔

1.产品简介

奶酪培根塔是以奶酪、培根为主要馅料而制成的咸味塔。奶酪的香味与培根的烟熏味相融合，使得整个塔吃起来香浓可口，酥脆中带着软嫩，各种味道一层一层的逐渐传递出来，口味丰富，回味悠久。

2.原料及配方（表7-3）

表 7-3　奶酪培根塔的配方

塔坯原料	烘焙百分比（%）	实际用量（g）	馅料	实际用量（g）	产品图片
低筋粉	100	300	鸡蛋	105	
无盐黄油	40	120	三花淡奶	210	
糖粉	20	60	糖粉	15	
泡打粉	0.5	1.5	盐	3	
鸡蛋	30	90	培根	适量	
			马苏里拉奶酪	适量	
			洋葱	适量	
			迷迭香	适量	
			黑胡椒碎	适量	
			色拉油	适量	

3.制作程序

（1）计量　按上述配方将所需原料计量称重，面粉、泡打粉过筛备用。

（2）塔皮的制作

①搅拌。无盐黄油室温软化后加入糖粉拌匀，分次加入全蛋液搅拌均匀，改慢速后加入过筛的面粉和泡打粉，拌匀后用保鲜膜包好放冰箱冷藏备用。

②成型。将塔皮面团擀成0.3cm厚的面皮，盖在塔模上，让塔皮下沉与模具圈黏合在一起。

③松弛。用叉子在塔皮底部插上一些小孔，放入冰箱冷藏松弛。

（3）培根芝士馅的制作

①原料处理。将洋葱、培根、马苏里拉奶酪切丝备用，用少量的色拉油将洋葱丝和培根丝炒出香味。

②塔馅水的制作。将鸡蛋、三花淡奶、糖粉与盐混合，搅拌均匀后用细筛

过滤待用。

（4）成型　取松弛好的塔皮，放入炒过的洋葱和培根，加入适量的马苏里拉奶酪，倒入塔馅水至八分满，最后在表面撒上新鲜的迷迭香、黑胡椒碎即可。

（5）成熟　上火200℃，下火200℃，烤制10～15min，至派皮金黄且奶酪培根馅心熟透即可。

4.工艺操作要点

①塔馅调制时需注意盐的用量，培根、奶酪、黑胡椒等都有咸味，以防口味过重。

②塔皮需松弛20 min再装入馅料，可防止烘焙时塔皮回缩。

③如果想做出拉丝的效果，马苏里拉奶酪可铺在塔馅上，以达到拉丝的效果。

④注意烘烤温度和时间。

⑤可不用塔馅水，直接在塔皮上刷上番茄酱或比萨酱，放上塔馅原料洋葱、培根、番茄、青椒等，最后撒上马苏里拉奶酪、小茴香、黑胡椒即可。

5.成品要求

塔皮厚薄均匀，成品大小一致，颜色金黄，奶酪香味浓郁，口感酥软。

实例4　苹果派

1.产品简介

苹果派是一种起源于欧洲东部的甜品，不过现如今称得上是一种典型的美式甜点。它的表现形式不拘一格，形状上主要以标准两层式和自由式为主；口味多变，常见的有焦糖苹果派、酸奶油苹果派、肉桂苹果派、杏仁苹果派等。苹果派制作简单方便，所需原料价格便宜，又有营养，因此国外许多家庭都把它当作主食。苹果派皮可以用层酥皮包馅也可用混酥皮包馅，本实例苹果派皮用的是混酥皮。

2.原料及配方（表7-4）

表7-4　苹果派的配方

塔坯原料	烘焙百分比（%）	实际用量（g）	馅料	实际用量（g）	产品图片
低筋粉	100	150	苹果	300	
无盐黄油	40	60	黄油	10	
细砂糖	10	15	柠檬汁	5	
水	33.4	50	糖粉	40	
			盐	2	
			玉米淀粉	适量	
			蛋液	适量	
			水	20	

3. 制作程序

（1）计量   按上述配方将所需原料计量称重，低筋粉过筛备用。

（2）派皮的制作

①面团调制。无盐黄油直接从冰箱取出后用面刀切碎，加入细砂糖、低筋粉搅拌均匀后，加水搅拌成面团，用保鲜膜包好放冰箱冷藏备用。

②成型。将派皮面团擀成 0.3cm 厚，盖在派模上，让派皮下沉与模具圈黏合在一起。

③松弛。用叉子在派皮底部插上一些小孔，放入冰箱冷藏松弛。

（3）苹果馅的制作   苹果去皮去核后切成小块待用。锅中加入黄油，大火加热至气泡消失，变成褐色。加入切好的苹果丁和白糖，翻炒至颜色稍褐变时，加入淀粉、盐、柠檬汁及剩下的糖和水一起翻炒，炒制馅料变得浓稠后出锅备用。

（4）成型   将冷却了的苹果馅填入派皮盏内；取派皮生坯用擀面杖擀成薄片，切成小长条，在盏表面交叉编成网格，再沿着派皮的外圈围上一条派皮，首尾接好，刷上一层全蛋液即可。

（5）成熟   上火 200℃，下火 200℃，烤制 15min 后，再将温度调低至 175℃烤 20min，至表面微金黄即可。

4. 工艺操作要点

①为防止果汁溢出，可在派盘下面加一个烤盘接溢出的果汁用。

②制作派皮时黄油无须室温软化，从冰箱中取出后可直接切碎加入面团中。

③派皮应尽量保持一定的硬度，若面皮变软，黄油出现融化迹象，应立即将面团送入冰箱降温。

④派生坯烤制前需用叉子在底部插上一些小孔松弛，防止烤制时派皮鼓起。

⑤做苹果馅时，因苹果中水分较多，炒制时要一直维持较大火的状态。

⑥注意烘烤温度和时间。

5. 成品要求

果香浓郁，派皮厚薄均匀，成品大小一致，色泽金黄，口感酥软。

实例5   黄桃派

1. 产品简介

黄桃派是以黄桃和杏仁布丁馅为主要馅料而制成的派点品种，此款派点黄桃风味浓郁，软嫩的黄桃口感配以香酥的派皮，口感清爽不黏腻，是较受欢迎的派点品种之一。

2. 原料及配方（表 7-5）

表 7-5　黄桃派的配方

塔坯原料	烘焙百分比（%）	实际用量（g）	馅料	实际用量（g）	产品图片
低筋粉	100	150	黄桃罐头	一瓶	
无盐黄油	40	60	糖粉	100	
糖粉	30	15	黄油	125	
水	33.4	50	鸡蛋	125	
			蛋糕粉	50	
			杏仁粉	50	

3. 制作程序

（1）计量　按上述配方将所需原料计量称重，面粉、泡打粉过筛备用。

（2）派皮的制作

①面团调制。无盐黄油室温软化后，放入搅拌缸中，加入糖粉搅拌至白色绒毛状，分批加鸡蛋拌匀后，转慢速加低筋粉搅拌均匀，用保鲜膜包好放冰箱冷藏备用。

②成型。将派皮面团擀成 0.3cm 厚，盖在派模上，让派皮下沉与模具圈黏合在一起。

③松弛。用叉子在派皮底部插上一些小孔，放入冰箱冷藏松弛。

（3）杏仁布丁馅的调制　黄油和糖粉拌匀后，分批加鸡蛋拌匀，加入蛋糕粉和杏仁粉拌匀即可。

（4）成型　将杏仁布丁馅填入装好派皮的模具中，罐头黄桃去汁后，切成厚薄均匀的厚片，叠铺在派皮盏内；小勺舀出些许黄桃汁，浇淋在黄桃表面。

（5）成熟　上火 180℃、下火 180℃，烤制 25～30min 即可。

4. 工艺操作要点

①制作派皮的黄油无须室温软化，可从冰箱中取出后直接使用。

②派生坯烤制前需用叉子在底部插上一些小孔松弛，防止烤制时派皮鼓起。

③操作时尽量保持派皮低温。

④烤制过程中，如派皮表面上色较快，可加盖锡纸。

5. 成品要求

果香浓郁，派皮厚薄均匀，成品大小一致，色泽金黄，口感酥软。

实例 6　南瓜派

1. 产品简介

南瓜派在美国南方地区是深秋到初冬的传统家常甜点，特别是万圣节前后，南瓜派是典型的节庆食品。它以南瓜入馅，与其他馅料充分融合，使得馅料口感更顺滑，色彩鲜艳且营养丰富。

2. 原料及配方（表7-6）

表7-6　南瓜派的配方

派皮原料	烘焙百分比（％）	实际用量（g）	馅料	实际用量（g）	产品图片
低筋粉	100	150	南瓜	250	
无盐黄油	40	60	细砂糖	30	
细砂糖	10	15	鸡蛋	100	
水	33.4	50	淡奶油	125	

3. 制作程序

（1）计量　按上述配方将所需原料计量称重，粉料过筛备用。

（2）派皮的制作

①面团调制。无盐黄油直接从冰箱取出后用面刀切碎，加入细砂糖、低筋粉搅拌均匀后，加水搅拌成面团，用保鲜膜包好放冰箱冷藏备用。

②成型。将派皮面团擀成0.3cm厚，盖在派模上，让派皮下沉与模具圈黏合在一起。

③松弛。用叉子在派皮底部插上一些小孔，放入冰箱冷藏松弛。

（3）南瓜馅的制作　南瓜去皮去籽后切成小块上锅蒸熟，压成南瓜泥待用。南瓜泥中加入细砂糖搅拌均匀；依次加入两个鸡蛋搅拌均匀；最后加入淡奶油搅匀即成南瓜馅。

（4）成型　将南瓜馅倒入派盏中，九成满即可。

（5）成熟　200℃烤制15min，再将温度调低至175℃烤20min至表面微金黄即可。

4. 工艺操作要点

①南瓜派馅为保证顺滑口感可用食品料理机搅匀成糊状待用。

②制作好的南瓜馅需静置一段时间后再使用。

③派生坯烤制前需用叉子在底部插上一些小孔松弛，防止烤制时派皮鼓起。

④注意烘烤温度和时间。

5. 成品要求

色泽金黄，口感酥软，派皮厚薄均匀，成品大小一致。

实例 7 核桃派

1. 产品简介

核桃派是以坚果核桃为主要派馅而制成的派类甜点。派皮中加入与糖浆混匀的熟碎核桃，烘焙过程中随着糖液中水分蒸发，糖浆的凝固，成品吃起来非常甜美香浓与酥脆。

2. 原料及配方（表 7-7）

表 7-7 核桃派的配方

派皮原料	烘焙百分比（%）	实际用量（g）	馅料	实际用量（g）	产品图片
低筋粉	100	150	核桃	200	
无盐黄油	40	60	细砂糖	40	
细砂糖	10	15	蜂蜜	30	
水	33.4	50	黄油	30	
			鸡蛋	30	
			水	15	

3. 制作程序

（1）计量 按上述配方将所需原料计量称重，粉料过筛备用。

（2）派皮的制作

①面团调制。无盐黄油直接从冰箱取出后用面刀切碎，加入细砂糖、低筋粉搅拌均匀后，加水搅拌成面团，用保鲜膜包好放冰箱冷藏备用。

②成型。将派皮面团擀成 0.3cm 厚，盖在派模上，让派皮下沉与模具圈黏合在一起。

③松弛。用叉子在派皮底部插上一些小孔，放入冰箱冷藏松弛。

（3）核桃馅的制作 核桃仁稍稍掰碎，入烤箱烤熟待用。将细砂糖、蜂蜜、水、黄油放入小奶锅内加热至糖全部融化。待糖液冷却后，倒入打散的鸡蛋液搅拌均匀。取适量糖浆蛋液倒入到烤熟的核桃中，拌匀即为核桃馅。

（4）成型 将核桃馅倒入派盏中，八成满即可。

（5）成熟 上火 180℃、下火 180℃，烘烤 25min 左右，至表面金黄色即可。

4. 工艺操作要点

①注意核桃派馅与派皮色泽的一致，如果核桃馅的颜色较深，可在派皮中加入适量可可粉调色。

②派生坯烤制前需用叉子在底部插上一些小孔松弛，防止烤制时派皮鼓起。

③加入核桃馅后生坯需静置一段时间后再入烤箱烤制。

④注意烘烤温度和时间。

5. 成品要求

派皮厚薄均匀，口感酥香，馅丰料足，成品大小一致。

实例8　草莓奶油戚风派

1. 产品简介

草莓奶油戚风派是以戚风派为基础，以草莓奶油为装饰而形成的一款风味派点，它既有草莓戚风蛋糕的风味特点，又融合派皮的酥香松脆口感，形成独特的派点风味。

2. 原料及配方（表7-8）

表7-8　草莓奶油戚风派的配方

派皮原料	烘焙百分比（%）	实际用量（g）	馅料	实际用量（g）	产品图片
低筋粉	100	150	黑巧克力	100	
无盐黄油	40	60	牛奶	250	
细砂糖	1	15	吉利丁片	10	
水	37	51	蛋黄	30	
			蛋白	70	
			淡奶油	200	
			绵白糖	20	
			草莓	适量	

3. 制作程序

（1）计量　按上述配方将所需原料计量称重，粉料过筛备用。

（2）派皮的制作

①面团调制。无盐黄油直接从冰箱取出后用面刀切碎，加入细砂糖、低筋粉搅拌均匀后，加水搅拌成面团，用保鲜膜包好放冰箱冷藏备用。

②成型。将派皮面团擀成0.3cm厚，盖在派模上，让派皮下沉与模具圈黏

合在一起。

③松弛。用叉子在派皮底部插上一些小孔，放入冰箱冷藏松弛。

④成熟。200℃烤制 18 ~ 20min。

（3）派馅的制作　牛奶与切碎的黑巧克力放入奶锅中，稍稍加热至沸腾，关火后不停搅拌；加入冷水泡发好的吉利丁片使其溶解，蛋黄打散后加入巧克力液中搅拌均匀，凉至 40℃时，加入打发的蛋白糊，搅拌均匀即可。

（4）成型　将派馅倒入派盏中抹平，放入冰箱冷藏凝结。将淡奶油加绵白糖打发后，装入裱花袋中，挤在派表面，草莓剖开做装饰即可。

4. 工艺操作要点

①派生坯烤制前需用叉子在底部插上一些小孔松弛，防止烤制时派皮鼓起。

② 派馅制作工艺中加入打发蛋黄需注意加热温度。

③注意派馅熬煮时间不宜太久。

④派面装饰可选择多种风格。

5. 成品要求

派皮厚薄均匀，口感酥软，色彩搭配美观协调，成品大小一致。

第二节　清酥点心的制作

清酥是西点中的常见品种，加入大量的起酥油，使得产品层次分明，奶香浓郁，入口酥软，造型美观，制作精细，充分体现出西点的特点。清酥的结构是由水调面团包裹油脂，再经反复擀制折叠，形成的一层面与一层油交替排列的多层结构，最多可达一千多层。成品体轻、分层、酥脆而爽口。

一、清酥点心的分层原理

清酥点心之所以能分层是由于面层中的水分在烘烤中因受热而产生蒸汽，蒸汽的压力迫使层与层分开。同时，面层之间的油脂像"绝缘体"一样将面层隔开，防止了面层的相互黏结。在烘烤中，融化的油脂被面层吸收，而且高温的油脂亦作为传热介质烹制了面层并使其酥脆。

二、清酥点心的原料选用原则

1. 面粉

清酥点心宜选用蛋白质含量为 10% ~ 12% 的中强筋面粉。因为筋力较强的面团不仅能经受住擀制中的反复拉伸，而且其中的蛋白质具有较高的水和能力，吸水后的蛋白质在烘烤时能产生足够的蒸汽，从而有利于分层。此外，呈扩展状态的面筋网络可能导致面层碎裂，制品回缩变形。如无合适的中强筋面粉，可在中筋面粉中加入部分强筋粉，以达到制品对面粉的需要。

2. 油脂

皮面中加入适量的油脂可以改善面团的操作性能及增加制品的酥性。面层油脂可用奶油、麦淇淋、起酥油或其他固体动物油脂。油层油脂则要求既有一定硬度，又有一定的可塑性，熔点不能太低。这样油脂在操作中才能反复擀制、折叠，又不至于融化。现在常用专用的起酥用麦淇淋——片状起酥油，它具有良好的加工性能，给清酥类点心的制作带来了极大的方便。

三、清酥点心面坯的基本配方

按油脂和面粉的比例，清酥点心面坯可分为全清酥面团、3/4 清酥面团和半清酥面团三种。不同清酥点心的配方见表 7-9。

表 7-9　不同清酥面团的基本配方

原料	全清酥面团（g）	3/4 清酥面团（g）	半清酥面团（g）
中强筋粉	100	100	100
食盐	1	1	1
黄油	10	10	10
清水	45	45	50
鸡蛋	8	8	—
白砂糖	4	4	—
片状起酥油	100	65	50

其中 3/4 清酥面团较为常用。此外，皮面中的油脂加入量为面粉量的 10% ~ 12%，加水量为面粉量的 44% ~ 56%。

四、清酥的制作工艺

1. 清酥的制作工艺流程

皮面的调制 → 包油 → 擀开折叠 → 成型 → 烘烤 → 装饰 → 成品

2. 清酥的制作要点

（1）面团的调制

将面粉、黄油和清水一起倒入搅拌机内搅拌成面团即可，注意面团的硬度尽量与片状起酥油一致。

（2）包油的方法

① 英式对折包油法。面皮是油脂大小的两倍，用面皮将油脂包住后擀开折叠，是最常用的包油方法。

② 英式三折包油法。油脂是面皮大小的 2/3，将油脂放在面皮上，将长出的 1/3 面皮折叠过来后，再将另一边的 1/3 折叠起来，将边角处捏紧即可开酥。

③ 法式包油法。面团向四角擀开，中间厚一点，四个角薄一些，向中心折起包裹住油脂即可。

（3）折叠的方法

分为两折法、三折法和四折法。

（4）整形操作

①油层硬度和皮面面团的硬度要一致，防止擀开时油脂分布不均匀。

②面团每擀制两次之后应在冰箱内放置 20min，以利于面层之间拉伸后的放松，防止制品最后收缩变形，并保持层与层之间的分离状态。

③每次擀开面团的厚度不低于 5mm，以防止层与层之间的粘连。成型时，面团的最终厚度以 3mm 左右为宜。

④擀制、折叠好的面团在静止或过夜时，应放在塑料袋中，以防止表面发干。

⑤成型后的制品在烘烤前应放置松弛 20min，防止烘烤时制品收缩。

（5）烘烤

烘烤前制品表面刷蛋液，使制品烘烤后具有诱人的金黄色，且有光泽。清酥点心的烘烤宜采用较高的炉温，一般控制在 220 ～ 230℃。高温情况下烤箱下层能很快产生足够用的蒸汽，有利于酥层的形成和制品的涨发。

（6）冷藏处理

包酥后的面皮可以用保鲜袋包好冷藏，加工时取出成型即可烘烤。

（7）装饰

根据品种的特点，可用打发的奶油、果酱和巧克力等进行装饰。

实例 1　酥皮蛋挞

1. 产品简介

酥皮蛋挞是一种以蛋浆做成馅料的西式馅饼。早在中世纪，英国人就已经利用奶品、糖、蛋及不同香料制作类似蛋挞的食品。蛋挞在我国最早出现在广州，但在香港最受欢迎，为茶餐厅下午茶重推的甜品。在香港，地道的蛋挞一般按塔皮分为牛油蛋挞和酥皮蛋挞两类。蛋挞的做法是把饼皮放进小圆盆状的塔模中，倒入由细砂糖、鸡蛋、牛奶和淡奶油等原料混合而成的蛋浆，放入烤箱内烘焙，烤出的蛋挞外层为松脆的塔皮，内层则为香甜的黄色凝固蛋浆。

2. 原料及配方（表 7-10）

表 7-10　酥皮蛋挞的配方

酥皮原料	烘焙百分比（%）	实际用量（g）	馅料	实际用量（g）	产品图片
中强筋粉	100	1000	牛奶	100	
食盐	1	10	蛋黄	3个	
黄油	10	100	淡奶油	100	
清水	45	450	炼乳	10	
鸡蛋	5	50	白砂糖	30	
片状起酥油	65	650	吉士粉	15	

3. 制作程序

（1）计量　按上述配方将所需原料计量称重，粉料过筛备用。

（2）蛋挞皮的制作

①调制酥皮。面粉倒入搅拌缸中，加入鸡蛋、盐和清水中速搅拌成团后，加入黄油搅拌至面筋扩展即可。面团取出，盖上保鲜膜醒制 15min。

②包油。将松弛好的面皮擀开呈长方形，大小为片状起酥油的两倍，包入片状起酥油后封边。

③擀开折叠。两次三折或两次四折均可。

（3）蛋挞水的制作

①加热。淡奶油、牛奶、炼乳、白砂糖放入奶锅，小火加热，慢慢搅拌直至细砂糖融化，所有原料均匀的混合在一起。

②搅拌。奶液稍稍放凉后，加入 3 个蛋黄搅拌均匀，加入吉士粉继续搅匀，过筛后即为蛋挞水原料。

（4）成型　蛋挞皮擀成 0.3 cm 厚的均匀薄片，圆形模具印模，填入蛋挞模具中，加入蛋挞水即可。

（5）成熟　180℃烘烤 20 ~ 25min 即可。

4. 工艺操作要点

①蛋挞面皮的硬度应与起酥油的硬度保持一致。

②开酥过程中如果面团上劲可放入冰箱冷藏松弛。

③蛋挞水调制好后最好过下细筛，口感更细腻。

④开酥过程中为防止酥皮间黏结表皮破裂，可撒上些面粉。

⑤烤制温度不能过高，以防蛋挞水质地变老。

5. 成品要求

馅心湿润香甜且光亮，挞皮开酥均匀，口感酥软，成品大小一致，色泽金黄。

实例 2　苹果起酥角

1. 产品简介

苹果起酥角是一款以千层酥为皮，苹果为馅心而制成的角状甜品。酥松的外皮配以新鲜的苹果馅，香甜中透着浓浓的苹果奶味，制法简单，既可作简餐主食也可作甜品，是非常受欢迎的清酥类点心之一。

2. 原料及设备（表 7-11）

表 7-11　苹果起酥角的配方

酥皮原料	烘焙百分比（%）	实际用量（g）	馅料	实际用量（g）	产品图片
中强筋粉	100	500	苹果	300	
食盐	1	5	黄油	10	
黄油	10	50	柠檬汁	5	
清水	45	225	糖粉	40	
鸡蛋	5	25	盐	2	
片状起酥油	65	325	玉米淀粉	15	
			水	20	

3. 制作程序

（1）计量　按上述配方将所需原料计量称重，粉料过筛备用。

（2）起酥皮的制作

①调制酥皮。面粉倒入搅拌缸中，加入鸡蛋、盐和清水中速搅拌成团后，加入黄油搅拌至面筋扩展即可。面团取出，盖上保鲜膜醒制 15min。

②包油。将松弛好的面皮擀开呈长方形，大小为可包起片状起酥油为好，包入片状起酥油后封边。

③擀开折叠。两次三折后，冷藏 20min 后再三折一次，擀成 0.3cm 厚的均匀薄片。

（3）苹果馅的制作　苹果去皮去核后切成小块，锅中加入黄油大火加热至起泡消失，变成褐色，加入切好的苹果丁和白糖翻炒至颜色稍褐变时加入盐、柠檬汁及剩下的糖和水一起翻炒，加入淀粉炒制馅料变得浓稠后出锅备用。

（4）成型　将酥皮用圆形菊花模具刻出圆皮，一边装入适量的苹果馅，一边刷上蛋液，对折，四边稍按压封口即可。

（5）成熟　表面刷上蛋液，放入上火 180℃、下火 180℃的烤箱中烘烤 15 ～ 20min 即可。

4. 工艺操作要点

①开酥过程中如果面团上劲可放入冰箱冷藏松弛。

②苹果起酥角成型方式多样，可以是半圆形、长条形、三角形等。

③炒制苹果馅时水分含量不能过高。

④注意烘烤的温度与时间。

5. 成品要求

馅心湿润，果味香浓，口感酥软，开酥均匀，成品大小一致，色泽金黄。

实例3　拿破仑酥

1. 产品简介

拿破仑酥的名称来源于意大利的城市 Naples（那不勒斯），与拿破仑并无关系。烘焙业者从其制作工艺上来解析，把它称作"千层酥"或"千层派"，虽名千层派，但主体只有三层，之所以叫千层派是因为所用的酥皮是千层酥皮。标准尺寸的拿破仑由三层千层酥皮夹两层卡士达酱制成。且各地的拿破仑各有特点，法国的拿破仑加杏仁霜；澳大利亚的拿破仑酥只有两层，中间夹香草卡士达酱，顶部装饰糖粉或糖浆；意大利的拿破仑会在千层酥皮中夹蛋糕坯；香港人则喜欢在拿破仑里加奶油、蛋白霜和花生。本实例中以拿破仑夹入鲜奶油为夹心酱，表面装饰糖粉。

2. 原料及配方（表7-12）

表7-12　拿破仑酥的配方

酥皮原料	烘焙百分比（%）	实际用量（g）	馅心、装饰原料	实际用量（g）	产品图片
中强筋粉	100	1000	鲜奶油	200	
食盐	1	10	细砂糖	80	
黄油	10	100	拿破仑酒	5	
清水	45	450	苹果	80	
鸡蛋	5	50	黄桃	50	
片状起酥油	65	650	糖粉	50	

3. 制作程序

（1）计量　按上述配方将所需原料计量称重，粉料过筛备用。

（2）起酥皮的制作

①调制酥皮。面粉倒入搅拌缸中，加入鸡蛋、盐和清水，中速搅拌成团后，

加入黄油搅拌至面筋扩展即可。面团取出，盖上保鲜膜醒制 15min。

②包油。将松弛好的面皮擀开呈长方形，大小以可包起片状起酥油为好，包入起酥油后封边。

③擀开折叠。两次三折。

④成型。酥皮擀成 0.5cm 厚的均匀薄片，修去多余边角，呈方形，对切成两片酥皮，用叉子或滚针在面皮上扎出小孔，放入冰箱冷藏 15min。

⑤成熟。上火 200℃、下火 200℃，烘烤 8 ~ 10min，取出晾凉。

（3）夹心酱的制作 苹果去皮后取净果肉与黄桃一起切成指甲盖大小的丁待用；鲜奶油加细砂糖打发，加入拿破仑酒与水果丁一起搅拌均匀，冷藏待用。

（4）成型 取一片烤好的酥皮，抹上厚厚的奶油夹心酱再铺上另一片酥皮，筛上一层糖粉，改刀成大小均匀的小块状即可。

4. 工艺操作要点

①起酥时面坯放冰箱冷冻松弛后再擀制，防止连续擀制造成破皮。

②成型后的制品应静置 20min，使面团得到松弛再烘烤。

③烤箱的温度要高，烘烤时间不宜过长。

④酥皮间用奶油粘好后，要用干净烤盘稍做挤压，使每一片牢牢的粘贴在一起。

5. 成品要求

色泽金黄色，层次均匀，形态美观，香气浓郁，口感酥松。

实例 4　水果伏尔圈

1. 产品简介

水果伏尔圈可看作是一种帕夫塔（即清酥点心）。一般先烤好帕夫塔，再填装各种馅料，如奶糕、冻类、水果或带咸味的菜肉馅料等。本实例中以水果为主要馅料制作伏尔圈。

2. 原料及配方（表 7-13）

表 7-13　水果伏尔圈的配方

皮面原料	烘焙百分比（％）	实际用量（g）	产品图片
中筋粉	100	500	
黄油	10	50	
糖	2	10	
鸡蛋	10	50	
水	40	200	
盐	1	5	
片状起酥油	50	250	

3. 制作程序

①计量。将各种原料按配方中的比例称量好。

②面团调制。黄油、鸡蛋搅拌至乳化，加水搅拌均匀，倒入面粉、盐、白糖继续搅打成团即可。

③起酥。水油面擀成长方形的皮，起酥油敲成长方形，包酥后，起酥四折两次，中间冷冻松弛 5min，取出对折一次。

④成型。用圆形模具刻成圆形，再取一半圆形用小一号的圆模具刻成圆圈，将圆圈底部刷蛋白粘在圆形的皮上即可。

⑤成熟。进烤箱 220℃烤 15min，翻面 160℃烤 25min。

⑥装饰。冷却后，在圈内挤入适量沙拉酱，放入水果粒即可。

4. 工艺操作要点

①起酥时面坯放冰箱冷冻松弛，再擀制，防止连续擀制造成破皮。

②成型后的制品应停放 20min，使面团得到松弛再烘烤。

③烤箱的温度要高，烘烤时间不宜过长。

5. 成品要求

色泽金黄色，层次均匀，形态美观，香气浓郁，口感酥松。

实例 5　蝴蝶酥

1. 产品简介

蝴蝶酥又称手掌帕夫，主要由细长条的帕夫面团按一定方式卷曲而成。除蝴蝶形状外，帕夫细长条还可卷成扇形、花形等形状。

2. 原料及配方（表 7-14）

表 7-14　蝴蝶酥的配方

皮面原料	烘焙百分比（%）	实际用量（g）	产品图片
面粉	100	500	
黄油	10	50	
糖	2	10	
鸡蛋	5	25	
水	45	225	
盐	1	5	
片状起酥油	60	300	

3. 制作程序

（1）计量　将各种原料按配方中的比例称量好。

（2）面团调制　黄油、鸡蛋搅拌至乳化，加水搅拌均匀，倒入面粉、盐和白糖继续搅打成团即可。

（3）起酥　水油面擀成长方形的皮，片状起酥油敲成长方形，包酥后 4 折两次，中间冷冻松弛 15min，取出后再对折一次。

（4）成型

①油酥面团擀开，厚度约为 3mm，长边至少是 45cm。

②用少量水轻轻地刷在表面，然后均匀撒上白砂糖。

③从两边开始分别往中间以三折方式折叠，即折至中线处两边各三折，然后沿中线再折一次，两部分合拢一共是六层。

④切成 1 厘米宽的细条，将蝴蝶状的蝴蝶酥平放在刷过油的烤盘中，松弛 30 min 左右。

（5）成熟　放入上火 200℃、下火 200℃的烤箱烤至刚上色，翻面烤 20min 左右即可。

4. 工艺操作要点

①起酥时面坯放冰箱冷冻松弛再擀制，防止连续擀制造成破皮。

②成型后的制品应停放 20min，使面团得到充分的松弛后再烘烤，否则容易造成制品收缩。

③酥皮也可以分别从两头向中间卷起。

④烤箱的温度要高，便于酥层的形成。

⑤可根据需要用两片蝴蝶酥夹馅料（如奶糕）做成三明治。

5. 成品要求

色泽金黄色，层次均匀，形态美观，香气浓郁，口感酥松。

实例 6　香蕉派

1. 产品简介

香蕉派是以起酥皮包裹香蕉馅料制成的酥皮点心，具有浓郁的香蕉风味，软嫩的香蕉馅心配以香酥的派皮，酥松中带着软嫩，色泽金黄，且营养丰富，是深受人们欢迎的一款甜品。

2. 原料及配方（表 7–15）

表 7–15　香蕉派的配方

派皮原料	烘焙百分比（%）	实际用量（g）	派馅原料	实际用量（g）	产品图片
低筋粉	80	250	香蕉	2 根	
高筋粉	20	50	细砂糖	20	
盐	1	3	椰丝	10	
黄油	10	30	肉桂粉	适量	
细砂糖	2	6	玉米淀粉	适量	
冷水	45	135	黄油	30	
片状起酥油	60	180			

3. 制作程序

（1）计量　按上述配方将所需原料计量称重，粉料过筛备用。

（2）千层派皮的制作

①醒面。面粉、糖、盐混合，加入室温软化过的黄油，倒入清水，揉成面团，醒面。

②酥心。黄油切成小片，放入保鲜袋拍好，用擀面杖压成厚薄均匀的大片薄片冷藏待用。

③开酥。将松弛过的酥皮面皮擀开，包入黄油酥心，三次三折，擀制时如果面团筋上劲可放入冰箱冷藏松弛后再进行擀制，最后将面皮擀开成厚度约为0.3cm 的长方形，放入冰箱冷藏待用。

（3）香蕉馅的制作　将黄油、糖放入奶锅内小火加热融化。香蕉切成小丁，放入奶锅炒拌 2min 至软；加入椰丝、肉桂粉拌匀，最后加入玉米淀粉收稠。

（4）成型　取出冷藏的酥皮室温软化，取适量的冷却了的香蕉馅放在酥皮上；酥皮四周刷上蛋液，将酥皮沿着长边对折，用叉子将边缘压实封口，形成均匀的锯齿花纹；表面刷上一层全蛋液，撒些肉桂粉，用刀切出斜口即可。

（5）成熟　180℃烤制 15 ~ 20min 至表面微金黄即可。

4. 工艺操作要点

①炒制香蕉馅时间不能过长。

②千层派皮操作时尽量保持派皮低温，若面皮变软、黄油出现融化迹象，应立即将面团送入冰箱。

③注意烘烤温度和时间。

5. 成品要求

派皮酥层均匀，成品大小一致，香味浓郁，色泽金黄，口感酥软。

实例7 樱桃酥皮馅饼

1. 产品简介

樱桃酥皮馅饼是以千层酥皮为饼托，樱桃为主要馅料制成的清酥点心，其中钻石状樱桃酥皮馅饼最受欢迎，本实例主要介绍钻石状樱桃酥皮馅饼的制作工艺。

2. 原料及配方（表7-16）

表7-16 樱桃酥皮馅饼的配方

皮面原料	烘焙百分比（%）	实际用量（g）	产品图片
中筋粉	100	500	
黄油	10	50	
糖	4	20	
鸡蛋	8	40	
水	46	230	
盐	1	5	
片状起酥油	60	300	
樱桃酱	20	100	

3. 制作程序

（1）计量 将各种原料按配方中的比例称量好。

（2）面团调制 黄油、鸡蛋、搅拌至乳化，加水搅拌均匀，倒入面粉、盐、白糖继续搅打成团即可。

（3）起酥 水油面擀成长方形的皮，起酥油敲成长方形，包酥后，起酥四折两次，中间冷冻松弛5min，取出对折一次。

（4）成型

①清酥面团擀开，呈长方形或正方形。

②将面皮改刀成10cm见方的方形面皮。

③选任意一对折角的两边预留1cm左右的边切开，向对角折叠，刷上蛋液。

④另一边同样切开，向对角折叠，刷上蛋液，形成四周隆起的钻石状生坯，将角压实。

⑤装点上樱桃酱即可进烤箱烘焙。

（5）成熟 上火220℃、下火220℃，烤15min至色泽金黄。

4. 工艺操作要点

①起酥时面坯放冰箱冷冻松弛后再擀制，防止连续擀制造成破皮。

②成型后的制品可放入冰箱冷藏松弛后再烘烤。

③填馅用樱桃可用灌装樱桃，也可用自制樱桃酱。

④烘烤的温度要高，烘烤时间不宜过长。

5. 成品要求

色泽金黄色，层次均匀，形态美观，香气浓郁，口感酥松。

第三节　泡芙的制作

泡芙又称空心饼、气鼓、哈斗，是将奶油、水和牛奶煮沸后，烫制面粉，搅入鸡蛋，先制成面糊，再通过挤注成型，烘焙或油炸而成的空心酥脆点心，内部夹入馅心而制成的一类点心制品。泡芙色泽金黄、形态美观、香甜可口，填入不同口味的馅心后，其口味和特点也各不相同。

一、泡芙的制作原理

泡芙制作利用了烫制面团的膨松原理。泡芙能形成中间空心类似球体状的形态与其面糊的调制工艺有着密不可分的关系。面粉中的淀粉在水以及温度的作用下发生膨胀和糊化，蛋白质变性凝固，形成胶黏性很强的面团，当面糊烘焙膨胀时，能够包裹住气体并随之膨胀，像气球被吹胀了一般。鸡蛋中的蛋白是一种很好的亲水胶体，具有很好的起泡性能，通过高速搅拌，面糊中打进空气形成泡沫。同时泡沫层变得坚实，制品加热成熟时，面糊中的气泡受热膨胀，形成制品的膨松柔软的特性。油脂的润滑作用可促进面糊性质柔软，易于延伸；油脂的起酥性可使烘烤后的泡芙外表具有松脆的特点；油脂分散在含有大量水分的面糊中，当烘烤受热达到水的沸腾阶段，面糊内的油脂和水不断互相冲击，发生油汽分离，并快速产生大量气泡和气体，大量聚集的水蒸气形成强蒸汽压是促进泡芙膨胀的重要因素之一。

二、泡芙原料的选择

1. 面粉

制作泡芙所使用的面粉可根据需要选择高筋、中筋和低筋面粉。面粉筋性不同，所制作的泡芙品质及外观均存在一些差异，产品配方中其他原料，如水、蛋等用量也有不同变化。

2. 油脂

油脂是泡芙面糊中所必需的原料，除了能满足泡芙的口感需求外，也是促进泡芙膨胀的必需原料之一。油脂种类很多，油性不同，对泡芙品质亦有一些影响。制作泡芙宜选用油性大、熔点低的油脂，如猪油、无水奶油（酥油），制作的泡芙品质及风味俱佳。但由于猪油、无水奶油不易与水融合，操作中容易造成失误，而使其运用的广泛程度受到影响。一般制作泡芙最常用的是色拉油，因其油性小、熔点低，容易与其他材料混合均匀，操作简单，不易失败，缺点是没有味道，产品老化较快。

3. 水

水是烫煮面粉的必需原料，充足的水分是淀粉糊化所必须的条件之一。烘烤过程中，水分的蒸发是泡芙体积膨大的重要原因。

4. 鸡蛋

鸡蛋中的蛋白是胶体蛋白，具有起泡性，与烫制的面坯一起搅打，使面坯具有延伸性，能增强面糊在气体膨胀时的承受力。蛋白质的热凝固性能使增大的体积固定，此外，鸡蛋中蛋黄的乳化性能使制品变得柔软、光滑。

三、泡芙的配方设计

泡芙面糊的配方也同其他点心一样，必须做到干湿平衡和强弱平衡，其用料范围如表 7–17 所示。

表 7–17　泡芙面糊的配方

原料	烘焙百分比（%）
面粉	100
麦淇淋	50 ~ 150
水	100 ~ 200
盐	1 ~ 2
鸡蛋	150 ~ 210
馅料	20 ~ 70

四、制作工艺流程及操作要点

1. 泡芙制作的工艺流程

面粉　　　　鸡蛋
↓　　　　　　↓
水、油脂、食盐煮沸 → 烫面 → 搅打 → 成型 → 成熟 → 冷却 → 填馅 → 装饰 → 成品

2. 操作要点

①烫面。将水、油、盐一起煮开后，关小火倒入面粉搅拌均匀，烫透无颗粒，面糊呈球状，不粘附锅底即可。

②搅打。烫好的面糊倒入搅拌缸，低速搅打散热，冷却至60℃以下时开始将鸡蛋逐只打入，否则温度太高鸡蛋凝固失去发泡能力。中速搅拌分多次加入鸡蛋，每次加入鸡蛋搅拌至被面糊完全融合后，再加下一个。如果鸡蛋加得太快易导致面糊的稠稀不均匀，影响气体包裹能力。

③成型。泡芙一般采用裱花袋挤注成型。烤盘的处理很重要，可以在烤盘上铺一层油纸，或均匀地撒一层面粉，一般不在烤盘上刷油。因为刷油的烤盘可能导致泡芙在烘烤过程中过于扩散而使产品塌陷、扁平。因为泡芙有很好的膨胀性，所以在挤注成型时每个产品间应保持一定的间距，防止烘烤时挤在一起。另外在同一个烤盘里的产品形状、大小应相同，以确保烘烤时温度和时间一致。

④成熟。泡芙可以采用烘烤和油炸两种方式成熟，但绝大多数采用烘烤成熟。泡芙的烘烤一般分为两个阶段，第一阶段为体积膨胀阶段，此时应采用220℃左右的高温烘烤15min，使泡芙糊内的气体受热膨胀，使水分快速蒸发形成水蒸气，从而使泡芙体积膨大。第二阶段为泡芙定型阶段，此时蛋白质变形凝固，淀粉糊化，进一步烘烤使水分继续蒸发，产品上色定型，此阶段温度可以降至180～190℃，继续烘烤至产品呈金黄色。在泡芙未定型时切记不可开启炉门，否则产品会因为内外温差而造成塌陷。

⑤冷却。泡芙冷却太快也会造成塌陷，可以放在烤炉内关闭电源，开启炉门冷却，也可以置于温暖处冷却，或者将泡芙烤透使其足够结实。

⑥填馅。等泡芙冷透后，在边缘处用竹扦戳个小洞，将馅料挤入，也可以从中间刨开，挤上馅料后，再将面层盖上。

实例1　奶油泡芙球

1. 产品简介

奶油泡芙球是一种源自意大利的甜食，在膨松中空的奶油面皮中挤入打发的奶油制成的球形泡芙，口感表皮松脆，馅心绵软香甜，具有浓郁的奶油香味。

2.原料及配方（表7-18）

表7-18 奶油泡芙球的配方

原料	烘焙百分比（%）	实际用量（g）	产品图片
面粉	100	200	
黄油	75	150	
色拉油	45	90	
水	150	300	
盐	4	8	
鸡蛋	150	300	

3.制作程序

①计量。按上述配方将所需原料计量称重，面粉过筛备用。

②烫面。将黄油、水、盐放入锅中煮开后，调小火倒入面粉搅拌均匀，烫透后倒入搅拌缸中晾凉。

③搅拌。分次加鸡蛋，用拍形搅拌桨快速搅拌发起。

④成型。烤盘刷油，将泡芙糊装入裱花袋，利用不同裱花嘴挤成天鹅形、花篮形、骨头形、马蹄形等。

⑤成熟。上火200℃，下火200℃，烘烤15min后，改上火170℃、下火170℃继续烘烤10～15min，使表面呈现红褐色即可。

4.工艺操作要点

①面粉必须烫透，无颗粒。

②烫好的面团必须冷却到60℃以下才能将鸡蛋逐只打入，否则温度太高鸡蛋容易凝固。

③烘烤前15min不要打开炉门，否则泡芙容易塌陷。

5.成品要求

色泽深金黄色，形态美观，内空无絮状物，壳薄，外酥脆，内松软。

实例2 卡士挞天鹅泡芙

1.产品简介

天鹅泡芙是在泡芙球的基础上进行造型改良而来，它抛开了传统泡芙圆润饱满的外形，以小巧纤细的天鹅造型呈现，比传统泡芙球多了份优雅与精致。以卡士挞酱作为填馅，口感比打发的鲜奶油更有质感，扎实而顺滑。

2. 原料及配方（表 7-19）

表 7-19　天鹅泡芙的配方

泡芙坯原料	烘焙百分比（%）	实际用量（g）	卡士挞酱	实际用量	产品图片
中筋粉	100	200	吉士粉	20g	
黄油	75	150	玉米淀粉	10g	
色拉油	45	90	蛋黄	2 个	
水	150	300	绵白糖	40g	
盐	4	8	牛奶	250 mL	
鸡蛋	150	300	黄油	15 g	

3. 制作程序

（1）计量　按上述配方将所需原料计量称重，面粉过筛备用。

（2）泡芙坯的制作

①烫面。将黄油、水、盐煮开后，关火倒入面粉搅拌均匀，烫透后倒入搅拌缸晾凉。

②搅拌。分次加鸡蛋，用拍形搅拌桨快速搅拌发起。

③成型。烤盘刷油，将泡芙糊装入裱花袋，先将裱花袋剪一小口，在烤盘上挤出"2"形面糊作天鹅颈用；然后取另一烤盘将裱花嘴剪出较大一点的口，挤出水滴状面糊，分别放入烤箱烤制。

④成熟。190℃烘烤 15min 使表面呈现金黄色即可。

（3）填馅卡士挞酱的制作

①搅拌。锅中加入蛋黄打散，加入细砂糖粗略搅拌，撒入低筋粉，搅拌均匀。

②加牛奶熬煮。加入牛奶与香草香精，一边不停搅拌，一边小火加热。

③加黄油搅拌。待粉粒状态消失后把锅从火上挪开，加入黄油搅拌，然后转入干净的容器内，隔冰水冷却。

（4）成型

①将制好的卡士挞酱装入裱花袋中。

②泡芙从中下层对剖，底部挤入制好的卡士挞酱；上面一半对剖开，先装上"2"形的天鹅颈，再装上两瓣翅膀，最后用牙签蘸少许巧克力酱点上眼睛即可。

4. 工艺操作要点

①泡芙坯烫面工艺中粉必须烫透，无颗粒。

②烫好的面团必须冷却后才能将鸡蛋逐只打入。

③泡芙坯烘烤好前 15min 不要打开炉门。

④天鹅颈与天鹅身要分开烤。

⑤填馅卡士挞酱加热工艺中热牛奶与蛋黄混合时要不停搅拌，以防成蛋花。

5. 成品要求

色泽深金黄色，形态美观，内空无絮状物，壳薄，外酥脆，内松软。

第四节　班戟和华夫饼的制作

　　班戟又称煎饼、浜饼，是西点里早、中、晚餐都适用的普通点心，其制作方法简单，成本较低，主要是由一片薄圆饼夹入各种馅料而制成的饼。煎饼的饼坯用料一般为小麦粉 500g，砂糖 100g，牛奶 750g，鸡蛋 5 只，香草精 10g。制法是先将砂糖用少量牛奶融化，加入剩余的牛奶，打入鸡蛋搅匀，倒入小麦粉中搅匀，加入香草精，用细筛过滤即为薄饼生坯面糊。

　　华夫饼是一种烤饼，又称格子饼、窝夫，源于比利时，是用专用的烤盘烤制而成的点心。华夫饼可单独食用，更有多种经典搭配组合，如以华夫饼夹各种沙拉或奶油水果馅的华夫饼三明治；华夫饼搭配冰激凌，是欧洲人最喜欢的搭配，冰凉爽口的口感，浪漫中带着独特的风味；华夫饼还可直接搭配水果如芒果、榴莲、草莓等或各式酱料食用。

实例1　班戟

1. 产品简介

　　班戟两字源自英文 Pan Cake，又称薄煎饼、热香饼，是一种以面糊在烤盘或平底锅上烹饪制成的薄扁状饼，欧美各国制作的热香饼工艺上均有所不同。港式班戟是我们比较熟知的品种之一，它是经典的港式甜品之一，其味道香浓软滑，甜而不腻，是四季皆宜的美味点心。芒果班戟是以芒果为主要馅料而制成的班戟甜品。

2. 原料及配方（表7-20）

表7-20 班戟的配方

班戟皮料	烘焙百分比（%）	实际用量（g）	馅心原料	实际用量	产品图片
低筋粉	40	20	淡奶油	200g	
高筋粉	60	30	细砂糖	20g	
黄油	20	10	芒果	1个	
牛奶	320	160	朗姆酒	适量	
鸡蛋	120	60			
细砂糖	30	15			

3. 制作程序

①计量。按上述配方将所需原料计量称重，粉料过筛备用。

②班戟皮料的制作。鸡蛋打入搅拌碗中，加入白糖搅打均匀后加入牛奶搅匀，筛入面粉，用刮刀搅拌均匀。加入融化的黄油搅拌至无颗粒状，面糊过筛，放入冰箱冷藏30min。

③成熟。平底不粘锅上火，加入少许油烧热，舀入2勺面糊入锅摊平成小面饼，面糊凝固鼓起成熟即可取出晾凉待用。

④馅料的制作。芒果去皮去核，果肉切成条备用。淡奶油加糖打发后，加入朗姆酒搅匀待用。

⑤成型。取晾凉的班戟皮摊开，抹上打发的奶油，摆上芒果，包成长卷形，放入冰箱冷藏即可。

4. 工艺操作要点

①班戟面糊调制好后需过筛，以保证面饼的口感。

②为防止摊制面饼时面皮破裂，面糊调制好后需放入冰箱冷藏后再使用。

③打发奶油时不要打发的太硬，一般打至九成发即可，并入冰箱冷藏后使用。

④成品表面可筛上一些糖粉。

⑤水果可根据各人口味选择，一般使用肉质较软的水果，如芒果、香蕉、草莓、榴莲等。

5. 成品要求

成品大小一致，质地均匀，馅料冰爽清香。

实例 2　巧克力薄饼

1. 产品简介

巧克力薄饼是以黑巧克力或可可粉为原料，加入鸡蛋、糖、黄油和面粉等原料调制成面糊后制作而成的薄饼，其制作方法简单，营养丰富，巧克力风味浓郁。

2. 原料及配方（表 7-21）

表 7-21　巧克力薄饼的配方

饼皮料	烘焙用量（g）	馅心原料	烘焙用量（g）	产品图片
面粉	100	植脂奶油	200	
可可粉	25	草莓	50	
白砂糖	30	蓝莓	30	
黄油	25			
鸡蛋	100			
盐	适量			
牛奶	300			

3. 制作程序

①计量。按上述配方将所需原料计量称重，粉料过筛备用。

②饼糊的调制。将可可粉和面粉筛匀后倒入容器中备用，将牛奶、鸡蛋、糖和盐拌匀后加入面粉中，搅拌均匀至顺滑；最后加入融化的黄油搅拌均匀，过筛后放入冰箱冷藏 30min。

③煎饼平底不粘锅加入少许色拉油烧热，舀入 2 勺面糊摊平成小面饼。待面糊凝固鼓起成熟即可，取出晾凉待用。

④奶油莓果馅料的制作。植物奶油打发，草莓和蓝莓洗净沥干水分，草莓切丁。

⑤成型。取晾凉的饼皮摊开，抹上打发的奶油，撒上草莓丁和蓝莓对折，稍错开后再一次对折，放入盘中，表面撒上糖粉，装饰上薄荷叶即可。

4. 工艺操作要点

①面糊调制好后需过筛，以确保面糊中无结块。

②为防止摊制面饼时面皮破裂，面糊调制好后需放入冰箱中冷藏 30min 后再使用。

③鲜奶油打至九成发即可，不可太硬，放入冰箱稍冷藏口感更佳。

④为了成品美观，表面可筛上一层糖粉，或用水果进行装饰。

⑤巧克力薄饼成型方式多样，可选择方形、三角形、长椭圆形和三角桶状等。

5. 成品要求

成品大小一致，装饰美观，饼皮厚薄均匀，口感细腻柔软。

实例3 橘汁薄饼

1. 产品简介

橘汁薄饼是在薄饼的基础上配上风味橘子酱而制成的一款甜品，口感柔软，风味独特。

2. 原料及配方（表7-22）

表7-22 橘汁薄饼的配方

饼皮原料	烘焙百分比（%）	实际用量（g）	馅心原料	实际用量	产品图片
低筋粉	40	20	越橘	500g	
高筋粉	60	30	细砂糖	225g	
黄油	20	10			
牛奶	320	160			
鸡蛋	120	60			
细砂糖	30	15			

3. 制作程序

①计量。按上述配方将所需原料计量称重，粉料过筛备用。

②面糊的搅拌。鸡蛋打入搅拌碗中，加入白糖搅打均匀后加入牛奶搅匀。筛入面粉，用刮刀搅拌均匀，加入融化的黄油搅拌至无颗粒状，面糊过筛，放入冰箱冷藏30 min。

③煎饼。平底不粘锅上火，加入少许油烧热，舀入2勺面糊入锅摊平成小面饼，待面糊凝固鼓起成熟，即可取出晾凉待用。

④橘汁的制作。越橘、糖、橘汁放入奶锅内，文火加热至糖融化，加盖焖煮10 min。冷却后放入果汁机搅打均匀，挤压过滤后即为橘汁。

⑤成型。取晾凉的饼皮摊开，抹上橘汁，折叠成型后再挤上网状橘汁即可。

4. 工艺操作要点

①面糊调制好后需过筛以保证面饼的口感。

②为防止摊制面饼时面皮破裂，面糊调制好后需放入冰箱冷藏后再使用。

③掌握好橘汁的熬煮时间。

④薄饼成型方式多样，以美观大方为宜。

5. 成品要求

成品大小一致，装饰美观，饼皮不要太厚。

实例4 法式华夫饼

1. 产品简介

法式华夫饼尤以法式巴黎华夫饼最为典型，此款华夫饼以白兰地或朗姆酒调味，搭配冰激凌及香蕉片，口感独特。

2. 原料及配方（表7-23）

表7-23 法式华夫饼的配方

饼皮原料	烘焙百分比（%）	实际用量（g）	馅心原料	实际用量（g）	产品图片
面粉	100	250	香草冰激凌	适量	
白糖	40	100	香蕉	适量	
香草荚	—	半根	橘汁	适量	
牛奶	100	250			
鸡蛋	200	500			
白兰地	—				

3. 制作程序

①计量。按上述配方将所需原料计量称重，粉料过筛备用。

②饼糊的调制。鸡蛋打入搅拌碗中，将蛋白捞出放入另一只碗中，加入绵白糖打至中性发泡待用。将香草荚刮成碎香草粉加入到面粉中混匀，将牛奶和蛋黄加入到面糊中混匀。最后将打发的蛋白加入面糊中，加入白兰地调味。

③成熟。用少许黄油刷抹预热过的华夫机，将面糊倒入华夫机内盖上盖子烘烤至成熟即可。

④装饰。成熟的华夫饼晾凉后，撒上糖粉，放入冰激凌，再加上香蕉片点缀即可。

4. 工艺操作要点

①华夫机在倒入面糊前需刷一层黄油，以便脱模。

②此款华夫饼未添加任何化学膨松剂，主要靠打发的蛋白时充入大量的空

气。蛋白最好随用随打发，以免影响膨松度。

③冰激凌的口味可根据各人的喜好选择。

④注意烘烤温度与时间。

5.成品要求

奶香浓郁，口感酥软，成品大小一致，色泽金黄。

第五节　布丁的制作

一、布丁的分类及特点

布丁也称"布甸"，是果冻的一种，起源于英国。布丁的主要原料有面粉、牛奶、鸡蛋等，可依各人口味加入水果、蜂蜜、巧克力等辅料。布丁种类繁多，美味可口，营养丰富，是老少皆宜的一种甜食。

1.布丁的分类

①按使用的原料不同可分为黄油布丁和格斯布丁。

②按食用时的温度可分为热布丁和冷布丁。

③按口味和颜色可分为双色布丁、香蕉布丁、焦糖吉士布丁等。

2.布丁的特点

①营养丰富。布丁的主要原料是面粉、牛奶、鸡蛋，可依各人口味加入水果、蜂蜜、巧克力等辅料制成，所以营养十分丰富。

②生津止渴。布丁有润喉去燥的功效，使人清爽舒适。

二、布丁的制作工艺

布丁的做法很多，不同口味的布丁，用到的原料也不同。

1.黄油布丁

①以糖油拌合法调制面糊，即将黄油和细砂糖放在搅拌缸里打松发。

②将鸡蛋分3次加入，每加一次鸡蛋必须拌松一次，直至加完鸡蛋。

③面粉与发粉拌匀过筛，然后与牛奶一起加到搅拌缸中拌匀即可。

④将面糊倒进抹过油，拍上少许砂糖的模子里，面糊约放六成满即可。随后用涂油的防油纸牢牢盖上，以防蒸汽侵入。

⑤放在蒸箱中，蒸约1.5 h，同时根据模子的大小决定蒸制的时间。

⑥取出后，置于平盘上，与适当的沙司一同食用。

2.彩色布丁

（1）材料　砂糖3大匙、水1大匙、热水3大匙、牛奶600 mL、糖100 g、鸡蛋 6 个、香草精少许、彩色巧克力米少许。

（2）做法

①砂糖和水放入小锅中小火煮沸，再加入热水拌匀。

②糖浆慢慢煮开时，轻轻搅拌，变成淡淡的颜色就离火，不要使糖浆烧焦，再倒入模具底部。

③将蛋打散成蛋汁。

④牛奶加糖在锅中加热使糖融化，但是不要煮开，加入事先打散的蛋汁。

⑤加入香草精并以细网眼的滤网过滤气泡。

⑥倒入模具中，放入烤箱中隔水烘烤，以 200℃，烤约 30min，或以蒸锅用小火蒸至蛋液凝固。

⑦ 烤好之后的布丁待凉，再移到冰箱冷藏，要食用时倒扣在小盘里，撒上彩色巧克力米。

3. 水果布丁

（1）材料　全蛋 2 个、蛋黄 1 个、糖 70g、牛奶 100mL、鲜奶油 100mL、香草精少许、香蕉 1 根、柠檬汁少许、糖粉 30g、腌渍过的红樱桃 3 颗。

（2）做法

①全蛋和蛋黄一起打散。

②鲜奶油、牛奶、糖一边加热，一边搅拌，煮热后放凉备用。

③香蕉切斜片。樱桃也对半切。

④将步骤①和②倒入烤盘中，搅拌均匀后再滴入少许香草精。

⑤柠檬汁淋上香蕉片，再排入烤盘中。

⑥ 排上樱桃，撒上糖粉，以 200℃烤 15 ~ 20min。

三、布丁的装饰

可用打发的奶油、果酱、巧克力等进行装饰。

四、布丁的保存

布丁放凉后，用保鲜膜盖起来后，放入冰箱冷藏保存即可。

实例 1　焦糖吉士

1. 产品简介

焦糖吉士是以蛋黄、全蛋、白糖、牛奶、焦糖为主要原料，配以各种辅料，通过蒸和烤制成的一类柔软的甜点心。

2. 原料及配方（表 7-24）

表 7-24　焦糖吉士的配方

原料	用量（g）	产品图片
牛奶	450	
淡奶油	250	
鸡蛋	250	
蛋黄	70	
绵白糖	140	
白砂糖	200	
水	100	
香草荚	1 支	

3. 制作程序

①白砂糖加适量水熬煮至红褐色，有焦糖味后，倒入布丁模具中，能覆盖模具底部即可。

②用打蛋器在碗里把鸡蛋、蛋黄、绵白糖、淡奶油一起搅打均匀，将香草荚切开，将香草籽刮出放入牛奶中，煮沸后冷却，拌入蛋和糖里。

③混合过筛，倒入抹油的烤盘里。

④撒上少许碎豆蔻。

⑤将派盘边缘擦干净后，放在一个烤盘里，烤盘里盛着一半的热水。

⑥将烤盘至于 170℃的烤炉里，烘烤 45 ~ 60 min。判断焦糖吉士成熟与否的办法是用竹扦插到底，如果不粘，说明已经成熟。

4. 工艺操作要点

①各种原料搅匀即可，不可过度搅拌，防止蛋液起泡。

②熬焦糖时闻到焦苦味，颜色发深褐色即可。

③蛋液要等焦糖凝固后倒入。

④必须使用蒸烤的方法，在烤盘中注入热水，水的高度至少要超过布丁液高度的一半。否则，烤出来的布丁会出现蜂窝状孔洞，并且完全失去嫩滑的口感。

⑤熬完焦糖的锅立刻洗的话会比较难洗，用清水浸泡一晚，第二天就很好洗了。

5. 成品要求

形态美观，糖浆色泽金黄，蛋香浓郁，口感爽滑，香甜适口。

实例 2　大米布丁

1. 产品简介

大米布丁又称米布丁，是以大米为主料制成的一款甜品。近些年来逐渐成为一款深受大家喜爱的家常甜点。大多数大米布丁的制作过程中都会用到鸡蛋，此款甜品趁热食用味道最好。和许多受欢迎的甜点一样，大米布丁有着悠久的历史。多数研究食物史的人认为它起源于中东，一开始它是一种用几种不同的谷物做出来的粥。中国人和印度人使用在东方盛产的米作为原料创造出了这种食品。西方中世纪的烹调书就已经有了它的身影，和很多的布丁和流质食物一样，当时它经常是供应给病人和残疾人，罗马人就只把它当作药来用。后来的莎士比亚时代，大米布丁在英国就已经成了流行的餐后甜点。

2. 原料及配方（表 7-25）

表 7-25　大米布丁的配方

原料	用量（g）	产品图片
鸡蛋	100	
米饭	200	
全脂牛奶	80	
葡萄干	15	
白砂糖	30	
黄油	15	
桂皮粉	3	

3. 制作程序

①鸡蛋磕在碗里打散。

②锅中倒入米饭、牛奶、葡萄干和白砂糖搅匀，用小火焖煮 5min，冷却后倒入蛋液搅拌。

③在布丁碗中涂上黄油，倒入拌好的米饭蛋液（如没有布丁碗，用其他耐高温的小碗也行），放入微波炉中高火加热 4 min。

④取出稍微晾凉一点，在布丁表面撒上桂皮粉。冷食、热食均可。

4. 工艺操作要点

①鸡蛋要搅打均匀。

②布丁碗中涂上黄油后，再倒入拌好的米饭蛋液。

5. 成品要求

形态美观，甜美可口，触口柔软，香气宜人。

实例 3　芒果布丁

1. 产品简介

芒果布丁是芒果风味的甜品小吃，主要食材为芒果、牛奶、砂糖、淡奶油等，通过先煮后冷冻的加工工艺制成。芒果中维生素 C 的含量高于一般水果，同时芒果特有的果香味也使得芒果布丁成为较受欢迎的甜品之一。

2. 原料及配方（表 7-26）

表 7-26　芒果布丁的配方

原料	芒果慕斯层（g）	原料	芒果果冻液（g）	产品图片
芒果	150			
淡奶油	100	芒果泥	50	
柠檬汁	3	水	50	
吉利丁片	5	白砂糖	15	
牛奶	50	吉利丁片	5	
白砂糖	20			

3. 制作程序

（1）芒果慕斯层的制作

①吉利丁冷水浸泡至软待用。

②新鲜芒果洗净去核后，取净果肉放入搅拌机内，搅打成芒果泥。

③将芒果泥放入小奶锅内，加入白砂糖、柠檬汁煮沸，再加入牛奶煮到微微沸腾后关火。在煮好的芒果糊中，加入泡软的吉利丁搅拌融化，冷却待用。

④淡奶油打发至六成发后待用。

⑤芒果糊冷却后，加入一半打发的淡奶油搅拌均匀后，再加入余下打发的淡奶油拌匀，倒入玻璃碗内放入冰箱隔夜凝固。

（2）芒果果冻液的制作　芒果泥、水、糖小火煮开后关火，加入用冷水泡软的吉利丁片，拌匀待用

（3）成型　慕斯层凝固后，再加入适量的芒果果冻液，继续冷藏至凝固。可以用 QQ 糖来装饰。

4. 工艺操作要点

①吉利丁需用冷水泡软后再加入。

②淡奶油打发至六成发即可，如果太软无法起到支撑的作用，太硬则不容易与果汁拌匀，且布丁的组织不够细腻。

③慕斯层彻底凝固后，再加入芒果果冻液。

5. 成品要求

形态美观，颜色鲜艳，味道爽滑，入口即化，芒果香味浓郁。

实例4　牛奶布丁

1. 产品简介

牛奶布丁是以牛奶为主要原料，添加适量的糖、鲜奶油和吉利丁片制作而成的一种布丁。牛奶是最古老的天然饮料，也是一种味道鲜美可口而营养极其丰富的食品，被誉为"最接近完美的食品"。牛奶布丁是一道营养和口味兼备的甜品。

2. 原料及配方（表7-27）

表7-27　牛奶布丁的配方

布丁原料	用量（g）	产品图片
吉利丁片	10	
牛奶	320	
绵白糖	60	
鲜奶油	150	
香草精	少许	

3. 制作程序

①吉利丁冷水浸泡至软，挤干水分待用。

②牛奶倒入奶锅内加入绵白糖加热融化后熄火，加入泡软的吉利丁片搅拌至融化。加入鲜奶油、香草精搅匀。

③将布丁液用筛网过滤后，注入布丁模具中，放入冰箱冷藏凝固即可。

4. 工艺操作要点

①糖最好选用绵白糖，比较容易融化。

②吉利丁需用冷水泡软后使用。

③调好的布丁糊最好过筛，防止中间有结块。

④做好的布丁可加入果粒或果酱等进行调味。

5. 成品要求

外形美观，具有浓郁的牛奶香味，口感滑润，有淡淡的甜味。

实例 5　果冻

1. 产品简介

果冻也称啫喱，主要是将水、糖和果汁中加入食用明胶制作而成。因其外观晶莹剔透，色泽鲜艳，口感软滑，清甜滋润而深受人们的喜爱。在西方，果冻是一种较为常见的甜品品种。果冻不但外观可爱，同时也是一种低热量食品。本实例以橘子为原料制作橘子果冻。

2. 原料及配方（表 7-28）

表 7-28　果冻的配方

布丁原料	用量	产品图片
橘子	1 个	
清水	250g	
鱼胶粉	15g	
白糖	30g	

3. 制作程序

①橘子去皮切粒备用。

②锅中放清水，加入白糖和鱼胶粉搅拌均匀。小火慢慢加热至白糖和鱼胶粉充分融化后关火。

③当锅中的液体冷却至温热时，把橘子粒放入小锅内。

④最后将果冻液倒入果冻杯中，放冰箱冷藏至凝固即可。

4. 工艺操作要点

①加热白糖和鱼胶粉溶液时，火不宜太大。

②果冻做好后，放入冷藏箱中冷却凝固。

5. 成品要求

成品外观晶莹剔透，色泽鲜艳，入口感觉爽滑有弹性。

第六节　冷冻类甜点的制作

冰激凌又称雪糕、奶糕、豆糕或炒冰块等，种类繁多，但制作方法不外乎用乳或乳制品、蛋或蛋制品、甜味剂、香味剂、稳定剂及食用色素作为原料，经冷冻加工而成，是夏令冷饮品的重要组成部分，对人体有一定的保健作用，是夏天清凉去暑的好食品。

冰激凌主要是将原料调成浆料后加热杀菌，乳化后凝冻而成。关键是将混合料在强烈搅拌下进行冷冻。强烈搅拌可以使空气以极小的气泡的形式均匀分布于混合料中，并使相当多的水转变成极为微细的冰晶，这样才能有良好的口感。

实例 1　香草冰激凌

1. 产品简介

香草冰激凌是以蛋黄、香草荚为主要原料，经混合、灭菌、均质、老化、凝冻、硬化等工艺而制成的体积膨胀的冷冻食品，口感细腻、柔滑、清凉。

2. 原料及配方（表 7-29）

表 7-29　香草冰激凌的配方

原料	用量（g）	产品图片
蛋黄	6	
淡奶油	260	
牛奶	500	
细砂糖	80	
香草荚	2 个	

3. 制作程序

①蛋黄分 3 次加糖，搅打至砂糖溶化，蛋液浓稠、发白。

②牛奶倒入锅中，小火加热，同时把香草荚剖开，将里面的香草籽用小刀刮入牛奶中。

③牛奶将要煮沸时关火（勿沸腾）。

④将煮好的牛奶慢慢倒入蛋黄液中，边倒边搅拌，以免蛋黄受热结块，最后彻底搅匀。

⑤混合好的蛋黄牛奶液隔水加热（中小火，水最好不要沸腾），不停搅拌。

⑥一直煮至蛋奶液变浓稠（此时的温度是 80～85℃）即铲子上能挂糊，划痕不易消失，蛋奶浆就做好了，然后将蛋奶浆放到一边冷却降温（可将盛放蛋奶浆的容器座入冷水中）。

⑦冷藏的淡奶油倒入无油无水的容器中打至湿发（提起打蛋器打蛋头上的奶油呈比较柔软的倒三角形）。

⑧将打好的淡奶油分次拌入蛋奶浆中。最后要彻底用手动打蛋器搅匀。

⑨做好的奶油蛋奶浆倒入盒子中冷冻，快凝固时取出，用勺子刮松。然后再冷冻，每隔 1h 取出翻拌，重复 3 ~ 4 次。

4. 工艺操作要点

①牛奶千万不要加热至沸腾，那样会把蛋黄烫至结块。

②将蛋黄牛奶液隔水加热是比直接放火上更加保险的做法，这样虽然用时长了些，但不会使蛋黄结块。

③冷冻后的冰激凌不断拿出搅拌是为了拌入空气，增加膨松感，口感也会更细腻。

5. 成品要求

形态美观，膨松细腻。

实例 2　巧克力冰激凌

1. 产品简介

巧克力冰激凌是以蛋黄、巧克力为主要原料，经混合、灭菌、均质、老化、凝冻、硬化等工艺而制成的体积膨胀的冷冻食品，口感细腻、柔滑、清凉，是最简单、最经典也最受欢迎的一种冰激凌。

2. 原料及配方（表 7-30）

表 7-30　巧克力冰激凌的配方

原料	用量（g）	产品图片
蛋黄	35	
淡奶油	150	
牛奶	150	
细砂糖	30	
黑巧克力	50	

3. 制作程序

①蛋黄分 3 次加糖，搅打至砂糖溶化，蛋液浓稠、发白。

②牛奶倒入锅中，小火加热，同时加入切碎的黑巧克力。

③后续操作同香草冰激凌的制作程序③至⑨。

4. 工艺操作要点

见香草冰激凌部分。

5. 成品要求

形态美观，膨松细腻。

实例 3 草莓冰激凌

1. 产品简介

草莓冰激凌是以蛋黄、草莓为主要原料，经混合、灭菌、均质、老化、凝冻、硬化等工艺而制成的体积膨胀的冷冻食品，口感细腻、柔滑、清凉。

2. 原料及配方（表 7-31）

表 7-31 草莓冰激凌的配方

原料	用量（g）	产品图片
蛋黄	35	
淡奶油	150	
牛奶	150	
细砂糖	30	
草莓	50	

3. 制作程序

①新鲜草莓入果汁机搅打成草莓酱待用。

②重复香草冰激凌的制作程序，将草莓酱倒入调制好的冰激凌液中即可制作出美味的草莓冰激凌。

4. 工艺操作要点

①全脂牛奶里含有球状奶油脂肪，这是保证冰激凌口感香浓顺滑的前提，因此不能用脱脂牛奶代替。

②冰激凌含的奶油越多，牛奶越少，就会变得越黏稠越香滑，国外的配方里一般都选用乳脂含量在 48% 以上的双重奶油来做。

③搅拌冷冻的半成品时，只要外部冻硬、中间稍软即可，不能等全冻硬了再搅，那样冰激凌不会有细腻的口感。

④草莓酱不用打得特别细，有些果粒会让冰激凌更好看。

⑤整个制作过程中，煮牛奶蛋黄液是个关键点，只要在沸腾状态以下煮至微浓稠就可以。

5. 成品要求

形态美观，膨松细腻。

实例4　芒果冰沙

1. 产品简介

芒果冰沙是以芒果肉、柠檬、细砂糖为主要原料，经混合、灭菌、冷冻等工艺而制成的甜品，是一类非常适合夏天的消暑冰品。传统的冰沙不含任何的牛奶、奶油等成分，完全由糖水、新鲜水果制成，健康又爽口。芒果是最适合做冰沙的水果之一，它的果肉绵软细滑，和糖水混合的果泥即使冻成冰以后，也能保持绵软的"冰霜"感，做成的冰沙后口感非常棒。加入带有酸味的柠檬汁，可以显著的提升冰沙的口感。

2. 原料及配方（表7-32）

表7-32　芒果冰沙的配方

原料	用量（g）	产品图片
细砂糖	125	
纯净水	125	
芒果	600	
柠檬	8	

3. 制作程序

①细砂糖和60g水混合倒进锅里，小火加热搅拌直到糖全部溶解成为糖水，糖水倒入碗里冷却待用。

②芒果切开，取下净果肉待用。

③柠檬先切开，取其中一半，挤出柠檬汁备用。

④芒果肉、柠檬汁和65g水放进食品料理机（搅拌机），打成芒果泥。

⑤把芒果泥倒入准备好的糖水里，混合均匀，放进冰箱冷冻至隔夜。

⑥全部冷冻成冰块以后，用食品料理机打成碎冰即可。

4. 工艺操作要点

①可将制作冰沙用的水换成牛奶，制成奶味较足的冰沙。

②如果芒果本身较酸，需适当减少柠檬汁的用量。

③成品可用新鲜芒果做装饰点缀，突出芒果风味。

5. 成品要求

色泽橙黄，口感香甜，口感细腻、柔滑、清凉。

实例 5　巧克力冰沙

1. 产品简介

巧克力冰沙是以鲜奶、巧克力粉为主要原料，经混合、灭菌、冷冻等工艺而制成的体积膨胀的冷冻消暑冰品。

2. 原料及配方（表 7-33）

表 7-33　巧克力冰沙的配方

原料	用量（g）	产品图片
细砂糖	125	
鲜奶	125	
巧克力粉	10	
香草粉	2	
奶精粉	5	
巧克力酱	20	

3. 制作程序

①果汁机中倒入一大杯冰块。

②将除巧克力酱外的所有原料倒入果汁机中搅拌均匀。

③将搅打好的冰沙倒入冰沙盛器中，挤上鲜奶油，淋上巧克力酱即可。

4. 工艺操作要点

①制冰沙用的冰块必须干净。

②巧克力粉的用量可根据口味及色泽稍作调整。

5. 成品要求

造型美观，口感香甜，巧克力风味浓郁。

第七节　其他类西点的制作

除上述类别的西点外，西点产品中还包括另外一些品种，它们以特殊的加工方式或是产品特点在西点产品中占有一席重要的地位，如舒芙蕾、糖渍水果、巧克力等。

实例1　舒芙蕾

1. 产品简介

舒芙蕾又称蛋奶酥，是一种源自法国的甜品，主要以蛋黄及不同配料搅拌入打发的蛋白中，经烘焙而制成的质地轻而膨松的甜点。舒芙蕾不仅可以做甜品，还可做前菜或主菜，如鹅肝酱舒芙蕾、奶酪舒芙蕾等。烤好的舒芙蕾需立即品尝，否则很容易漏气而影响产品的品尝。

2. 原料及配方（表7-34）

表7-34　舒芙蕾的配方

	原料	实际用量（g）	产品图片
蛋黄部分	面包粉	45	
	黄油	45	
	牛奶	250	
	白砂糖	40	
	蛋黄	100	
	香草精	4	
蛋白部分	蛋白	160	
	绵白糖	30	
	柠檬汁	5	
涂抹	黄油	50	
	白砂糖	60	

3. 制作程序

①计量。将各种原料按配方计算称量好。

②准备工作。黄油融化后，在舒芙蕾模具内壁涂抹上一层，然后倒入白砂糖均匀沾满各个部位，将多余的糖倒出，烤箱预热到200℃。

③蛋黄糊的搅拌。将黄油融化后，与高筋粉搅拌成面糊。牛奶加40g白砂糖煮开后，倒入面糊中拌匀，继续加热使面糊呈均匀的黏稠状。搅拌降温至50℃左右，加入香草精和蛋黄搅拌均匀。

④蛋白打发。将蛋白加柠檬汁搅打至发泡后，加入绵白糖继续搅打至湿性发泡。

⑤将打发的蛋白糊与蛋黄糊混合，搅拌均匀后倒入模具中，装八成满即可。

⑥入烤箱烘烤 15 ~ 20 min 至表面金黄，体积膨大出模具的 1 ~ 2cm 即可。

⑦将舒芙蕾从烤箱中取出后，表面撒些糖粉进行装饰，趁热食用。

4. 工艺操作要点

①模具内滚糖可以使舒芙蕾膨胀更均匀。

②烤制中途不要打开烤箱，否则舒芙蕾会塌陷。

③出炉后需趁热食用，时间久了舒芙蕾也会塌陷。

5. 成品要求

造型美观，口感轻盈。

实例 2　糖渍水果

1. 产品简介

糖渍水果是以新鲜水果为原料，在干净的罐子里一层糖一层水果糖渍一段时间而形成的甜品，有些像罐头，可单独食用也可做西点馅料或是装饰料，可用砂糖、蜂蜜、冰糖等进行糖渍。本案例中以樱桃为原料介绍糖渍加工工艺。糖渍工艺中糖的用量一般为水果总量的 1/3，也可以为 1/2，主要根据保存时间及甜度来确定糖的用量。

2. 原料及配方（表 7-35）

表 7-35　糖渍水果的配方

原料	用量（g）	产品图片
草莓	300	
冰糖	100	
水	100	

3. 制作程序

①草莓洗净晾干。

②锅内加入水和糖，倒入洗净的草莓，煮开至樱桃熟透即可。

③玻璃瓶洗净后用开水烫洗消毒，倒入煮熟的草莓及糖水。

④静置或是冷藏存放 2 ~ 3 天即可食用。

4. 工艺操作要点

①糖的使用量与保质期关系较大，若想延长存放时间可增加糖液的浓度。

②注意草莓煮制的时间，以防加热过度影响色泽。

③可加入柠檬汁调酸味。

④延长保存期限可使用防腐剂。

⑤冷藏口感更好。

5. 成品要求

色彩艳丽，果香味浓，口感爽滑。

实例 3　巧克力

1. 产品简介

巧克力又称朱古力，是以可可豆或可可粉为主要原料加工而成的产品。巧克力中含有可可碱，对动物有毒害作用，但对人类却是一种健康的反镇静成分，食用巧克力可提升精神，增强神经中枢兴奋性。巧克力在西点中使用较多，可作为原材料，烤制巧克力蛋糕；可作为淋面，在蛋糕表面淋一层光滑巧克力；可作为装饰，削成碎屑抹在蛋糕表面或是隔水融化后用于裱花写字；可作为内馅，如巧克力熔岩蛋糕等。巧克力根据制造过程中使用原料的不同，可分为黑巧克力、白巧克力、牛奶巧克力、彩色巧克力和夹心巧克力等。本实例主要介绍纯苦巧克力的生产工艺。

2. 原料及配方（表 7-36）

表 7-36　巧克力的配方

原料	用量（g）
可可液块	480
可可脂	220
糖粉	300
香兰素	0.5
卵磷脂	3

3. 制作程序

①可可液块、可可脂融化后，与糖粉混合精磨。

②加入香兰素及卵磷脂精炼。

③保温存放，调制温度后进行浇模操作。

④浇模后振动去起泡，冷却硬化，脱模后即为巧克力成品。

⑤脱模后的巧克力经过拣选去除不合规格产品，进行包装即可。

4. 工艺操作要点

①熔化后的可可酱料和可可脂温度一般不超过 60℃。

②尽量缩短熔化后的保温时间。

③糖粉应选用优质干燥的砂糖粉碎而成的。

④经过精磨后的巧克力酱其平均细度应达到 20μm 为宜。

⑤精磨后的巧克力酱料，含水量应不超过 1%。

⑥精磨后的巧克力酱料，温度应恒定在 40 ~ 50℃之间。

⑦巧克力酱在常规条件下一般精炼时间为 24 ~ 72h。

⑧精炼温度控制在 46 ~ 52℃之间较好。

⑨刚精炼的巧克力酱料温度较高，要冷却至 35 ~ 40℃后在保温缸内保温；

5. 成品要求

质地均匀，表面光滑，口感爽滑。

思考题

一、填空

1. 清酥裹入面团的油脂必须具备 ＿＿＿＿＿＿ 和 ＿＿＿＿＿＿ 两个条件。

2. 清酥包油的方法有 ＿＿＿＿＿＿ 、＿＿＿＿＿ 和 ＿＿＿＿ 三种。

3. 清酥面团开酥后折叠方法有 ＿＿＿＿＿ 和 ＿＿＿＿＿ 两种。

4. 泡芙的成熟方法有 ＿＿＿＿＿ 和 ＿＿＿＿＿＿ 两种。

二、名词解释

1. 清酥面团

2. 甜酥面团

3. 泡芙

4. 派

5. 塔

三、单项选择题

1. 果冻制作中不能直接与 ＿＿＿＿ 接触。

A. 鲜奶油   B. 酸   C. 蛋   D. 糖

2. 混酥类点心面坯无 ＿＿＿＿ 但具有酥松性。

A. 松性   B. 膨胀性   C. 酥性   D. 层次

3. 冰激凌蛋糕一定要在 ＿＿＿＿ 状态下保存。

A. 冷藏   B. 冷冻   C. 常温   D.10℃

4. 混酥类制品主要借助 ＿＿＿＿ 成型。

A. 擀   B. 裱挤   C. 塑捏   D. 模具

5. 泡芙面糊中的蛋液须 ＿＿＿＿ 加入效果较好。

A. 快速   B. 逐渐   C. 加热   D. 分 3 次

6. 清酥面团成形可以用 ＿＿＿＿ 完成。

A. 锯刀　　　　　B. 抹刀　　　　　C. 模具　　　　　D. 刃刀

7. 泡芙面糊中 _____ 可以使面糊光滑。

A. 蛋　　　　　　　　　　　B. 蛋白质变性

C. 油脂　　　　　　　　　　D. 淀粉糊化

8. 清酥面团烘烤中，淀粉随着 _____ 变化而形成"碳化"变脆的结构。

A. 水气　　　　B. 温度　　　　C. 膨胀　　　　D. 时间　　　　E. 颜色

9. _____ 充分结合，加热后蛋白质变性凝固，泡芙增大且体积固定。

A. 水　　　　　B. 油脂　　　　C. 蛋　　　　　D. 面糊

10. 果冻中不含有 _____。

A. 糖　　　　　B. 淀粉　　　　C. 蛋白质　　　　D. 脂肪

四、多项选择题

1. 清酥面团在擀制面坯时要做到 _____。

A. 厚薄均匀　　　B. 整形　　　　C. 用力均匀　　　D. 大小一致

2. 调制好的泡芙料应 _____。

A. 光滑　　　　　B. 润滑　　　　C. 淡黄色　　　　D. 糊状

3. 制作泡芙时面糊的稠度不恰当的有 _____。

A. 慢慢下垂　　　B. 自然下垂　　C. 挥手下垂　　　D. 流淌下垂

4. 泡芙一般的成熟方法有 _____。

A. 蒸　　　　　　B. 烤　　　　　C. 煮　　　　　D. 炸　　　　　E. 煎

5. 常见的果冻成型方法有 _____。

A. 硅胶模　　　　B. 玻璃杯　　　C. 方盘　　　　D. 卡模　　　　E. 印模

6. 派皮收缩不松酥的原因有 _____。

A. 油脂用量太大　　　　　　B. 水分太多

C. 油脂含水量少　　　　　　D. 整形时揉搓过多

E. 面粉筋度过高

五、判断改错

1. 派皮较酥松，原因是配方中油脂含量少于糖。（　　　）

2. 清酥面团的成形需依靠冰箱来完成。（　　　）

3. 水煮布丁馅为避免成品结粒焦化可采用间接加热法，并加热至凝胶状，即可离火冷却。（　　　）

4. 清酥面团中的水温应根据气温的变化而调整。（　　　）

5. 混酥类点心的面团必须使用翻折和搓揉的方法成团。（　　　）

六、简答题

1. 清酥的特点有哪些？

2. 清酥面团的起酥原理是什么？

3. 包油后的清酥面团放在多少温度下松弛最好?

4. 清酥面团整形时基本要求有哪些?

5. 在制作清酥制品时注意事项有哪些?

6. 为什么清酥在烘烤时不应时常打开烤炉或受较大的震动?

7. 塔、派的分类与特点有哪些?

8. 塔、派的区别有哪些?

9. 塔皮、派皮的制作要领有哪些?

10. 塔、派的装饰目的有哪些?

11. 泡芙的特点有哪些? 泡芙的这些特点是由哪些原料特性决定?

12. 检验泡芙面糊稠度的方法是怎样的?

13. 制作泡芙的注意事项有哪些?

14. 班戟的操作要点有哪些?

15. 制作华夫饼有什么注意事项?

16. 果冻的特性有哪些?

17. 制作果冻的注意事项有哪些?

18. 制作果冻常用的凝胶剂有哪些?

19. 慕斯的调制工艺有哪些要求?

20. 布丁的种类有哪些?

21. 制作冰激凌的操作要点有哪些?

22. 如何使冰激凌口感更细腻?

七、论述题

1. 试述苹果起酥角的制作过程及操作要点。

2. 试述泡芙的制作过程及操作要点。

第八章

面包制作工艺

本章内容： 面包的发酵方法与制作工艺流程
　　　　　　　吐司面包的制作
　　　　　　　甜面包的制作
　　　　　　　脆皮面包的制作
　　　　　　　硬质面包的制作
　　　　　　　起酥面包的制作
　　　　　　　软欧面包的制作
　　　　　　　调理面包的制作
　　　　　　　油炸面包的制作
　　　　　　　杂粮面包的制作
　　　　　　　比萨饼的制作

教学时间： 64 课时

教学方式： 由教师讲解各类面包的特点、选料要求和制作原理，示范面包的制作过程，通过实训，使学生掌握各类面包的制作方法和操作要点。

教学要求： 1. 了解各类面包的特点及选料要求。
　　　　　　 2. 掌握各类面包的制作原理和工艺流程。
　　　　　　 3. 学会各类面包的面团搅拌方法。
　　　　　　 4. 学会各类面包的成型方法及烘烤技能。
　　　　　　 5. 学会各类面包的装饰方法。
　　　　　　 6. 熟悉各类面包的质量鉴定方法和标准。

课前准备： 阅读面包制作工艺方面的书籍，并在网上查阅面包制作和装饰技巧方面的文章和资料。

面包是西方国家人们的主食，也是食品工业中消费量很大的一类食品，因此面包制作技术是西点工艺学中最主要的一项技术。面包品种较多，但都必须经过面团搅拌、发酵、成型、醒发和烘焙等加工过程。本章主要学习面包的制作原理，以及各类面包的制作方法和工艺流程。

第一节　面包的发酵方法与制作工艺流程

一、一次发酵法

一次发酵法又称直接发酵法，是将配方中的原料以先后顺序加入搅拌机中一次搅拌成团，经过一次发酵后就成型制作面包的方法。

1. 一次发酵法的工艺流程

计量 → 面团搅拌 → 发酵 → 分割 → 搓圆 → 中间醒发 → 成型 → 装盘 → 最后醒发 → 烤前装饰 → 成熟 → 成品装饰 → 冷却 → 包装 → 成品

2. 一次发酵法的操作要点

（1）计量　将各种原料按配方中的烘焙百分比计算出实际用量，用电子秤称量好备用。

（2）搅拌　将所有的干性原料（面包粉、酵母、面包改良剂、盐、白糖和奶粉等）计量后，倒入和面机中，快速搅拌均匀。改慢速后加入湿性原料（鸡蛋、水和牛奶等），搅拌至面粉成团，改快速搅拌至面筋形成。改用慢速后加入黄油继续搅打至黄油融入面团中，最后改快速搅拌使面筋扩展即可。

（3）面团发酵　在 27 ~ 32℃、相对湿度为 70% ~ 80% 的条件下发酵至面团成熟，使酵母菌大量增殖，面团变得柔软膨松，积累芳香物质。

（4）分割　分割成需要的重量，尽量使剂子的大小保持一致。

（5）搓圆　分别搓成表面光滑的圆球。

（6）中间醒发　盖上保鲜膜，中间醒发 15 ~ 20min，使面团松弛便于成型。

（7）整形　根据产品的需要将面团制作成不同的形状，摆放在刷过油的烤盘中，留出 3 倍大小的间隙。

（8）最后醒发　放入 35 ~ 40℃、相对湿度 80% ~ 85% 的醒发箱中醒发至面包最终体积的 80% 左右，面包表面有一层半透明的薄膜时取出。

（9）烤前装饰　面包进行装饰，甜面包刷蛋液，脆皮、硬质面包割口等。

（10）烘烤　放入预热至适宜温度的烤箱中烘烤至成熟。

3. 一次发酵法的特点

（1）一次发酵法的优点

一次发酵法只需一次搅拌和一次发酵，因此具有以下优点。

①操作简单，生产时间短，生产周期为 4 ~ 6h。

②面团搅拌耐力好。

③面包具有较浓郁的麦香味，无异味和酸味。

④可以节约设备和人力，提高了劳动效率。

（2）一次发酵法的缺点

①由于发酵时间短，面包的体积比二次发酵法小，且容易老化。

②发酵耐力差，醒发和烘烤时面包的后劲小。

③品质容易受原材料和操作误差影响，面包发酵风味一般，香气不足。

二、二次发酵法

二次发酵法又称中种法，是采用两次搅拌和两次发酵的方法制作的面包。第一次搅拌的面团称为中种面团，或种子面团，第二次搅拌形成的面团称为主面团。第一次发酵称为基础发酵，第二次的发酵称为延续发酵。

1. 二次发酵法的工艺流程图

中种面团搅拌 → 基础发酵 → 主面团发酵 → 延续发酵 → 分割 → 搓圆 → 中间醒发 → 成型 → 装盘 → 最后醒发 → 烤前装饰 → 成熟 → 成品装饰 → 冷却 → 包装 → 成品

2. 二次发酵法的操作要点

（1）计量　将各种原料按配方中的烘焙百分比计算出实际用量，用电子秤称量好备用。

（2）中种面团搅拌　面包粉、酵母、面包改良剂倒入和面机中拌匀，加水慢速搅拌至成团（约 3 min），改中速搅拌至面筋形成阶段，面团温度控制在 24 ~ 26℃。

（3）基础发酵　面团取出后揉光滑后，放入 26℃、相对湿度70% ~ 75%的醒发箱中发酵 4h 后，中途翻面 2 次。

（4）主面团搅拌　盐、糖、鸡蛋和水倒入和面机中，快速搅拌均匀后，改慢速，加入中种面团、面粉和奶粉，搅拌成团后快速搅拌至面筋形成阶段。改慢速后加入切碎的黄油，搅拌至黄油全部融入面团中后，改快速搅拌至面筋扩展即可。完成后的面团可拉出薄膜状，面团温度 26℃。

（5）延续发酵　在 27 ~ 32℃、相对湿度为 70% ~ 80% 的条件下发酵至面团成熟，使酵母菌大量增殖，面团变得柔软膨松，积累芳香物质。

（6）分割　分割成需要的重量，尽量使剂子的大小保持一致。

（7）搓圆　分别搓成表面光滑的圆球。

（8）中间醒发　盖上保鲜膜醒发15min。

（9）整形　根据产品的需要将面团制作成不同的形状，摆放在刷过油的烤盘中，留出3倍大小的间隙。

（10）最后醒发　放入38℃的醒发箱醒发至模具八成满时，取出盖好盖子。

（11）烤前装饰　醒发好的面包进行适当的装饰，如硬质面包割口子，软面包刷蛋液，挤上沙拉酱等。

（12）烘烤　放入上火190℃、下火200℃的烤箱烘烤30min，关火再闷10min。

3. 二次发酵法的特点

（1）二次发酵法的优点

二次发酵法因为酵母有足够的时间繁殖和发酵，因此具有以下优点。

①面包体积大，内部组织更疏松、更柔软、更富有弹性。

②面包具有浓郁的发酵香味，香气足。

③面包不易老化，储存保鲜期长。

④面团发酵耐力好，后劲大。

⑤第一次搅拌或发酵不理想，可以通过二次搅拌和发酵来纠正。

（2）二次发酵法的缺点

①主面团搅拌耐力差。

②生产周期较长，需要较多和较大的发酵场地。

③需要投入更多的劳力来完成二次搅拌和发酵，劳动效率降低。

④发酵的损耗增大。

三、快速法

快速发酵法是指在极短的时间内完成发酵甚至没有发酵的面包加工方法。快速法是在应急和特殊情况下采用的面包生产法，由于面团未经过正常发酵，在味道和保存日期方面与正常发酵的面包相差甚远。

快速法又分为有发酵和无发酵的快速法，后者又称为无酵法，无酵法是面团搅拌后立即进行分割整形，由于面团未经过基础发酵工序，所以必须加入适当的添加剂，以促进面团的成熟，故成品缺乏传统发酵面包的香味，影响口感。在实际生产中，很少会用到快速发酵法生产面包。

1. 快速发酵法的工艺流程

计量 → 面团搅拌 → 分割 → 搓圆 → 中间醒发 → 成型 → 装盘 → 最后醒发 → 烤前装饰 → 成熟 → 成品装饰 → 冷却 → 包装 → 成品

2. 快速发酵法的特点

（1）快速发酵法的优点

①生产周期短，效率高，产量比直接法、中种法都高，全过程需要 3 ~ 3.5h。

②发酵损失很小，提高了出品率。

③节省时间、劳动力和空间，降低了能耗和维修成本。

（2）快速发酵法的缺点

①面包发酵风味较差，香气不足。

②面包老化较快，储存期短，不易保鲜。

③不适宜生产主食面包，适合用于高档点心面包的制作。

④需要添加较多的酵母、面团改良剂和保鲜剂等，因此产品成本大、价格高。

四、汤种发酵法

汤种发酵法是起源于日本的一种面包制作方法，"汤种"也称"烫种"，在日语里意为温热的面种或稀的面种。汤种是将面粉加入不同温度的热水进行烫面，使其糊化，此糊化的面糊称为汤种。汤种面包是在面包配方里添加一定比例的汤种制作的一类口感更加柔软、保水性更好的面包。汤种面包与其他面包最大的差别在于面粉中的淀粉预先糊化使吸水量增多，因此面包的组织柔软度增加，特别柔软，可延缓面包老化。但汤种的添加也使面团黏性增大，对面包的膨松度影响不大，添加量较多时会增大面团的黏性，同时会影响面包的弹性。汤种发酵法的工艺流程如下。

汤种制作 → 计量 → 主面团搅拌 → 延续发酵 → 分割 → 搓圆 → 中间醒发 → 成型 → 装盘 → 最后醒发 → 烤前装饰 → 成熟 → 成品装饰 → 冷却 → 包装 → 成品

汤种面团的配方为：面包粉 100g，细砂糖 10g，盐 1g，热水 100 mL。制法：干性原料混匀后，慢慢加入 95℃的开水并慢速搅拌，直至面团不粘搅拌缸壁，面团温度降至室温为止。搅拌好的汤种面团应放入带盖的容器或用保鲜膜封口，放在冷藏室内存放 16 ~ 18h 即可使用。汤种面团在冷藏条件下可以保存 3 天。

五、冷冻面团法

冷冻面团法是 20 世纪 50 年代以来发展起来的面包新工艺，是由较大的面包厂（公司）或中心面包厂将已经搅拌、发酵、整形后的面团在冷库中快速冻结和冷藏，然后将此冷冻面团销往各个连锁店（包括超市、宾馆、面包零售店等）的冰箱储存起来，各连锁店只需备有醒发箱、烤炉即可。随时可以将冷冻面团从冰箱中取出，放入醒发室内解冻、醒发，然后烘烤，即为新鲜面包。

冷冻面团技术的最大优点在于实现了烘焙食品的现烤现卖，确保了顾客在任何时间都能买到刚出炉的新鲜面包，可以现场直接地看到面包的烘烤和出炉过程，品尝到刚出炉面包的风味和香气。大多数冷冻面团产品的生产都采用快速发酵法，即短时间发酵法或未发酵法，使产品冻结后具有较长的保鲜期，这是由于经过冻结后酵母的活性被完好地保存下来。

1. 冷冻面团法的工艺流程

计量 → 面团搅拌 → 面团发酵 → 分割 → 搓圆 → 中间醒发 → 成型 → 装盘 → 速冻 → 冷藏 → 解冻 → 最后醒发 → 烤前装饰 → 成熟 → 成品装饰 → 冷却 → 包装 → 成品

2. 冷冻面团法的操作要点

①冷冻面团法要求面粉的蛋白质含量高于正常发酵法，通常在11.5% ~ 13.5%之间，以确保面团在冷冻后仍然具有较强的韧性和弹性，具有良好的持气性。

②冷冻面团的加水量要低于普通面团，防止形成过多的自由水，在冻结和解冻期间对面团和酵母造成伤害。

③冷冻面团的酵母用量要高于普通面团，因为冻结会对酵母的活性造成一定的影响。

④面团搅拌要一直搅拌到面筋完全扩展阶段，面团的理想温度在18 ~ 24℃之间。

⑤面团发酵时间要短，通常为30 min左右，或者不经过发酵。

⑥分块、压片和成型工序操作要快，面团要迅速地送到冷库内快速冻结。

⑦速冻若采用机械吹风冻结，条件为 –40 ~ –34℃，空气流速16.8 ~ 19.6m³/min，面块的中心温度达到 –32 ~ –29℃即可。若采用低温吹风冻结（二氧化碳、氮气），温度为 –35℃以下，在20 ~ 30min内完成。

⑧冷藏间温度为 –23 ~ –18℃，面团储存期通常为5 ~ 12周。

⑨从低温冷藏间取出冷冻面团，可以在4℃的条件下放置16 ~ 24h使面团解冻，然后将解冻的面团放在温度为32 ~ 38℃、相对湿度为70% ~ 75%的醒发箱醒发2h；也可以将冷冻面团直接放入温度为27 ~ 29℃、相对湿度为70% ~ 75%的醒发箱里醒发2 ~ 3h。醒发后的面团即可转入正常烘烤。

六、酸面团

酸面团发酵法（Sourdough Method）又称老面发酵法（Old Dough Method）、野生酵母发酵法。酸面团是利用自然附着在小麦粉、黑麦粉、马铃薯、苹果、葡萄干等食物上的天然野生酵母菌，经过培养、发酵制成的面种。酸面团制作过程中几天内不断地往起种中加入面粉和水，经酸化熟成后制成酸面团。这种野生酵母持续使用，每日不断更新，制作面包时一般不添加或偶尔添加市售酵母。国外常用"starter"来称呼干燥或液体的老面培养法。

酸面团的制作原理就是利用天然酵母菌和乳酸菌的共生机制。酵母作为面团的优势菌种培养，而乳酸菌可以利用酵母发酵的残骸，在酸面团中与酵母共存。这些菌种在发酵过程中能产生多种代谢产物，包括醇类、有机酸、水和二氧化碳。这些有机酸赋予面包诱人的香味。面包烘烤过程中，有机酸会与醇类物质反应生成酯类，增加了面包的香味。同时有机酸降低了面包的pH，可以抑制腐败菌的生长；有机酸还可以防止面包的老化，改善面包的口感和组织状态。添加了酸面团的面包具有柔和的酸味和独特的香味。另外，因为酸面团基本上都是自制的，所以各面包房的面包具有各自原始的风味。

酸面团制作方法有数种，主要有酸面种、黑麦种、葡萄干种和苹果种等。每一种都要在起种中，分次加入面粉与水，混合均匀后，一边进行严格的温度管理，使菌种繁殖，这样经过 4 ~ 5d，使之熟成。酸面团面包制作时在面团中接种熟成的酸面团面种，加入量一般为主面团的 10%~20%。酸面团的制作快的只要 3h，慢的则需要两周。这些方法可以根据工厂的环境、工序及要求的面包风味等条件来选择。做成酸面团是要配入黑麦面包中的，但还要预留一些，作为第二天制作面包时的种源。另外，酸面团可以直接放在冰箱中保存 3 ~ 4d。酸面团与黑麦粉、玉米粉混合起来经过干燥，则可以保存半年左右。

1. 自然发酵酸面团

自然发酵酸面团是利用酸面种反复补充面粉和水进行续种，在适宜的环境中自然发酵，培养制成酸面团的方法。

第一次培养黑麦面粉或小麦面粉50g，35 ~ 40℃温水60g，活性乳酸饮料（或麦芽精）1g。所有原料放在清洁容器中搅拌均匀，表面用塑料膜或盖子盖好置于 35 ~ 40℃的环境中发酵 1d，得到第一次培养的酸面团起种。然后每隔 12h 加入面粉和温水，搅拌均匀成糊，表面盖好，于 27℃的环境中发酵。在主面团搅拌时酸面团的使用量占 10% ~ 20%，剩余的面种可以用于培养新的面种，在母种的基础上，加入被使用面种重量 50% 的面粉和 50% 的温水新的面种。

2. 黑麦酸面团

黑麦粉加水搅拌，会做出比小麦粉黏着性更强的面包。这是因为黑麦中含有一种叫戊聚糖的碳水化合物，其中 40% 的戊聚糖同大量的水结合，形成黑麦黏液质。另外剩下的戊聚糖因其不溶性，还有加固面包组织的作用。假如将黑麦粉用同小麦粉一样的制法来制作面包，体积会小一些，但是却能烤出一直成熟到面包心的面包。然而，同一种黑麦粉的面坯如果配入酸面团的量适当，也会做出面包心富有弹性、口感良好、体积也比较丰满、具有独特风味的面包。使黑麦面坯酸化就会使酶对戊聚糖发生作用，从而抑制黑麦粉吸水，会使水分从黑麦黏液质中游离出来。这种游离的自由水分又会促使面坯软化而更容易膨胀。另外，自由水分还可以延长面包的保鲜性。在淀粉中，分解酶受到酸和盐的抑制，淀粉吸收水分，从而增加了黑麦面坯的面包烘烤性能。所以，要想制作出好吃的黑麦面包，酸面团的作用确实十分必要。酸面团可以使黑麦面包的面包心稳定，具有弹力；使黑麦面包具有特殊的柔和酸味和芳香；使面包具有保鲜性，防止腐败。

3. 天然葡萄种

天然葡萄种是利用葡萄干表面所附着的天然酵母培养制成的发酵液，分次加入面粉和水，发酵制成的天然葡萄种。天然葡萄种的制作方法如下：

（1）葡萄菌液

矿泉水500g，砂糖125g，葡萄干250g，放置于密封的容器中，七八分满即可，最适宜温度在26～28℃之间。每天摇晃一次，5～7d后即可使用。过滤掉葡萄干，使用菌液，一星期之内用完。

（2）起种

葡萄菌液100g，高筋面粉100g，搅拌均匀，室温发酵至两倍大。

（3）续种

葡萄种200g，葡萄菌液200g，高筋面粉200g。搅拌均匀，室温发酵至两倍大，冷藏隔夜之后，保存使用。起种完成就可以续种，也可以冷藏到第二天再续种。如果面团发酸闻起来有刺鼻的酸味，面团就不宜再继续使用了。

4. 苹果酸面团

苹果酸面团是利用苹果表面附着的天然酵母培养制成的发酵液，分次加入面粉和水，发酵制成的天然苹果种。

（1）苹果发酵浆的制备

配料：苹果（去核）360g、糖60g、水400g，苹果不必去皮，去核后磨成苹果泥，放入清洁的容器中，加糖和水搅拌均匀，用潮湿的布或保鲜膜覆盖上。在27℃的环境中放置8～10d。期间每天给布加湿，不要搅拌果泥浆，直到果泥浆发泡，去除表面硬皮。

（2）酸面团的制备。按配料面包粉390g、苹果发酵浆160g、温水120g、蜂蜜20g，先将蜂蜜用温水溶解，加入苹果发酵浆混合，再加入面粉搅拌均匀成面团，置于容器内，盖上保鲜膜，发酵8～10h；在上述发酵面团中，加入温水85g、蜂蜜6g、面包粉195g，以同样的方法搅拌成团，发酵5～8h，至面团完全发起。

七、面包生产前的准备工作

①确定生产量和操作时间。

②确定该品种的生产工艺流程。

③检查机械设备是否正常、清洁卫生。

④准备操作的工具和原料。

⑤核对配方，检查原料的质量。

第二节　吐司面包的制作

一、吐司面包简介

吐司面包是由英文 Toast 音译而来，它是将发酵好的面团放入长方形的带盖或不带盖的烤听烤制而成的听形面包。吐司面包最早出现在欧洲的火车餐车上作为快餐食品，因此该面包也有人称"火车面包"。由于带盖烤出来的经切片后的吐司面包呈正方形，很多人称它为方包，而不带盖烘烤的吐司面包又被称为山形面包或屋形面包。此外，切片的吐司面包夹入火腿、奶酪和蔬菜后，被制作成了三明治，因此人们又称它为三明治面包。吐司面包是以高筋小麦粉、糖、盐、油脂、酵母、奶粉等为原辅料，含水量比一般面包高的软质主食面包。其发酵方法常见的有一次发酵法和二次发酵法，从成分上讲有高成分和低成分之分。

二、面团搅拌的目的

面团搅拌又称和面、调粉，是将计量好的各种原辅料，按照一定的投料顺序，搅拌揉制成具有适宜的加工性能的面团的操作过程。面团搅拌是面包制作过程中非常关键的一步，直接影响成品面包的质量，因此必须掌握好面团搅拌时的投料顺序、搅拌速度和时间等。面团搅拌的目的包括以下几方面。

①使各种原辅材料充分的分散和均匀地混合在一起，形成质量均一的整体。

②加速面粉吸水胀润形成面筋，缩短面团的形成时间。

③促进面筋的扩展，加速面筋网络的形成，使面团具有一定的延伸性和弹性，具备良好的加工性能。

④在搅拌过程中使面团中混入一定量的空气，为面团的氧化及酵母的发酵提供足量的氧气。

三、面团的形成原理

蛋白质的溶胀作用是面团形成的原理，是由于面粉中的麦谷蛋白和麦胶蛋白迅速吸水溶胀，体积增大，膨胀了的蛋白质颗粒互相连接起来形成了面筋，经过揉搓使面筋形成了面筋网络，即蛋白质骨架，同时面粉中的糖类（淀粉、纤维素等）成分均匀分布在蛋白质骨架之中，这就形成了面团。

四、面团搅拌的六个阶段

在面包面团的搅拌过程中，根据面团状态和性质的不同，可以分为以下六个阶段。

1. 原料混合阶段

原料混合阶段又称拾起阶段，在这个阶段，干性原料和湿性原料相互拌合在一起，形成一个既粗糙又潮湿的面团，用手触摸时面团较硬，无弹性和延伸性。面团呈泥状，容易撕下。此阶段要用慢速搅拌，使水能被面粉和各种原辅料充分吸收。

2. 面筋形成阶段

面筋形成阶段又称卷起阶段。此阶段水被充分吸收，水化作用大致结束，一部分蛋白质形成面筋，使面团成为一个整体，并附在搅拌钩上，随着搅拌轴的转动而转动。搅拌缸的缸壁和缸底已不再黏附面团而变得干净。用手触摸面团仍会粘手，用手拉时容易断裂，这时可以将慢速搅拌转变成快速搅拌。

3. 面筋扩展阶段

面筋因搅拌机转动时不断地推动、揉合、拍打，面团的表面将变干燥而呈现出光泽，结实而又具有一定的弹性。这时面团开始扩展，用手触摸时面团已具有一定的弹性，较柔软，黏性减小，具有一定的延伸性，但容易断裂。这时的面筋扩展已达七成左右，这个阶段为面筋扩展阶段。

4. 面筋完全扩展阶段

面筋完全扩展阶段又称搅拌完成阶段、面团完成阶段。这个阶段面团内的面筋已达到充分扩展，变得柔软而具有良好的伸展性，搅拌钩在面团转动时，会不时发出噼啪的打击声。此时面团表面趋于干燥，且较为光滑和有光泽，用手触摸时柔软且有弹性，不粘手，具有很好的延伸性。此时可用双手将面团拉展成一张像玻璃纸一样的薄膜，整个薄膜分布很均匀，光滑无粗糙、无不整齐的痕迹。此阶段为搅拌的最佳阶段，可停机把面团从搅拌缸中取出，进行下一步的发酵工序。

5. 搅拌过渡阶段

搅拌过渡阶段又称衰落阶段。将已成熟的面团再继续搅拌，面团开始黏附在缸壁而不随搅拌钩的转动离开。此时停止搅拌，可看到面团向缸的四周流动，面团明显变得稀软和弹性不足。此时面团内的面筋开始断裂，面团的性能开始劣变。如果这时停止搅拌，通过适度的延长发酵时间还可补救。

6. 破坏阶段

这个阶段面团中的面筋被打断，面团的性能劣变、失水、面团发黏、难操作，此时的面团已经无法制作面包和补救。

五、面团搅拌的方法

1. 一次发酵法面团的搅拌方法

将所有的干性原料计量后倒入和面机中搅拌均匀后，加入湿性原料慢速搅拌至面粉成团（原料混合阶段），改中速搅拌至面筋形成（面筋形成阶段）。再改用慢速后加入黄油继续搅打至黄油融入面团中（面筋扩展阶段），最后改中速搅拌至面筋扩展（面筋完全扩展阶段）。

2. 二次发酵法面团的搅拌方法

（1）中种法的搅拌

首先要搅拌中种面团。中种面团的搅拌是将面粉、水、酵母倒入搅拌缸内，用慢速搅拌成表面粗糙而均匀的面团，此面团叫作中种面团（种面）。然后把中种面团放到发酵室内，使其发酵至原面团体积的 2～3 倍，一般在 3～4h 为最佳。中种面团最理想的温度是 26℃，这样发酵时不会因为产热而温度过高。

（2）主面团的搅拌

将发酵好的中种面团和配方中的糖、鸡蛋、水、面粉、奶粉、酵母、盐和添加剂加入缸中用慢速搅拌成团后，改中速搅拌至面团扩展阶段，加入油脂先慢速搅拌 3 min，再中速搅拌至面筋完成阶段即可。面团的理想温度为 26～28℃。

六、面团的升温及控制

1. 引起面团升温的因素

①搅拌机的种类。搅拌机分为立式的和卧式搅拌机，一般立式搅拌机的摩擦升温较大。

②搅拌速度和时间。搅拌速度越快，搅拌时间越长，面团升温越多，因此要灵活控制面团的搅拌速度和时间。

③面粉的面筋含量。面粉面筋含量越高，面团需要的搅拌时间也越长，产生的摩擦升温也越大。

④面团的软硬程度。面团越硬，搅拌过程产生的摩擦升温越高。

⑤面团种类与面团数量。根据产品的配方不同，面团可分为高成分面团和低成分面团，一般高成分面团需要较长的搅拌时间，产生的摩擦升温也越大。面团数量与搅拌缸的大小也会影响摩擦升温，合理的面团大小应该是搅拌缸容量的 3/4 左右，过多或过少都会产生较大升温。

2. 摩擦升温的计算

①在直接法面包面团搅拌中以及二次法中种面团中，摩擦升温的计算方法如下。

摩擦升温 =（3 × 搅拌后面团温度）–（室温 + 粉温 + 水温）

②在二次法主面团中，主面团在搅拌时多了中种面团这个因素，故在摩擦升温计算中应考虑中种面团的温度。其计算公式如下。

摩擦升温 =（4 × 搅拌后面团温度）–（室温 + 粉温 + 水温 + 发酵后中种面团温度）

3. 面团适用水温的计算

适用水温是指用此温度的水调制面团后，能使面团达到理想的温度。实际生产中，我们可以通过试验，求出各种生产方法和生产不同品种面团时的各个摩擦温度，作为一个常数，这样就可以按生产时的操作间温度以及面团计划发酵时间来确定所需的面团理想温度，进而求出适用水温。

①直接法和中种面团适用水温。

适用水温 =（3 × 面团理想温度）–（室温 + 粉温 + 摩擦升温）

②主面团适用水温。

适用水温 =（4 × 面团理想温度）–（室温 + 粉温 + 摩擦升温 + 发酵后中种面团温度）

4. 用冰量的计算

加冰量 = 配方总水量 ×（自来水温 – 适用水温）÷（自来水温 + 80）

例：按配方欲制作甜面包 100 个，分割重量 50g 每个，求各原料实际重量？

已知室温 25℃，粉温 24℃，摩擦升温 22℃，自来水温 23℃，面团搅拌后的理想温度为 26℃，求最佳水温、用冰量、自来水用量各是多少（表 8-1）？

表 8-1　100 个甜面包各原料烘焙百分比

原料	烘焙百分比（%）	实际用量
面粉	100	
酵母	1	
盐	1	
面粉改良剂	0.3	
白糖	17	
黄油	8	
奶粉	4	
鸡蛋	8	
水	45	

解：

①应用面团总量 =50 × 100=5000（g）

②实际面团总量 =5000 ÷（1–2%）=5102（g）

③配方总百分比 =184.3%

④面粉用量 =5102 ÷ 184.3%=2768（g）

⑤干酵母用量 =2768×1%= 28（g）

⑥盐用量 =2768×1%= 28（g）

⑦面包改良剂用量 =2768×0.3%=8.3（g）

⑧白糖用量 = 2768×20%= 554（g）

⑨黄油用量 = 2768×10%= 277（g）

⑩奶粉用量 = 2768×4%= 111（g）

⑪鸡蛋用量 = 2768×8%= 222（g）

⑫水用量 =2768×45%= 1246（g）

适用水温 =3×26℃ –（25+24+22）℃ = 7 ℃

加冰量 =1246 ×（23 –7）÷（23+80）= 194（g）

自来水量 =1246 –194=1052（g）

七、影响面团搅拌的因素

1. 加水量

面包面团的加水量在60%左右，与面粉中的面筋含量和含水量有直接关系。加水量越多，面团越软，面团形成时间推迟，面团稳定时间较长；加水量少，面团较硬，面团形成时间短，但面筋易破坏，稳定性差。

2. 面粉质量

面粉质量对面团的搅拌时间影响较大，当面粉中蛋白质含量较高时，面团的吸水率增加，因而搅拌的时间也会延长。

3. 水质

水的 pH 和水中的矿物质对面团的调制时间有很大的影响。pH 在 5 ~ 6 时对面团的调制最有利，弱酸性可以加速调粉的速度，但若酸性过强或呈碱性，会影响蛋白质的等电点，对面团的吸水速度、延伸性及面团的形成均有不良影响。水中含有适量的钙镁离子等矿物质，有助于面筋的形成，但水质过硬或过软均不适宜。硬水中由于含有大量的钙镁离子，会吸附于淀粉和蛋白质的表面，容易造成水化困难，影响调粉的速度。而当水质较软时，面粉的水化速度较快，但难以形成强韧的面团。

4. 面团温度

当面团温度较低时，所需的卷起时间较短，但需较长的扩展时间，面团的稳定性较好，不容易搅拌过度。而当面团温度过高时，虽然能很快完成面筋扩展阶段，但面团不稳定，稍微搅拌过时，就会进入破坏阶段。面团温度与后期的工艺参数密切相关，因此在选择面团温度时，必须考虑各个方面的因素，如发酵方法、生产时间和产品种类等。为了控制好面团的温度，我们可以通过控制水的温度和加冰量来调节面团的温度。

5. 辅料

（1）食盐　食盐能使面筋蛋白质结构紧密，使面筋质变得更加强韧。添加食盐可以延缓蛋白质的水化作用，因此会使面团的形成时间延长。所以在大规模生产时，常采用后加盐的搅拌方法，以缩短面团的搅拌时间。另外盐对面粉的吸水率影响较大，当面团中添加 2% 的盐时，比无盐面团吸水率降低 3%。

（2）油脂　油脂要在面筋基本形成后加入，加入过早会影响蛋白质的水化作用，使面粉的吸水率降低，面团形成时间延长。面筋形成后加入油脂对面团的吸水和搅拌时间基本上无影响，且会改善面团的黏弹性。

（3）糖　糖的加入会使面团的吸水率降低，为了得到相同硬度的面团，每加入 5% 的蔗糖，要减少 1% 的水。但随着糖量的增加，面粉的吸水速度减缓，面团形成时间延长，面团搅拌时间增加。

（4）奶粉　添加奶粉会使面团的吸水率升高，搅拌时间延长。一般每增加 1% 的脱脂奶粉，吸水率增加 1%。

（5）添加剂　面包添加剂是一类复合的面团改良剂，其中包括能促进面筋网络形成、增加面筋筋力和强度的氧化剂，如溴酸钾；能促进油、水均匀分散的乳化剂，如单甘酯；能软化面筋，缩短面团形成时间的还原剂，如半胱氨酸等。淀粉酶也是一种改良剂。面团改良剂的加入可以缩短面团的搅拌时间，提高面团的稳定性。

（6）搅拌机种类和转速　搅拌机的转速越快则面团形成速度较快，但转速过快会将面筋搅断，所以面包面团的搅拌速度不宜过快。不论立式搅拌机还是卧式搅拌机，搅拌缸的大小要适宜，面团大小应占到搅拌缸体积的 30% ~ 65% 为宜。

（7）搅拌速度和时间　面团的搅拌速度快，则面团的形成时间短，即搅拌时间缩短。具体的搅拌速度和时间要根据产品的类别、配方和工艺选择。各类面包的标准搅拌程度见表 8-2。

表 8-2　各种面包的标准搅拌程度

面团搅拌的阶段	适用的品种
面筋形成阶段	丹麦起酥面包
面筋扩展阶段	长时间发酵的法式面包、冷藏发酵的面包
面筋完全扩展阶段	主食面包、花色面包、法式面包
搅拌过渡阶段	汉堡包

八、搅拌与面包品质的关系

1. 搅拌不足

当搅拌时间不足时，面团的表面较湿、发黏、硬度大，不利于后期的整形和操作，面团表面易撕裂，使面包外观不规整。烘烤后的面包体积小、易收缩变形，内部组织粗糙，颗粒较大，颜色呈黄褐色，结构不均匀。

2. 搅拌过度

当面团搅拌过度时表面湿黏，弹性差，搓圆后无法挺立，向四周摊流，持气性差。烤出的面包扁平，体积小，内部组织粗糙，孔洞和颗粒多，品质差。

实例1　带盖白吐司面包

1. 产品简介

带盖白吐司面包是用长方形的带盖的烤听烤制而成的听形面包。它是一种以高筋小麦粉、糖、盐、油脂、酵母、奶粉等为原料，含水量较高的一种软质主食面包。

2. 发酵方法

采用一次发酵法制作。

3. 原料及配方（表8-3）

表8-3　带盖白吐司面包的配方

原料	烘焙百分比（%）	实际用量（g）	产品图片
面包粉	100	2200	
酵母	1.5	33	
面包改良剂	0.5	11	
盐	2	44	
糖	4	88	
奶粉	4	88	
水	60	1320	
黄油	6	132	

4. 制作程序

①计量。将各种原料按配方中的烘焙百分比计算出实际用量，用电子秤称量好备用。

②搅拌。将面包粉、酵母、面包改良剂、盐、糖、奶粉等干性原料倒入和面机中，

快速搅拌 2min 使其混合均匀。改慢速后加入水，搅拌至成团后（约 3 min）；改中速搅拌促进其面筋形成（约 3 min）。然后改慢速，加入黄油，搅拌至黄油全部融入面团中后（约 3 min），改快速搅拌至面筋完全扩展阶段即可（5 ~ 8 min）。完成后的面团可拉出薄膜状，面团温度控制在 28℃左右。

③发酵。在 30℃，相对湿度 75% 的条件下发酵 2.5h，中间翻面 1 次。

④分割搓圆。分割成 150g 的剂子 26 个，搓圆。

⑤中间醒发。盖上保鲜膜，醒发 15min。

⑥成型。擀压成长椭圆形，卷紧成长条，收口向下，四个并排放入 600g 吐司模具中。

⑦最后醒发。在 38℃，相对湿度 80% ~ 85% 的醒发箱内，醒发至模具八成满时，取出盖好盖子。

⑧烘烤。放入上火 200℃、下火 200℃的烤箱烘烤 40min，关火再闷 10min。

5. 工艺操作要点

①调节好水温，使搅拌好的面团温度控制在 28℃左右。

②面团搅拌要适度，达到面筋完全扩展阶段。

③成型时，长条需卷紧，整齐排放在模具中。

④面团发酵要充分，一般需要 2 ~ 3h 的发酵时间。

⑤中间醒发时，面团要用保鲜膜覆盖，以免表皮失水结壳。

⑥从醒发箱里取出烤盘时，要轻拿轻放。不要振动或摇晃，防止面团漏气而塌陷。

⑦吐司面包的烘烤温度和时间取决于模具的大小及是否带盖子，带盖子的炉温一般为上、下火各 200℃，不带盖子的炉温一般在上火 170℃、下火 200℃。

⑧吐司面包出炉后应立即脱模，在散热网上冷却后再切片，否则面包容易变形。

6. 成品要求

成品色泽金黄，形状规则，内部气孔细密，色泽洁白。

实例 2　山形葡萄干吐司面包

1. 产品简介

山形葡萄干吐司面包是用长方形不带盖的烤听烤制而成的听形面包，添加了葡萄干的吐司面包，口感更有层次性，风味更香醇。

2. 发酵方法

采用一次发酵法制作。

3. 原料及配方（表8-4）

表8-4　山形葡萄干吐司面包的配方

原料	烘焙百分比（%）	实际用量（g）	产品图片
面包粉	100	2200	
酵母	1.3	2.9	
面包改良剂	0.5	11	
盐	1	22	
糖	12	264	
奶粉	4	88	
鸡蛋	6	132	
水	55	1210	
黄油	8	176	
葡萄干	10	220	

4. 制作程序

①计量。将各种原料按配方中的烘焙百分比计算出实际用量，用电子秤称量好备用。

②馅料制备。葡萄干清洗干净后，用温水浸泡10min。

③搅拌。按照实例一方法搅拌至面筋完全扩展阶段时，改慢速加入葡萄干拌匀即可，面团温度控制在28℃左右。

④发酵。在30℃、相对湿度70%～75%条件下发酵2.5h。

⑤分割搓圆。分割成约150g的剂子，搓圆。

⑥中间醒发。盖上保鲜膜，醒发15min。

⑦成型。擀压成长椭圆形，卷紧成长条，收口向下，4个并排放入600g吐司模具中。

⑧最后醒发。在38℃，相对湿度80%～85%醒发箱内，醒发至模具八成满时取出。

⑨烘烤。放入上火170℃、下火210℃的烤箱中烘烤30min，关火再闷10min。

5. 工艺操作要点

①松弛后的面团需排气，分割搓圆后再松弛15min。

②为使面包上色，入炉烘烤前在面包表面刷上蛋液。

③吐司面包出炉后应立即脱模，在烤网上放凉。

6. 成品要求

成品色泽棕黄，外形似山包，内部葡萄干分布均匀。

实例 3　蜜豆吐司面包

1. 产品简介

蜜豆吐司面包是在面团整形过程中卷入蜜豆做成的吐司面包，较普通吐司而言，蜜豆吐司风味更加香甜适口，给人一种甜蜜的幸福感。

2. 发酵方法

采用一次发酵法制作。

3. 原料及配方（表 8-5）

表 8-5　蜜豆吐司面包的配方

原料	烘焙百分比（%）	实际用量（g）	产品图片
面包粉	100	2000	
酵母	0.8	16	
面包改良剂	0.5	10	
盐	1	20	
糖	12	240	
奶粉	4	80	
鸡蛋	10	200	
水	55	1100	
黄油	8	160	
蜜豆	10	200	

4. 制作程序

①计量。将各种原料按配方中的烘焙百分比计算出实际用量，用电子秤称量好备用。

②搅拌。按照实例一方法搅拌至面筋完全扩展后改慢速加入蜜豆拌匀即可，面团温度控制在 28℃左右。

③发酵。在 30℃、相对湿度 70% ~ 75% 条件下发酵 3 h 左右，中间翻面 1 次。

④分割搓圆。分割成约 200g 的剂子 20 个，搓圆。

⑤中间醒发。盖上保鲜膜，醒发 15min。

⑥成型。擀压成长椭圆形，卷紧成长条，收口向下，5 个并排放入 1000g 吐司模具中。

⑦最后醒发。放入 38℃、相对湿度 80% ~ 85% 的醒发箱内，醒发至模具八成满时，取出盖上盖子。

⑧烘烤。放入上火 200℃、下火 200℃ 的烤箱烘烤 30min，关火再闷 10min。

5. 工艺操作要点

①蜜豆添加要适量，过少则显得零星，过多则面包过甜。

②蜜豆在搅拌终点时加入，拌匀即可，防止将蜜豆搅碎。

③出炉后立即脱模，放在烤网上冷却。

6. 成品要求

成品色泽棕黄，外形似山包，蜜豆分布均匀，口感绵软甘甜。

实例 4　全麦吐司面包

1. 产品简介

全麦吐司面包是在配方中添加一定比例的全麦粉制作而成的吐司面包。其特点是颜色呈微褐色，肉眼能看到很多麦麸的颗粒，质地比较粗糙，具有浓郁的麦香味。与普通吐司面包相比，全麦吐司的营养价值要更高一些。全麦吐司含有丰富的粗纤维、维生素 E、B 族维生素以及锌、钾等矿物质，很受欢迎。

2. 发酵方法

采用一次发酵法制作。

3. 原料及配方（表 8-6）

表 8-6　全麦吐司面包的配方

原料	烘焙百分比（%）	实际用量（g）	产品图片
面包粉	60	1200	
全麦粉	40	800	
酵母	1.2	24	
面包改良剂	0.5	10	

续表

原料	烘焙百分比（%）	实际用量（g）	产品图片
盐	1.7	34	
糖	6	120	
水	62	1240	
黄油	5	100	

4. 制作程序

①计量。将各种原料按配方中的烘焙百分比计算出实际用量，用电子秤称量好备用。

②搅拌。按照实例一方法搅拌至面筋完全扩展阶段，面团温度控制在28℃左右。

③发酵。在30℃、相对湿度70%～75%的条件下发酵2.5h。

④分割搓圆。分割成约150g的剂子24个，搓圆。

⑤中间醒发。盖上保鲜膜，醒发15min。

⑥成型。擀压成长椭圆形，卷紧成长条，收口向下，4～5个并排放入1000g的吐司模具中。

⑦最后醒发。在38℃、相对湿度85%的醒发箱内，醒发至模具八成满时，取出盖好盖子。

⑧烘烤。放入上火200℃、下火200℃烤箱烘烤40min，关火再闷10min。

5. 工艺操作要点

①全麦粉与面包粉要充分搅拌均匀，比例恰当。

②烤完后需再闷10min，以确保中间烤透。

6. 成品要求

成品表面粗糙，有颗粒感，较有韧性，营养丰富。

第三节　甜面包的制作

一、甜面包简介

甜面包是指配方中含糖量较高，且添加了蛋、油脂和奶粉等其他高成分材料的面包。甜面包口感香甜，组织柔软且富有弹性，因而人们常把它当作点心食用，也称为点心面包。

甜面包一般分美式、欧式、日式等，一般甜面包面团中的糖含量在14%～20%，油脂不低于6%。可采用一次发酵法和二次发酵法进行制作，根据店内的硬件条件还可以选用冷冻面团来制作，可为顾客及时供应刚出炉的热面包。在欧美国家，甜面包多作为休息或早餐时的点心食用，但制作的不如亚洲国家精致。目前在我国烘焙市场上流行的甜面包除了追求口味丰富多样外，在造型和外观上也制作得非常精细，并提倡以手工操作为主。在馅料搭配方面也是灵活多变，已发展成国内面包行业中最重要的一个品种。而在欧美国家，为节省人工开支和配合产量，甜面包的制作方式基本以半人工、半机械为主，在外形等方面远不如亚洲国家精致，这也是中西文化差异和消费习惯不同所致。

二、面团发酵的目的

面团发酵是面团中的酵母将面团中的糖分解为二氧化碳、水、酒精、热量及其他有机物的过程。面团通过发酵，可以使酵母大量繁殖产气，促进面团体积膨大形成海绵状组织结构；可以改善面团的加工性能，增强面团的气体保持能力，制品瓢心细密而透明，并且有光泽；可以使面团积累大量的芳香物质，使最终的制品具有优良的风味和芳香味。

三、面包的发酵原理

面团中加入酵母菌后，酵母菌吸水活化，利用面粉中淀粉、蔗糖分解成的单糖作为养分而快速的繁殖增生，进行呼吸作用和发酵作用，产生大量的二氧化碳气体，同时产生水和热量。二氧化碳被面团中的面筋网络包裹住，使面团膨松形成蜂窝状结构，不断地膨大、使面团体积增大。其反应式如下。

1. 淀粉分解

$$2(C_6H_{10}O_5)_n + nH_2O \xrightarrow{\text{淀粉酶}} nC_{12}H_{22}O_{11}$$

淀粉　　　　　　　　　　　麦芽糖

$$C_{12}H_{22}O_{11} + H_2O \xrightarrow{\text{麦芽糖酶}} 2C_6H_{12}O_6$$

麦芽糖　　　　　　　　葡萄糖

$$C_{12}H_{22}O_{11} + H_2O \xrightarrow{\text{蔗糖转化酶}} C_6H_{12}O_6 + C_6H_{12}O_6$$

蔗糖　　　　　　　　　　葡萄糖　　果糖

2. 酵母繁殖

$$C_6H_{12}O_6 + 6O_2 \longrightarrow 6CO_2\uparrow + 6H_2O + 674kcal$$

$$C_6H_{12}O_6 \longrightarrow 2CO_2\uparrow + 2C_2H_5OH + 24kcal$$

3. 面包色香味的形成原理

（1）醇　酵母在发酵过程中产生的乙醇、醛、酮及酸等物质，赋予面包酒的香味。

（2）酸　空气中的乳酸菌、醋酸菌进入面团中，发酵形成乳酸和醋酸等酸类物质，赋予面包酸味。

乳酸菌发酵

$$C_6H_{12}O_6 \longrightarrow 2CH_3CHOHCOOH \uparrow +20kcal$$

醋酸菌发酵

$$C_6H_{12}O_6 \longrightarrow 2CH_3COOH \uparrow +20kcal$$

（3）脂　酵母发酵形成的醇类与乳酸和醋酸反应生成脂类，赋予面包特殊的香味。

（4）羰基化合物　羰基化合物包括醛类、酮类等多种化合物。

羰基化合物的生成是一个复杂的过程，面粉中脂肪或配方中的奶粉、奶油、动物油、植物油等油脂中不饱和脂肪酸被面粉中脂肪酶和空气中的氧气氧化成过氧化物。这种过氧化物又被酵母中的酶所分解，生成复杂的醛类、酮类等羰基化合物，是面包具有特殊芳香的原因之一。其变化过程可用下式表示。

$$\underset{\substack{| \quad | \\ }}{\overset{\substack{H \quad H \\ | \quad |}}{-C = C-}} + O_2 \xrightarrow{\text{脂肪酶}} \underset{\substack{| \quad | \\ O \quad O}}{\overset{\substack{H \quad H \\ | \quad |}}{-C - C-}} \xrightarrow{\text{酵母中的酶}} \underset{\substack{| \quad | \\ O : O}}{\overset{\substack{H : H \\ | \quad |}}{-C : C-}}$$

由于反应过程复杂，只有经过较长发酵时间的面团才可能产生较多的羰基化合物。因此，无发酵工序的快速发酵法缺乏发酵香气，而二次发酵法生产的面包发酵香气充足。

（5）美拉德反应　单糖或还原糖的羰基能与氨基酸、蛋白质、胺等含氨基的化合物进行缩合反应，产生具有特殊气味的棕褐色缩合物。

（6）焦糖化反应　糖在高温加热条件下生成两类物质：一类是糖的脱水产物，即焦糖或酱色；另一类是裂解产物，即一些挥发性的醛类或酮类物质，它们进一步缩合、聚合，最终形成面包的色泽和香味。

四、影响面团发酵的因素

影响面团发酵的因素包括温度、酵母、pH、渗透压、面粉、加水量、奶粉、糖和发酵时间等。

1. 温度

一般的面团发酵温度应控制在 25 ~ 28℃，这是因为酵母在 0℃ 以下失去活动能力，15℃ 以下繁殖较慢，在 30℃ 左右繁殖最快，考虑到酵母菌在发酵过程中会产生一定热量，一般温度控制在 25 ~ 28℃。如果温度过低，发酵速度太慢；若高于适宜温度，则酵母菌发酵会受到抑制，醋酸菌和乳酸菌容易繁殖，醋酸菌最适宜温度是 35℃，乳酸菌最适宜温度是 37℃，面团酸度增高。

2. 酵母

（1）酵母发酵力　要求酵母的发酵力一般在 650 mL 以上，活性干酵母的发酵力一般在 600 mL 以上。如果使用发酵力不足的酵母，将会引起面团发酵迟缓，从而造成面团发酵度不足，成品膨松度不够。

（2）酵母的用量　在一般情况下，酵母的用量越多，发酵速度越快。但研究表明，加入酵母数量过多时，它的繁殖力反而降低，且会出现明显的酵母的涩味。因此，应根据工艺和品种的要求来选择酵母的用量，一般快速发酵法加酵母 2.0% ~ 3.0%，一次发酵法加 1.0% ~ 2.0%，二次发酵法加 0.5% ~ 1.0%。

3. pH

酵母适宜在偏酸性的条件生长，pH 在 5 ~ 6 之间，酵母有良好的产气能力，当 pH 过低时，面团的持气性反而会降低。

4. 渗透压

面团发酵过程中影响酵母活性的渗透压主要是由糖和盐引起的。糖使用量在 5% ~ 7% 时对酵母的生长有利，其产气能力最大。当超过这个范围时，糖的用量越大，发酵能力越受限制，但产气的时间长，此时要注意添加氮源和无机盐。糖使用量在 20% 以内能增强面团的持气性，超过 20% 则会降低面团的持气能力。

盐的用量超过 1% 时会抑制酵母的生长，因此在设计配方时盐的用量和糖的用量必须成反比。

5. 面粉

（1）面筋的影响　在面团发酵时，用含有强力面筋的面粉调制成的面团能保持大量的气体，使面团成海绵状的结构；如果使用的面粉含有弱力面筋时，在面团发酵时所产生的大量气体不能保持而是逸出，容易造成制品坯塌陷而影响成品质量，所以选择面筋含量高的强筋粉最好。

（2）酶的影响　发酵时淀粉的分解需要酶的作用，如果面粉变质或经高温处理，会影响面团的正常发酵。

6. 加水量

含水量高的面团，酵母的增长率高，面团较软，容易膨胀，从而加快了面团的发酵速度，发酵时间短，但是产生的气体容易散失。含水量少则酵母增长率低，面团硬，对气体的抵抗能力较强，抑制了面团的发酵速度，但持气能力好。因此和面时应根据面粉的性质、含水量、制品品种、气温确定加水量。

7. 奶粉和蛋

奶粉和蛋均含有较多的蛋白质，对面团的发酵具有 pH 缓冲作用，有利于发酵的稳定，同时它们均能提高面团的发酵耐力和持气性。

8. 发酵时间

发酵时间对面团的发酵影响很大，时间过长，发酵过度，面团质量差，酸味大，弹性也差，制成的制品带有"老面味"，呈塌落瘫软状态。发酵时间短，发酵不足，则不胀发，色暗质差，也影响成品的质量。应根据酵母用量、温度确定发酵时间。

实例1　辫子面包

1. 产品简介

辫子面包因其形状如同辫子而得名，是瑞士人的最爱。辫子面包口感松软，奶香四溢。辫子面包的成型方法多样，有像花朵一样的一股辫，有像麻花一样的多股辫，最多的可以辫到八股辫子。在瑞士，辫子面包常做成咸味的面包，而在亚洲国家常做成甜面包，表面可以装饰芝麻、肉松或葱花等。

2. 发酵方法

采用二次发酵法制作。

3. 原料及配方（表8-7）

表8-7　辫子面包的配方

原料	烘焙百分比（%）		实际用量（g）		产品图片
	中种面团	主面团	中种面团	主面团	
面包粉	70	30	700	300	
酵母	0.7		7		
面包改良剂	0.3		3		
盐		1		10	
糖		18		180	
奶粉		4		40	
水	40	10	400	100	
鸡蛋		10		100	
黄油		10		100	

4. 制作程序

（1）计量　将各种原料按配方中的比例称量好。

（2）中种面团搅拌　面包粉、酵母、面包改良剂倒入和面机中，快速搅拌2min。改慢速后加水搅拌至成团（约3 min）；改中速搅拌至面筋形成阶段，面团温度24 ~ 26℃。

（3）面团基本发酵　面团取出揉光滑后，放入26℃、相对湿度为70%～75%的醒发箱中发酵4h后，中途翻面2次。

（4）主面团搅拌　盐、糖、鸡蛋和水倒入和面机中，快速搅拌均匀后，改慢速后加入中种面团、面粉和奶粉，搅拌成团后（约3 min）；改中速搅拌至面筋形成阶段（约3 min）。改慢速后加入切碎的黄油，搅拌至黄油全部融入面团中后（约3 min），改快速搅拌至面筋扩展即可（5～8 min）。完成后的面团可拉出薄膜状，面团温度26℃。

（5）二次发酵　放入26℃，相对湿度为75%的醒发箱中发酵30～60min。

（6）面包成型

①分割。分割成约60g的剂子32个。

②搓圆。分别搓成表面光滑的圆球。

③中间醒发。盖保鲜膜醒发20min。

④搓条。擀压成长方形的皮，卷紧成长条，收紧收口处，或者用面包整形机搓条。

⑤成型。分别编制一股辫、两股辫、三股辫、四股辫和五股辫，编制一股辫的具体方法如图8-1所示。

图8-1　编制一股辫的方法

编五股辫的口诀是：1→3，5→2，2→3，重复这三步。编六股辫的口诀是：6→1，然后2→6，1→3，5→1，6→4，重复这四步（6→1不用重复）。

（7）最后醒发　发酵温度35～38℃，相对湿度80%～85%，时间45～60min。

（8）烤前装饰　醒发后的面包从醒发箱中拿出，表面刷蛋液，可以撒上芝麻、马苏里拉奶酪、葱花，挤上低糖沙拉酱进行装饰。

（9）烘烤　小面包以上火210℃、下火170℃烘烤13min后至表面金黄色即可出炉，大面包以上火190℃、下火170℃烘烤17min后至表面为金黄色即可。

5. 工艺操作要点

①调节好水温，使搅拌好的中种面团温度控制在26℃左右。

②面团搅拌要适度，达到面筋扩展阶段即可。

③面团分割要过秤，确保大小均匀。

④醒发箱的温度和湿度要控制好，同时掌握好最后醒发的程度。

⑤烤箱的温度要适中，烘烤时间不宜过长。

6. 成品要求

色泽棕黄色，气泡均匀，口感细腻、湿润。

实例2　豆沙面包

1. 产品简介

豆沙面包是起源于日本的一种面包，是用甜面包面团包入红豆馅制成的一种面包。豆沙面包起源于日本，后成为日本皇室的御用点心，现在豆沙面包已成为亚洲人们喜爱的一类面包。

2. 发酵方法

采用二次发酵法和汤种法制作。

3. 原料及配方（表8-8）

表8-8　豆沙面包的配方

原料	烘焙百分比（%）		实际用量（g）		产品图片
	中种面团	主面团	中种面团	主面团	
面包粉	60	35	600	350	
酵母	0.7		7		
面包改良剂	0.3		3		
盐		1		10	
糖		15		150	
奶粉		4		40	
水	35	15	350	150	
鸡蛋		8		80	
黄油（奶油）		8		80	
汤种		10		100	

4. 制作程序

（1）计量　将各种原料按配方中的比例称量好。

（2）汤种的制作　面包粉250g，加开水225g、糖25g、盐2.5g，全部搅拌均匀，冷却后，盖上保鲜膜，冷藏一夜即可使用。如果面团没有冷却直接盖保鲜膜，需要在保鲜膜上戳几个洞，排气。汤种 3 天之内使用完毕。

（3）中种面团搅拌　面包粉、酵母、面包改良剂、食盐、糖和奶粉倒入和面机中拌匀后，加鸡蛋、水、中种和汤种慢速搅拌至成团（约 3 min），改中速搅拌至面筋形成阶段。改慢速加入室温软化的黄油，继续搅拌至黄油完全融入面团后，改快速搅拌至面筋完全扩展阶段。

（4）面团基本发酵　面团取出后揉光滑，放入 26℃、相对湿度为 75% 的醒发箱中发酵 3h，中途翻面 2 次。

（5）主面团搅拌　盐、糖、鸡蛋和水倒入和面机中，快速搅拌均匀后，改慢速后加入中种面团、面粉和奶粉，搅拌成团后（约 3min）；改中速搅拌至面筋形成阶段（约 3 min）；改慢速后加入切碎的黄油，搅拌至黄油全部融入面团中后（约 3 min）；改快速搅拌至面筋完全扩展即可（5 ~ 8 min）。完成后的面团可拉出薄膜状，面团温度 26℃。

（6）二次发酵　放入 26℃，相对湿度 75% 的醒发箱中发酵 30 ~ 60min。

（7）面包成型

①分割。分割成 70g 左右的剂子 25 个。

②搓圆。分别搓成表面光滑的圆球。

③中间醒发。盖上保鲜膜后中间醒发 20min。

④包馅。擀成圆形的皮，包入 30g 豆沙馅，收紧收口。

⑤成型。包馅后的面坯擀成椭圆形，对折后中间划一刀，将一头从豁口中穿过做成麻花形即可。

（8）最后醒发　发酵温度 35 ~ 38℃，相对湿度 80% ~ 85%，时间 1 ~ 2h，醒发至面包体积增大 2.5 倍以上。

（9）烤前装饰　醒发好的面包从醒发箱中拿出，表面刷蛋液，可以撒上芝麻进行装饰。

（10）烘烤　烤炉上火 210℃、下火 170℃，烘烤 13 ~ 15min，烤至表面棕黄色即可出炉。

5. 工艺操作要点

①根据环境温度调整水温和加冰量，确保面团搅拌后的温度为 24 ~ 26℃。

②豆沙馅不能太稀软，否则不易成型，如果比较软可以适当冷冻以增加馅心的硬度。

③包馅时收口要捏紧，防止醒发时撑开。

④醒发箱的温度和湿度要控制好，同时掌握好最后醒发的程度。

⑤烤箱的温度要适中，时间不宜过长。

6. 成品要求

色泽棕黄色，形态饱满美观，气泡均匀，口感细腻、湿润，有嚼劲。

实例 3 菠萝面包

1. 产品简介

菠萝面包又称菠萝包，是一种源自香港的甜味面包，据说是因为面包经烘焙过后表面呈金黄色、其凹凸的脆皮形似菠萝而得名。菠萝包原料里并没有菠萝的成分，面包中可以不包馅料，也可以包入豆沙、奶酥馅或蜜豆等。

2. 发酵方法

采用一次发酵法制作。

3. 原料及配方（表 8-9）

表 8-9 菠萝面包的配方

原料	烘焙百分比（%）	实际用量（g）	原料	菠萝皮（g）	奶酥馅（g）	产品图片
面包粉	100	1000	黄油	50	70	
酵母	1.3	13	糖粉	50	80	
面包改良剂	0.5	5	低筋粉	100	25	
盐	1	10	盐	2	—	
糖	16	160	奶粉	10	100	
奶粉	5	50	鸡蛋	30	40	
鸡蛋	10	100				
水	48	480				
黄油	8	80				

4. 制作程序

（1）计量 将各种原料按配方中的比例称量好。

（2）面团搅拌 面包粉、酵母、面包改良剂、盐、糖、奶粉倒入和面机中拌匀后，加入鸡蛋和水，慢速搅拌至成团（约 3min）；改中速搅拌至面筋形成阶段（约 3min）；改慢速后加入切碎的黄油，搅拌至黄油全部融入面团中后（约 3min），改快速搅拌至面筋完全扩展即可（5 ~ 8 min）。

（3）面团发酵 面团取出后揉成光滑的面团后，放入 30℃，相对湿度 70% ~ 75% 的醒发箱中发酵 1 h 后，翻面一次，继续发酵 30min。

（4）馅料制作

①奶酥馅：将配方中奶粉、糖粉、低筋粉混合均匀，加入黄油、鸡蛋擦拌均匀即可。

②菠萝皮：将配方中的油脂和糖粉充分拌至松发，分次加入蛋液，继续搅拌均匀，再加入低筋面粉和奶粉以压拌方式拌成团状待用。

（5）面包成型

①分割。分割成 60g 左右的剂子。

②搓圆。分别搓成表面光滑的圆球。

③中间醒发。盖保鲜膜醒发 20min。

④包馅。将面团擀成圆形的皮，包入 20g 奶酥馅，收紧收口。

⑤成型。包馅后的面坯搓光滑后刷上蛋液，将菠萝皮分成 20g 左右的剂子，擀薄后盖在面包坯表面。最后用菠萝印模压出菠萝纹路即可。

（6）最后醒发　　在室温下发酵 30min 后，放入 35 ~ 38℃、相对湿度 80% ~ 85% 的醒发箱内继续醒发 45 ~ 60min，使其体积增大 3 倍左右。

（7）烘烤　　上火 200℃、下火 180℃，烤 12min 左右，至表面为金黄色即可出炉。

5. 工艺操作要点

①调节好水温，使搅拌好的面团温度控制在 28℃左右。

②面团搅拌要适度，达到面筋扩展阶段即可。

③菠萝皮面团制作时注意勿使面糊生筋。

④菠萝面包醒发时注意不要直接放在醒发室，否则湿度大宜使菠萝皮吸水生筋。

6. 成品要求

色泽金黄色，形似菠萝，形态饱满，内部气孔均匀，奶香浓郁，口感湿润，香甜细腻。

实例 4　毛毛虫面包

1. 产品简介

毛毛虫面包是将甜面包做成长约 20cm 的长棍形，然后在表面用泡芙糊挤上横条纹，烘烤后泡芙糊膨起后，面包形似毛毛虫而得名。面包奶香浓郁，口感柔软细腻，是深受儿童喜欢的面包品种之一。

2. 发酵方法

采用一次发酵法制作。

3. 原料及配方（表 8-10）

表 8-10 毛毛虫面包的配方

原料	烘焙百分比（%）	实际用量（g）	毛毛虫酱（g）	产品图片
面包粉	100	2000	132	
酵母	1.3	26	—	
面包改良剂	0.5	10	—	
盐	1	20	5	
糖	18	360	—	
奶粉	5	100	—	
鸡蛋	10	200	200	
水	52	1040	200	
黄油（奶油）	10	200	100	
色拉油	—	—	60	

4. 制作程序

①计量。将各种原料按配方中的比例称量好。

②面团搅拌。面包粉、酵母、面包改良剂、盐、糖、奶粉倒入和面机中，快速搅拌 2min；改慢速后加入鸡蛋和水，搅拌至成团（约 3min）；改中速搅拌至面筋形成阶段（约 3min）；改慢速后加入切碎的黄油，搅拌至黄油全部融入面团中后（约 3min）；改快速搅拌至面筋完全扩展即可（5 ~ 8min）。完成后的面团可拉出薄膜状，面团温度 28℃。

③面团发酵。面团取出后揉成光滑的面团后，放入 30℃、相对湿度 75% 的醒发箱中发酵 1 h 后，翻面 1 次，继续发酵 30min。

④成型。将面团擀薄，卷紧成棍状，放入烤盘中醒发。

⑤最后醒发。发酵温度 35 ~ 38 ℃，湿度 80% ~ 85%，时间 45 ~ 60min。

⑥毛毛虫酱的调制。将水、色拉油、黄油、盐放入锅中煮沸腾后，关小火后加入面粉，搅拌使面粉烫透，无结块。倒入打蛋机中搅拌使其冷却至 60℃左右时，开始一个一个的加鸡蛋，不停地搅拌使鸡蛋融入面糊中，至面糊挑起后能呈团流下时即可。

⑦烤前装饰。醒发好的面包从醒发箱中拿出，表面刷蛋液后，将毛毛虫酱在面包上均匀的挤出横纹即可。

⑧烘烤。烤炉上火 220℃、下火 160℃，烤 7min 后转方向再烤 5min 即可出炉。

5. 工艺操作要点

①面团搓条时分两次进行，搓条后粗细要均匀一致。

②醒发箱的温度和湿度要控制好，同时掌握好最后醒发的程度。

③泡芙糊的稠度要控制好，不可过稠或过稀。

6. 成品要求

色泽棕黄色，形态饱满美观，形似毛毛虫；内部气孔均匀，口感细腻、湿润。

实例 5　黄金果子面包

1. 产品简介

黄金果子面包是在面包中包入苹果馅后，表面再挤上一层黄金酱，撒上杏仁片制成的一种色泽鲜艳、口感香甜可口的面包。

2. 发酵方法

采用一次发酵法制作。

3. 原料及配方（表 8-11）

表 8-11　黄金果子面包的配方

原料	烘焙百分比（%）	实际用量（g）	黄金酱	实际用量
高筋粉	100	1000	蛋黄	2 个
酵母	1.3	13	液态酥油	250g
面包改良剂	0.5	5	糖粉	25g
鸡蛋	10	100	牛奶	30g
盐	1	10	盐	1g
糖	20	200		
冰水	50	500		
黄油	12	120		
杏仁片	适量			

4. 制作程序

（1）计量　将各种原料按配方中的比例称量好。

（2）搅拌　面包粉、酵母、面包改良剂、盐、糖、奶粉倒入和面机中，快速搅拌 2min；改慢速后加入鸡蛋和水，搅拌至成团（约 3 min）；改中速搅拌至面筋形成阶段（约 3 min）；改慢速后加入软化的黄油，搅拌至黄油全部融入面团中后（约 3 min）；改快速搅拌至面筋完全扩展即可（5 ~ 8 min）。完成后的面团可拉出薄膜状，面团温度 28℃。

（3）面团发酵　将面团盖上保鲜膜发酵 50min。

（4）整形

①分割。分割成 350g 的剂子，用手掌拍压排出气体后，搓成棍形，轻轻向两端搓开、搓实，再将面团分成 10 份。

②搓圆。分别搓成表面光滑的圆球。

③中间醒发。盖保鲜膜醒发 15min。

④成型。松弛完成后用擀面棍擀开，用馅挑抹上苹果馅，将面团由上而下卷起成橄榄形。

（5）黄金酱调制　将蛋黄、糖粉和食盐放入打蛋盆中拌匀后，一边搅拌一边徐徐加入液态酥油，最后拌入牛奶，即成黄金酱。

（6）最后醒发　2 个一组放入纸模具中，排入烤盘，放入醒发箱进行最后醒发，温度 35 ~ 38℃，湿度 80% ~ 85%。

（7）烤前装饰　醒发好的面包从醒发箱取出，表面刷蛋液，撒上杏仁片，用裱花袋挤上黄金酱。

（8）成熟　入炉以上火 190℃、下火 170℃的温度烘烤 15min 左右。

5. 工艺操作要点

①控制好面团搅拌程度。

②成型时面皮一定要排出气体。

③注意控制面团发酵时的温度。

④黄金酱制作时，液态酥油要分次慢慢加入，同时不停地搅拌，促使其与蛋黄乳化。

6. 成品要求

色泽金黄，形态饱满，内部组织均匀。

实例 6　皇冠葡萄干面包

1. 产品简介

采用圆盘状的锡纸模具，放入 6 只圆形小面包，形成皇冠的形状。面团中加入葡萄干，表面撒上酥松粒，使面包色泽鲜艳，香甜可口。

2. 发酵方法

采用一次发酵法制作。

3. 原料及配方（表8-12）

表8-12　皇冠葡萄干面包的配方

原料	烘焙百分比（%）	实际用量（g）	酥松粒	用量（g）
面包粉	100	500	白砂糖	45
酵母	1.3	6.5	低筋粉	100
面包改良剂	0.5	2.5	黄油	60
朗姆酒	1	5		
葡萄干	6	30		
蜂蜜	10	50		
鸡蛋	14	70		
奶粉	4	20		
盐	1	5		
糖	10	50		
水	50	250		
黄油	12	60		

4. 制作程序

（1）计量　将各种原料按配方中的比例称量好。

（2）搅拌　面包粉、酵母、面包改良剂、盐、糖、奶粉倒入和面机中，快速搅拌2min；改慢速后加入蜂蜜、鸡蛋和水，搅拌至成团（约3min）；改中速搅拌至面筋形成阶段（约3min）；改慢速后加入切碎的黄油，搅拌至黄油全部融入面团中后（约3min）；改快速搅拌至面筋完全扩展即可（5～8min）。完成后的面团可拉出薄膜状，面团温度28℃。

（3）面团发酵　将面团盖上保鲜膜发酵30min。

（4）整形

①分割。发酵完成后将面团分割成每个约40g的剂子。

②搓圆。用手心轻轻滚圆，不用滚得太紧。

③中间醒发。盖保鲜膜醒发15min。

④成型。松弛完成后的面团再次滚圆，排入圆形锡箔模具内。

（5）最后醒发　放进38℃、相对湿度80%～85%的醒发箱中醒发至体积增大2倍左右。

（6）酥松粒　将白砂糖、黄油和低筋面粉倒在台面上，用刮板切拌均匀后，用手掌轻轻搓均匀即成酥松粒。

（7）成熟　表面刷上蛋液。最后撒上香酥粒，以上火200℃、下火180℃烘烤约17min。

5. 工艺操作要点

①控制好面团搅拌程度。

②成型时面皮不用滚得太紧。

③葡萄干用朗姆酒浸泡后加入。

④酥松粒最好采用冷冻的黄油，且不用时冷藏保存。

6. 成品要求

色泽金黄，形似皇冠，形态饱满，内部组织均匀，酒味浓郁，软滑可口。

实例7　蜜豆墨西哥面包

1. 产品简介

面团中加入蜜豆，制作成圆形面包后，放入圆形纸模具中，表面挤上墨西哥糊，烘烤后制成色泽金黄、表皮香脆、香甜可口而又独具特色的面包。

2. 发酵方法

采用一次发酵法制作。

3. 原料及配方（表8-13）

表8-13　蜜豆墨西哥面包的配方

原料	烘焙百分比（%）	实际用量（g）	原料	墨西哥糊（g）
面包粉	100	1000	糖粉	100
酵母	1	10	黄油	100
面包改良剂	0.5	5	鸡蛋	100
盐	1	10	低筋粉	100
糖	18	180		
鸡蛋	10	100		
奶粉	5	50		
蜜豆	15	150		
水	55	550		
黄油	10	100		

4. 制作程序

（1）计量　将各种原料按配方中的比例称量好。

（2）搅拌　高筋面粉、酵母、面包改良剂、盐、糖、奶粉倒入和面机中，快速搅拌 2min；改慢速后加入鸡蛋和水，搅拌至成团（约 3 min）；改中速搅拌至面筋形成阶段（约 3 min）；改慢速后加入切碎的黄油，搅拌至黄油全部融入面团中后（约 3 min）；改快速搅拌至面筋完全扩展即可（5 ~ 8 min）。完成后的面团可拉出薄膜状，面团温度 28℃。

（3）面团发酵　发酵 90min，翻面 1 次，继续发酵 90min 使酵母菌大量增殖。

（4）整形

①分割。发酵完成后将面团分割成每个 60g 的剂子。

②搓圆。用手心轻轻滚圆，不用滚得太紧。

③中间醒发。盖保鲜膜醒发 15min。

④成型。松弛完成后的面团用手掌压成饼状后，用馅挑将蜜豆粒放在面团中央。用左手拇指压住蜜豆馅，用右手指将面团捏起收口成圆形。将表面搓光滑后放入烤盘醒发。

（5）最后醒发　排入烤盘，放入醒发箱进行最后醒发，温度 35℃，湿度 80%，醒发至原来体积的 2 ~ 2.5 倍即可。

（6）墨西哥糊的调制　将黄油和糖粉放入搅拌机中以中速搅打至绒毛状，分批加鸡蛋，边加边搅拌，最后改慢速后加入面粉拌匀即可。

（7）烤前装饰　将墨西哥糊装入裱花袋中，绕圈挤在面包表面。

（8）成熟　入炉，以上火 200℃、下火 180℃烤约 13min 即可。

5. 工艺操作要点

①控制好面团搅拌程度。

②成型时面皮一定要收紧。

③墨西哥糊搅拌要适度，确保鸡蛋与黄油能很好地融合在一起。

④墨西哥糊挤的量要适中，否则烘烤时融化后会流到烤盘上。

6. 成品要求

色泽金黄，形态饱满，内部组织均匀，清甜的蜜豆加上酥松的墨西哥皮，口感更佳。

实例 8　牛奶香菜面包

1. 发酵方法

采用一次发酵法制作。

2. 原料及配方（表 8-14）

表 8-14　牛奶香菜面包的配方

原料	烘焙百分比（%）	实际用量（g）	牛奶香菜馅	用量
高筋面粉	100	500	黄油	100
酵母	1.3	6.5	糖粉	10
盐	1	5	牛奶	10
奶粉	4	20	鸡蛋	20
面包改良剂	0.5	2.5	香菜	10
糖	20	100		
水	48	240		
鸡蛋	10	50		
黄油	10	50		

3. 制作程序

（1）计量　将各种原料按配方中的比例称量好。

（2）搅拌　高筋面粉、酵母、面包改良剂、盐、糖、奶粉倒入和面机中，快速搅拌 2min。改慢速后加入鸡蛋和水，搅拌至成团（约 3 min）；改中速搅拌至面筋形成阶段（约 3 min）。改慢速后加入切碎的黄油，搅拌至黄油全部融入面团中后（约 3 min），改快速搅拌至面筋完全扩展即可（5～8 min）。完成后的面团可拉出薄膜状，面团温度 28℃。

（3）面团发酵　将面团滚圆，放在温暖处进行基础发酵。当面团膨胀至原来 2 倍大以上，手指蘸高筋面粉插入后小洞不回弹时，说明基础发酵结束。

（4）整形

①分割。发酵完成后将面团分割成 50g 的剂子。

②搓圆。分别搓成表面光滑的圆球。

③中间醒发。盖保鲜膜松弛 15min。

④成型。松弛后的面团擀成长条，翻面从上向下卷成棍状。

（5）最后醒发　排入烤盘，放入醒发箱进行最后醒发，温度 35℃，相对湿度 80%～85%。

（6）牛奶香菜馅的调制　将黄油、糖粉打软后，加入鸡蛋、牛奶拌匀后，加入切碎的香菜末即可。

（7）烤前装饰　用刀片在面包表面顺长划一刀，表面刷上蛋液后，将牛奶馅挤在刀口上。

（8）成熟　以上火 200℃、下火 180℃，烘烤约 12min。

4. 工艺操作要点

①控制好面团搅拌程度。

②成型时面皮一定要卷紧，收口收严，且要向下。

③从醒发箱拿出后放置 2min 后再划出纹路，使面包表面干燥一点，划出的纹路更漂亮。

④牛奶香菜馅要搅拌到牛奶被充分吸收为止。

5. 成品要求

色泽金黄，牛奶鲜滑，香菜清香。

第四节　脆皮面包的制作

一、脆皮面包简介

脆皮面包具有表皮酥脆而易折断、内心湿软的特点。其采用的原料配方较简单，主要是面粉、食盐、酵母和水。在烘烤过程中，需要向烤箱中喷蒸汽，使烤箱保持一定的湿度，有利于面包体积膨胀爆裂和表面呈现光泽，易达到皮脆瓤软的要求。脆皮面包最具代表性的有法式长棍面包、意大利夏巴塔面包、库贝面包、巴黎面包等。

二、最后醒发的目的

面团经过压延、滚圆等整形步骤后，内部的原有的气体几乎全部泄出，面筋也不再柔软且富伸展性。如果将此面团立即放入烤箱烤焙，则烤出的成品体积小，顶部带有硬壳，且内部组织坚硬粗糙，因此，为制得体积较大、组织松软的面包，完成整形步骤的面团必须经过最后醒发，再进行焙烤。

面团在最后醒发期间，面筋因有足够的时间松弛，故变得柔软、易伸展，此时酵母在其中也重新产生气体，且均匀地被包覆在由面筋所构架的网状结构内，面团产气速率及保气能力达到平衡状态，变成具有类似海绵般的网络结构，放入烤箱中则可以制出体积较大，松软可口的面包。

三、最后醒发条件对面包品质的影响

面包的最后醒发应在醒发箱内进行，温度、相对湿度和发酵时间要按各类面包的需求而定，上述因素都会对面包质量产生直接影响。

1. 温度

面包的最后醒发温度为 35 ~ 43℃，一般设置在 38℃。最后醒发温度的选择应视面团种类及配方而定。如果最后醒发温度高于面团内部酶或酵母的最适活化温度，则会使其活性降低，不利于面包体积的膨胀，导致成品面包的内部组织坚硬粗糙。如果最后醒发温度太低，不仅会增加面团醒发所需的时间，而且烤出的面包体积较小、内部组织粗糙不均匀。对于特殊的丹麦起酥面包，由于裹入的片状起酥油和奶油的熔点不同，所以要控制最后醒发温度略低于裹入油脂的熔点温度。

2. 相对湿度

面包最后醒发的相对湿度一般在 80% ~ 90%，具体要根据产品的种类及特点来确定。相对湿度对面包体积及内部组织影响较小，但对面包的形态及外观影响较大。如果相对湿度较低，则面团表面过于干燥，使得外皮的淀粉酶活性下降，而使麦芽糖及糊精生成量减少，结果面包表面无光泽，颜色较浅，甚至会形成斑点。如果相对湿度过高，则面包表面容易形成气泡，且质地坚韧。

3. 时间

最后醒发的时间一般为 40 ~ 60min，视面团的种类和产品的特点而异。如果面团最后醒发时间不足，烤出的面包体积小，顶部带有硬壳，表皮色泽不佳，且内部组织粗糙坚实。如果面团最后醒发过度，则面包外皮颜色浅，内部组织粗糙，面包有酸味，且不耐储存。

四、醒发程度的判断

判断面包最后醒发程度的方法一般有三种：一是看体积，如果达到成品面包应有体积的 80%，面包坯体积的 2 ~ 3 倍，说明发酵适度；二是看面包坯的透明度，面包表皮呈半透明薄膜状，说明发酵适度；三是用手指轻轻按压面包坯，如果指印处既不回弹也不下落说明发酵适度，如果回弹说明发酵不到位，如果下落则说明发酵过度。

实例 1　法式长棍

1. 产品简介

法式面包因其外形多为长长的棍形，所以俗称法式长棍。法式面包原料配方较简单，主要是面粉、食盐、酵母和水。法式面包具有表皮酥脆而易折断、内心湿软的特点。在烘烤的过程中，需要向烤箱中喷蒸汽，使烤箱保持一定的湿度，以利于面包表面膨胀爆裂，表面呈现光泽，达到皮脆心软的要求。

2. 发酵方法

采用一次发酵法制作。

3. 原料及配方（表 8-15）

表 8-15　法式面包的配方

原料	烘焙百分比（%）	实际用量（g）	产品图片
面包粉	100	1000	
酵母	0.7	7	
面包改良剂	0.3	3	
盐	1.7	17	
糖	2	20	
水	60	600	
黄油	2	20	

4. 制作程序

（1）计量　将各种原料按配方中的比例称量好。

（2）搅拌　面包粉、酵母、面包改良剂、盐、白糖计量后，倒入和面机搅拌均匀，加水慢速搅拌至成团，改快速搅拌至面筋形成阶段。再改为慢速加入黄油，继续搅打至黄油全部融入面团中后，改快速搅拌至面筋完全扩展即可。

（3）面团发酵　在 30℃、相对湿度 70% ~ 75% 的条件下发酵 90min，中间翻面 1 次，继续发酵 90min 使酵母菌大量增殖。

（4）整形

①分割。分割成 300g 的剂子 5 个。

②搓圆。分别搓成表面光滑的圆球。

③中间醒发。盖保鲜膜醒发 20min。

④成型。擀压成长方形的皮，卷紧成长条，收紧收口处。

（5）最后醒发　放入 38℃、相对湿度 80% 的醒发箱，醒发 60 ~ 90 min，使其体积增大 2 倍以上。

（6）划出纹路　用刀片在面包表面顺长呈 60° 划 3 刀。

（7）成熟　230℃，入炉通蒸汽 3s，烘烤 15min 后，炉温降到 180℃再烤 20min。

5. 工艺操作要点

①控制好面团的搅拌程度，搅拌至面筋完全扩展。

②成型时面皮边缘要压薄卷紧，收口收严且纹路要尽量小。

③从醒发箱拿出后放置 1min 后再划出纹路，使面包表面干燥一点，划出的纹路更漂亮。

④烘烤时烤箱一定要预热 30min 以上，通蒸汽以调节烤箱内的湿度。

6. 成品要求

色泽棕黄色，粗细均匀，形态美观，口感皮酥脆，面包瓤柔软。

实例 2 夏巴塔面包

1. 产品简介

夏巴塔面包是意大利最具代表性的面包之一，也是在整个欧洲都深受人们欢迎的面包之一。由于夏巴塔面包外形很像拖鞋，因而俗称拖鞋包。夏巴塔面包使用经过低温长时间发酵的酸面团制作而成，面包的组织有着大小不一的光泽孔洞，外脆内软的微酸口感越嚼越香。传统的吃法是蘸橄榄油和意大利香脂醋后食用，欧洲人也常常在该面包中加入奶酪、肉制品、蔬菜等制成美味可口的三明治。这款面包通过最基础的配方变化后，在面团里加入亚麻籽、核桃、黑橄榄等干果，制成亚麻籽夏巴塔面包、核桃夏巴塔面包、黑橄榄夏巴塔、提子干夏巴塔面包等。

2. 发酵方法

酸面团发酵法。

3. 原料及配方（表 8-16）

表 8-16 夏巴塔面包的配方

原料	烘焙百分比（%）		实际用量（g）		产品图片
	酸面团	主面团	酸面团	主面团	
面包粉	70	30	700	300	
酵母	0.5	0.3	5	3	
水	50	20	500	200	
面包改良剂		0.5		5	
盐		2		20	
糖		2		20	
橄榄油		4		40	

4. 制作程序

①计量。将各种原料按配方中的比例称量好。

②酸面团的制作。用大约 37℃ 的温水溶解酵母后，加入面包粉，慢速搅拌

3min，快速 3min 即可。在室温条件下发酵 8 ~ 12 h。发酵到面团膨胀，中间有些塌陷的样子。

③主面团的搅拌。面包粉、酵母、面包改良剂、盐、白糖计量后，倒入和面机，慢速搅拌 3min 后，加入酸面团和水慢速搅拌成团后，加入橄榄油改慢速搅拌至橄榄油完全融入面团中即可。

④面团发酵。发酵 90min，翻面 1 次，继续发酵 90min 使酵母菌大量增殖。

⑤整形。用刮板分成 16 份，放在撒粉的案板上，用刮板整形成扁平的椭圆形即可。

⑥装盘。烤盘均匀地撒一层面粉后，放入整形好的面包，留出 3 倍左右的空间。

⑦最后醒发。放入 38℃，相对湿度 75% 的醒发箱醒发 60 ~ 90 min，使其体积增大 2 倍以上。

⑧划出纹路。用刀片在面包表面顺长呈 60° 划 3 刀，表面撒少量的面粉。

⑨成熟。220℃，入炉通蒸汽 3s，烘烤 20min 左右。

5. 工艺操作要点

①加水量要足，约为面粉量的 70%。

②夏季要控制好酸面团的发酵程度，可以将其放入冷藏箱过夜发酵。

③面团较稀软，所以成型时台面撒粉防止粘连。

④从醒发箱拿出后放置 2min 后再划出纹路，使面包表面干燥一点划出的纹路更漂亮。

⑤烘烤时烤箱一定要通蒸汽，调节烤箱内的湿度。

6. 成品要求

色泽棕黄色，形状呈长椭圆；面包皮酥脆、瓤柔软，带有淡淡的酸味和橄榄油的香味。

实例 3　维也纳面包

1. 产品简介

维也纳面包的由来是因为 1840 年出身维也纳的奥地利驻巴黎大使官员吃腻了公定价格的品质低劣的面包，于是就从匈牙利买进面粉，让相识的面包房单独为其制作的一种面包，因此得名维也纳面包。对于当时吃惯粗粮劣质面包的巴黎人来说，也许是初次品尝这种白嫩的、品质上乘的面包。这种在法国很少见的半硬质面包，上面再斜着划几道沟纹，烤成时有一种特殊的外观。它是采用一次发酵法制作而成的。这种面包的内部气孔细小均匀，面包表皮也很薄。维也纳面包在一般硬式面包中具有良好的香味和口味，同时有较薄、脆及金黄色的外皮。它与其他硬式面包的区别是配方内含有奶粉，奶粉中含有乳糖成分，可增加面包外表漂亮的颜色，所使用的面粉含蛋白质较高。在制作方面，基本发酵的时间应稍微缩短，故酵母用量应略微提高。维也纳面包内部组织与一般白面包不同，其内部组织多孔、颗粒较为粗糙，烘烤时需用较长的时间，使外表和中心部位完全熟透，这样才能得到良好的香味。维也纳面包整形时面团一定要卷紧，否则因整形过松，会影响面包良好的形态和内部结构，故发酵和整形是制作维也纳面包最重要的两个步骤。

2. 发酵方法

一次发酵法。

3. 原料及配方（表8-17）

表8-17　维也纳面包的配方

原料	烘焙百分比（%）	实际用量（g）	产品图片
面包粉	100	1000	
酵母	1.3	13	
面包改良剂	0.5	5	
盐	2	20	
糖	6	60	
全脂奶粉	5	50	
鸡蛋	4	40	
水	58	580	
黄油	3	30	

4. 制作程序

（1）计量　将各种原料按配方中的比例称量好。

（2）搅拌　面包粉、酵母、面包改良剂、盐、全脂奶粉、白糖称量后，倒入和面机，慢速搅拌3min，加鸡蛋和水搅拌至成团后，快速搅拌至面筋形成（约4min），加入黄油，改慢速搅拌至黄油完全融入面团中，继续搅打至面筋完全扩展阶段即可。

（3）面团发酵　发酵60min。

（4）整形

①分割。分割成200g的剂子8～9个。

②搓圆。分别搓成表面光滑的圆球。

③中间醒发。盖保鲜膜醒发20min。

④成型。将圆形面团压平，从两侧向中心折叠，再用手掌搓成中间粗两头

尖的橄榄形。

（5）最后醒发　放入 38℃，相对湿度 80% 醒发箱醒发 60 ~ 90 min，使其体积增大 2 倍以上。

（6）划出纹路　用刀片在表面顺长呈 60° 划 3 刀。

（7）成熟　210℃，入炉通蒸汽 5s，烘烤 30min。

5. 工艺操作要点

①面团较稀软，所以成型时台面撒粉防止粘连。

②整形时面团一定要折卷得紧而具有弹性，否则因整形不注意或折卷过松，无法得到良好的形态。

③从醒发箱拿出后放置 2min 后再划出纹路，使面包表面干燥一点划出的纹路更漂亮。

④入炉烘烤时前 10min 要确保烤箱中有足够的蒸汽，可以隔几分钟通几秒蒸汽，以调节烤箱内的湿度。

6. 成品要求

色泽金黄色，形状呈长椭圆形。面包的内部气孔细小均匀，面包表皮较薄，且较酥脆，面包芯柔软，具有奶香味。

实例 4　鼻烟壶面包

1. 产品简介

鼻烟壶面包因其形似鼻烟壶而得名，是欧式面包中很有代表性的一种面包。

2. 发酵方法

一次发酵法。

3. 原料及配方（表 8-18）

表 8-18　鼻烟壶面包的配方

原料	烘焙百分比（%）	实际用量（g）	产品图片
面包粉	100	1000	
酵母	1.3	13	
面包改良剂	0.5	5	
盐	2	20	
糖	3	30	
水	62	620	

4. 制作程序

（1）计量　将各种原料按配方中的比例称量好。

（2）搅拌 面包粉、酵母、面包改良剂、盐、白糖计量后，倒入和面机，慢速搅拌 3min 后，加水搅拌至成团后，快速搅拌至面筋完全扩展阶段即可。

（3）面团发酵 发酵 60min。

（4）整形

①分割。分割成 80g 的剂子。

②搓圆。分别搓成表面光滑的圆球。

③中间醒发。盖保鲜膜醒发 20min。

④成型。将圆形面团压平，从两侧向中心折叠，再用手掌搓成中间粗两头尖的橄榄形。

（5）最后醒发 放入 38℃、相对湿度 80% 醒发箱醒发 60 ~ 90 min，使其体积增大 2 倍以上。

（6）划出纹路 用刀片在表面顺长呈 60° 划 1 刀。

（7）成熟 210℃，入炉通蒸汽 5s，烘烤 30min。

5. 工艺操作要点

①面团较稀软，所以成型时台面撒粉防止粘连。

② 整形时面团一定要折卷得紧而具有弹性，否则因整形不注意或折卷过松，无法得到良好的形态。

③从醒发箱拿出后放置 2min 后再划出纹路，使面包表面干燥一点划出的纹路更漂亮。

④入炉烘烤时前 10min 要确保烤箱中有足够的蒸汽，可以隔几分钟通几秒蒸汽，以调节烤箱内的湿度。

6. 成品要求

色泽金黄色，形状呈长椭圆形。面包的内部气孔细小均匀，面包表皮较薄，且较酥脆，面包芯柔软，具有奶香味。

第五节 硬质面包的制作

硬质面包的特点是组织紧密，有弹性，经久耐嚼；面包的含水量较低，保质期较长，如菲律宾面包、杉木面包等。欧式面包都是个头较大，分量较重，颜色较深，表皮金黄而硬脆；面包内部组织柔软而有韧性，没有海绵似的感觉，孔洞细密而均匀；面包口味为咸味，面包里很少加糖和油；人们习惯将小面包做成三明治，将大面包切片后再食用。欧式面包的吃法非常讲究，经常会配上一些沙拉、奶酪、肉类和蔬菜等。硬质面包配方中使用小麦粉、酵母、水和盐为基本原料，糖和油脂用量一般少于 4%。硬质面包具有表面硬脆、有裂纹，内部组织松软、咀嚼性强，麦香味浓郁等特点，最具代表性的有法式面包、荷兰面包、维也纳面包和英国面包等，这类面包以欧式面包为主。

一、烘焙原理

1. 烘焙急胀阶段

面包刚入炉的前 5min，面包坯体积快速增大，此阶段下火高于上火，有利于面包体积最大限度的膨胀。

2. 面包定型阶段

面包内部温度达到 60 ~ 82℃，酵母的活动停止，蛋白质变性凝固，淀粉糊化后填充在凝固的面筋网络内，面包体积基本达到要求，此阶段可提高炉温，以便于面包的定型。

3. 表皮颜色形成阶段

此阶段面包已经基本定型，表皮开始慢慢上色，此时上火温度略高于下火，有助于面包上色，又可避免下火温度过高造成面包底部焦糊。

二、火型和炉温的调节

下火：亦称底火，传热方式主要是热传导。对制品的体积和质量有很大影响。

上火：亦称面火，主要通过辐射和对流传递热量，对制品起定型和上色的作用。

一般面包的烘烤温度在 180 ~ 230℃。

三、炉温的影响

炉温过高。面包表皮形成过早，限制面包的膨胀，面包体积小，内部组织有大孔洞，颗粒太小。

炉温过低。酶的作用时间加长，面筋凝固作用也随之推迟，而烘焙急胀作用则太大，使面包体积超过正常情况，内部组织则粗糙，颗粒大。

四、湿度的影响

炉内湿度的选择与产品的种类有关，一般软式面包即使不通蒸汽也可以，而硬式面包的烘焙则必须通入蒸汽 6 ~ 12s，以保持较高的湿度。湿度过小则面包表皮结皮太快，容易使面包表皮与内层分离，形成一层空壳，皮色淡而无光泽；湿度过大则面团表皮容易结露，致使产品表皮厚且易起泡。

五、烘焙时间的影响和控制

烘焙时间的影响因素包括炉温、面包大小、配方成分、面团是否装模加盖。

一般面包的烘焙时间为 12 ~ 35min。面包大则需低温长时间烘烤；面包小则高温短时间烘烤。对于装模的面包则采用低温长时间烘烤，带盖模具面包烘烤所需的时间更长。对于低成分面包需要低温长时间烘烤，高成分面包需要高温短时间烘烤。

实例 1 意大利面包

1. 产品简介

意大利面包的式样很多，有橄榄形、球棒形和绳子形等多种，也有用两条面团像编绳似的绕在一起，但其两端则任其张开，橄榄形和球棒形在进炉前需用利刀在表面划成各种不同的纹路，意大利面包切割处的刀痕进炉后裂开的程度应较维也纳面包大而脆。

2. 发酵方法

采用一次发酵法制作。

3. 原料及配方（表 8-19）

表 8-19 意大利面包的配方

原料	烘焙百分比（%）	实际用量（g）	产品图片
面包粉	100	300	
即发干酵母	0.67	20	
面包改良剂	0.25	1	
盐	2	6	
水	60	180	

4. 制作程序

（1）计量 将各种原料按配方中的比例称量好。

（2）搅拌 面包粉、酵母、面包改良剂、盐，倒入和面机，加水，低速搅拌成团，中速搅拌至面筋扩展阶段。搅拌后面团温度 26℃。

（3）面团发酵 发酵 160min。

（4）整形

①分割。分割成 250g 的剂子。

②搓圆。分别搓成表面光滑的圆球。

③成型。擀压成长方形的皮，卷紧成长条，收紧收口处。

（5）最后醒发 放入 38℃，相对湿度 80% 醒发箱醒发 30 ~ 40 min，使其体积增大 1 倍以上。

（6）划出纹路 用刀片在面包表面顺长呈 60°，划 3 刀。

（7）成熟　205℃，烘烤 30 ~ 40min。炉内要通蒸汽，如无蒸汽则进炉前用清水刷一遍。

5. 工艺操作要点

①控制好面团搅拌程度。

②成型时面皮一定要卷紧，收口收严要向下。

③从醒发箱拿出后放置 2min 后再划出纹路，使面包表面干燥一点划出的纹路更漂亮。

④烘烤时烤箱一定要通蒸汽，调节烤箱内的湿度。

6. 成品要求

色泽棕黄色，粗细均匀，形态美观，口感皮酥脆，面包瓤柔软。

实例 2　黑麦面包

1. 产品简介

黑麦面包营养丰富，富含纤维素、维生素、矿物质，面包内不含人工添加剂及防腐剂。其烘焙方法较为特殊，除了利用烤模进行烘烤外，常采用直接炉火烘烤。

2. 发酵方法

采用二次发酵法制作。

3. 原料及配方（表 8-20）

表 8-20　黑麦面包的配方

面团	原料	烘焙百分比（%）	实际用量（g）	产品图片
中种面团	面包粉	25	625	
	即发干酵母	0.05	1.25	
	水	15	375	
主面团	高筋面粉	60	1500	
	黑麦粉	15	375	
	即发干酵母	0.5	12.5	
	面包改良剂	0.3	7.5	
	盐	2	50	
	奶粉	2	50	
	起酥油	1	25	
	水	50	1250	

4. 制作程序

（1）中种面团搅拌　原料放入搅拌缸内低速搅拌至卷起阶段，搅拌后面团温度 25℃。

（2）中种面团发酵　室温发酵 15 ~ 18h，相对湿度 75%。

（3）主面团搅拌　将原料放入缸内慢速拌匀后中速至面筋扩展，面团温度 26℃。

（4）主面团发酵　室温发酵 70min。

（5）整形

①分割。分割成 150g 和 350g 两种剂子。

②成型。分别搓成表面光滑的圆球，橄榄形。

（6）最后醒发　放入 32 ~ 35℃、相对湿度 75% 的醒发箱醒发 60min 左右。

（7）划出纹路　在面包坯表面撒黑麦粉，用利刀划割浅沟纹，然后入炉烘烤。炉温 230℃，时间 30 ~ 40min，炉内要通蒸汽。

5. 工艺操作要点

①两种面团要分开来搅打，且搅打程度不同。

②从醒发箱拿出后放置 2min 后再划出纹路，使面包表面干燥一点划出的纹路更漂亮。

③烘烤时烤箱一定要通蒸汽，调节烤箱内的湿度。

6. 成品要求

粗细均匀，形态美观，口感皮酥脆，面包瓤柔软。

实例 3　手腕面包

1. 产品简介

手腕面包在德国是面包房的象征，被称为布莱采尔。据说其原型是古罗马的环形面包，随着时代的变迁演化成了现在的中央部分成交叉状形状。

2. 发酵方法

采用快速一次发酵法制作。

3. 原料及配方（表 8-21）

表 8-21　手腕面包的配方

原料	烘焙百分比（%）	实际用量（g）	产品图片
高筋面粉	100	700	
即发干酵母	1.2	8.4	
面包改良剂	0.3	2.1	
盐	2	14	
起酥油	3	21	
水	52	364	
奶粉	2	21	

4. 制作程序

（1）计量　将各种原料按配方中的比例称量好。

（2）搅拌　将所有原料倒入和面机，中速搅拌至面筋完全扩展，面团温度 26℃。

（3）松弛　室温下松弛 30min。

（4）整形

①分割。分割成 55g 一个的面坯，醒发 10min。

②成型。将面坯擀成椭圆形薄片，从一端卷起卷成结实的棒状注意不要让空气卷进去。松弛 5min，从中间向两头搓成中间粗，两端渐细，长度 50cm 的棒状，两个顶端做成圆球状，然后编扭成手腕形。

（5）最后醒发　放入 32～35℃、相对湿度 75% 的醒发箱醒发 20min。

（6）成熟　在涂抹小苏打溶液的面包坯上撒粗盐，用利刀于中间粗大部位划割一裂口。烘烤温度为 180℃，时间 20min，炉内要通蒸汽。

5. 工艺操作要点

①醒发箱温度、湿度都不宜过高，湿度以面包表面不干燥为宜。

②醒发程度不宜大，稍有发起即可。

6. 成品要求

表皮呈红棕色，有光泽，做成手腕形，口感咸香有嚼劲。

实例 4　英国茅屋面包

1. 产品简介

茅屋面包是英国最具有代表性的硬式面包，其主要特点是将两块圆面团叠在一起像不倒翁的形状，底下的面团较大，上面的面团较小。将大面团刷水后粘上小面团。

2. 发酵方法

采用一次发酵法制作。

3. 原料及配方（表 8-22）

表 8-22　英国茅屋面包的配方

原料	烘焙百分比（%）	实际用量（g）	产品图片
高筋面粉	70	700	
低筋面粉	30	300	
即发干酵母	0.6	6	
面包改良剂	0.3	3	
糖	3	30	
盐	2	20	
油	3	30	
水	62	620	

4. 制作程序

①搅拌。搅拌至面筋扩展，面团温度 26℃。

②分割。大面团每个 320g，小面团每个 180g。

③中间醒发。15min。

④整形。将滚圆松弛后的面团压扁，大面团表面刷水，放上小面团，用手指从上层面团中央插入，使上下两层面团粘紧。

⑤最后醒发。时间 40min。

⑥烘烤。炉温 230℃，时间 35min。

5. 工艺操作要点

①滚圆时应该各部分密度一致。

②醒发时间不宜过长，否则底部面团不能支撑上部面团。

③入炉烘烤前可用利刀在底层面团四周割数道裂口，烘烤时可从此裂口放出气体，防止上部面包滑下。

6. 成品要求

色泽金黄，质地较硬。

实例 5　罗宋面包

1. 产品简介

罗宋面包又称塞义克面包，因上海话把 Russian 读作"罗宋"而得名。罗宋面包是欧洲最著名的无糖主食面包之一。

2. 发酵方法

采用二次发酵法制作。

3. 原料及配方（表 8-23）

表 8-23　罗宋面包的配方

面团	原料	烘焙百分比（%）	实际用量（g）	产品图片
中种面团	面包粉	30	600	
	即发干酵母	0.3	6	
	水	16	320	
主面团	高筋面粉	70	1400	
	盐	1	20	
	水	29	580	

4. 制作程序

①中种面团搅拌。原料混合搅拌成团，面团温度 25℃。

②基本发酵。发酵室温度27℃，相对湿度75%，时间4h。

③主面团搅拌。将水和中种面团搅拌散开，再加入面粉和盐搅拌成面团，面团温度28℃。罗宋面包面团不宜过软，稍硬为好。

④发酵。温度30℃，时间1～1.5h面团发酵最好嫩一些，否则不易整形操作，烘烤时面包表面裂口不规整。

⑤分割。面团分割成每个150g。

⑥中间醒发。中间醒发10～15min。

⑦整形。将松弛后的面坯擀成薄片，卷、搓成橄榄形。

⑧最后醒发。将面包坯接缝朝上放在干面粉袋上。醒发完成时，用利刀在面包坯纵向中间割一道裂口，稍松弛后入炉烘烤。

⑨烘烤。传统制法常用木炭炉，且不用烤盘，而是使用一个长柄木铲把面包坯放入木炭炉内，用余热将面包烘烤成熟。入炉前和烘烤时要向炉内喷水增加湿度。如果没有木炭炉，也可用电烤炉和平烤盘，但风味不如木炭炉。

5. 工艺操作要点

①烘烤时要求炉温稍低，否则表面不易裂口。

②炉内保持一定的湿度，使烤出来的面包表面光亮并具有焦糖的特殊风味。

6. 成品要求

面包的形状为梭形或橄榄形，表面有裂口，皮脆心软，麦香浓郁，耐咀嚼，风味独特。

实例6　菲律宾面包

1. 产品简介

橄榄形，质地较硬的面包。

2. 发酵方法

采用老酵发酵法制作。

3. 原料及配方（表8-24）

表8-24　菲律宾面包的配方

原料	烘焙百分比（%）	实际用量（g）	产品图片
高筋粉	60	360	
低筋粉	40	240	
老面	30	180	
即发干酵母	0.6	3.6	
糖	20	120	

原料	烘焙百分比（%）	实际用量（g）	产品图片
鸡蛋	12	72	
盐	1	6	
奶粉	4	24	
牛奶	5	30	
黄油	8	48	
香草粉	0.1	0.6	
水	20	120	

4. 制作程序

①搅拌。将老酵面置于搅拌缸中，加入牛奶、奶粉、鸡蛋、盐、香草粉低速搅拌均匀，然后加入面粉、酵母、水低速混匀，中速搅拌至面团光滑，面团温度 28℃。

②压面、分割。先将面团用压面机反复压至光滑有光泽，然后将面团压成薄片，卷成圆柱形，分割成 60g 的剂子，并滚圆。

③中间醒发。中间醒发 10 ~ 15min。

④整形。将圆球形面团搓成鸡蛋形，放入烤盘，用利刀在其表面划割 5 ~ 6 道裂口，深约 0.5cm。

⑤最后醒发。醒发室温度 35℃、相对湿度 80%，时间 30 ~ 50min，醒发至体积增加 1 倍时取出，在面包坯表面刷少许淡奶水。

⑥烘烤。炉温 200℃，时间 10 ~ 15min。烤至面包呈金黄色，出炉后趁热再涂一层奶以增加光泽。

5. 工艺操作要点

①控制好面团的搅拌程度。

②成型时面皮一定要卷紧，收口收严要向下。

③烘烤时烤箱一定要通蒸汽，调节烤箱内的湿度。

④菲律宾面包属高成分配方，着色较快，另一方面面团较硬而容易结皮，所以在操作时台面切勿撒过多干粉。

6. 成品要求

色泽金黄，质地坚硬。

实例 7 贝果面包

1. 产品简介

贝果面包是一种圈形的半发酵硬质面包，制作方法基本沿用传统工艺。贝果最大的特色就是在烘烤之前先用沸水将成型的面团略煮过，经过这道步骤之后就会产生一种特殊的韧性和风味。贝果的食用方式相当多样，可蒸热，或再烘烤，亦可微波加热。横切成两个圈，涂抹喜欢的果酱或奶油、调味酱，再搭配其他生鲜蔬果。当然亦可夹上烟熏火腿片或鸡肉，更有异国风味。

2. 发酵方法

采用一次发酵法制作。

3. 原料及配方（表 8-25）

表 8-25 贝果面包的配方

原料	烘焙百分比（%）	实际用量（g）	产品图片
高筋面粉	100	750	
即发干酵母	0.6	4.5	
盐	2	15	
奶油	3	22.5	
糖	5	37.5	
水	58	435	

4. 制作程序

①搅拌。搅拌至面团完成阶段，搅拌后面团温度 27℃。

②发酵。面团在 30℃、相对湿度 70% ~ 75% 的醒发箱中醒发 30min。

③分割搓圆。将面团分割成每个 60g 的剂子，搓圆后盖上保鲜膜。

④中间醒发。中间醒发 15min。

⑤整形。面坯擀薄后先卷成条状，然后搓成长条，用一只手将面团一端压平，粘在另一端上，做成圈形，连接处要捏紧，并将连接口朝下放于烤盘中，静置 20min 使面坯松弛。

⑥煮烫。将面包坯表面朝下放入沸水中煮约 1min，翻面再煮 1min 捞出。面包坯在水中煮的时间越长，面包的表层就会越硬实，移入烤炉中烘烤，面包坯几乎没有膨胀性，这样烤出的贝果面包有重量感。如果煮的时间再稍短一些，使表皮仍保持柔软性，烘烤时面包坯会膨胀伸展，烤出的面包也较轻，质地较松。通过煮烫使面包表面上色、光亮、松脆。

⑦烘烤。炉温 200 ~ 220℃，时间 20 ~ 25min。

5. 工艺操作要点

①控制好面团搅拌程度。

②成型时面皮一定要卷紧，两头连接处要捏紧。

③控制面包坯沸水中煮烫时间。

④烘烤时烤箱一定要通蒸汽，调节烤箱内的湿度。

6. 成品要求

色泽棕黄色，粗细均匀，形态美观，口感皮酥脆，面包瓤柔软。

第六节　起酥面包的制作

一、松质面包简介

松质面包又称起酥面包、丹麦面包，是以小麦粉、酵母、糖、油脂等为原料搅拌成面团，冷藏松弛后裹入奶油，经过反复压片、折叠，利用油脂的润滑性和隔离性使面团产生清晰的层次，然后制成各种形状，经醒发、烘烤而制成的口感特别酥松、层次分明、入口即化、奶香浓郁的特色面包。

一般认为像这种掺入油脂类型的丹麦包的普及同牛角包普及是同一时期，即 1900 年。丹麦面包的加工工艺复杂，经过搅拌和发酵之后，将经过 3h 以上低温发酵的面团滚压成厚约 3cm 的面片，再进入折叠工序，使包入面团中的油脂经过该工序产生很多层次，面皮和油脂互相隔离不混淆。出炉后表面刷油，冷却后撒上糖粉或者果酱来装饰。因为制作时间长，这类面包的款式相对较少，常见的有牛角包、果酱酥皮包。这种面包多同吉士酱、水果等组合起来烘烤，是点心类的一种面包。根据配料和折叠进去的油脂的多少进行分类。其名字同产地相同的有丹麦的丹麦包和德国的哥本哈根包，属于面坯配料简单、折叠配入油脂量多的类型。面坯配料丰富的有法国的奶油鸡蛋面包和美国的丹麦面包等。另外，属于中间类型的还有德国的丹麦面包和法国的奶油热狗面包等。

二、丹麦面包的起层原理

用既有一定韧性又有一定酥松性的发酵面团作皮，加入片状起酥油或黄油，经过擀、叠、卷等起酥方法形成酥性结构。成熟时，油脂的流散和水分的气化使坯皮中形成空隙，使制品分层。

三、面包的冷却

有些面包是前店后厂的销售形式。面包出炉后则立即搬到店里销售，没有冷却生产的步骤，但中央工厂则必须把面包冷却然后才能包装。面包如没有适当的冷却，包装后由于温度高，面包产生蒸汽冷凝而成水点，依附于包装袋或面包表面，因此面包容易发霉。用模具烘烤的面包，出炉后应尽快脱模。面包在出炉后会向外排出大量的热和蒸汽，来平衡其内外的温度及压力；面包出炉后不立即脱模，其所排出的气体不能向外排出，造成外压增加，使面包的底部及边的四周内陷，再冷却时，面包与面包之间如没有间隔也会形成同一现象。

面包冷却的要求是中心温度降到 32 ~ 38℃，整体水分含量为 38% ~ 44%。冷却条件是温度 22 ~ 26 ℃，相对湿度 75%，空气流速 180 ~ 240 m/min。面包的冷却方法有自然冷却、通风冷却和空调冷却三种，冷却损耗约为 2%。

四、面包的包装

包装的好坏及卫生直接影响面包的保存期。一般面包的包装是用胶袋作为包装材料，使用胶袋最主要应考虑胶袋可否用作食品包装、印刷颜料是否含有毒性、印刷后是否容易脱落等因素。

每一位包装员工，在工作前应先清洁及消毒手部，穿戴清洁的工作服及手套。包装的车间与生产车间隔开及安装紫外线杀菌灯。保持清洁及干爽，不要将过期及已经受到污染的面包堆存在车间内。

面包包装的目的：一是保持面包清洁卫生；二是防止面包变硬，延长保鲜期；三是增加产品的美观。常用的包装材料有聚乙烯、聚丙烯、硝酸纤维素薄膜、耐油纸。

实例 1　牛角包

1. 产品简介

牛角包又称可颂面包、羊角面包或新月面包。一杯咖啡加一个半角包是欧洲人最常见的早餐和点心。外层酥酥的，里面软软的，充满着奶油香气，吃起来酥软可口的半角包热量也很高。

2. 发酵方法

采用一次发酵法制作。

3. 原料及配方（表 8-26）

表 8-26　牛角包的配方

原料	烘焙百分比（％）	实际用量（g）	产品图片
面包粉	70	700	
低筋粉	30	300	
盐	2	20	
酵母	1.4	14	
面包改良剂	0.3	3	
糖	4	40	
牛奶	57	570	
鸡蛋	5	50	
发酵奶油	10	100	
片状起酥油	55	550	

4. 制作程序

（1）计量　将各种原料按配方中的比例称量好。

（2）搅拌　面包粉、低筋粉、酵母、面包改良剂、盐、白糖计量，然后倒入和面机，慢速搅拌 3min 后，加鸡蛋和牛奶搅拌至成团后，快速搅拌至面筋形成（约 4min），加入发酵奶油、黄油，改慢速搅拌至黄油完全融入面团中后，继续搅打至面筋扩展阶段即可。面团温度控制在 20℃左右较为理想，若温度较高则面团发酵速度快，面筋容易变脆，会影响后期的开酥操作。

（3）面团发酵　面团发酵 40min，使酵母菌大量增殖，并使面团得到一定的松弛。

（4）冷冻　面团分割成一定重量后，擀成 1cm 厚的长方形的面皮，用塑料袋或保鲜膜将其装入后，放入 -10℃的冷冻室内冷冻 1～2h，使面团具有一定的硬度用于起酥。若只有 -20℃的冰箱，则冷冻的时间可以缩短。若面团冷冻的时间较长，则起酥前可将面团放入冷藏室中解冻，以使面团内外的硬度均匀，发酵的速度保持一致，便于后期的操作。

（5）包油　将片状起酥油用擀面杖敲打使其变软后，包入冷冻过的面皮中，将面皮边缘捏紧。

（6）起酥　用擀面杖将面坯敲打略擀薄后，3 折 2 次，放入冷藏室松弛 20min，再 3 折 1 次。

（7）低温发酵　要制作高品质的丹麦面包，面团起酥后应放在温度为

1 ~ 3℃的冷藏室中低温发酵 12 ~ 24h。如果条件不允许，也可以在 4℃的冰箱中发酵 1 ~ 2h。

（8）成型　擀成 0.3cm 厚的长方形面皮，切成底为 10cm、高为 14cm 的等腰三角形，在底边的中间切一小口，然后将切口拉开后，用双手将面团卷起，卷到边缘处时将面坯尖端轻轻拉薄，并抹上蛋白，以边卷边拉的方式将面皮卷紧卷实。

（9）最后醒发　在 32℃、相对湿度为 70% 的醒发箱醒发至面包体积增大到成品体积的六七成时，刷蛋液准备烘烤。

（10）成熟　上火 200℃、下火 190℃，烘烤 15min 至面包呈棕红色即可。

5. 工艺操作要点

①丹麦面包应选用次高筋面粉，若全部采用高筋粉，则面团的弹性大，延伸性不足，面团在擀压时容易收缩变形。而在高筋粉中掺入适量的低筋粉，即可使面团既有一定的弹性，又具有较好的延伸性。

②调节好水温，使搅拌好的面团温度控制在 18 ~ 20℃之间，春夏季可以通过适当加冰块来控制面团的温度。

③面团搅拌至面筋扩展阶段即可，因为在后期的起酥过程中面团还要不断地被擀压拉伸，如果搅拌至面筋完全扩展阶段，则后期的擀压容易造成面筋被拉断的现象。

④面团擀成薄片后，需用专用保鲜袋或保鲜膜将面坯密封后放入冰箱冷冻，否则面坯容易冻干。冷冻可以使面坯的硬度增加，与片状起酥油保持一致，以便于后期的起酥操作。

⑤面团在折叠两次后，必须放入冷藏室进行松弛，否则面团中的面筋容易被拉断，影响成品的质量。

⑥低温发酵的温度应控制在 1 ~ 3℃，以形成面团均匀的组织结构，以及浓郁的发酵风味。如果温度高于 3℃，则面团发酵速度太快；若温度低于 0℃，则酵母处于冷冻休眠状态，无法使面团变膨松。只有在 1 ~ 3℃范围内，酵母可以慢速均匀地发酵，形成面团均匀细腻的组织结构，以及浓郁的发酵香味。

⑦最后醒发的温度应低于所使用油脂的熔点，否则面坯中的油脂会融化渗出，影响面包的品质。如果是片状起酥油，其熔点为 33℃，所以醒发温度可以设置在 32℃；如果使用天然奶油，则醒发温度必须设置在 28℃左右。牛角面包醒发的温度不易过高，否则面坯容易变形扁平。

⑧烤箱的温度要适中，烘烤时间不宜过长。

6. 成品要求

色泽棕黄色，层次均匀，形态美观，奶香浓郁，口感细腻湿润。

实例 2 丹麦果酱面包

1. 产品简介

丹麦果酱面包是在丹麦面包中加入各式果酱，酥软的面包配合酸甜可口的果酱，是一款非常受欢迎的点心。

2. 发酵方法

采用一次发酵法制作。

3. 原料及配方（表 8-27）

表 8-27 丹麦果酱面包的配方

原料	烘焙百分比（%）	实际用量（g）	产品图片
高筋粉	80	1280	
低筋粉	20	320	
即发干酵母	1.4	22.4	
改良剂	0.3	4.8	
盐	1	16	
糖	14	224	
奶粉	4	64	
鸡蛋	10	160	
水	52	832	
发酵奶油	10	160	
片状起酥油	55	880	

4. 制作程序

①计量。将各种原料按配方中的比例称量好。

②搅拌。干性原料全部放入搅拌缸中拌匀后，低速加入湿性原料搅拌成团，中速搅拌至面筋形成。最后加入油脂搅拌至面团扩展阶段，面团温度控制在 18 ~ 20℃。

③面团松弛。时间 10 ~ 15min，进行分割。

④分割面团。每块 1500 ~ 2000g。

⑤冷冻。擀成长方形的面皮后，放入塑料袋，放入 -10℃冷库中冷冻 2 ~ 3h。

⑥起酥。冷冻过的面皮，包入片状起酥油后，3 折 2 次后继续冷冻 20min，再 3 折 1 次。

⑦成型。擀成 0.4cm 厚的长方形面皮，再用轮刀将面团 2/3 分割成 10cm×10cm 的正方形，1/3 分割成 12cm×9cm 的长方形。

丹麦船形面包：正方形面皮中间放草莓酱馅，然后将两个对角折向中间，另两角不动，形状似菱形。

丹麦椅垫面包：正方形面皮中间放苹果酱馅，将四个对角折向中间盖住馅料，形状似袱形。

丹麦风车面包：正方形面皮沿四个对角线切口，然后将四个角折到中间，挤上布丁馅，放上 1/8 黄桃即可。

丹麦梳子面包：正方形面皮中间加苹果酱对折后，切上均匀的梳子齿即可。

丹麦果酱面包：正方形面皮对折成三角形后，用刀顺着两条边切一刀，尖部保留 1cm，然后打开后将左右两个切开的部分交叉叠到对角线处，中间放入草莓酱。

丹麦枕型面包：在长方形面团的表面刷水，放香蕉馅，将两边对折，接口处稍微相叠，做成枕形，接头朝下放置，用刀在表面轻轻横切 2 ~ 3 刀裂口。

⑧醒发。醒发箱温度 30 ~ 32℃，相对湿度 65% ~ 70%，醒发时间 45 ~ 60min，使其体积增大 1 倍以上，刷少许蛋液。

⑨成熟。炉温 200℃，烘烤时间为 8 ~ 12min。

5. 工艺操作要点

①调节好水温，使搅拌好的面团温度控制在 20℃左右。

②馅料不要填得过满，整形时应细心。

③掌握最后醒发的程度，醒发后的面包体积为原来体积的 2 倍左右即可。如果醒发的体积过大，出炉后面包内部膨胀过大，容易收缩变形。

④刷蛋液时尽量不要刷到酥层处，否则会影响起酥的效果。

⑤烤箱的温度要适中，烘烤时间不宜过长。

6. 成品要求

色泽棕黄色，层次均匀，形态美观，奶香浓郁，口感细腻酥软。

实例 3　丹麦酥卷

1. 产品简介

丹麦酥卷外酥里嫩，香甜可口，层次分明，口味可根据个人喜好添加不同的馅料，是一款十分受欢迎的烘焙产品。

2. 发酵方法

采用一次发酵法制作。

3. 原料及配方（表 8-28）

表 8-28　丹麦酥卷的配方

原料	烘焙百分比（%）	实际用量（g）	产品图片
面包粉	70	1050	
低筋粉	30	450	
即发干酵母	1.2	18	
盐	1.4	21	
面包改良剂	0.3	4.5	
糖	4	60	
奶粉	5	75	
鸡蛋	10	150	
水	55	825	
发酵奶油	8	120	
片状起酥油	57	855	

4. 制作程序

①计量。将各种原料按配方中的比例称量好。

②搅拌。将全部原料放入搅拌缸，低速搅拌成团，中速搅拌至面团光滑。面团温度 18 ~ 20℃。

③面团松弛。时间 10 ~ 15min，进行分割。

④分割面团。分割为每块 1500g 的面团。

⑤冷冻。擀成长方形的面皮后，套入塑胶袋，至 -10℃冷库中冷冻 2 ~ 3h。

⑥起酥。冷冻过的面皮，包入片状起酥油后，3 折 2 次后继续冷冻 20min。再 3 折 1 次。

⑦成型。擀成 0.4cm 厚的长方形面皮，表面涂抹一层杏仁馅后，撒上用朗姆酒浸过的葡萄干，从一头卷起成长卷。然后用刀切成 2cm 厚的卷。然后横放在烤盘上。

⑧醒发。醒发箱温度 30 ~ 32℃，相对湿度 65% ~ 70%，醒发时间 45 ~ 60min，使其体积增大 1.5 倍左右，刷蛋液。

⑨成熟。炉温 200℃，烘烤时间为 8 ~ 12min。

5. 工艺操作要点

①调节好水温，使搅拌好的面团温度控制在 20℃左右。

②面团搅拌要适度，达到面筋扩展阶段即可。

③烤箱的温度要适中，烘烤时间不宜过长。

④可按需要内部加入耐烤巧克力丁、果仁和奶油等馅料。

6. 成品要求

层次均匀，形态美观。

实例 4　丹麦吐司面包

1. 产品简介

丹麦吐司面包的特点是口感酥松，层次分明，较其他吐司面包热量较高，在欧洲国家非常流行。

2. 发酵方法

采用一次发酵法制作。

3. 原料及配方（表 8-29）

表 8-29　丹麦吐司面包的配方

原料	烘焙百分比（％）	实际用量（g）	产品图片
高筋粉	70	1050	
低筋粉	30	450	
即发干酵母	1.3	19.5	
盐	1.5	22.5	
面包改良剂	0.5	7.5	
糖	12	180	
发酵奶油	6	90	
奶粉	4	60	
鸡蛋	12	180	
水	48	720	
片状起酥油	35	525	

4. 制作程序

①计量。将各种原料按配方中的比例称量好。

②搅拌。除了油以外的原料放入搅拌缸，低速搅拌成团，加入油脂低速混匀，中速搅拌至面团光滑。面团温度 20℃。

③面团松弛。松弛 15min，进行分割。

④分割面团。分割成每块 1500g。

⑤冷冻。擀成长方形的面皮后，套入塑胶袋，至 -10℃冷库中冷冻 2 ~ 3 h。

⑥起酥。冷冻过的面皮，包入片状起酥油后，3 折 2 次然后继续冷冻 20min。再 3 折 1 次。

⑦成型。擀成 1cm 厚的长方形面皮，再用轮刀将面团分割成长 14cm、宽

10cm 的长方形，每块再切两刀成 3 条。将 3 根条状面团以编辫子的方式编成辫子形接头捏紧，双手将面坯稍微拉长，两端折向中间，两头相接，整齐相叠，轻微压紧，接头朝下放入面包模中。

⑧醒发。醒发箱温度 32℃，相对湿度 70%，醒发 120min，使体积增大到 2 倍左右。

⑨成熟。炉温 150 ~ 180℃，烘烤时间约为 30min。

5. 工艺操作要点

①调节好水温，使搅拌好的面团温度控制在 20℃左右。

②起酥过程中擀面要用力均匀，折叠两次后面团一定要放入冰箱中松弛 20min 左右。

③醒发箱的温度湿度要适宜，面包醒发体积为原来体积的 2 倍。

6. 成品要求

颜色亮丽有光泽，口感松软，奶香十足。

实例 5　丹麦牛肉派

1. 产品简介

丹麦牛肉派是用起酥面包皮包入了牛肉洋葱馅制成的丹麦面包，咸鲜可口，浓浓的牛肉香与淡淡的奶香混合入口，带来味觉的全新体验。

2. 发酵方法

采用一次发酵法制作。

3. 原料及配方（表 8-30）

表 8-30　丹麦牛肉派的配方

原料	烘焙百分比（%）	实际用量（g）	牛肉洋葱馅	用量	产品图片
高筋粉	80	1360	牛肉	400	
低筋粉	20	340	洋葱	280	
即发干酵母	1.3	22.1	盐	7	
改良剂	0.3	5.1	胡椒粉	1.5	
盐	1.2	20.4	水	30	
糖	8	136	色拉油	10	
发酵奶油	12	204			
牛奶	44	748			
水	8	136			
片状起酥油	35	595			

4. 制作程序

①计量。将各种原料按配方中的比例称量好。

②搅拌。全部原料放入搅拌缸，低速搅拌成团，中速搅拌至面团光滑，面团温度控制在 18 ~ 20℃。

③面团松弛。面团松弛 15min 后，进行分割。

④分割面团。分割成每块 1500g。

⑤冷冻。擀成长方形的面皮后，套入塑胶袋，于 −10℃冷库中冷冻 2 ~ 3h。

⑥起酥。冷冻过的面皮，包入片状起酥油后，3 折 2 次后继续冷冻 20min，再 3 折 1 次。

⑦成型。擀成 0.3cm 厚的长方形面皮，再用轮刀分割成边长为 14cm 的正方形。对折，在半边三角形上用拉网刀圆形面团表面涂上蛋水，把馅料放置于面团中央，再将另一片圆形面团摆放在含有馅料的面团上方，将接口处捏紧，并先刷上全蛋。用利刀将面团表面划割数刀裂口，深见馅无妨，再将多余的面团切成细长条，用手搓成麻花扭状后，贴紧在圆形面团的边缘。

⑧醒发。放入 30 ~ 32℃、相对湿度 65% ~ 70% 的醒发箱醒发 45 ~ 60min，使其体积增大 1 倍，刷少许蛋液。

⑨成熟。炉温 200℃，烘烤时间为 10 ~ 15 min。

5. 工艺操作要点

①调节好水温，使搅拌好的面团温度控制在 20℃左右。

②馅料不要过满，要在面团表面划口子。

③醒发箱的温度湿度要适宜，发酵后的体积为原来体积的 2 倍。

6. 成品要求

色泽棕黄色，层次均匀，香气四溢。

第七节　软欧面包的制作

一、软欧包简介

软欧包即松软的欧式面包，是在传统欧式面包的配方基础上进行改进，结合了日式软面包的制作方法而演变出的一种低糖、低油、高纤维的欧式面包。

软欧包是近几年来亚洲市场涌现出的一类新兴的面包产品，发展迅速，占有了高端烘焙食品市场较大的份额。传统欧式面包具有低糖、低油、高纤维的特点，但质地和口感较硬，不太符合亚洲人的口味习惯，甜面包口感软糯，但高糖高油高热量，不符合现代人吃的健康的诉求，所以更适合中国人口感偏好、又健康的软欧包发展迅猛。

软欧包是在硬的欧式面包和日式软面包之间找平衡，拥有欧包的外表，软质面包的质地。软欧包吸收了传统欧式面包的健康基因，更适合普通大众的口感习惯。软欧包中添加了高纤、杂粮、坚果等健康材料，采用了少油、少糖、无蛋的配方，外脆硬而内柔韧，比软面包更有嚼劲，比硬欧包更松软，热量低又能饱腹，是面包健康的流行新趋势、新时尚。

软欧和传统甜面包的面团揉制和发酵方法基本一致，最大的区别还是在方子、内馅以及装饰手法上，网上有很多软欧的方子，甜、咸皆有，在家就可以学习制作，它不像硬欧那样对烤箱的要求很高，大家有兴趣的可以去尝试一下。

二、天然鲁邦种发酵原理

鲁邦种是天然酵母的意思，是用黑麦粉或葡萄干加水经长时间发酵制成的天然酵母菌液，其中含有大量的乳酸菌，因此用鲁邦种制作的面包常常带有酸味。由于是天然发酵的菌种，所以酵母和乳酸菌的种类较多，产生的代谢产物差别较大。另外乳酸菌产生的乳酸等可以增加保湿力，软化面筋。用鲁邦种制作的面包弹性好，香味更浓郁，面包不容易老化，保质期较长。

三、天然葡萄种的制作方法

1. 葡萄菌液

矿泉水 500g，砂糖 125g，葡萄干 250g，放置于密封的容器当中，七八分满即可，最佳适宜温度 26 ~ 28℃。每天摇晃一次，5 ~ 7 天之后即可使用。过滤掉葡萄，使用菌液，7 天之内用完。

2. 起种

葡萄菌液 100g，高筋面粉 100g，搅拌均匀，室温发酵至体积 2 倍大。

3. 续种

葡萄种 200g，葡萄菌液 200g，高筋面粉 200g。搅拌均匀，室温发酵至体积 2 倍大，冷藏隔夜之后使用。起种完成就可以续种，也可以冷藏到第二天再续种。如果面团发酸闻起来有刺鼻的酸味，面团就不宜再继续使用了。

实例1　红酒桂圆软欧包

1. 产品简介

红酒桂圆软欧包采用低糖、低油、高膳食纤维的面团制作，加上红酒和桂圆的香味，丰富维生素与软绵香甜的口感，兼得健康与美味。面包产品形态美观，具有红酒的特殊香味，含有丰富的维生素、膳食纤维和矿物质，深受广大消费者的喜爱。

2. 原料及配方（表8-31）

表8-31　红酒桂圆软欧包配料表

原料	烘焙百分比（%）	实际用量（g）	产品图片
面包粉	100	2000	
酵母	1.0	20	
面包改良剂	0.5	10	
盐	1.2	24	
糖	10	200	
烫种	10	200	
天然葡萄种	20	400	
水	25	500	
红酒	30	600	
桂圆干	20	400	
核桃仁	10	200	

3. 制作方法

（1）汤种的制作　高筋粉250g，加开水225g、砂糖25g、盐2.5g，全部搅拌均匀，冷却后，盖上保鲜膜，冷藏一夜即可使用。如果面团没有冷却直接盖保鲜膜，需要在保鲜膜上戳几个洞排气。汤种3天之内使用完毕。

（2）天然葡萄种的制作　天然葡萄种的制作见本章第七节所述。

（3）准备工作

①桂圆干洗净后，放入适量的红酒中小火煮干，冷藏一夜备用。

②将核桃仁放入100℃烤箱中烤约10min，烤出香味即可。

③红酒加热至80℃，再降温至10℃（注意：酒精会抑制酵母的活性，红酒加热至80℃能有效挥发酒精）。

（4）面团搅拌　将面包粉、酵母、面包改良剂、盐、白糖计量后，倒入和面机搅拌均匀，加天然葡萄种、汤种、红酒、水搅拌至面团光滑（约8min），改快速搅打至面筋完全扩展。

（5）面团发酵　发酵温度28℃，发酵湿度75%，发酵60min，使酵母菌大量增殖。

（6）整形

①分割。将发酵完成的面团，分割成每个300g的面团。

②搓圆。分别搓成表面光滑的圆球。

③中间醒发。盖保鲜膜醒发15min。

④成形。大面团用擀面杖擀成面片后，做成三角的形状。

（7）最后醒发　温度 32 ~ 35℃，相对湿度 80%，最后醒发 50min 左右，使其体积增大 1 倍以上。

（8）烤前装饰　表面中间撒面粉，三个角割口子。

（9）成熟　上火 200℃、下火 200℃烤箱中烘烤 15min 左右。

4. 成品要求

色泽均匀，表面金黄色，形态美观，口感柔软。

5. 工艺操作要点

①用于装天然葡萄种的器皿一定要用开水烫或煮制杀菌，否则易滋生杂菌。

②葡萄干用冷水冲洗去表面的灰尘即可，不要搓洗，否则表面的酵母菌会被洗掉。

③红酒一定要加热使酒精挥发，否则酒精会抑制酵母的生长。

④面团温度控制在 26 ~ 28℃之间，才能让面团发酵呈现最好的状态。

实例 2　红薯软欧包

1. 产品简介

红薯是一种营养齐全而丰富的天然滋补食品，富含蛋白质、脂肪、多糖、磷、钙、钾、胡萝卜素、维生素 A、维生素 C、维生素 E、维生素 B_1、维生素 B_2 和多种氨基酸。红薯软欧包采用低糖、低油、高膳食纤维的面团制作，加上红薯的软绵香甜的口感，兼得健康与美味。面包产品形态美观，具有红薯的特殊香味，含有丰富的维生素、膳食纤维和矿物质，深受广大消费者的喜爱。

2. 原料及配方（表 8-32、表 8-33）

表 8-32　红薯软欧包面皮配料表

原料	烘焙百分比（%）	实际用量（g）	产品图片
面包粉	100	2000	
酵母	1	20	
面包改良剂	0.5	10	
盐	1.6	32	
糖	10	200	
牛奶	70	1400	
天然葡萄种	20	400	
汤种	10	200	
黄油	4	80	

表8-33　红薯软欧包馅心配料表

原料	红薯馅（g）
红薯泥	1200
细砂糖	150
黄油	50
奶粉	50

3. 制作方法

（1）面团搅拌　将面包粉、酵母、面包改良剂、盐、白糖计量后，倒入和面机，搅拌均匀后，加天然葡萄种、汤种、牛奶搅拌至面团光滑（约8min），加入黄油继续搅打至面筋完全扩展。

（2）面团发酵　发酵温度28℃，发酵湿度75%，发酵40～50min，使酵母菌大量增殖。

（3）红薯馅心调制　将红薯洗净去皮，切片上笼蒸熟，搅拌成泥。然后加黄油、细砂糖和奶粉拌匀即可。

（4）整形

①分割。将发酵完成的面团，分割成21个50g的小面团，21个150g的大面团。

②搓圆。分别搓成表面光滑的圆球。

③中间醒发。盖保鲜膜醒发15min。

④成形。大面团用擀面杖擀成面片后，包入约50g的红薯馅，做成三角的形状。小面团擀成刚好能包住大面团的圆饼，再在圆饼一圈涂上一点点色拉油，包裹住大面团。

（5）最后醒发　温度32～35℃，相对湿度80%，最后醒发50min左右，使其体积增大1倍以上。

（6）烤前装饰　表面撒面粉。

（7）成熟　上火200℃、下火200℃烤箱中烘烤15min左右。

4. 成品要求

色泽均匀，表面金黄色，形态美观，口感柔软。

5. 工艺操作要点

①中间醒发时一定要注意盖上保鲜膜，避免表面风干。

②面团发酵时间要根据实际情况确定，最重要的是看面团的状态。

③小面团包裹的时候，外缘一圈使用色拉油是为了起到暂时黏合而不粘连的状态。如果用水黏合，会导致两层皮粘牢在一起，烘烤后不能自然蓬松开来，影响美观。

④面团温度控制在26～28℃之间，才能让面团发酵呈现最好的状态。

实例 3　火龙果软欧包

1. 产品简介

红心火龙果富含花青素，具有抗氧化、减少自由基、抗衰老的作用，其芝麻状的种子有促进胃肠消化的功能。将红心火龙果添加到面包中制作的火龙果软欧包色泽艳丽、营养丰富、口感香甜，是深受消费者欢迎的一款软欧包。

2. 原料及配方（表 8-34、表 8-35）

表 8-34　火龙果软欧包面皮配料表

原料	烘焙百分比（%）	实际用量（g）	产品图片
面包粉	100	2000	
天然葡萄种	20	400	
酵母	1	20	
盐	1.2	24	
糖	9	180	
黄油	3	60	
干玫瑰花	5	100	
水	36	720	
红心火龙果肉	50	1000	
蔓越莓干	4.5	90	
汤种	10	200	

表 8-35　奶油奶酪馅心配料表

原料	奶油奶酪馅心（g）
奶油奶酪	1200
糖粉	80
柠檬汁	48

3. 制作方法

（1）准备工作　干玫瑰花瓣放入开水中浸泡至花瓣下沉，火龙果加入玫瑰水榨汁备用。蔓越莓里加入红酒，浸泡一夜后使用。火龙果窄汁备用。

（2）面团搅拌　将面包粉、酵母、面包改良剂、盐、白糖计量后倒入和面机，搅拌均匀后，加天然葡萄种、汤种、火龙果汁搅拌至面团光滑（约 8min），加入黄油继续搅打至面筋完全扩展；最后加入浸泡好的蔓越莓干，慢速均匀搅拌均匀即可。

（3）面团发酵　发酵温度28℃，发酵湿度75%，发酵40～50min，使酵母菌大量增殖。

（4）奶油奶酪馅心调制　将糖粉、奶油奶酪慢速搅拌均匀，加入柠檬汁继续搅拌均匀。装入裱花袋，冷藏备用。

（5）整形

①分割。将发酵完成的面团分割成200g的大面团。

②搓圆。分别擀开后，卷起呈长条状。

③中间醒发。盖保鲜膜醒发15min。

④成形。将面团拍扁，挤入馅料，两端预留2cm，由中间向两边捏起，揉长，卷成S形。

（6）最后醒发　温度32～35℃，相对湿度80%，最后醒发50min左右，使其体积增大1倍以上。

（7）烤前装饰　表面撒面粉，在S型的一端斜剪上几刀。

（8）成熟　上火220℃、下火200℃烤箱中烘烤15min左右。

4. 成品要求

色泽均匀，表面粉红色，形态美观，口感柔软。

5. 工艺操作要点

①中间醒发时一定要注意盖上保鲜膜，避免表面风干。

②面团发酵时间要根据实际情况确定，最重要的是看面团的状态。

③做这款面包时火龙果很容易氧化，造成最后成品的表皮颜色不佳，建议在挑选火龙果时尽量挑选熟一些的。

第八节　调理面包的制作

一、调理面包的简介

调理面包是指在面包烘烤前或后在面包坯表面或内部添加各种馅料，如奶酪、奶油、火腿、玉米、果酱等的面包。法国人研制出了三明治以后，各式各样的调理面包相继出现。

随着制作方法的不断更新，调理面包可分为热加工和冷加工两种。热加工的调理面包是面包在整形时加入肉类和馅料，一起放进烤箱中烘烤成熟。冷加工的调理面包是将烤制好的面包冷却后，中间用刀片划开，夹入各种蔬菜、馅料和肉饼，另外为了调节口味，还可以在馅料中间挤入沙司、沙拉酱等。调理面包的面坯也可有多种选择，如牛角面包、全麦面包、法式面包、吐司面包等，中间馅料可根据个人的喜好和口味有不同选择，常见的一般放入生菜、洋葱圈、番茄、酸黄瓜片、火腿片或煎好的鸡蛋等。此外还可以加入海鲜馅料，如虾、鱼肉、鱼子酱等；肉馅如猪肉饼、牛肉饼等，还可以把几种不同的原料混合加入面包中。

调理面包具有操作简单、携带方便的特点，最大的特色是迎合了中国人特有的口味，具有色、香、味俱全的特点，尤其是可以趁热食用，比较符合中国人的饮食习惯。一款好的调理面包除了具有一般面包应有的质地柔软、组织细腻的特点外，还应该具有色、香、味俱全的特点。调理面包在选用油脂时，为了不掩盖面包的味道，所选择的油脂风味应较为清淡，不仅起到润滑面筋的作用，同时也能让调理面包的味道得到充分的体现。

二、面包老化的表现

相对于饼干、蛋糕和其他西点来说，面包的保质期是最短的。面包的变质一般是变硬变粗糙、发霉、馅料腐败等，面包变质最常见的原因就是面包老化。面包老化是指面包在储藏过程中质量降低的现象，表现为表皮失去光泽、芳香消失、水分减少、瓢中淀粉凝沉、硬化掉渣、可溶性淀粉减少等。面包老化具体表现在以下几方面。

1. 面包内部组织硬化

面包内部组织硬化的主要原因是淀粉结构的改变。小麦面粉的淀粉颗粒主要由直链淀粉和支链淀粉所构成，在加热烘烤过程中，淀粉颗粒开始涨润，直链淀粉游离出去，面包冷却后，这些直链淀粉便连结在一起，构成面包特有的形状及强度；而留在淀粉颗粒内的支链淀粉，在烘焙过程中慢慢地链接在一起，随着储存时间的增长，内部组织结构越来越坚固，而使组织硬化。

2. 水分含量的改变

在面包的冷却过程中，由于水分的挥发及重新分布会加速面包的老化。未经包装的面包会因为水分的挥发而损失10%的重量，而包装过的面包重量损失仅为1%左右。而且即使是水分含量相近，未包装的面包吃起来口感会更干硬，这是因为水分子由中心部位转移到面包外皮，并且由淀粉内部转移到蛋白质中所致。

3. 外皮软化

在包装过的面包中，面包内部的水分会不断地向表皮迁移，使得面包的外皮软化，水分含量会由原来的12%增加至28%，这使得原本干酥、口感好、新鲜度高的表皮变得质地软而韧性强。

4. 香味的损失及改变

在面包的冷却过程中，某些香气成分很容易挥发，导致香味的损失及改变。新鲜面包吃起来通常有甜味、咸味和少许的酸味，但是随着时间的延长，甜味和咸味会渐渐减少，而只剩下酸味，使得面包味道变差。在嗅觉方面，新鲜面包通常具有发酵的酒香味及麦香味，但是酒香味会逐渐挥发，麦香味也会随之减弱，剩下的面团味及淀粉味会使面包香味变差。

三、影响面包老化的因素

1. 面包的组成

面包的组成会直接影响到面包老化的速率。面包中的水分含量越高，面包老化的速率就越低；油脂同样可以减缓面包老化的速率，改善面包的体积；甜味剂可利用其保水性，直接减缓面包的老化。此外，面筋蛋白含量高，可增大面包的体积，在储存期间可以降低面包老化的速率。这可能是因为面筋蛋白含量高，减少了淀粉粒间的作用，所以可减缓面包内部组织的变化。

2. 加工工艺

加工工艺直接影响面包内部组织的柔软程度。尤其是面团的搅拌和发酵程度，可使面包体积增至最大，并使内部组织柔软。含水量较高的面团，结合适当的最后醒发和烘烤，可使面包保留最多的水分，从而延缓面包的老化。

3. 包装

包装会影响到面包的水分、外皮质地及香味。未包装的面包较易损失水分及香味，但内部组织质地仍很好；包装的面包仍然可以维持松软，尤其在温热时包装，吃起来口感较好，但外皮易软化。

4. 温度

面包的各种老化现象都与温度直接有关。内部组织硬化的速率在 $-6.7 \sim 10℃$ 时最快，而超过 $35℃$ 的高温最易影响颜色及香味，所以 $21.1 \sim 35℃$ 为最适合的面包储存温度。在 $-32℃$ 到 $-28.9℃$ 间低温冷冻，经过一天的冻藏时间，各种影响老化的因素全部停止。面包内部组织（面包肉）硬化的情况能够在 $48.9℃$ 或更高温的情况下回复松软，但重复 $2 \sim 3$ 次后，就变得无效了。

5. 乳化剂

由于乳化剂可增加面包的柔软度，所以常被用作抗老化剂。乳化剂会和淀粉颗粒内的直链淀粉连结在一起，避免这些直链淀粉游离出去，所以它不会增加刚出炉时面包内部组织的强度。而乳化剂对于支链淀粉并没有相同的效果，所以仍会在储存过程中导致内部组织的硬化，并且不会减缓水分由面包瓤向外皮的移动，所以乳化剂可作为面筋增强剂及外皮软化剂。被用来作为软化剂的乳化剂包括单甘油酯、双甘油酯、聚山梨糖醇酯 60 及硬酯酰乳酸钠。

6. α – 淀粉酶

α – 淀粉酶被用来作为抗老化剂，它可使水分子的迁移速率变慢，所以 α – 淀粉酶可减缓面包在储存过程中内部组织硬化的速率。在加工及焙烤过程中，

淀粉受到 α－淀粉酶的作用，使得面包在储藏过程中不会很快变硬。α－淀粉酶的热稳定性及作用方式是非常重要的,支链淀粉被 α－淀粉酶作用后可抑制老化,但是却不会使得面包内部组织变成黏黏的或在切成片状时不好操作。

四、面包的保藏方法

1. 甜面包、吐司面包

保质期一般为 2 ~ 3 天,加了防腐剂的可以达到 5 ~ 7 天。甜面包的保质期相对较长,在保质期内,面包的口感基本上能保证不发生大的变化,即面包依然会比较松软。出炉后甜面包和吐司面包,需放在冷却架上冷却到室温后,放进保鲜袋中。将保鲜袋的口扎起来,放在室温下保存。

2. 脆皮面包

保质期一般只有 8h,如法棍、芝麻棒等。脆皮面包最吸引人的便是它的脆壳,但在出炉后,面包内部的水分会不断向表皮迁移,最终会导致外壳吸水变软。超过 8h 的脆皮面包,外壳会变得柔韧难以咀嚼。这样的脆皮面包即使重新烘烤,也很难恢复其刚出炉时的口感。因此脆皮面包一般不用塑料袋进行包装,而要放入纸袋中。

3. 硬质面包

保质期可以达到 5 ~ 6 天,如俄式大列巴、贝果面包等。硬质面包烘烤时间较长,含水量较低,出炉冷却到室温后,装入保鲜袋中保存即可。

4. 调理面包

保质期较短,一般只有 1 天。这是因为调理面包中加入了肉类、蔬菜等馅料,容易腐败变质。热加工的调理面包室温保存即可,因为即使放进冰箱冷藏,由于淀粉的老化,其保质期也不会超过 1 天,而且口感会大大降低。冷加工的调理面包在冰箱冷藏保质期为 1 天,如果放在室温下保质期不超过 4h。这类面包如果不是当时立即吃掉,还是冷藏为宜。

5. 带馅面包

保质期根据馅心的不同而有区别,含耐储存的软质馅料(如豆沙馅、椰蓉馅、莲蓉馅)的面包的保质期为 2 ~ 3 天,而含肉馅(如鸡肉馅、牛肉馅)的面包,只能储存 1 天。

6. 丹麦面包

保质期较长,一般 3 ~ 5 天,但如果是带肉馅的丹麦面包(如金枪鱼丹麦面包)保质期同样只有 1 天。

7. 重油面包

因为高油高糖,因而保质期较长,可以存放 7 ~ 15 天,如葡萄干杏仁面包。

实例1　椰香面包

1. 产品简介

椰香面包，即将调好的椰蓉馅包入面团中。面包的香味包裹着椰蓉的清香，口感松软细腻，风味独特，深受消费者的欢迎。

2. 发酵方法

采用一次发酵法制作。

3. 原料及配方（表8-36）

表8-36　椰香面包的配方

原料	烘焙百分比（%）	实际用量（g）	椰香馅	用量（g）	产品图片
面包粉	100	1000	椰蓉	350	
酵母	1	10	白糖	250	
面包改良剂	0.3	3	鸡蛋	160	
盐	1	10	牛奶	75	
糖	14	140	黄油	200	
奶粉	4	40			
鸡蛋	10	100			
水	50	500			
黄油（奶油）	8	80			
合计	188.3	1883		1035	

4. 制作方法

（1）计量　将各种原料按配方中的比例称量好。

（2）搅拌　面包粉、酵母、面包改良剂、盐、奶粉、糖计量后倒入和面机中拌匀，加鸡蛋和水慢速搅拌至成团后，改快速搅拌至面筋形成（约4min），改慢速后加入黄油搅拌至黄油完全融入面团中后，快速搅打至面筋完全扩展即可。面团温度控制在28℃左右较为理想。

（3）面团发酵　发酵60min，翻面1次，继续发酵30min使酵母菌大量增殖。

（4）椰蓉馅的材料　鸡蛋、黄油、白糖、牛奶和椰蓉混匀即可。

（5）整形

①分割。将面团分割成80g的剂子。

②搓圆。分别搓成表面光滑的圆球。

③中间醒发。盖保鲜膜醒发 20min 使面团松弛。

④成型。擀压成圆形的皮，表面涂上椰蓉馅后，挤上沙拉酱即可。

（6）最后醒发　放入 38℃、相对湿度为 80% ~ 85% 的醒发箱醒发 60 ~ 70 min，使其体积增大到 2 倍以上。

（7）成熟　表面刷蛋液后，放入上火 210℃、下火 180℃ 烤箱，烘烤 12 ~ 15min，至表面金黄色即可。

5. 工艺操作要点

①控制好面团的搅拌程度，使其面筋完全扩展。

②烘烤至一半时间时最好将烤盘转方向再烤，以使面包上色均匀。

6. 成品要求

色泽棕黄色，粗细均匀，形态美观，口感柔软细腻，内部组织均匀，孔洞大小一致。

实例 2　乳酪蓝莓面包

1. 产品简介

乳酪蓝莓面包，由奶酪、糖、鸡蛋、淀粉制成的奶酪馅，色泽洁白，美味可口。在面团中抹上奶酪馅，入炉烘烤，乳酪面包应运而生。挤上蓝莓酱，既给面包增添了色彩，又添了几分酸甜。

2. 发酵方法

采用一次发酵法制作。

3. 原料及配方（表 8-37）

表 8-37　乳酪蓝莓面包的配方

原料	烘焙百分比（%）	实际用量（g）	馅料	实际用量（g）	产品图片
面包粉	100	1000	奶油奶酪	150	
酵母	1	10	绵白糖	100	
面包改良剂	0.5	5	奶油	100	
盐	1	10	鸡蛋	100	
全蛋	10	100	玉米粉	50	
糖	16	160			
冰水	49	490			
黄油	10	100			

4. 制作程序

（1）计量　将各种原料按配方中的比例称量好。

（2）搅拌　将面包粉、糖、盐、酵母、改良剂投入搅拌缸内，慢速拌匀；加入全蛋、冰水，慢速拌匀后转中速搅拌至面筋扩展；加入奶油慢速拌匀转中速搅至完成；完成后的面团可拉出薄膜状，面团的理想温度为28℃。

（3）面团发酵　发酵60min，翻面1次，继续发酵30min使酵母菌大量增殖。

（4）制作奶酪馅　将奶油奶酪、绵白糖充分拌匀，加入奶油搅拌均匀；一边搅拌一边加入鸡蛋，拌至硬性发泡；最后加入玉米粉拌匀即成奶酪馅，完成后的奶酪馅呈乳白色。

（5）整形

①分割。将面团用活动擀面棍擀开成与烤盘大小一致，放入烤盘，用擀面棍稍稍整理平整。

②成型。用刀尖或竹扦扎洞。

（6）最后醒发　放进35℃、相对湿度75%的醒发箱内，最后醒发至体积增大至原来的2倍以上。

（7）成熟　面团醒发至烤盘的六成满即可；将奶酪馅倒在面团上面，用刮板将奶酪馅抹平整；用裱花袋在表面挤上蓝莓酱；撒上香酥粒，入炉，以上火160℃、下火180℃的温度烘烤20min左右。出炉冷却后，用锯齿牙刀把面包分切成正方形或三角形。

5. 工艺操作要点

①面团整形时可以分两步完成，先将面团擀开松弛几分钟后，再将其擀成和烤盘大小一致的面坯。

②面坯整形好后要戳洞，防止发酵后中间鼓起。

③烘烤时下火不能太高。

6. 成品要求

具有浓郁的乳酪香味和奶香味。

实例3　火腿玉米面包

1. 产品简介

火腿玉米面包是将火腿丁、熟玉米粒和沙拉酱搅拌均匀制成火腿玉米馅，放在面包上烘烤而成的面包。成品既有面包的香甜，又有火腿玉米馅的鲜美，口感丰富而又独特，营养丰富。

2. 发酵方法

采用一次发酵法制作。

3. 原料及配方（表 8-38）

表 8-38　火腿玉米面包的配方

原料	烘焙百分比（%）	实际用量（g）	馅料	用量（g）	产品图片
面包粉	100	1000	熟玉米粒	300	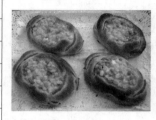
酵母	1.2	12	火腿丁	60	
面包改良剂	0.3	3	沙拉酱	45	
盐	1	10			
全蛋	10	100			
糖	14	140			
冰水	50	500			
黄油	10	100			

4. 制作程序

（1）计量　将各种原料按配方中的比例称量好。

（2）搅拌　将面包粉、糖、盐、酵母、改良剂放入搅拌缸内，快速拌匀；改慢速后加入全蛋、冰水搅拌至成团后，转中速搅拌至面筋扩展；加入黄油慢速搅拌至黄油完全融入面团后，转中速搅至面筋完全扩展；完成后的面团可拉出薄膜状，面团温度尽量控制在 28℃。

（3）面团发酵　发酵 60min，翻面一次，继续发酵 30min 使酵母菌大量增殖。

（4）整形

①分割。分割成 70g 的剂子。

②搓圆。分别搓成表面光滑的圆球。

③中间醒发。盖保鲜膜醒发 20min。

④成型。擀压成长椭圆形的皮，卷紧搓成光滑的长条，打单结，将长的一端塞入结中，两端相接，捏紧即可。

（5）最后醒发　放进 38℃、相对湿度 85% 的醒发箱中，醒发 1 ~ 1.5h，面包体积增大 2 ~ 3 倍即可。

（6）烤前装饰　表面刷蛋液后，在中心处放上火腿玉米调理馅即可。

（7）成熟　以上火 210℃、下火 170℃ 的温度烘烤 13min 左右。

5. 工艺操作要点

①控制好面团搅拌程度。

②控制好烘烤的时间和温度。

6. 成品要求

面包柔软香甜，并具有玉米和火腿的香味。

实例 4　葱油卷面包

1. 产品简介

葱油卷面包是在面包中裹入由火腿丝、黄油、白糖、低筋粉、葱末和椰蓉制成的葱油调理馅，既有葱花的清香，又有面包发酵的香味。口感丰富，风味独特。

2. 发酵方法

采用一次发酵法制作。

3. 原料及配方（表 8-39）

表 8-39　葱油卷面包的配方

原料	烘焙百分比（%）	实际用量（g）	葱油调理馅	用量（g）	产品图片
面包粉	100	1000	黄油	150	
酵母	1.2	12	火腿丝	30	
面包改良剂	0.3	3	白糖	80	
盐	1	10	低筋粉	60	
全蛋	10	100	椰蓉	50	
糖	14	140	葱末	20	
冰水	50	500			
黄油	10	100			

4. 制作程序

（1）计量　将各种原料按配方中的比例称量好。

（2）搅拌　将高筋粉、糖、盐、酵母、改良剂放入搅拌缸内，快速拌匀；改慢速后加入全蛋、冰水搅拌至成团后，转中速搅拌至面筋扩展；加入黄油慢速搅拌至黄油完全融入面团后，转中速搅至面筋完全扩展；完成后的面团可拉出薄膜状，面团温度尽量控制在28℃。

（3）面团发酵　盖上保鲜膜室温发酵60min，翻面后再发酵30min。

（4）整形

①分割。分割成300g的剂子。

②搓圆。分别搓成表面光滑的圆球。

③中间醒发。盖上保鲜膜，中间醒发20min左右。

④成型。擀成0.3cm厚长椭圆形的皮，均匀抹上一层葱油调理馅，顺长方向卷成长筒状，用手掌轻轻按压扁后，用小刀从中间切成两半，顶端不切断。

用双手将两条面剂扭成麻花状，将有层次的一面留在上面。

⑤装盘。烤盘刷油后，将成型的面包放入，留出3倍的空间。

（5）最后醒发　放进38℃、相对湿度80%～85%的醒发箱中，醒发1～1.5h，面包体积增大到2～3倍即可。

（6）烤前装饰　表面刷蛋液即可。

（7）成熟　以上火190℃、下火170℃的温度烘烤18min左右。

5. 工艺操作要点

①控制好面团搅拌程度。

②黄油需在室温软化后使用，采用小香葱效果更好。

6. 成品要求

面包柔软香甜，并具有浓郁的葱油香味。

实例5　肉松火腿辫子面包

1. 产品简介

肉松火腿辫子面包是在辫子面包表面摆放火腿片、挤上沙拉酱，蘸上肉松经烘烤而制成的一种面包。肉松调理面包味道香浓，形态美观，很受欢迎。

2. 发酵方法

采用一次发酵法制作。

3. 原料及配方（表8-40）

表8-40　肉松调理面包的配方

原料	烘焙百分比（%）	实际用量（g）	原料	调理馅（g）	产品图片
面包粉	70	700	肉松	500	
低筋粉	30	300	沙拉酱	150	
酵母	1.2	12	火腿	60	
面包改良剂	0.3	3			
盐	1.7	17			
全蛋	10	100			
糖	8	80			
奶粉	4	40			
冰水	50	500			
黄油	10	100			

4. 制作程序

（1）计量　将各种原料按配方中的比例称量好。

（2）搅拌 将面包粉、低筋粉、糖、盐、酵母、改良剂放入搅拌缸内，快速拌匀；改慢速后加入全蛋、冰水搅拌至成团后，转中速搅拌至面筋扩展；加入黄油慢速搅拌至黄油完全融入面团后，转中速搅至面筋完全扩展；完成后的面团可拉出薄膜状，面团温度尽量控制在28℃。

（3）面团发酵 盖上保鲜膜发酵30min，翻面后再发酵30min。

（4）整形

①分割。分割成60g的剂子。

②搓圆。分别搓成表面光滑的圆球。

③中间醒发。盖上保鲜膜，中间醒发20min左右。

④成型。擀成长椭圆形的皮，卷成长条状，每3根编成三股辫。

⑤装盘。烤盘刷油后，将成型的面包放入，留出3倍的空间。

（5）最后醒发 放进温度为38℃、相对湿度85%的醒发箱中，醒发1～1.5h，面包体积增大到2～3倍即可。

（6）烤前装饰 表面刷蛋液，摆放火腿片，挤上沙拉酱，撒上肉松。

（7）成熟 以上火180℃、下火200℃的温度烘烤13min左右。

（8）烤后装饰 待面包冷却后，在中间切一刀，底部不要切断，在切面上抹沙拉酱。在面包表面液均匀涂抹一层沙拉酱后，表面蘸肉松即可。

5. 工艺操作要点

①控制好面团搅拌程度。

②面包需要冷却到室温再切割涂抹沙拉酱，否则面包温度高会使沙拉酱融化。

实例6 汉堡包

1. 产品简介

汉堡包是在面包烤制后切开，挤上沙拉酱，夹入肉类、蔬菜等制成的一种面包。汉堡包是现代西式快餐中的主要食物，最早的汉堡包主要由两片小圆面包夹一块牛肉饼组成，现代汉堡中除夹传统的牛肉饼外，还在圆面包的第二层中涂以黄油、芥末、番茄酱、沙拉酱等，再夹入番茄片、洋葱、蔬菜、酸黄瓜等食物，就可以同时吃到主副食。这种食物食用方便、风味可口、营养全面，现在已经成为畅销世界的方便主食之一。汉堡热量高，含有大量脂肪，不适合减肥人群或高血压、高血脂人群过量食用。

汉堡包味道香浓，形态美观，很受欢迎。

2. 发酵方法

采用二次发酵法制作。

3. 原料及配方（表8-41、表8-42）

表8-41 汉堡包面团的配方

原料	烘焙百分比（%）		实际用量（g）		产品图片
	中种面团	主面团	中种面团	主面团	
面包粉	60	40	600	400	
酵母	0.8		8		
面包改良剂	0.3		3		
盐		1.5		15	
糖		8		80	
奶粉		3		30	
水	35	25	350	250	
黄油		5		50	

表8-42 各类汉堡包馅料的配方

牛肉馅原料	用量(g)	炸鸡腿原料	用量(g)	火腿原料	用量(g)
牛肉馅	500	鸡腿	1个	火腿片	500
洋葱	100	鸡蛋	100	番茄	100
面包糠	30	面包糠	30	酸黄瓜	80
盐	9	盐	9	生菜	80
胡椒粉	2	花椒粉	2	奶酪片	80
料酒	5	料酒	5	沙拉酱	100
鸡蛋	50	鸡蛋	50		
淀粉	3	淀粉	3		
调和油	200	调和油	500		

4. 制作程序

（1）计量　将各种原料按配方中的比例称量好。

（2）搅拌　面包粉、酵母、面包改良剂、盐、白糖、奶粉计量后，倒入和面机拌匀后，加鸡蛋、水慢速搅拌至成团，改快速搅拌使面筋形成。改慢速加入黄油继续搅打至黄油融入面团，改快速搅拌至面筋完全扩展。

（3）面团发酵　发酵40min，使酵母菌大量增殖。

（4）整形

①分割。分割成70g的剂子25个。

②搓圆。分别搓成表面光滑的圆球。

③中间醒发。盖保鲜膜醒发15min。

④成型。

汉堡包：搓圆后，表面蘸水后滚上白芝麻即可。

热狗：面团擀薄片，紧紧裹在火腿肠上，收口要收紧，摆盘。

（5）最后醒发　放入温度为 38℃的醒发箱醒发 45min 左右，使其体积增大 1 倍。

（6）成熟　180℃烘烤 30min。

（7）夹馅　夹入煎好的牛肉饼或鸡块、生菜片、色拉酱即可。

（8）装饰　热狗面包用消毒后竹扦穿在火腿肠上即可。

5. 工艺操作要点

①控制好面团搅拌程度。

②成型时表皮一定要搓得光滑。

③烘烤时烤箱的温度和湿度要控制好。

6. 成品要求

色泽金黄色，芝麻均匀，形态美观，口感柔软。

实例 7　三明治

1. 产品简介

三明治是以 2 片或 3 片面包夹几片肉、奶酪、蔬菜和各种调料制作而成的一种食用起来非常方便的食品（图 8-2）。三明治起源于英国东南部的一个小镇，是一位仆人为其酷爱玩纸牌的主人发明的一种可以边打牌边吃的食品，后来得以推广，成为广泛流行于西方各国的一种快餐食品。

三明治由于制作简单、食用方便、营养均衡、携带便利，因而迅速得到普及。制作三明治的面包除了常用的吐司面包以外，还有用法式长棍、意大利面包，也有用卷饼来制作的。而三明治的馅料也是五花八门，肉类馅料包括烤牛肉、火腿片、烤鸡、培根、鱼肉、虾肉、肉糜、香肠等；蔬菜馅料包括黄瓜、番茄、生菜、洋葱、土豆、辣椒、蘑菇等；乳制品包括奶酪、奶油；蛋类包括煎鸡蛋和煮鸡蛋切片等；调味料包括番茄酱、沙拉酱、果酱、辣椒酱、鱼子酱、花生酱和芥末等。

图 8-2　三明治

2. 原料及配方

三明治的种类较多，做法也不是很统一，常见的三明治配方如表 8-43 所示。

表 8-43　各类三明治馅料的配方

原料	火腿三明治	牛肉三明治	烤火鸡三明治	金枪鱼三明治	肉松鸡蛋火腿
吐司面包	3 片	3 片	3 片	3 片	3 片
火腿片	3 片	—	—	—	—
酱牛肉片	—	3 片	—	—	—
烤火鸡肉片	—	—	3 片	—	—
金枪鱼罐头	—	—	—	80g	—
肉松	—	—	—	—	60g
煎鸡蛋	1 个	1 个	1 个	—	—
煮鸡蛋	—	—	—	1 个	1 个
奶酪片	1 片或不加	1 片或不加	1 片或不加	1 片或不加	1 片或不加
黄瓜片	3 片	3 片	3 片	3 片	3 片
生菜	适量	适量	适量	适量	适量
番茄片	2 片	2 片	2 片	2 片	2 片
酱类	沙拉酱	沙拉酱	沙拉酱	蛋黄酱	沙拉酱

3. 制作程序

①各类蔬菜洗净沥干水分，番茄、黄瓜切成薄片。

②肉类原料切片，煎鸡蛋要煎到适宜的程度，煮鸡蛋冷透后切片。

③面包处理。冷加工的三明治直接使用吐司面包片，热加工三明治将吐司面包放入多士炉或烤箱中烘烤至两面微黄。

④三明治的制作。取一片面包涂上一层黄油，依次铺上番茄片、黄瓜片、煎鸡蛋，盖上一片面包后，铺上肉类、奶酪和生菜，挤上沙拉酱后盖上第三片面包。

⑤切片成型。用牙签固定后，沿对角线切成三角形即可。

⑥包装。去掉牙签后，将三明治装入包装盒中即可。

4. 工艺操作要点

①吐司面包片烘烤时间不宜过长，否则水分挥发过多会使三明治口感降低。

②黄油不宜涂抹过多，涂抹适量可以起到增香滋润的作用，涂抹过多则会油腻，且不利于健康。

③肉类原料应根据其使用特点进行适宜的加工，必要时可以加热处理。

④奶酪和酱料可以根据各人的喜好来添加。

5.成品要求

形状规则，口味搭配适合。

第九节　油炸面包的制作

油炸面包又称多纳滋面包，是采用油炸成熟的一类面包的统称，是深受消费者喜爱的面包品种。油炸面包近年来在我国也得到了推广，各地上市的油炸热狗面包、油炸汉堡包，受到消费者的普遍欢迎。和普通烘烤的甜面包相比，油炸面包具有口感更柔软、更湿润、入口轻盈的特点。一般情况下，油炸面包要比普通的甜面包保鲜时间长，不容易失水老化，口味好，这是普通面包不及的。油炸面包通常有圆圈状、圆形包馅、长圆形热狗状三种形状。

一、油炸面包的配方设计

油炸面包的配方中糖和油脂的含量不宜太高，因为在油炸时，糖多则面包表面上色过快，内部不熟。而油脂太多，面包油炸时还会吸油，会使面包过于油腻。油炸面包为了增加奶香味，同时使面包更柔软，添加牛奶或奶粉，一般的配方标准如表8-44所示。

表8-44　油炸面包的配方

原料	烘焙百分比 1(%)	原料	烘焙百分比 2(%)
面包粉	70	面包粉	80
低筋粉	30	低筋粉	20
酵母	0.8 ~ 2	酵母	0.8 ~ 2
面包改良剂	0.3 ~ 0.5	面包改良剂	0.3 ~ 0.5
盐	1 ~ 1.5	盐	1 ~ 1.5
糖	8 ~ 14	糖	8 ~ 14
鸡蛋	8 ~ 14	奶粉	5
牛奶	25	鸡蛋	8 ~ 14
水	25	水	46 ~ 52
黄油	4 ~ 6	黄油	4 ~ 6

二、油炸面包的制作工艺

1.制作工艺流程

计量 → 面团搅拌 → 面团发酵 → 分割 → 搓圆 → 中间醒发 → 成型 → 最后醒发 → 油炸 → 冷却 → 装饰 → 包装

2.油炸面包的操作要点

（1）面团搅拌 面团搅拌至面筋完全扩展阶段，面团温度一般控制在26℃左右。如果面团温度过高，容易发酵过度，则面包太黏、易变性，油炸时需要的时间较长，吸油增多，使面包过于油腻。

（2）面团发酵 油炸面包的面团发酵至八成即可，不宜完全发酵。即发酵后面团体积为发酵前体积的2倍左右即可，此时用手指按下后有明显的指印，不需翻面。

（3）面团整形 油炸面包常见的有三种形状，即圆圈状、圆形包馅、长圆形热狗状。整形方法有两种：一种是将大块的面团压成厚片，用甜甜圈的模具刻制成型；另一种是将面团分割成30～40g的小剂子搓圆后，松弛10～15min，然后擀薄了卷成长条状，将两头接在一起即可。

（4）醒发 油炸面包坯在醒发时不需要太高的温度和湿度，应在较低的温湿度条件下醒发。醒发温度一般为35℃，相对湿度为70%。如果温度太高，整形后的面包坯流动性好，向四周推开，使成品扁平，形状不好。醒发时如果相对湿度过大，醒发室顶水珠较多，会直接漏到面团上。醒发后面团皮薄，滴上水珠后很快破裂，跑气塌陷，而且烘焙时，不易着色，应特别注意控制湿度。另外，往醒发箱送盘时，应先平行从上往下入架，轻拿轻放，不得振动，防止面团跑气塌陷。总之，要制作高质量油炸面包，醒发工序是关键。

（5）油炸 油炸时应注意以下几方面。

①油炸食品最好用能控制温度并带有沥油、栅网的电炸锅进行。

②选择符合卫生要求、发烟点高，不易氧化，加热时产生泡沫少的食用油，如氢化植物油或含有棕榈油的植物调和油，且炸制的面包表层不油腻。

③油温应控制在180～190℃，不超过200℃。如果油温太高，则面包表皮上色太快，容易表面颜色太深而内部不熟。若油温太低，则油炸时间较长，上色慢，面包吸油较多。油炸面包的正常吸油率一般为15%～20%。

④面包炸制的时间一般为1～2min，炸好后的面包放在沥油网上沥去多余油，最好用消毒纸吸去面包表面的油分。

⑤油炸炉应保持清洁，每次炸完后可在油锅中放入几根大葱或土豆片，以去除油内的不良气味，并用滤网过滤以去除锅底的杂质，二次利用时，还应加一定量的新油。

三、面包的品质鉴定

不同国家和地区的面包差异较大，因而品质鉴定方法各不相同，但主要都是从面包的外观和内质两方面进行评分。目前，国际上普遍采用由美国烘焙学院制定的面包品质鉴定标准。该方法采用百分制，其中面包的外观占 30 分，内质占 70 分，低于 75 分的视为不合格产品。

（一）面包的感官评价方法

将面包放在清洁、干燥的白瓷盘上，用目测检查形态、色泽、体积、烘焙的均匀程度和表皮质地。用餐刀按四分法切开，观察组织结构、颗粒大小、内部颜色，然后闻面包的香气，品尝面包的口感和滋味，逐项做出评价。

（二）面包外观评分标准

1. 体积

面包的体积一般用比体积或比容来表示。面包体积并不是越大越好，面包体积过大，会使组织不均匀，大气孔较多；面包体积过小，会使内部组织过于紧密，缺乏弹性，老化快。不同种类的面包，其比体积也不同，一般在 4.5 ~ 6.5 的范围内。

2. 表皮颜色

面包的表皮颜色应呈金黄色、淡棕色或棕红色，色泽均匀，不应有花斑点和条纹。表皮颜色与烘培温度，面团内糖量等有关。

3. 外观形态

面包的外观形态应饱满、完整，形状应与品种造型相符。

4. 烘焙均匀程度

烘焙良好的面包应当上色均匀，顶部颜色稍深，边壁和底部稍浅，无黑泡或明显焦斑。

5. 表皮质地

不同种类的面包对表皮质地的要求各不相同。软式面包的表皮较薄、柔软、光滑、无破裂。硬质面包表皮硬脆，有裂口；松质面包表皮酥松，层次清晰。

（三）面包内部评分标准

面包内部评分包括颗粒状况、内部颜色、香味、口味和口感和组织结构等 5 项。

1. 颗粒状况

颗粒状况直接影响着面包的内部组织和品质。烘焙正常的面包应该颗粒大小一致，气孔小且呈拉长形状，气孔壁薄、透明，无不规则的大孔洞。颗粒和气孔的大小与加工工艺操作有直接关系。如果面团在搅拌和发酵过程中操作得当，形成的面筋网状结构较为细腻，则烤后的面包内部颗粒和气孔也较细小，并且有弹性，柔软，面包切片时不易碎落。如果使用的面粉筋力小，搅拌和发酵不当，则形成的面筋网状结构较为粗糙、无弹性，烤好的面包气孔大，颗粒也粗糙，切片时碎块多，气孔壁厚，弹性差。大孔洞多数是由整形不当引起的，颗粒粗糙、松散则主要由面团搅拌不足所致。

2. 内部颜色

正常的面包内部颜色应该呈白色或乳白色，有光泽，面包的内部颜色与原材料和加工工艺都有直接的关系。面粉加工精度高，含麸皮少，则面包内部颜色白；如果面粉加工精度低，含麸皮较多，则面包内部颜色变深。面粉筋力过小，面包网状结构不强，则气孔大，颗粒粗，内部颜色黑。配方含有大量辅料，如鸡蛋、奶油等会影响内部颜色。面包内部颜色还因加工工艺不同而有差异，如搅拌不足，面筋形成少；发酵不足或过度，造成面包颗粒粗糙、孔洞多、阴影多，则内部颜色变得阴暗和灰白。

3. 香味

面包的香味是由外皮和内部两部分共同产生的。外表香味主要是在烘焙过程中的美拉德反应、焦糖化反应以及面粉的麦香味组成的，因此面包烘焙一定要使面包表皮产生金黄的颜色，否则焦化程度不够，面包表皮香味不足。面包内部的香味是由原料、面团发酵和烘焙三方面共同形成的。正常的面包不应有过重的酸味，不能有霉味、油的酸败味或其他怪味。此外，香味不足主要是因为面团发酵不足，也是不正常的。

4. 口味和口感

不同品种的面包应具有该品种的口味和口感。软式面包应具有发酵和烘烤后的面包香味，松软适口，无异味；硬式面包应耐咀嚼，无异味；起酥面包应表皮酥脆，内质松软，口感酥香，无异味。

5. 组织与结构

面包的内部组织应均匀，颗粒和气孔大小一致，无大孔洞，柔软细腻，不夹生，不破碎，有弹性，疏松度好。

四、面包常见质量问题分析

1. 面包的外观质量问题及原因

（1）面包表皮龟裂

面包表皮龟裂的原因有面粉的面筋度太强，加水量太少导致面团过硬，搅拌时间不足，发酵时间不足，面团结皮，醒发箱温度太高，发酵过度，烤箱上火温度太高，烤箱温度太低，出炉后温差大等。

（2）面包体积小

面包体积小的原因有酵母添加量太少，酵母活性低，面粉筋力太强或太弱，糖或盐添加太多，水质硬度过高，淀粉酶作用过强，面团搅拌不足或过度，面团温度太低，面团发酵时间过短或过长，中间醒发时间不足，最后醒发时间不足或面团结皮，烤炉太热或蒸汽不足等。

（3）面包表皮颜色太浅

面包表皮颜色太浅的原因有糖用量不足，奶粉用量少，水质太软，面团改良剂用量太多，面粉中淀粉酶活性不足，面团搅匀不适当，面团发酵过度，烤炉上火不足，醒发室温度太低，醒发时间太长，烤炉温度太低等。

（4）面包表皮颜色太深

面包表皮颜色太深的原因有糖、奶粉或鸡蛋用量过多，面团搅拌过度，发酵时间太短，醒发室温度太高，烤炉内上火太高，烤炉温度太高，烘烤过度，烤炉内有闪热等。

（5）面包表皮有气泡

面包表皮有气泡的原因有面团发酵不足，面团搅拌过度，面团太软，面团整形时不小心，机械操作不当，醒发室湿度太大，烤炉操作不当，烤炉内上火太大等。

（6）面包表皮太厚

面包表皮太厚的原因包括面粉的面筋度太强，面粉中缺乏淀粉酶，面团改良剂用量太多，糖用量太少，奶粉用量太少，油脂用量不足，面团发酵过久，烘烤温度太低，烘烤过度，烤炉内湿度太低等。

（7）面包上部形成硬壳

面包上部形成硬壳的原因有面粉的面筋度太低或缺少淀粉酶，使用了新磨出来的面粉，面团太硬，中间醒发室湿度太低，最后醒发时间不足，烤炉底火温度太高，烤炉内缺少蒸汽等。

（8）面包表皮无光泽

面包表皮无光泽的原因有配方成分太低，盐的用量少，整形时撒粉太多，使用了过多的老面团，最后醒发室温度太高，烤炉温度太低或缺少蒸汽，使用了高压蒸汽等。

（9）面包表皮有不良斑点

面包表皮有不良斑点的原因有原材料没有搅匀，奶粉没有完全溶解，整形时撒太多干粉，最后醒发室内水蒸气凝结成水滴，烘烤前面团上有糖，烤炉的水蒸气管流出水等。

2. 面包的内部质量问题及原因

（1）面包内部颗粒粗大

面包内部颗粒粗大的原因有面粉面筋度太低，面团搅拌不当，水硬度太大，面团发酵不足或过久，中间醒发时间太长，最后醒发湿度太高或时间太长，烤箱温度太低等。

（2）面包组织不良

面包组织不良的原因有面粉的面筋度太低，水硬度太大，油脂用量太少，面团太硬或太软，面团搅拌不当，面团发酵不足或过久，中间醒发时间太长，整形操作不当，撒粉太多，最后醒发温度太高、湿度太大或时间太长，烤箱温度太低等。

（3）面包内部灰白色而无光泽

面包内部灰白色而无光泽的原因有面粉品质不佳，麦芽制品的用量过多，面团搅拌过头，面团发酵时间太长，烤盘涂油太多，最后醒发时间太长，烤箱温度太低等。

（4）面包风味或口感差

引起面包风味或口感差的原因很多，任何一种不恰当的操作都会引起面包风味和口感较差，包括原材料品质不好，盐的用量太少或太多，配方比例不平衡，香料使用过量，面团搅拌不正确，发酵槽不干净，面团发酵不足，面团发酵时间太长，最后醒发时间太长，撒粉太多，烤炉温度太低，面包烘烤不足，烤炉内部不干净，面包未冷却至适当温度即包装，使用不良的装饰材料，面包老化，使用了酸败油涂烤盘，烤盘没有充分清洗干净等。

3. 面包储存质量问题及原因

（1）面包的储存性差，老化快、易变硬

面包贮存性差的原因有面粉品质不佳，糖用量太少，面团的机械性损伤过度，面团发酵不足，最后醒发时间太长，烤炉温度太低，烤炉内缺少蒸汽，面包出炉后冷却过长再包装，冷却条件不良，包装不良，储藏条件不良等。

（2）面包易于发霉。

面包易于发霉的原因有面包生产环境卫生不达标，工器具被污染，面包冷却不当，设备及包装材料不卫生，储藏间温度湿度不当，环境卫生差等。

实例1 甜甜圈

1. 产品简介

甜甜圈又称多纳滋、唐纳滋、面包圈等。1940年，美国有一位船长，他小时候非常爱吃妈妈亲手制作的炸面包，但有一天他发现炸面包的中央部分因油炸时间不足而还没完全熟，于是他的母亲便将炸面包的中央部分挖除，再重新油炸一次，发现炸面包的口味竟然更加美味，于是中空的炸面包——甜甜圈，便就此诞生。甜甜圈是以高温热油来油炸，因此甜甜圈好吃的秘诀便在于如何在短时间内让甜甜圈完全炸熟，以保持其柔软、滋润的口感。

2. 发酵方法

采用一次发酵法制作。

3. 原料及配方（表8-45）

表8-45　甜甜圈的配方

原料	烘焙百分比（%）	实际用量（g）	产品图片
面包粉	70	700	
低筋粉	30	300	
酵母	1.5	15	
面包改良剂	0.5	5	
盐	1	10	
糖	13	130	
鸡蛋	12	120	
牛奶	25	250	
水	25	250	
黄油	6	60	

4. 制作程序

（1）计量　将各种原料按配方中的比例称量好。

（2）搅拌　将面包粉、低筋粉、酵母、面包改良剂、盐、糖计量后，倒入和面机，快速搅拌均匀后，改慢速加鸡蛋、牛奶和水搅拌至成团（约3min），改快速搅拌至面筋形成。此时改为慢速，加入黄油，继续搅打至黄油全部融入面团中后，改快速搅拌至面筋扩展阶段即可。

（3）面团发酵　在温度30℃、相对湿度70%～75%的条件下发酵50min，中途翻面1次。

（4）整形

甜甜圈的成型方法有两种，一种是利用甜甜圈的模具成型，另一种是手工成型。

①模具成型。将面团擀成1cm厚的片，然后用模具刻出甜甜圈即可。

②手工成型。将面团分割成40g的剂子，搓圆后中间醒发15min后。将每个剂子中间用大拇指挖洞后，撑拉成圆圈状即为甜甜圈面坯。

（5）最后醒发　温度33℃、相对湿度70%～75%的醒发箱醒发30min左右，使其体积增大1倍即可。

（6）吉士酱的制作　吉士粉30g、牛奶20g、白糖10g混合拌匀即可。

（7）成熟　四成油温入锅，小火升温，炸 5 ~ 8min 至面包表面金黄色即可。

（8）装饰　表面可以撒糖粉，也可以蘸熔化的黑巧克力后，粘上烤熟的杏仁片、熟花生或碎彩针，也可以用白马糖进行装饰。

5.工艺操作要点

①控制好面团搅拌程度，达到面筋扩展阶段即可。

②醒发室的温度和湿度不宜太高，否则面包坯会吸水变黏，不易操作。

③控制最后醒发的程度，不需要醒发太充分，为原来体积的 1 ~ 2 倍即可。醒发太充分，面包太软，从烤盘取出比较困难，易变形、油炸后易塌陷。

6.成品要求

金黄色，表面光滑，形态美观，口感柔软香甜。

实例 2　油炸豆沙包

1.产品简介

油炸豆沙包是指在面团中包入豆沙馅后，然后压成小圆饼状，油炸而成的一类味道香甜、口感滋润细腻的一种面包。

2.发酵方法

采用一次发酵法制作。

3.原料及配方（表 8-46）

表 8-46　油炸豆沙包的配方

原料	烘焙百分比（%）	实际用量（g）	产品图片
面包粉	80	800	
低筋粉	20	200	
即发干酵母	1.5	15	
面包改良剂	0.5	5	
盐	1	10	
糖	12	120	
奶粉	5	50	
鸡蛋	8	80	
水	53	530	
黄油	5	50	
豆沙馅	适量	适量	

4. 制作程序

（1）计量 将各种原料按配方中的比例称量好。

（2）搅拌 面包粉、低筋粉、酵母、面包改良剂、盐、糖、奶粉计量后，倒入和面机中拌匀，加鸡蛋、水搅拌至成团，加入黄油继续搅打至黄油融入面团，改快速搅拌至面筋扩展阶段即可

（3）面团发酵 发酵 60min，使酵母菌大量增殖。

（4）整形

①分割。分割成 35g 的剂子。

②搓圆。分别搓成表面光滑的圆球。

③中间醒发。盖保鲜膜中间醒发 15min。

④成型。将面团擀成中间厚边缘稍薄的皮后包上豆沙馅，收口收紧后按成圆饼状装盘。

（5）最后醒发 在温度 33 ~ 35℃、相对湿度 70% ~ 75% 的醒发箱醒发 30min 左右，使其体积增大 1 倍即可。

（6）成熟 四成油温入锅，小火升温，面包坯每面各炸制 1min 至表面金黄色即可。

（7）装饰 表面可以撒糖粉，也可以蘸糖浆后撒上椰丝。

5. 工艺操作要点

①控制好面团搅拌程度。

②包馅后收口一定要捏紧，否则醒发后容易撑开，油炸时容易露馅。

③控制好发酵的温度、相对湿度和时间。

④掌握好油炸的温度和时间。

6. 成品要求

金黄色，表面光滑，形态美观，口感柔软香甜。

实例 3　油炸热狗面包

1. 产品简介

油炸热狗面包是将包了热狗肠的面包卷油炸制成的一类面包。

2. 发酵方法

采用一次发酵法制作。

3. 原料及配方（表 8-47）

表 8-47　油炸热狗面包的配方

原料	烘焙百分比（%）	实际用量（g）	产品图片
面包粉	80	800	
低筋粉	20	200	
即发干酵母	1.5	15	
面包改良剂	0.5	5	
盐	1	10	
糖	12	120	
奶粉	5	40	
鸡蛋	8	80	
水	53	530	
黄油	5	50	
热狗肠	—	适量	

4. 制作程序

（1）计量　将各种原料按配方中的比例称量好。

（2）搅拌　面包粉、低筋粉、酵母、面包改良剂、盐、糖、奶粉计量后倒入和面机，搅拌均匀后，加鸡蛋和水搅拌至成团后，改快速搅拌至面筋形成。加入黄油慢速搅打至黄油融入面团，最后改快速搅拌至面筋扩展即可。

（3）面团发酵　发酵 40min，使酵母菌大量增殖。

（4）整形

①分割。分割成 70g 的剂子。

②搓圆。分别搓成表面光滑的圆球。

③中间醒发。盖保鲜膜醒发 15min。

④成型。将面团擀成中间厚边缘稍薄的皮后包上热狗肠，收口收紧后装盘。

（5）最后醒发　放入温度 35℃、相对湿度 70% ～ 75% 的醒发箱醒发 30min 左右，使其体积增大 1 倍。

（6）成熟　175℃炸 3 ～ 4min 至面包表面金黄色即可。

5. 工艺操作要点

①控制好面团搅拌程度。

②控制好发酵的温度、相对湿度和时间。

③掌握好油炸的温度和时间。

6. 成品要求

金黄色，表面光滑，形态美观，口感柔软香甜。

第十节　杂粮面包的制作

杂粮面包是指在面包粉中添加一定比例的燕麦粉、玉米粉、黄豆粉、荞麦粉、薯泥或亚麻籽等原料制成的面包。与普通面包相比，杂粮面包富含膳食纤维，可以促进肠道蠕动，预防便秘和肥胖，还可以促进肠内有益菌群的增殖，使有致病危险的氨作为氮源被分解利用。燕麦、豆类和薯类等杂粮富含高效的蛋白质，还含有丰富的维生素及矿物质，添加到面包中可以提高营养价值。

实例1　全麦面包

1. 产品简介

全麦面包是指用没有去掉外面麸皮和麦胚的全麦面粉制作的面包。它的特点是颜色微褐，肉眼能看到很多麦麸的小粒，质地比较粗糙，但有香气。由于它营养价值比白面包高，B族维生素丰富，更有利于霉菌等微生物的生长，所以比普通面包更容易生霉变质。

2. 发酵方法

采用一次发酵法制作。

3. 原料及配方（表8-48）

表8-48　全麦面包的配方

原料	烘焙百分比（%）	实际用量（g）	产品图片
全麦面粉	100	300	
酵母	1	3	
糖	4	12	
水	62	186	
橄榄油	4	12	
盐	2	6	

4. 制作程序

（1）计量　将各种原料按配方中的比例称量好。

（2）搅拌　将所有干性原料倒入和面机拌匀后，加入水慢速搅拌成团，改快速搅拌促进面筋形成。慢速加入橄榄油拌匀后，快速搅拌至面筋扩展即可。

（3）面团发酵　盖上保鲜膜常温发酵90min。

（4）面包成型

①分割。发酵好的面团排气，分割成每个60g的小剂子，滚圆后盖上保鲜膜，

中间醒发 15min。

②成型。将醒发好的面团搓圆成光滑的圆球，放入烤盘。

（5）最后醒发　放入温度 38℃、相对湿度 80%～85% 的醒发箱醒发 60min 左右。

（6）成熟　放入预热到 200℃ 的烤箱烘烤 25min 左右，至表面金黄色即可。

5. 工艺操作要点

①面团揉到面筋扩展阶段即可，无须搅打到完全扩展阶段。

②基本发酵的时候，用手指蘸面粉插入面团，手指取出后，孔不会回缩，即表示发酵完成。

③配料中的橄榄油，可以用黄油代替。

④出炉后，在 8h 内吃完为宜。否则表皮会变得不好吃，组织也会不松软。

6. 成品要求

颜色均匀，质地松软。

实例 2　燕麦面包

1. 产品简介

燕麦面包即为加燕麦粉和生燕麦片制作的面包，它的特点是表面较粗糙，肉眼能看到燕麦颗粒，有谷物的香味。燕麦面包具有很高的营养价值。

2. 发酵方法

采用一次发酵法制作。

3. 原料及配方（表 8-49）

表 8-49　燕麦面包的配方

原料	烘焙百分比（%）	实际用量（g）	产品图片
面包粉	100	500	
酵母	1	5	
鸡蛋	30	150	
燕麦	10	50	
盐	1	5	
水	35	175	
黄油	4	20	
芝麻	20	100	

4. 制作程序

（1）材料准备　燕麦用开水泡 0.5h。

（2）搅拌　将面包粉、盐、酵母、燕麦投入搅拌缸内慢速拌匀，加鸡蛋和水搅拌成团后，快速搅拌使面筋形成。加入黄油，慢速拌匀至黄油融入面团后，转中速搅拌至面团表面光滑。

（3）面团发酵　盖上保鲜膜常温发酵至体积增大至原来的2倍。

（4）整形

①分割。发酵完成后分割成60g的剂子，揉圆后中间醒发15min。

②成型。用活动擀面棍擀成0.8cm厚的长方形面片，卷成卷即可。

（5）最后醒发　放入烤盘，放进醒发箱，在温度35℃、相对湿度为75%～80%的条件下醒发至原体积的3倍左右。

（6）成熟　在表面刷上蛋液，再撒上芝麻，上火180℃、下火200℃，烘烤16min左右。

5. 工艺操作要点

①控制好面团搅拌程度。

②燕麦分布要均匀。

③烘烤时下火不能太高。

6. 成品要求

成品色泽要均匀。

实例3　黑麦面包

1. 产品简介

黑麦面包是一种用黑麦面粉做成的面包，起源于德国，和白面包相比，黑麦面包颜色更深，含有丰富的膳食纤维和铁。

2. 发酵方法

采用一次发酵法制作。

3. 原料及配方（表8-50）

表8-50　黑麦面包的配方

原料	烘焙百分比（%）	实际用量（g）	产品图片
面包粉	100	1500	
酵母	1.6	24	
全麦粉	20	300	
黑芝麻	16	240	
黑麦水	10	150	
水	52	780	
糖	2	30	
盐	2	30	

4. 制作程序

（1）计量　将各种原料按配方中的比例称量好。

（2）搅拌　将高筋面粉、糖、酵母、全麦粉、盐投入搅拌缸内慢速拌匀，加入黑麦水和水慢速搅拌成团后，转快速搅拌至面筋扩展。最后加入黑芝麻慢速拌匀即可，面团的理想温度为26℃。

（3）面团发酵　将面团盖上保鲜膜室温发酵90min。

（4）整形

①分割。发酵完成后分割成400g的剂子。

②搓圆。将面团用手适当滚圆，不用滚得太紧。

③中间醒发。盖上保鲜膜松弛20min。

④成型。松弛完成后用擀面棍擀开，由三面向中间折叠成三角形状，捏紧收口。表面撒面粉，排入烤盘。

（5）最后醒发　放入醒发箱进行最后醒发，温度35℃、相对湿度75%～80%，发酵至原体积的3倍左右。

（6）成熟　入炉，以上火200℃、下火200℃的温度烘烤约18min。

5. 工艺操作要点

①控制好面团搅拌程度。

②烘烤时烤箱一定要通蒸汽，调节烤箱内的湿度。

③烘烤时下火不能太高。

6. 成品要求

质地松软，黑麦芝麻口味。

实例4　小米吐司

1. 产品简介

小米吐司是在面团中加入了蒸熟后的小米制成的吐司面包，经切片后呈正方形，是西式吐司面包的一种，在欧陆式早餐常见，营养丰富。

2. 发酵方法

采用一次发酵法制作。

3. 原料及配方（表8-51）

表8-51　小米吐司的配方

原料	烘焙百分比（%）	实际用量（g）	产品图片
面包粉	100	1000	
酵母	1.2	12	
面包改良剂	0.5	5	
盐	1.3	13	
糖	18	180	
大豆粉	10	100	
全蛋	10	100	
冰水	50	500	
黄油	10	100	
小米	20	200	

4. 制作程序

（1）计量　将各种原料按配方中的比例称量好，将小米蒸熟待用。

（2）搅拌　将面包粉、糖、改良剂、大豆粉、酵母和盐倒入搅拌缸内，慢速拌匀。加入全蛋和冰水先慢后快搅拌至面筋扩展。加入黄油用慢速拌匀转中速搅拌至完成，完成后的面团可拉出薄膜状。加入蒸熟的小米慢速拌匀即可，面团理想温度为28℃。

（3）面团发酵　将完成的面团盖上保鲜膜发酵50min。

（4）整形

①分割。发酵完成后将面团分割成120g的剂子。

②搓圆。将面团滚圆，不用滚得太紧。

③中间醒发。盖上保鲜膜松弛20min。

④成型。松弛完成后用擀面棍擀开，将擀开的面团由上而下搓起成棍形。

（5）最后醒发　3个一组排入相对应的模具内，放入醒发箱进行最后醒发，温度35～38℃，相对湿度75%～80%。

（6）成熟　发酵完成时面包体积达到模具的八成满即可。以上火180℃、下火230℃的温度烘烤约40min。

5. 工艺操作要点

①控制好面团搅拌程度。

②蒸熟小米凉好再用。

③烘烤时烤箱一定要通蒸汽，调节烤箱内的湿度。

④烘烤时下火不能太高。

6. 成品要求

奶香浓郁，有米香味。

实例5　红薯百叶面包

1. 产品简介

在面包中加入红薯泥，增加了面包的营养价值，同时使面包具有了特殊的红薯香味。

2. 发酵方法

采用一次发酵法制作。

3. 原料及配方（表8-52）

表8-52　红薯百叶面包的配方

原料	烘焙百分比（%）	实际用量（g）	红薯泥馅	用量（g）	产品图片
面包粉	100	750	红薯泥	400	
酵母	1.2	9	奶油	40	
盐	1	7.5	砂糖	80	
糖	14	105			
奶粉	2	15			
面包改良剂	0.5	4			
鸡蛋	18	135			
水	45	338			
黄油	6	45			

4. 制作程序

（1）计量　将各种原料按配方中的比例称量好。

（2）搅拌　将面包粉、改良剂、酵母、奶粉、盐、糖投入搅拌缸内慢速拌匀。加入全蛋和水慢速拌匀后转中速搅拌至面筋扩展。加入黄油慢速拌匀后转中速搅拌至完成。完成后的面团可拉出薄膜状，面团温度为28℃。

（3）面团发酵　盖上保鲜膜常温发酵60min。

（4）红薯泥馅心的制作　红薯去皮洗净后，切片上笼蒸熟，捣碎成泥，拌入黄油和糖即可。

（5）整形

①分割。发酵完成后分割成每个150g的面团，放入冷柜冷冻至一定的硬度。

②成型。用擀面棍擀成 0.8cm 厚的长方形面片。将红薯泥抹在面片的一边。将面片对折。盖住红薯泥，用手掌轻轻压实，面片切成 20cm×2cm 的长条。三条一组编成三股辫子。

（6）最后醒发　排入烤盘，放进醒发箱，在温度 38℃、相对湿度 80% ~ 85% 的条件下醒发至原体积的 3 倍左右。

（7）成熟　在表面刷上蛋液，撒上杏仁片，并用裱花袋挤上巧克力酱，放入上火 180℃、下火 200℃ 的烤箱中烘烤 16min。

5. 工艺操作要点

①面团搅拌要充分，至面筋完全扩展阶段。

②烘烤时下火不能太高，防止上色太快。

6. 成品要求

红薯蒸熟后去筋捣烂成泥。

实例 6　香芋面包卷

1. 产品简介

香芋面包是指包入香芋馅制作的发酵面包。它的特点是颜色微黄，质地松软，有浓郁的香芋的香气。

2. 发酵方法

采用一次发酵法制作。

3. 原料及配方（表 8–53）

表 8–53　香芋面包卷的配方

原料	烘焙百分比（%）	实际用量（g）	香芋馅	用量（g）	产品图片
面包粉	100	1000	熟香芋	500	
酵母	1	10	砂糖	100	
改良剂	1	10	牛奶	50	
盐	1	10	黄油	35	
绵白糖	5	50			
水	42.5	425			
黄油	10	100			
奶粉	5	50			

4. 制作程序

①计量。将各种原料按配方中的比例称量好。

②搅拌。将所有干性原料投入搅拌缸内慢速拌匀，加入水先慢后快搅拌至面筋扩展。加入黄油用慢速拌匀转中速搅拌至完成，完成后的面团可拉出薄膜状。面团理想温度为 28℃。

③面团发酵。将完成的面团盖上保鲜膜发酵 50min。

④制作香芋馅心。在熟香芋中加入砂糖、牛奶、黄油，充分搅拌，制成香芋馅。

⑤整形。发酵完成后的面团用擀面棍擀开，均匀地抹上香芋馅心，将面坯由上而下搓成圆柱形，切割成 3cm 厚的面包卷。横着摆放在烤盘中，留出 2 倍大小的空间。

⑥最后醒发。放进温度 35 ~ 38℃、相对湿度 75% ~ 80% 的醒发箱中进行最后醒发。

⑦成熟。上火 220℃、下火 180℃，烘烤 12min 左右，至表面金黄色即可。

5. 工艺操作要点

①面团要搅拌至面团完全扩展阶段。

②烘烤时下火不能太高，烤至中途可以转动烤盘使面包上色均匀。

6. 成品要求

面包形态饱满，色泽均匀有光泽，内部组织均匀，香芋味浓郁。

实例 7 杂粮燕麦面包

1. 产品简介

杂粮燕麦面包是指加入黑芝麻、花生碎、杏仁片、核桃等辅料并表面沾有燕麦制成的面包。相较于普通面包，它含有更加丰富的矿物质、纤维质和维生素。

2. 发酵方法

采用一次发酵法制作。

3. 原料及配方（表 8-54）

表 8-54　杂粮燕麦面包的配方

原料	烘焙百分比（%）	实际用量（g）	产品图片
面包粉	100	2000	
酵母	1.2	24	
大豆粉	5	100	

续表

原料	烘焙百分比（%）	实际用量（g）	产品图片
盐	2	40	
糖	5	100	
水	58	1160	
奶粉	5	100	
改良剂	0.5	10	
黄油	5	100	
黑芝麻	2	40	
花生碎	5	100	
杏仁片	8	160	
核桃碎	8	160	

4. 制作程序

（1）计量　将各种原料按配方中的比例称量好。

（2）搅拌　将高筋粉、大豆粉、改良剂、酵母、糖、盐、奶粉投入搅拌缸内慢速拌匀。加入水慢速拌匀后转中速拌至面筋扩展，加入黄油先慢速拌匀后转快搅拌至完成，完成后的面团可拉出薄膜状，加入黑芝麻、花生碎、杏仁片、核桃碎慢速拌匀即可（面团温度28℃）。

（3）面团发酵　盖上保鲜膜常温发酵30min。

（4）整形

①分割。将面团分为150g的剂子。

②搓圆。轻轻滚圆，不用滚得太紧，盖上保鲜膜松弛20min左右。松弛后，用手掌拍扁面团，排气。卷成橄榄形，在表面撒上燕麦片。

（5）最后醒发　排入烤盘中，放进醒发箱醒发，温度35℃，相对湿度80%，醒发至原体积的3倍左右。

（6）成熟　入炉，以上火200℃、下火190℃烤约20min即可。

5. 工艺操作要点

①控制好面团搅拌程度。

②烘烤时烤箱一定要通蒸汽，调节烤箱内的湿度。

③烘烤时下火不能太高。

6. 成品要求

外脆里软，有淡咸味的健康面包。

实例 8　杂粮葡萄干面包

1. 产品简介

杂粮葡萄干面包中除了高筋小麦粉以外，还加入了全麦粉、红豆粉、紫米粉、燕麦粉等杂粮粉类，揉入了大量葡萄干，不但使面包的营养更全面，更健康，同时为面包带来了特殊的风味。

2. 发酵方法

采用汤种发酵法制作。

3. 原料及配方（表 8-55）

表 8-55　杂粮葡萄干面包的配方

原料	烘焙百分比（%）	实际用量（g）	产品图片
面包粉	80	240	
全麦粉	20	60	
即发干酵母	1.3	3.9	
糖	10	30	
燕麦	7	21	
红豆	7	21	
紫米	7	21	
盐	1.7	5.1	
水	60	180	
汤种	30	90	
黄油	6.7	20	
葡萄干	10	30	

4. 制作程序

①材料准备。红豆、紫米、燕麦放入食品加工机，研磨成粉末，葡萄干洗净泡软。

②汤种制作。汤种面团的配方为面包粉 100g、糖 10g、盐 1g、95℃的开水 100 mL。将面粉、糖和盐混合后慢慢加入开水，慢速搅拌至面团不粘搅拌缸壁，面团温度降至室温为止。搅拌好的汤种面团需放入带盖的容器中或用保鲜膜封口，放在冷藏室存放 16 ~ 18h 即可使用。如果来不及使用，汤种面团可以在冷藏条件下保存 3 天。

③ 计量搅拌。所有干性材料混合均匀，加入水和汤种，慢速搅拌至成团后，快速搅拌至面团光滑。加入室温软化的黄油，慢速搅拌使黄油吸入面团后，快速搅拌至面筋扩展阶段，最后改慢速加入泡好的葡萄干拌匀即可。

④面团发酵。搅拌好的面团盖上保鲜膜，在温度 28 ~ 30℃、相对湿度 70% ~ 75% 的条件下进行基础发酵，发酵至原来面团体积的 2.5 倍即可。

⑤ 成型。发酵完成的面团分割成 350g 的面团后，揉成圆球，用擀面杖擀开，卷成橄榄形，放入烤盘中。

⑥最后醒发。放入 38℃醒发箱中进行最后醒发，发酵至面包体积增大 2 倍时取出。

⑦成熟。用小刀轻轻在发酵好的面包表面顺长边划 5 道口，放入上火 180℃、下火 180℃的烤箱中，通蒸汽烘烤 35min 左右即可出炉。

5. 工艺操作要点

①葡萄干浸泡时间不宜过长，泡软即可。

②加入葡萄干后面团搅拌均匀即可，否则会把葡萄干搅碎。

③表面划口子的时候要轻，否则会使面团漏气塌陷。

6. 成品要求

色泽棕黄色，形态美观，营养全面，口感独特。

第十一节　比萨饼的制作

一、比萨饼简介

比萨饼是意大利最著名的一种发酵面饼，它是由发酵的面团，擀压成约 0.3cm 厚的面饼，放在派盘或平烤盘中，表面涂抹不同的酱料后，用马苏里拉奶酪、果蔬和肉类进行装饰后，进炉高温烘烤后趁热食用的一种半发酵食品。刚出炉的比萨饼，色泽鲜艳、香味扑鼻、口感外焦里嫩，是深受全世界人民喜爱的一种焙烤食品。

比萨面团是用高筋面粉、水、盐、酵母以及少许油脂混合而成的，经过适当的发酵后就可以整形或将面团分割成预定的大小，滚圆后用塑料袋装好放入冰箱内。将面团取出放在烤盘内用手指或擀面棍压成厚度一致的面饼，铺上一层一层由鲜美番茄混合纯天然香料制成的风味浓郁的比萨酱，再撒上柔软的 100% 甲级马苏里拉奶酪，放上海鲜、意式香肠、加拿大腌肉、火腿、五香肉粒、蘑菇、青椒、菠萝等经过精心挑选的新鲜馅料，最后放进烤炉在 260℃下烘烤 5 ~ 7min，一个美味的比萨饼出炉了，出炉即食，风味最佳。

二、制作比萨饼的特殊原料

1. 马苏里拉奶酪

马苏里拉奶酪，又称马祖里拉、莫索里拉等，是起源于意大利南部坎帕尼亚和那布勒斯地区产的一种淡味奶酪，传统的马苏里拉奶酪是用水乳制作的，不过后来演变为用普通牛奶来制作。纯正的马苏里拉奶酪是决定比萨饼品质的关键，正宗的比萨饼一般都选用富含蛋白质、维生素、矿物质及低热量的马苏里拉奶酪。马苏里拉奶酪在烘烤后可以产生一定的黏性，并拉出很长的丝，所以又称拉丝奶酪。

2. 比萨草叶

比萨草叶又称牛至、阿里根努，源自希腊语，意为"山之欢愉"。比萨草叶香味独特，味道较浓烈，意大利人认为比萨草具有杀菌、帮助消化和兴奋的作用。 自从古罗马早期以来，比萨草一直被用来烹饪蔬菜、肉和鱼等，非常适合搭配番茄、蛋类和乳酪等材料，是制作比萨酱时不可或缺的材料。

三、比萨饼的特点

上等的比萨饼必须具备新鲜的饼皮、上等的奶酪、顶级的比萨酱和新鲜的馅料四个特质。比萨饼底一定要每天现做，面粉一般用春冬两季的甲级小麦研磨而成，这样做成的饼底才会外层香脆、内层松软。比萨饼属于半发酵制品，因此面坯在成型后，只需经过短时间的最后醒发即可入炉烘烤。比萨饼的烘烤温度较高，一般在 $220 \sim 260℃$，时间为 $5 \sim 15min$。

实例1 意式培根比萨

1. 产品简介

意式培根比萨是添加了培根、洋葱和番茄等制作的具有浓郁的培根香味的比萨（图 8-3）。

图 8-3 意式培根比萨

2. 发酵方法

采用一次发酵法制作。

3. 原料及配方（表8-56）

表8-56　意式培根比萨的配方

比萨面	烘焙百分比（%）	用量（g）	比萨酱	用量（g）	比萨馅料	用量（g）
面包粉	100	1000	番茄	300	比萨酱	适量
酵母	2	20	洋葱	100	马苏里拉奶酪	适量
面包改良剂	0.3	3	大蒜	30	番茄片	铺一层
盐	2	20	黄油	30	培根	适量
糖	2	20	牛至叶	3	洋葱丁	适量
色拉油	4	40	罗勒	3	玉米粒	适量
黄油	4	40	盐	6	奶酪丝	适量
水	45	450	糖	10	青椒片	几片
鸡蛋	10	100	番茄酱	200	阿里根香	少许

4. 制作程序

（1）计量　将各种原料按配方中的比例称量好。

（2）搅拌　面包粉、酵母、面包改良剂、盐、糖、奶粉计量后，倒入和面机，2档搅拌，加鸡蛋、水搅拌至均匀（约8min），加入黄油、色拉油继续搅打4min左右。

（3）面团发酵　发酵30min，使酵母菌大量增殖。

（4）比萨酱制作

①番茄洗干净，用开水稍微烫一下，剥去外皮。将剥好皮的番茄切成小丁，备用。

②把洋葱切成小丁，大蒜拍碎切成末。

③锅烧热，放入黄油烧至融化，放入洋葱和大蒜，翻炒1min左右。炒出洋葱的香味，洋葱和大蒜的色泽变黄以后，放入切成丁的番茄，大火翻炒。当看到番茄炒出汁水以后，放进番茄酱、盐、糖、黑胡椒粉、牛至叶、罗勒，翻炒均匀，转小火煮20min左右，并不时翻炒，以免糊底。

④煮好后，如果此时水分还比较多，加入适量面粉，加盐调味，煮制浓稠后即可出锅。

（5）馅料加工　把火腿、青椒切成片，金枪鱼罐头滤去汁液，马苏里拉奶酪刨成丝。

（6）整形

①分割。分割成200g的剂子。

②搓圆。分别搓成表面光滑的圆球。

③中间醒发。盖保鲜膜醒发 15min。

④成型。用擀面杖把面团擀成约 9 寸的圆形面饼。用手掌按压，将面饼整形成中间薄四周厚的形状。

⑤装盘。烤盘涂油，把面饼铺在比萨烤盘上，在面饼中间用叉子叉一些小孔，防止烤焙的时候饼底鼓起来。

⑥表面抹一层比萨酱（边缘 1cm 处不抹），撒上一层马苏里拉奶酪丝后，再放上培根片、番茄片、洋葱丁、青椒片、玉米粒等，最后再撒一层马苏里拉奶酪丝。

（7）最后醒发　放入温度 38℃、相对湿度 80% 的醒发箱醒发 15min 左右，使其发起即可。

（8）成熟　上火 220℃、下火 220℃，烘烤 10min。

5. 工艺操作要点

①面团擀成薄片后，装盘松弛 10min 后再放上各种馅料。

②马苏里拉要刨成丝后均匀地撒在比萨饼表面。

③最后醒发的程度要适中，时间不宜过长，使其达到半醒发状态即可。

④烘烤时面火温度要高，底火要低，否则面上的烤不透，底部已焦糊。

6. 成品要求

色泽鲜艳，形态美观，香气浓郁，咸香可口。

实例 2　金枪鱼火腿比萨

1. 产品介绍

金枪鱼火腿比萨，以金枪鱼和火腿为主要配料的比萨，即在比萨饼上铺上一层火腿片，撒上马苏里拉奶酪，铺一层金枪鱼，再撒一层奶酪。

2. 发酵方法

采用一次发酵法制作。

3. 原料及配方（表 8-57）

表 8-57　金枪鱼火腿比萨的配方

比萨面	烘焙百分比（%）	用量（g）	比萨馅料	用量（g）
面包粉	70	700	马苏里拉奶酪	800
低筋粉	30	300	金枪鱼罐头	400
酵母	1.5	15	火腿	200

续表

比萨面	烘焙百分比（%）	用量（g）	比萨馅料	用量（g）
面包改良剂	0.3	3	青椒	100
盐	1.8	18	洋葱	100
糖	5	50		
奶粉	4	40		
橄榄油	7	70		
水	62	620		

4. 制作程序

（1）计量　将各种原料按配方中的比例称量好。

（2）搅拌　面包粉、酵母、面包改良剂、盐、白糖、奶粉计量后，倒入和面机，2 档搅拌，加鸡蛋、水搅拌至均匀（约 8min），加入橄榄油油继续搅打 4min 左右。

（3）面团发酵　发酵 30min，使酵母菌大量增殖。

（4）馅料加工　把火腿、青椒切成片，金枪鱼罐头滤去汁液，马苏里拉奶酪刨成丝。

（5）整形

①分割。分割成 200g 的剂子。

②搓圆。分别搓成表面光滑的圆球。

③中间醒发。盖保鲜膜醒发 15min。

④成型。用擀面杖把面团擀成约 9 寸大小的圆形面饼。用手掌按压，将面饼整形成中间薄四周厚的形状。

⑤装盘。烤盘涂油，把面饼铺在比萨烤盘上，在面饼中间用叉子叉一些小孔，防止烤焙的时候饼底鼓起来。

⑥在饼底上涂一层橄榄油，表面均匀抹一层比萨酱（边缘 1cm 处不抹），均匀撒上一层马苏里拉奶酪丝后，再放上火腿片、铺上金枪鱼、洋葱丝、青椒丁，最后再撒一层马苏里拉奶酪丝。

（6）最后醒发　放入温度 38℃、相对湿度 80% 的醒发箱醒发 20min 左右，使其稍稍发起即可。

（7）成熟　上火 220℃、下火 220℃，烘烤 10min。

5. 工艺操作要点

①比萨中的馅料可以根据自己的喜好而改变，也可以使用其他蔬菜与肉类，但需要注意一个原则，就是先铺肉类，再铺蔬菜，并且每铺一层都撒上一些马

苏里拉奶酪。如果是水分比较大的蔬菜，需要先炒一下，控干水分，否则比萨水分会太大。

②比萨出炉后，撒一些奶酪粉再吃，味道更好。

③最后醒发的程度要适中，时间不宜过长，使其达到半醒发状态即可。

④烘烤时面火温度要高，底火要低，否则面上的烤不透，底部已焦糊。

6. 成品要求

色泽鲜艳，形态美观，香气浓郁，咸香可口。

思考题

一、填空

1. 制作面包的四种基本原料有 _____、_____、_____、_____。

2. 面包按质地不同可分为 _____、_____、_____ 和 _____ 四种。

3. 面包最后醒发时的温度一般控制在 _____℃，相对湿度 _____%。

4. 面团中的水是以 _____、_____ 两种状态存在的。

5. 面包的烘焙过程可分为 _____、_____ 和 _____ 三个阶段。

6. 二次发酵法中第一次搅拌的面团称为 _____，第一次发酵称为 _____；第二次搅拌的面团称为 _____，第二次发酵称为 _____。

7. 面包在烘烤过程中的褐变是由 _____ 和 _____ 两种作用引起的。

二、名词解释

1. 面团搅拌

2. 产气量

3. 持气性

4. 翻面

5. 面团整形

6. 分割

7. 醒发

8. 一次发酵法

三、选择题

1. 面团调制时加入 _____ 过早会抑制面筋的形成（　　）。

A. 白糖 　　　　　　B. 油脂 　　　　　　C. 鸡蛋 　　　　　　D. 酵母

2. 下列属于脆皮面包的是（　　）。

A. 汉堡包 　　　　　　　　　　　　B. 可颂面包

C. 吐司面包　　　　　　　　　　D. 法式长棍面包

3. 油炸面包圈时采用的油温一般是（　　）。

A. 80 ℃　　　　　B.120℃　　　　C.180 ℃　　　　D.220℃

4. 下列不是面包制作的主要原料的是（　　）。

A. 糖　　　　　　B. 高筋粉　　　　C. 水　　　　　D. 酵母

5. 面包的膨松原理属于（　　）。

A. 化学膨松　　　　　　　　　　B. 物理膨松

C. 生物膨松　　　　　　　　　　D. 复合膨松

6. 面包中间醒发时采用的温度一般是（　　）。

A. 25 ℃　　　　　B.28℃　　　　C.38 ℃　　　　D.48℃

四、简答题

1. 面包制作一般的工艺流程是怎样的？

2. 面团搅拌的目的是什么？

3. 面包面团形成的原理是什么？

4. 面包面团搅拌分为哪六个阶段？

5. 面团搅拌对面包品质有哪些影响？

6. 影响面团搅拌的因素有哪些？

7. 面团搅拌基本成团后加入油脂的好处有哪些？

8. 面团搅拌成团后加入盐的好处有哪些？

9. 面团发酵的目的概括起来有哪几个方面？

10. 论述面团发酵的原理。

11. 酵母在发酵过程中所利用的单糖来源有哪些？

12. 酵母在葡萄糖、果糖、蔗糖、麦芽糖共存时，其利用顺序是怎样的？

13. 面团在发酵过程中形成的风味物质有哪些？

14. 影响面团发酵的因素有哪些？

15. 判断面团成熟度的常用方法有哪些？

16. 影响发酵损耗的因素主要有哪几个方面？

17. 整形包括哪几个工序？

18. 搓圆的作用有哪些？

19. 中间醒发的作用有哪几个方面？

20. 面包成型主要分为几种？手工造型的操作技法有哪些？

21. 面团装盘的要求有哪些？

22. 面团装模的要求有哪些？

23. 醒发的目的是什么？

24. 最后醒发温度过高对面团有何影响？

25. 最后醒发温度过低对面团有何影响?

26. 醒发时间过长或过短对面包有何影响?

27. 面团的醒发程度通常用哪几种方法来判别?

28. 影响醒发程度的因素有哪些?

29. 面团醒发时的注意事项有哪些?

30. 面包醒发太慢是什么原因引起的?

31. 面包醒发太快是什么原因引起的?

32. 长时间的最后醒发是什么原因引起的?

33. 面包烘焙过程中由热源将热量传递给面包的方式有哪些?

34. 面包在烘烤过程中的香气是如何形成的?

35. 面包表面形成光泽必要条件是什么?

36. 论述影响面包蜂窝结构的因素有哪些?

37. 面包烘焙过程大致可分为哪几个阶段?

38. 面包烘焙的条件及影响因素有哪些?

39. 影响烘焙损耗的因素有哪些?

40. 面包冷却的要求有哪些?

41. 面包冷却的条件有哪些?

42. 面包冷却的方法有哪些?

43. 面包包装的目的有哪些?

44. 对面包包装材料的要求有哪些?

45. 一次发酵法的特点有哪些?

46. 普通一次发酵法的过程是怎样的?

47. 无盐两搅拌一次发酵法的操作要领的是什么?

48. 留水两次搅拌一次发酵法的操作要领及特点是什么?

49. 二次发酵法的特点是什么?

50. 二次发酵法的配方设计主要根据什么来制定的?

51. 100% 中种面团发酵法的操作要领是什么?

52. 快速发酵法的特点是什么?

53. 快速发酵法的基本原理是什么?

54. 普通一次发酵法改为快速发酵法应注意哪几个方面?

55. 面包外表的评分应从哪几个方面进行评定?

56. 面包内在的评分应从哪几个方面进行评定?

57. 面包表皮龟裂是什么原因引起的?

58. 面包体积小是什么原因引起的?

59. 面包表皮颜色太浅是什么原因引起的?

60. 面包表皮颜色太深是什么原因引起的？

61. 面包表皮有气泡是什么原因引起的？

62. 天然葡萄种的发酵原理是什么？

63. 天然酵母发酵制作的面包有何特点？

64. 论述软欧包的风味及口感形成原理。

65. 红酒桂圆软欧包的制作注意事项有哪些？

66. 软欧包与硬质面包的区别有哪些？

67. 软欧包的特点有哪些？

参考文献

［1］张守文.面包科学与加工工艺 [M].北京：中国轻工业出版社，1996.

［2］李里特.焙烤工艺学 [M].北京：中国轻工业出版社，2010.

［3］钟志慧.西点工艺学 [M].成都：四川科学技术出版社，2005.

［4］贺文华.西点制作技术 [M].上海：上海科学技术出版社，1983.

［5］肖崇俊.西式糕点制作新技术精选 [M].北京：中国轻工业出版社，2000.

［6］韦恩·吉斯伦.专业烘焙 [M].大连：大连理工出版社，2004.

［7］本尼恩，班福德.蛋糕加工工艺 [M].金茂国，金屹，译.北京：中国轻工业出版社，2004.

［8］薛文通.新版面包配方 [M].北京：中国轻工业出版社，2002.

［9］李文卿.面点工艺学 [M].北京：中国轻工业出版社，1999.

［10］李学红，王静.现代中西式糕点制作技术 [M].北京：中国轻工业出版社，2008.

［11］蔺毅峰，杨萍芳，晁文.焙烤食品加工工艺与配方 [M].北京：化学工业出版社，2005.

［12］马涛.饼干生产工艺与配方 [M].北京：化学工业出版社，2007.

［13］钟志慧.西点制作技术 [M].北京：科学出版社，2010.